普通高等教育"十一五"规划教材

生物制药工艺学

吴晓英　主编
郭　勇　主审

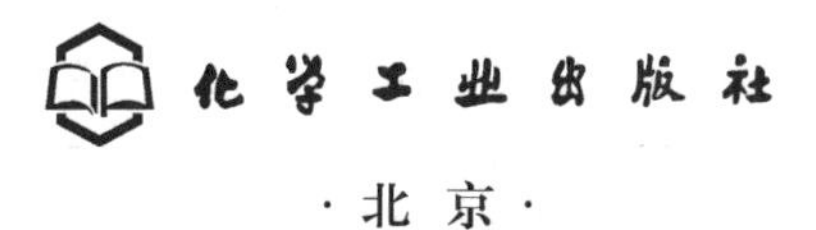

化学工业出版社
·北京·

本书是编者在总结多年生物制药教学实践的基础上编写而成的。本书首先概述生物制药的研究内容、工艺技术基础，然后分章论述氨基酸药物、多肽与蛋白质类药物、酶类药物、核酸类药物、糖类药物、脂类药物和抗生素等，分别对各类有代表性产品的原料来源、结构、性质、用途、生产工艺及质量控制进行介绍，并重点介绍了生物制品、基因药物、手性药物等。编写中力求体现其科学性和实用性，同时反映生物制药的新成果和新进展。

本书可作为高等院校制药工程、生物和药学类等相关专业的教材，也可供从事生物制药的科技人员参考。

图书在版编目（CIP）数据

生物制药工艺学/吴晓英主编. —北京：化学工业出版社，2009.1（2024.1 重印）
普通高等教育“十一五”规划教材
ISBN 978-7-122-04541-6

Ⅰ. 生… Ⅱ. 吴… Ⅲ. 生物制品：药物-生产工艺-高等学校-教材 Ⅳ. TQ464

中国版本图书馆 CIP 数据核字（2009）第 003807 号

责任编辑：赵玉清　　文字编辑：刘　畅
责任校对：王素芹　　装帧设计：王晓宇

出版发行：化学工业出版社（北京市东城区青年湖南街 13 号　邮政编码 100011）
印　　装：北京天宇星印刷厂
787mm×1092mm　1/16　印张 14¾　字数 390 千字　2024 年 1 月北京第 1 版第 13 次印刷

购书咨询：010-64518888　　售后服务：010-64518899
网　　址：http://www.cip.com.cn
凡购买本书，如有缺损质量问题，本社销售中心负责调换。

定　　价：38.00 元　

前 言

生物制药是一门既古老又年轻的学科，人类使用生物药物治疗疾病有着悠久的历史，20世纪70年代以来，随着生命科学和生物技术的迅速发展，生物制药作为现代生物技术研究开发应用中最活跃、进展最快的领域，发展更是突飞猛进，从基因工程药物——人胰岛素、生长激素、干扰素等的投放市场，到基因治疗的临床应用，生物制药领域每一新技术的出现都极大地造福于人类，为疾病治疗和促进人类的健康发挥着越来越重要的作用。而随着2003年“人类基因组计划”的提前完成，从人体基因组出发寻找开发各种新药已成为生物制药的新趋势。

生物制药已被认为是21世纪最具发展前景的产业之一，也成为了现代制药工业的一个重要发展领域，生物药物的种类和数量不断增加，有关生物制药的新理论、新技术、新工艺层出不穷。《生物制药工艺学》是一门涉及生物学、医学、药学、生物技术、化学和工程学等学科基本原理的综合性应用技术学科。《生物制药工艺学》在制药工程、生物、药学等相关专业学生的学习中具有重要的作用。

我们结合多年的教学和科研实践，并参考相关的教材、专著和文献资料，编写了这本《生物制药工艺学》。本书分为十一章，首先概述生物制药的研究内容、发展趋势，介绍生物制药工艺技术的基础知识和理论，包括生化制药、微生物制药、基因工程制药、细胞工程制药和酶工程制药等技术基础。然后，分章论述氨基酸类药物、多肽与蛋白类药物、酶类药物、核酸类药物、糖类药物、脂类药物和抗生素等，分别对各类有代表性产品的原料来源、结构、性质、用途、生产工艺及质量控制进行介绍，并重点介绍了生物制品与基因药物、手性药物等。编写上注重反映现代生物制药的新成果和新进展，力求体现科学性、先进性和实用性。

本书是在学生学完微生物学、生物化学、生物工艺原理、生化技术等课程之后开设，为避免重复，相关的生物药物分离纯化技术和制剂技术未在本书中论述，可参阅其他有关教材。

本书由吴晓英主编，吴虹博士编写了第十一章。全书由郭勇教授主审，在此表示衷心的感谢。同时，也要感谢化学工业出版社的编辑，他们对本书的出版做了大量的工作。

由于编者学识水平有限，书中难免存在疏漏之处，敬请专家和读者批评指正。

编者

2009年1月

目 录

第一章　绪　论

第一节　生物药物概述

一、生物药物的概念

药物是用于预防、诊断、治疗人的疾病，改善生活质量和影响人体生物学进程的物质。药物可分为化学药物、中药、生物药物三大类。生物药物是指利用生物体、生物组织或其成分、综合应用多门学科的原理和方法进行加工、制造而成的一大类药物。广义的生物药物包括：从动植物和微生物中制取的各种天然生物活性物质及人工合成或半合成的天然物质类似物。随着现代生物技术的快速发展，生物药物的组成和品种得到了极大的扩充。

现代生物药物已形成了四大类型：①天然生物药物，即来自动物、植物、微生物和海洋生物的天然产物，包括天然生化药物，微生物药物，海洋药物；②合成与部分合成的生物药物；③基因重组多肽，蛋白类治疗剂；④基因药物，即以 DNA、RNA 为基础，研究而成的基因治疗剂、基因疫苗，反义药物和核酶等。后两类生物药物也被列为新生物技术药物。

二、生物药物的性质

与化学合成药物和中药相比，生物药物有其特殊性，主要性质如下。

(1) 在化学构成上，生物药物十分接近于体内的正常生理物质，进入体内后也更易为机体所吸收利用和参与人体的正常代谢与调节。

(2) 在药理学上，生物药物具有更高的生化机制合理性和特异治疗有效性。

(3) 在医疗上，生物药物具有药理活性高、针对性强、毒性低、副作用小、疗效可靠及营养价值高等特点。

(4) 生物药物的有效成分在生物材料中浓度都很低，杂质的含量相对比较高。

(5) 生物药物常常是一些生物大分子。它们不仅分子量大，组成、结构复杂，而且具有严格空间构象，以维持其特定的生理功能。

(6) 生物药物对热、酸、碱、重金属及 pH 变化都较敏感，各种理化因素的变化易对生物活性产生影响。

三、生物药物的分类

生物药物可以按照其来源和制造方法、药物的化学本质和化学特性、生理功能和临床用途等不同方法进行分类，不过任何一种分类方法都会有不完善之处。通常是将三者结合进行综合分类，将生物药物分为几大类。

（一）天然生化药物

天然生化药物是指从生物体（动物、植物和微生物）中获得的天然存在的生化活性物质。

1．氨基酸类药物

包括氨基酸及其衍生物。氨基酸的使用可以是单一氨基酸如谷氨酸用于肝昏迷、神经衰弱和癫痫等的治疗，胱氨酸用于抗过敏、肝炎及白细胞减少症的治疗；也可以使用复方氨基酸制剂如复方氨基酸注射液和要素膳，为重症病人提供营养。

2．多肽和蛋白质类药物

（1）多肽药物，主要有多肽激素和多肽细胞生长调节因子，如催产素、促皮质素（ACTH）和表皮生长因子（EGF）等。

（2）蛋白类药物，包括单纯蛋白质（如人白蛋白、丙种球蛋白、胰岛素等）和结合蛋白类（如糖蛋白、脂蛋白、色蛋白等）。

3．酶与辅酶类药物

（1）助消化酶类，如胃蛋白酶、胰酶和麦芽淀粉酶等。

（2）消炎酶类，如溶菌酶、胰蛋白酶、木瓜蛋白酶等。

（3）心脑血管疾病治疗酶，尿激酶、弹性蛋白酶、纤溶酶等。

（4）抗肿瘤酶类，天冬酰胺酶可治疗淋巴肉瘤和白血病，谷氨酰胺酶、蛋氨酸酶也有不同程度的抗肿瘤作用。

（5）其他，如超氧化物歧化酶（SOD）用于治疗类风湿性关节炎和放射病等，青霉素酶可治疗青霉素过敏。

（6）辅酶类药物，多种酶的辅酶或辅基成分具有医疗价值，如辅酶Ⅰ、辅酶Ⅱ等广泛用于肝病和冠心病的治疗。

4．核酸类药物

（1）具有天然结构的核酸类药物，包括RNA、DNA、核苷、核苷酸、多聚核苷酸等。

（2）核酸类结构改造药物，如叠氮胸苷、阿糖腺苷、阿糖胞苷、聚肌胞等，它们是目前人类治疗病毒、肿瘤、艾滋病的重要药物。

5．多糖类药物

多糖类药物的来源包括动物、植物、微生物和海洋生物，它们在抗凝、降血脂、抗肿瘤、增强免疫功能和抗衰老方面具有较强的药理作用，如肝素有很强的抗凝作用，小分子肝素有降血脂、防治冠心病的作用。硫酸软骨素A在降血脂、防治冠心病上有一定疗效。透明质酸具有健肤、抗皱、美容的作用。各种真菌多糖具有抗肿瘤，增强免疫力和抗辐射作用，主要有银耳多糖、蘑菇多糖、灵芝多糖等。

6．脂类药物

（1）磷脂类，如卵磷脂、脑磷脂可用于治疗神经衰弱、肝病和冠心病等。

（2）多价不饱和脂肪酸和前列腺素，如亚油酸、亚麻酸、前列腺素等。

（3）胆酸类，如去氧胆酸、猪去氧胆酸等。

（4）固醇类，如胆固醇、麦角固醇和β-谷固醇等。

（5）卟啉类，如血红素、胆红素、血卟啉等。

（二）微生物药物

1．抗生素

抗生素，是指由生物（包括微生物、植物和动物）在其生命过程中所产生的一类在微量浓度下就能选择性地抑制他种生物或细胞生长的生理活性物质及其衍生物。

根据化学结构抗生素可划分为以下几种。

（1）β-内酰胺类抗生素，包括青霉素类、头孢菌素类。

（2）氨基糖苷类抗生素，如链霉素、庆大霉素。

（3）大环内酯类抗生素，如红霉素、麦迪霉素。

（4）四环类抗生素，如四环素、土霉素。

（5）多肽类抗生素，如多黏菌素、杆菌肽。

（6）多烯类抗生素，如制菌霉素、万古霉素等。

（7）苯羟基胺类抗生素，包括氯霉素等。

（8）蒽环类抗生素，包括氯红霉素、阿霉素等。

（9）环桥类抗生素，包括利福平等。

（10）其他抗生素，如磷霉素、创新霉素等。

2. 酶抑制剂

由微生物来源的酶抑制剂主要有β-内酰胺酶抑制剂，其代表是克拉维酸（又称棒酸），它与青霉素类抗生素具有很好的协同作用；β-羟基-β-甲基-戊二酰辅酶A（HMG-CoA）还原酶抑制剂，如洛伐他丁、普伐他丁等，它们是重要的降血脂、降胆固醇、降血压药物；亮氨酸氨肽酶抑制剂，如苯丁亮氨酸，可用于抗肿瘤。

3. 免疫调节剂

包括免疫增强剂和免疫抑制剂。具有免疫增强作用的免疫调节剂如picibanil（OK-432）；具有免疫抑作用的免疫调节剂如环孢菌素A。环孢菌素A的发现大大增加了器官移植的成功率。

（三）基因工程药物

（1）重组多肽与蛋白质类激素，主要有重组人胰岛素、重组人生长素、绒毛膜促性腺激素等，还有重组人白蛋白和重组人血红蛋白。

（2）重组溶栓类药物，如组织纤溶酶激活剂、重组水蛭素等。

（3）细胞因子类，如干扰素、白介素、促红细胞生成素等。

（4）重组疫苗与单抗制品，主要有乙肝表面抗原疫苗、AIDS疫苗和流感疫苗等。

（四）基因药物

这类药物是以基因物质（DNA或RNA及其衍生物）作为治疗的物质基础，包括基因治疗用的重组目的DNA片段、重组疫苗、反义药物和核酶等。

（五）生物制品

生物制品（biological products），一般指的是用微生物及其代谢产物、原虫、动物毒素、人或动物的血液或组织等直接加工制成，或用现代生物技术方法制备的，用于预防、治疗、诊断特定传染病或其他有关疾病的药品。包括各种疫苗、抗血清（免疫血清）、抗毒素、类毒素、免疫制剂（如胸腺肽、免疫核酸等）、诊断试剂等。

按用途划分，生物制品可分为以下几种。

1. 预防用制品

（1）疫苗，由病毒、立克次氏体或螺旋体制成的，如乙肝疫苗。

（2）菌苗，由细菌制成的，如卡介苗。

（3）类毒素，由细菌外毒素经甲醛脱毒而保留其抗原性的，如白喉类毒素。

2. 治疗用制品

（1）特异性治疗用制品，如狂犬病免疫球蛋白。

（2）非特异性治疗用制品，如白蛋白。

3. 诊断用制品

主要指免疫诊断用品，如结核菌素及多种诊断用单克隆抗体。

第二节　生物药物与生物制药工艺学

一、生物制药的发展历程

人类利用生物药物治疗疾病有着悠久的历史。早在公元前597年就有麴（曲）的使用记载。公元4世纪，葛洪所著的《后良方》就有用海藻（含碘）酒治疗瘿病（地方性甲状腺肿）的记载。孙思邈（公元581～682年）首用含维生素A丰富的羊肝治疗“雀目”（一种眼疾）。神农用羊靥（包括甲状腺的头部肌肉）治疗甲状腺肿，用紫河车（胎盘）作强壮剂，用蟾酥治疗创伤。明代的李时珍的《本草纲目》，记载了包括生物药物在内的各种药物的功能、主治和用法，可见，人类利用生物材料及其分离产品作为治疗药物在我国有着较长的使用传统。

早期的生物药物多数来自动物脏器，其有效成分并不明确，多为粗制剂，曾有脏器制剂之称。到了20世纪20年代，随着生物化学、生理学等学科的发展，对生物体内各种活性物质逐渐有所了解，纯化的胰岛素、甲状腺素、多种维生素等开始用于临床或保健。40～50年代发现和提纯了肾上腺皮质激素和脑垂体激素。50年代开始应用发酵法生产氨基酸类药物。60年代酶类药物得到广泛的应用，促使生物制药步入了工业化时代。

1928年英国科学家Fleming发现在青霉菌落周围细菌不能生长的现象，并把这个青霉菌分离出来培养，发现其培养液能抑制各种细菌生长，他把其中的活性成分命名为青霉素。到了1940年，英国的Florey和Chain制出了干燥的青霉素制品，经实验和临床试验证明，青霉素对革兰阳性菌所引起的疾病有卓越的疗效，因此开始了青霉素的大规模生产。继Fleming发现青霉素后，美国放线菌专家Waksman与同事在1941年从放线菌培养液中找到紫放线菌素，接着他又在1944年发现第一个用于临床的从放线菌产生的抗生素——链霉素，在此之后人们发现众多的抗生素。到了20世纪50年代，建立了抗生素工业，从此生物制药工业蓬勃发展。

生物制品方面，我国民间早有使用人痘接种预防天花的实践。在欧洲，14世纪末，法国巴斯德创制了狂犬病疫苗，1796年英国医生琴纳发明了预防天花的牛痘疫苗。到了20世纪中期，疫苗种类日益增加，在预防传染性疾病方面发挥着重要作用，生物制品也成为生物制药工业的重要发展领域。

自1982年重组人胰岛素投放市场以来，利用基因工程开发生物药物已经成为一个重要的发展方向，已经上市的重组药物有人胰岛素（1982）、人生长素（1987）、α-干扰素（1987）、乙肝疫苗（1987）人组织纤溶酶原激活剂（1988）等。此外应用酶工程技术、细胞工程技术和基因工程技术生产抗生素、氨基酸和植物次生代谢产物也已步入产业化阶段。

生物技术药物已成为当今最活跃和发展最迅速的领域之一，2004年，全球生物制药市场的收入为450亿美元，较2003年上涨22%，远远高于药品市场7%的总体增长幅度。全球生物制药产业研究成果增长迅速。资料表明，传统化学制药由于创新瓶颈难以突破，2001年后发展呈现明显下降趋势，到2003年虽有上升，但增长缓慢；生物制药研究成果数量上升最快，正在发展成为药物研究的重点。从1993到2004年，美国FDA批准新药中，化学分子药物共351个，生物技术药物共82个，但从趋势分析，被批准的化学分子药物呈现逐年下降趋势，而生物技术药物的比重却逐年上升，从1993年的17%上升到2003年的40%。

中国生物医药产业起步于20世纪80年代初期。1989年我国研发出第一个拥有自主知识产权的生物医药产品——重组人干扰素 α-1b。经过二十多年的发展，中国有超过500家生物医药相关企业，生物医药产业的销售额占整个医药产业的销售额比例已经达到10%左右，生物医药技术及产品市场发展良好。国家已批准20种基因工程药物和5种基因工程疫苗上市，包括重组人干扰素、促红细胞生成素、白细胞介素-2、人生长素、尿激酶、重组改构人肿瘤坏死因子、神经生长因子、人胰岛素等，其中近1/3为国家创新药物，另有10多个品种在临床研究之中。全国进入临床研究的生物新药已达150多个，其中1/5为Ⅰ类新药。生物技术药物已成为药品市场中一大类重要的品种，主要用于癌症、人类免疫缺陷病毒性疾病、心血管疾病、糖尿病、贫血、自身免疫性疾病、基因缺陷病症和许多遗传疾病等的治疗。

二、生物制药工艺学的研究内容

生物制药工艺学是一门从事各种生物药物的研究、生产和制剂的综合性应用技术科学。其研究内容包括生化制药工艺、微生物制药工艺、生物技术制药工艺、生物制品及相关的生物医药产品的生产工艺等。

生化制药主要是从动物、植物、微生物和海洋生物中提取、分离、纯化生物活性物质，加工制造成为生化药物。天然的生化药物包括氨基酸、多肽、蛋白质、核酸、酶和辅酶、糖类、脂类药物等，它们大多数是生物体内的重要的生化基本物质，这些物质是维持生命正常活动所必需的，因此利用这些生化基本物质来补充、调整、增强、抑制、替换或纠正人体代谢的失调，对有关疾病的治疗非常合理、有效。生化制药工艺包含的技术内容，主要涉及生化药物的来源、结构、性质、制造原理、工艺过程、操作技术和质量控制等方面，并且随着现代生物化学、微生物学、分子生物学、细胞生物学和临床医学的进步与发展，尤其是现代生物技术、分子修饰和化学工程等先进技术的引进和应用，打破了从天然生物材料提取生化药物的局限，拓展了人工合成与结构改造原有的天然生物活性物质的新领域，促进了生化制药技术的不断更新与发展。

微生物制药是以发酵工程技术为基础、利用微生物代谢过程生产药物的制备技术。微生物制药生产的药物包括抗生素、酶抑制剂、免疫调节剂以及维生素、氨基酸、核苷酸等。微生物制药工艺研究的主要内容包括微生物菌种的选育、发酵工艺、发酵产物的提炼及质量控制等问题。重组DNA技术在微生物菌种改良中起着越来越重要的作用。同时微生物不仅可以生产小分子药物，而且以微生物为操作对象，更容易进行基因工程改造，生产多肽蛋白类药物。微生物已经成为现代生物药物表达生产的主要宿主之一。

生物技术制药是利用现代生物技术（包括基因工程、细胞工程、酶工程、发酵工程和蛋白质工程等），生产多肽、蛋白质、酶和疫苗、单克隆抗体等。生物技术药物新品种、新工艺的开发及产品的质量控制是生物技术制药研究的重要内容。

现代的生物制品，不仅品种不断增加、应用范围日益扩大，其制造工艺也不断更新、发展。虽然早期的生物制品的制造工艺，更多地涉及免疫学、预防医学和微生物学的知识体系，但现代生物技术在生物制品的制备中的作用已越来越重要，如重组乙肝疫苗的大规模生产、基因疫苗的开发与应用等。

总而言之，现代生物制药工艺学是一门生命科学与工程技术理论和实践紧密结合的崭新的综合性制药工程学科。其具体任务是讨论：①生物药物的来源及其原料药物生产的主要途径和工艺过程；②生物药物的一般提取、分离、纯化、制造原理和生产方法；③各类生物药物的结构、性质、用途及其工艺和质量控制。

三、生物制药的研究发展趋势

21 世纪是生物技术大规模产业化的时期，生物药物将与化学药物、中药一起更有效地为人类健康服务。预计发展比较迅速的有以下几个方面。

1. 利用基因组学的研究成果促进生物技术新药的研发

随着人类基因组计划的完成，将从整体上解决肿瘤等疾病的分子遗传问题，6000 多种单基因遗传病和多种多基因疾病的致病基因和相关基因的定位、克隆和功能鉴定是人类基因组计划（human genome project，HGP）的核心部分，它将彻底改变传统新药的开发模式，并赋予基因技术的商业价值，进一步深化生物制药的产业结构，引发基因诊断、基因疫苗、基因治疗、基因芯片等新兴产业。通过药物基因组学和药物蛋白组学的研究，在发现新的药物作用的靶标，将有重大的突破，药物作用的靶标将增至 3000～10000 个。这些新靶点一旦被确定，通过分子模拟的合理药物设计与蛋白质工程技术，可以设计出更多的新药或获得更有治疗特性的新治疗蛋白。

2. 蛋白质工程药物的开发

利用蛋白质工程技术包括点突变技术（site-directed mutagenesis）、DNA 改组技术（DNA shuffling）、融合蛋白技术、定向进化技术（direction evolution）、基因插入及基因打靶等技术，使得蛋白质工程药物新品种迅速增加。通过蛋白质工程手段可以改善重组蛋白产品的稳定性，提高产品的活性、提高生物利用度、延长在体内的半衰期、降低免疫原性等。例如将 α-干扰素结构中活性强的氨基酸片段反复相连，构建了由 165 个氨基酸组成的复合干扰素，其活性比原 α-干扰素强了 10 倍，因而使用剂量可减小 10 倍，降低了副反应。另外，通过定位突变的手段对结构进行改造，已经获得人降钙素突变体、重组水蛭素突变体等。

3. 新型疫苗的研制

疫苗在大量疾病的防治中起着其他药物无法替代的作用。新型疫苗的研发和临床尤其活跃，免疫策略发生了变化：采取初免-加强免疫策略，如 DNA 疫苗初免-灭活病毒或蛋白抗原加强，可增加免疫效果。已有 35 种艾滋病疫苗进入临床，已进入三期临床的大部分为基因工程疫苗。我国继 SARS 疫苗成功通过Ⅰ期临床后，第一个复合型艾滋病疫苗-DNA 疫苗初免，重组病毒载体加免，已被 SFDA 正式批准进入Ⅰ期临床。

4. 新的高效表达系统的研究与应用

迄今为止，已上市的基因工程药物多数以 *E. coli* 表达系统生产，其次是酿酒酵母和哺乳动物细胞（中国仓鼠卵细胞 CHO 和幼仓鼠肾细胞 BHK）。正在进一步研究的重组蛋白表达体系有真菌、昆虫细胞和转基因动物、转基因植物。转基因动物作为新的表达体系因其能更便宜地大量生产复杂产品而令人关注，应用转基因动物生产的多种产品（包括 tPA、α-抗胰蛋白酶、α-葡萄糖苷酶和抗凝血酶Ⅲ等）已进入了临床试验，还有 20 多种产品正在用转基因山羊、绵羊或牛进行研究开发。另外通过克隆动物用于生产重组药物，用于医疗也指日可待。

5. 生物技术药物新剂型研究迅速发展

生物技术药物多数易受胃肠道酸碱环境的作用与各种消化酶的降解破坏，其生物半衰期普遍较短，需频繁注射给药，给患者造成痛苦；另外多数多肽与蛋白质类药物不易被亲脂性膜所摄取，很难通过生物屏障，因此生物技术药物的新剂型发展十分迅速。如对药物进行化学修饰、制成前体药物应用吸收促进剂、添加酶抑制剂、增加药物透皮吸收及设计各种给药系统等。研究的重点是开发方便、安全合理的给药途径和新剂型。主要有两个方向：①埋植剂与缓释注射剂。如LHRH缓释注射剂作用可达1～3个月。纳米粒给药系统，如采用界面缩囊技术胰岛素纳米粒，不仅包封率高，还能很好地保护药物，其降糖作用可持续24h。②非注射剂型，如呼吸道吸入、直肠给药、鼻腔、口服和透皮给药等。

6. 生物资源的综合利用与扩大开发

进一步加强包括动物的脏器、人和动物的血液、尿液等生物资源的综合利用，尤其要扩大开发新资源，如海洋生物、昆虫、毒蛇和低等生物的开发利用。

海洋生物活性物质在抗肿瘤、抗炎、抗病毒、抗放射和降血脂、治疗心脑血管疾病等方面已取得重要进展，不过大多数海洋生物还没有被人类所充分了解和利用。随着海洋生物工程的快速发展，有望从海洋生物中开发、研究得到防治人类疑难疾病的新药，今后将加快对海洋活性物质如多肽、萜类、大环内酯类、聚醚类、海洋毒素等化合物的筛选及其化学修饰和半合成研究，以获得活性强、毒副作用小的有药用价值的海洋活性物质。

7. 应用现代科学技术，改造传统的抗生素和氨基酸等生产工艺

以现代生物技术为依托，开发制药技术的新领域。在抗生素和氨基酸等药物生产中，利用代谢工程技术、原生质体融合技术、分子工程的定向进化技术，选育优良的药物生产新菌种。将固定化技术和生物转化相结合，研究大规模半合成抗生素的现代生产技术，发展氨基酸、维生素和甾体激素生产工艺，提升发酵水平，实现发酵生产的自动化、信息化控制，应用新型分离纯化技术，促进发酵制药的效益增长。

8. 中西结合创制新型生物药物

我国在发掘中医中药，创制具有中国特色的生物药物方面已取得可喜的成果，如人工麝香、天花粉蛋白的成功开发。利用微生物工程技术也培养成功了多种菌类中草药，如冬虫夏草、灵芝等，使一些名贵的中草药可以发酵的方法生产出来。利用分子工程技术将抗体和毒素（如天花粉蛋白、蓖麻毒蛋白、相思豆蛋白等）相偶联，构成的导向药物（免疫毒素）是一类很有希望的抗癌药物。开发转基因药材，比如已使脑啡肽、表皮生长因子、生长激素等的外源基因在转基因植物中得到表达；在人参、紫草、丹参等40多种传统药材中，已建立起用农杆菌感染的培养系统。应用生物分离工程技术从斑蝥、全蝎、地龙、蜈蚣等动物类中药分离纯化活性生化物质，再进一步应用重组DNA技术进行克隆表达生产也是实现中药现代化的一条重要途径。

本章小结

本章主要介绍了生物药物的定义、性质和分类，生物制药的发展历程、研究发展趋势，生物制药工艺学的研究内容。生物药物是指利用生物体、生物组织或其成分、综合应用多门学科的原理和方法进行加工、制造而成的一大类药物。随着现代生物技术的快速发展，生物药物的组成和品种得到了极大的扩充。现代生物药物包括天然生化药物、微生物药物、基因工程药物、基因药物和生物制品等类型。生物药物的药理活性高、治疗有效性强，但稳定性较差、原料中的有效成分含量低 、杂质的含量相对比较高，因此生产制备具有特殊性。生物制药是一门既古老又年轻的学科，人类使用生物药物治疗疾病有着悠久的历史，现代生物制药技术发展迅猛。生物制药工艺学是一门从事各种生物药物的研究、生产和制剂的综合性应用技术科学，其研究内容包括生化制药工艺、微生物制药工艺、生物技术制药工艺、生物制品及相关的生物医药产品的生产工艺等，具体任务是讨论：①生物药物的来源及其原料药物生产的主要途径和工艺过程；②生物药物的一般提取、分离、纯化、制造原理和生产方法；③各类生物药物的结构、性质、用途及其工艺和质量控制。

思考题

1. 简述生物制药工艺学的性质与任务。
2. 谈谈生物制药工业的重点研究方向。
3. 谈谈生物药物的特性与分类。
4. 简述生物药物的研究发展趋势。
5. 名词解释：药物、生物药物、抗生素、基因药物、生物制品、半合成药物。

第二章　生物制药工艺技术基础

生物制药是一个高度综合性的工程领域，涉及化学、生物学、生理学、药学、医学甚至信息学、电子学、工程学等多个学科的理论与技术。其中与生物制药工艺联系最为密切的几个工程技术领域包括生化工程、发酵工程、细胞工程、酶工程、基因工程和抗体工程等。

第一节　生化制药工艺技术基础

生化制药主要是从动物、植物、微生物和海洋生物中提取、分离、纯化生物活性物质，加工制造成为生物药物。生物活性物质包括氨基酸、多肽、蛋白质、酶、核酸、多糖、脂类和维生素等，它们具有多种不同的生理功能和药理作用。生物活性物质的制备技术很多，主要是利用它们之间特异性的差异，如分子大小、形状、酸碱性、极性、溶解度、电荷和对其他分子的亲和性等建立起来的。各种制备技术的基本原理不外乎两个方面：一是利用混合物中几个组分分配系数的差异，把它们分配到两个或几个相中，如盐析、有机溶剂提取、层析和结晶等；二是将混合物置于单一物相中，通过物理力场的作用使各组分分配于不同区域而达到分离的目的，如离心、超滤、电泳等。

传统的生化制药的基本工艺过程可分为：材料的选择和预处理，组织与细胞的破碎及细胞器的分离，活性物质的提取和纯化，活性物质的浓缩、干燥和保存。

一、生物材料

生化药物大多数是从生物材料（包括动、植物、微生物的组织、器官、细胞与代谢产物）中获得的，如酶、蛋白质、多肽激素、氨基酸、核酸及其分解产物、细胞因子等，这些都是生物材料中含有的生化基本物质，或生物代谢产物或生物转化而来的。不过作为生化制药的生物材料因受多种因素、条件的限制，种类并不太多，需要科学合理地开发与利用。

（一）植物

药用植物品种繁多，尤其我国的中草药资源极为丰富，而且又有上千年的应用中草药治疗疾病的历史。不过，长期以来由于受到分离技术的限制，在研究有效成分时，往往把大分子物质当杂质除去。随着近代分离技术的提高和应用，从植物资源中寻找大分子有效物质，已逐渐引起重视，分离出的品种也不断增加，如相思豆蛋白、菠萝蛋白酶、木瓜蛋白酶、木瓜凝乳蛋白酶、无花果蛋白酶、苦瓜胰岛素、前列腺素 E、伴刀豆球蛋白、人参多糖、刺五加多糖、黄芪多糖、天麻多糖、红花多糖、茶叶多糖以及各种蛋白酶抑制剂等。

（二）动物

早期的生化药物大多数都来自动物的脏器。动物来源的生化原料药物现已有 160 种左右，主要来自于猪，其次来自于牛、羊、家禽等。

1. 脑

可获得脑磷脂、卵磷脂、胆固醇、大脑组织液、凝血致活酶、脑酶解液、神经节苷脂（ganglioside）、催眠多肽（sleep peptide）、吗啡样因子、维生素 D_3、脑蛋白水解物等。

2. 脑垂体

是重要的内分泌腺体，能分泌多种激素，是生化制药的极好原料。可提取促皮质素(ACTH)、催乳素、生长激素、促甲状腺素、促性激素、中叶素、神经垂体素、缩宫素、加压素、下丘脑激素等。

3. 肺

可获得肺表面活性剂、抑肽酶、纤溶酶原激活剂、肝素、核苷酸、去纤苷酸等。

4. 肝脏

利用肝脏为原料可获得RNA、iRNA、SOD、肝细胞生长因子、过氧化氢酶（catalase)、促进组织呼吸物、含铜肽、肝抑素、肝解毒素、造血因子、抗脂血作用因子、抑肽酶及各种肝制剂等。

5. 脾脏

可获得RNA、DNA、脾水解物、脾转移因子、脾铁蛋白、脾提取物等。

6. 胃肠及黏膜

可获得胃蛋白酶、胃膜素、肝素、血型特异物A与E、自溶蛋白酶、凝乳酶、硫酸糖苷肽（sulglycotide)、舒血管肽（VIP）等。胃肠道激素又称候补激素，是新药研究的重要内容，这类激素均由胃肠道黏膜内分泌细胞分泌，属活性多肽，由11～43肽组成，如促胃酸激素（gastrin)、促胰液素（secretin)、缩胆囊素（CCK)、小肠降压多肽（VLR)、胃液分泌抑制多肽（GLR）等，有望成为治疗消化性溃疡的新生化药物。

7. 心脏

利用心脏为原料可制备的药物包括细胞色素C、辅酶Q_{10}、辅酶A、辅酶Ⅰ、心脏制剂(herzlon)、冠心舒、心血通注射液等。

8. 胰脏

胰脏含有的酶类最丰富，是动物体中的“酶库”。有胰岛素、胰高血糖素、胰酶、糜蛋白酶、胰蛋白酶、胰脱氧核糖核酸酶、胰脂酶、核糖核酸酶、胶原酶、增压素水解酶、弹性蛋白酶、催胰酶素、胆碱酯酶、血管舒缓素、胰降压物质（depropanex)、胰激素（pancran)、类肝素、核脉通、胰抗脂肝素（vipocaic）等。

9. 血液

可获得水解蛋白及多种氨基酸、纤溶酶、SOD、凝血酶、血红蛋白、血红素、血球素(orgotin)、原卟啉、血卟啉、创伤激素（wound homones)、胸腺因子、血清提取物（solcoseryl)、纤维蛋白等。

10. 胆汁

可获得去氢胆酸、异去氧胆酸、胆酸、鹅去氧胆酸、熊去氧胆酸、雌酮（estrone)、胆红素、胆膜素（猪胆、牛胆黏膜提取物）等。

11. 其他

还有如胸腺、肾、肾上腺、甲状腺、松果体、扁桃体、睾丸、胎盘、羊精囊、骨及气管软骨、眼球、鸡冠、毛及羽毛、牛羊角、蹄壳、鸡冠、蛋壳等均亦是生化制药的原料。

人血、尿液和人胎盘等也是重要的原料，经提取、分离、纯化制成的各种制剂，是人类疾病不可缺少的特殊治疗药物。

随着动物养殖业的兴旺和迅速发展，对兔、鹿、禽类等的下脚料或副产物，养殖的蝎子、蚂蚁等生物资源的利用不断增加。此外，小动物的分泌物（如蜂王浆、蜂毒、蛇毒)、由蟾酥制备的脂蟾毒配基（bufogenin)、蜘蛛毒等也同样是生化制药的良好原料。

（三）微生物

微生物资源非常丰富，种类繁多，包括细菌、放线菌、真菌等。它们的生理结构和功能较简单，可变异，易控制和掌握，生长期短，能够实现工业化生产，是生化制药非常有发展前途的资源。现已知微生物的代谢产物已超过1000多种，微生物酶也近1300种，开发的潜力很大。随着遗传工程的引进，将使微生物制药更具潜力。

1. 细菌

利用细菌发酵生产可获得下列物质。

(1) 氨基酸 利用微生物酶转化对应的α-酮酸或羟基酸作用，可生产亮氨酸、异亮氨酸、色氨酸、缬氨酸、苯丙氨酸、苏氨酸等。

(2) 有机酸 利用假单胞菌属可转化油酸为10-羟基十八酸、转化D-木糖为α-酮-D-木质酸、转化山梨醇为α-酮-L-古龙酮酸、转化萘为水杨酸和龙胆酸；利用黏质赛氏杆菌可制造α-酮二酸；利用霉菌、产氨短杆菌、黄色短杆菌可制造L-苹果酸；利用短杆菌、棒状杆菌可制造乳清酸。

(3) 维生素 利用细菌生产多种维生素如维生素B_1、维生素B_2、维生素B_6、烟酸、生物素、维生素C等。

(4) 酶 利用细菌生产α-淀粉酶、蛋白酶、凝乳酶、脂肪酶、角蛋白酶、弹性蛋白酶、几丁质酶、昆布糖酶、L-天冬酰胺酶等。

(5) 糖类 葡聚糖、聚果糖、聚甘露糖、脂多糖、葡萄糖、果糖、阿拉伯糖、核糖、海藻糖、麦芽三糖等。

(6) 核苷酸类 5′-核苷酸、核苷和磷酸核糖等。

2. 放线菌

在1000多种抗生素产生菌中，2/3是产自放线菌，因此放线菌是重要的抗生素生产菌。同时利用放线菌的发酵生产还可获得下列物质。

(1) 丙氨酸、甲硫氨酸、赖氨酸、鸟氨酸、色氨酸、苏氨酸等多种氨基酸。

(2) DNA、5-脱氧肌苷酸、5-氟尿苷酸、6-巯基嘌呤核苷、呋喃腺嘌呤。

(3) 维生素B_{12}、胡萝卜素、番茄红素等。

(4) 高温蛋白酶、中性和碱性蛋白酶、纤维素酶、淀粉酶、脂肪酶、卵磷脂酶、磷酸二酯酶、尿酸酶、葡萄糖异构酶、半乳糖糖苷酶、玻璃酸酶、海藻糖酶、甲硫氨酸脱氢酶等。

3. 真菌

利用真菌可获得下列物质。

(1) 淀粉酶、蛋白酶、脂肪酶、果胶酶、葡萄糖氧化酶、纤维素酶、凝乳酶、凝血致活酶、5′-磷酸二酯酶、腺苷酸脱氨酶等。

(2) 枸橼酸、葡萄糖酸、丁烯二酸、顺乌头酸、苹果酸、曲酸、五倍子酸等；丙氨酸、谷氨酸、赖氨酸、甲硫氨酸和精氨酸等。

(3) 5′-核苷酸、3′-核苷酸、5′-脱氧核苷酸、5′-肌苷酸等。

(4) 葡聚糖、半乳聚糖、甘露聚糖、银耳多糖等。

其他，工业上还利用真菌生产维生素B_2和β-胡萝卜素等。

4. 酵母菌

酵母菌是核酸工业的重要原料，含较高的RNA、DNA，可制造核酸铜、核酸铁、核酸锰、腺苷、鸟苷、次黄嘌呤核苷、胞苷酸、腺苷酸、尿苷核糖等。其他有枸橼酸、苹果酸、油脂、辅酶、凝血质等。

(四) 海洋生物

地球表面的3/4是海洋，有20多万种生物生存在海洋里，统称其为海洋生物。从海洋生物中制取的药物称为海洋药物。目前已经从海洋生物中发现了许多具有抗炎、抗感染、抗肿瘤等作用的生物活性物质，引起世界各国的重视，也为生物药物的研究提供了一个广阔可靠的原料基地。

1. 海藻类

海藻属于海洋水生植物类，已知有 1 万多种。已从藻类植物中发现和提取了一些抗肿瘤、防止心血管疾病、治疗慢性气管炎、驱虫及抗放射性物质、血浆代用品等生物活性物质，如烟酸甘露醇酯、六硝基甘露醇、褐藻酸钠、海人草酸、β-二甲基丙基噻宁等。

2. 腔肠动物类

腔肠动物是原始多细胞动物，已知有 9000 多种。用作生化制药原料的还不多。如从柳珊瑚中提取前列腺素 A_2 和前列腺素异构物（15-*epi*-PGA_2）以及萜类抗菌物质，从海葵中分离的 polytoxin（相对分子质量为 3300）具有抗癌作用，从僧帽水母中分离的活性多肽和毒素。

3. 节肢动物类

节肢动物门中的某些甲壳动物可供药用。已知甲壳动物有 25000 多种。以虾壳、蟹壳为原料制备甲壳素。红点黎明蟹的活性物质有抗癌作用，龙虾肌碱有抑制心功能的作用，美洲螯龙虾毒素有神经阻断作用。

4. 软体动物类

软体动物类已知有 8 万多种，包括螺、蚌类等。从中提取分离的活性物质有多糖、多肽、糖肽、毒素等，分别具有抗病素、抗肿瘤、抗菌、降血脂、止血和平喘等作用。如含珍珠贝的清开灵注射液可治疗高热神昏。

5. 棘皮动物类

棘皮动物类已知有 6000 多种，包括海星、海胆、海参。海星皂素 A 和海星皂素 B 能使精子失去移动能力。从棘皮动物类可获得龙虾肌碱、5-羟色胺、磷肌酸、磷酰精氨酸、黏多糖、磷酸肌酐、胆固醇、乙酰胆碱、二十碳烯酸等。

6. 鱼类

鱼类有 2 万多种，可制造多种药物，如鱼肝油、鱼精蛋白、软骨素、细胞色素 C、卵磷脂、脑磷脂、鸟嘌呤、DNA、血管紧张素、黄体酮、雌二醇、雌酮、雌三醇、雄烯二酮、睾酮等。分泌毒液的鱼类有 200 多种，一般毒液中均含有多肽、蛋白质及多种酶，对心肌、中枢神经系统和肌肉有强烈作用。从鱼类中还可获得二十碳五烯酸、二十二碳六烯酸。

7. 爬行动物类

爬行动物类多为陆生脊椎动物，海生的有海蛇、海龟等。海蛇毒液含有蛋白酶、转氨酶、玻璃酸酶、L-氨基酸氧化酶、磷脂酶、胆碱酯酶、抗胆碱酯酶、卵磷脂酶、RNase、DNase。

8. 海洋哺乳动物类

鲸鱼和海豚类的脏器、腺体已制成多种药物，如鲸肝抗贫血剂、维生素 A、维生素 D 制剂；鲸油和江豚油抗癌剂及垂体激素等。

海洋生物是开发新药的重要宝库，目前大多数海洋生物还没有被人类所了解和利用。随着海洋生物工程的快速发展，有望从海洋生物中开发、研究得到防治人类疑难疾病的新药，前途十分广阔，也为综合利用海洋生物资源创出了一条新路。

（五）扩大开发新生物资源

1. 生物资源的综合利用

要充分、合理地利用资源，如动物各种脏器、血液、人尿等，可以开发用一种原料生产多个品种的联产工艺。还要尽量把农副产品、海产品等加工中的副产物或下脚料利用起来，既可以降低成本，增加经济效益，还可减少“废物”对环境的污染。

2. 开发新生物资源

自然界尚未被人类认识或发现的物种还不少，有待人们去发现、开发与利用。随着现代高新技术的应用，给开发新生化药物和新生物资源创造了良好的条件，并有望取得显著成效。

3. 构建“工程菌”、“工程细胞”，形成新生物资源库

应用基因重组技术构建成功的“工程菌”、“工程细胞”贮存起来，随用随取。特别对那些很难从天然生物材料中提取分离出来的微量活性成分，可以利用目的物明确的“工程菌”或“工程细胞”制备各种生化药物。

综上所述，制造生物药物是离不开天然生物资源或再生资源的。

二、生物材料的选择、预处理与保存

选择生物材料的基本原则是：有效成分含量高，原料新鲜。并且，动物原料要注意动物的年龄与性别；植物原料要注意植物生长的季节性，选择最佳的采集时间；微生物原料要注意微生物的生长期，在微生物的对数生长期，酶和核酸的含量较高，可以获得高产量。以微生物为材料时有两种情况：一是利用微生物菌体分泌到培养基中的代谢产物和胞外酶等；二是利用菌体含有的蛋白质、核酸和胞内酶等。

由于生物活性物质容易失活，因此采集时必须保持材料的新鲜，防止腐败变质及微生物污染。动物原料采集后要立即处理，去除结缔组织、脂肪组织等，并立即速冻，以避免腐败、变质及微生物污染。植物原料确定后，要择时采集并就地去除不需要的部分，将有用部分保鲜处理。而微生物原料，则必须及时将菌体细胞与培养液分开，进行保鲜处理。总之，从不同的制备目的出发，一旦采集到新鲜的材料后，如不马上进行实验，则应选择速冻、冻干、有机溶剂脱水、制成“丙酮粉”或浸入丙酮、甘油中保存及采用防腐剂保鲜。

三、组织与细胞的破碎及细胞器的分离

（一）组织与细胞的破碎

大多数生物活性物质都存在于细胞之内，它们的提取与分离，必须采用一定的方法将细胞或组织破碎。常用的方法有机械方法、物理方法、化学方法及酶学方法。

1. 机械破碎方法

（1）组织捣碎法　利用高速组织捣碎机中高速旋转的叶片所产生的剪切力将组织细胞破碎，适用于动物内脏组织、植物肉质种子等。

（2）匀浆器破碎　用玻璃或不锈钢或硬质塑料制成的匀浆器研磨而磨碎组织或细胞。该法对细胞破碎程度比组织捣碎机高，而其机械剪切力对生物活性物质的破坏较少。

（3）研磨器破碎　研磨器通常由陶瓷制的研钵和研杆组成，操作时，将欲破碎的材料置于研钵中，加入少量的石英砂一起反复研磨，即可将组织细胞研碎。常用于微生物或植物细胞的破碎。

2. 物理破碎方法

（1）超声波破碎法　通过超声波的作用，使细胞结构解体而使细胞破碎。破碎的效果与样品浓度、超声波频率、输出功率和破碎时间有密切关系，多用于微生物细胞的破碎。必须注意的是在处理过程中会产生大量的热，应采取相应的降温措施。一些对超声波敏感的生物大分子，应慎用。

（2）渗透压法　利用细胞内外渗透压差使细胞破碎。如将细胞直接投入低渗溶液（如水、稀盐溶液）中，因溶剂分子的大量渗入细胞内而引起膜的膨胀破裂。此法适用范围较窄，仅对细胞壁比较脆弱的样品适用。

(3) 温度差破碎法　通过温度的变化使样品细胞破碎。如将样品冷冻至－15℃以下，使其冻结，然后迅速升温，即可使细胞破碎。此法多用于动物性材料。

3. 化学破碎方法

(1) 溶剂处理法　通过化学溶剂的作用，改变或破坏细胞膜结构、细胞溶解释放出内容物。常用的溶剂有丙酮、甲苯、丁醇、氯仿等。

(2) 表面活性剂处理法　利用表面活性剂的作用，使组织或细胞溶解。常用的表面活性剂有十二烷基硫酸钠（SDS）、氯化十二烷基吡啶、吐温（Tween）和胆酸盐等。

4. 酶学破碎方法

(1) 自溶法　利用组织中自身酶的作用改变，破坏细胞结构，释放出内容物。动物细胞的自溶温度一般选在0～4℃，而微生物材料则多在室温下进行。另外考虑自溶时间一般比较长，常常应加入少量防腐剂如甲苯、氯仿等。

(2) 加酶促进法　在细胞悬浮液中，加入各种水解酶如溶菌酶、纤维素酶、脂肪酶、核酸酶、透明质酸酶等专一性地将细胞壁酶解，使内容物释放。

(二) 细胞器的分离

各类生物活性物质在细胞内的分布是不同的，如DNA几乎全部集中在细胞核内，RNA则大部分分布于细胞质，各种酶和蛋白质在细胞内的分布也各不相同。因此，细胞破碎后，一般采用差速离心法分离细胞内质量不同的细胞组分，沉降于离心管内不同区域，分离后即得所需组分。细胞器分离中常用的离心介质有蔗糖、葡聚糖、聚乙二醇等。

四、生物活性物质的提取和纯化

(一) 生物活性物质的提取

1. 提取的基本概念与影响因素

提取是在一定的条件下，用一定的溶剂处理样品，使被提取的生物大分子充分释放出来的过程。提取分固-液提取和液-液提取，后者又称为萃取。

影响提取的主要因素是被提取物在提取的溶液中溶解度的大小及由固相扩散到液相的难易程度。某一物质在溶剂中的溶解度大小与该物质的分子结构及所使用的溶剂的理化性质有密切关系，一般遵守“相似相溶”的原则。扩散作用对生物大分子的提取有一定的影响。增加温度、降低溶液的黏度、增加扩散面积、减少扩散距离、搅拌及延长提取时间等，都有利于提高扩散速度，从而增加提取效果。提取的原则是“少量多次”，即对于等量的提取溶液，分多次提取比一次提取的效果好得多。

2. 常用的提取方法

(1) 水溶液提取　各种水溶性、盐溶性的生物活性物质可以利用水或稀酸、稀碱、稀盐溶液进行提取。这类溶剂提供了一定的离子强度、pH值及相当的缓冲能力。

盐离子的存在能减弱生物分子间离子键及氢键的作用力，稀盐溶液可促进蛋白质等生物大分子的溶解，称为“盐溶”作用。而某些与细胞结构结合牢固的生物活性物质，在提取时采用高浓度盐溶液（如4mol/L盐酸胍，8mol/L脲或其他变性剂），这种方法称“盐解”。

(2) 表面活性剂提取　表面活性剂既有亲水基团又有疏水基团，在分布于水-油界面时有分散、乳化和增溶作用。一些采用水、盐系统难于提取的蛋白质、酶、核酸，可采用表面活性剂进行提取。如十二烷基硫酸钠（SDS），它利于破坏核酸与蛋白质的离子键合，对核酸酶又有一定抑制作用，因此常用于核酸的提取。

(3) 有机溶剂提取　对于水不溶性的脂类、脂蛋白、膜蛋白结合酶等，可采用有机溶剂进行提取。常用的有机溶剂有乙醇、丙酮、丁醇等。可以采用单一溶剂分离法，也可以采用多种溶剂组合分离法，如先用丙酮，再用乙醇，最后用乙醚提取，可以从动物脑中依次分离出胆固醇、卵磷脂和脑磷脂。

常用丙酮处理某些生化原材料，制成“丙酮粉”，使材料脱水、脱脂，细胞结构松散，增加稳定性，有利于活性成分的提取，同时又减少了体积，便于贮存和运输。而且应用“丙酮粉”提取可以减少提取液的乳化程度及黏度，有利于离心与过滤操作。

（二）生物活性物质的分离与纯化

1. 沉淀法

生物活性物质的初步分离与纯化，一般采用沉淀分离法，即通过改变某些条件或加入某种物质，使溶液中某种溶质的溶解度降低，从而从溶液中沉淀析出。沉淀分离法包括盐析沉淀、等电点沉淀和有机溶剂沉淀等。

（1）盐析法

① 原理　盐析法是最早使用的生化分离手段之一，其作用机制是：利用中性盐（如硫酸铵）来中和蛋白质分子表面的电荷、使其不带电荷从而溶解度下降并沉淀析出。不同的蛋白质分子由于其表面带有不同的电荷，它们在沉淀时所需要的中性盐的饱和度各不相同，因此可通过调节混合蛋白质溶液中的中性盐浓度使各种蛋白质分段沉淀。

② 盐的选择　盐析所用的中性盐包括硫酸铵、氯化钠、硫酸钠、硫酸镁等。选择盐析用盐要考虑的几个问题：a. 盐析作用要强；b. 盐析用盐有足够大的溶解度，并且溶解度受温度影响应尽可能地小；c. 盐析用盐在生物学上是惰性的，不致影响蛋白质等生物分子的活性；d. 来源丰富、经济。硫酸铵由于具有盐析效应强、溶解度大且受温度影响小等特点，因此在盐析中使用最多。

③ 盐的浓度　各种蛋白质和酶分子的颗粒大小、亲水程度不同，故盐析所需的盐浓度也不相同。通常盐析所用中性盐的浓度以相对饱和度来表示，也就是把饱和时的浓度看作100%，如1L水在25℃时溶入了767g硫酸铵固体就是100%饱和。盐析操作时，可采用直接投盐法增加盐浓度，或加入饱和硫酸铵溶液的方法。

④ 影响盐析的因素　a. 不同溶质的盐析行为不同，这是盐析分离法的基本依据。b. 溶质（蛋白质等）的浓度，蛋白质浓度高时，欲分离的蛋白质常常夹杂着其他蛋白质一起沉淀出来（共沉现象）。一般常将蛋白质的浓度控制在2%～3%。c. pH值，大多数蛋白质在等电点时其溶解度最小，因此实际操作时，往往调整选择蛋白质溶液的pH值在沉淀目的物的等电点附近进行盐析。d. 盐析温度，对于大多数蛋白质，低盐浓度下，温度升高、溶解度升高，高盐浓度下，温度升高，溶解度反而降低。

⑤ 盐析方法和注意事项　a. 分部盐析法，先以较低的盐浓度除去部分杂蛋白、再提高饱和度沉淀目的物。b. 重复盐析法，为了克服因高蛋白质浓度而发生的共沉淀作用所引起的分辨率不高的缺点，可用重复盐析的方法。c. 反抽提法，为了排除共沉淀的干扰，先在一定的盐浓度下将目的蛋白夹带一定数量的杂蛋白一同沉淀，然后再将沉淀用较低浓度盐溶液平衡，溶出其中的杂蛋白达到纯化之目的。

盐析时，为防止“局部过浓”，对于固体盐投入法，需磨细盐粒，再不断搅拌下，分批缓和加入到溶液中去；盐析应在室温下（10～25℃）进行；盐析所得沉淀需要经一段老化时间后进行分离。

（2）等电点沉淀法　蛋白质等两性电解质，在溶液的pH等于其等电点时溶解度最小，而不同的蛋白质具有不同的等电点，因此可通过调节溶液不同的pH值对蛋白质进行分离。在实际工作中，往往将等电点沉淀法与盐析法或有机溶剂沉淀法联合使用。单独使用等电点法主要是用于去除等电点相距较大的杂蛋白。

（3）有机溶剂沉淀法　利用不同蛋白质在不同浓度的有机溶剂中的溶解度不同，从而使不同的蛋白质得到分离。常用的有机溶剂有乙醇和丙酮。该法的分辨率比盐析法好，溶剂也容易除去，缺点是易使蛋白质和酶变性，应注意在低温条件下进行。

2. 膜分离法

用于生物活性物质分离纯化的膜分离法有渗透、透析、电渗析、反渗透及超滤等，这些方法虽然采用的膜及操作方式各异，但它们与传统的分离方法相比，具有效率高、经济、无相的变化等优点。膜分离法不仅可用于生物大分子分离纯化过程中的脱盐、浓缩，而且也应用于基因工程产品和单克隆抗体的回收。

（1）透析技术　透析是应用得最早的膜分离技术。它的特点是用于分离两类分子量差别较大的物质，即将分子量在 10^3 级以上的大分子物质与分子量 10^3 级以下的小分子物质分离。由于是分子水平的分离，故无相的改变，是在常压下依靠小分子物质的扩散运动来完成的。

透析法多用于去除大分子物质溶液中的小分子物质，此称为脱盐。实验室研究中常使用简易透析法。方法是把洗脱液装入透析袋中，约 1/2 满，然后用线扎紧袋的两端，再用蒸馏水进行透析，这时盐离子通过透析袋扩散到蒸馏水中，蛋白质的分子量大不能透过透析袋而保留在袋中，通过不断地更换蒸馏水，使盐离子析出，直至透析完毕。一般的透析时间是 24h，每小时换水一次，整个过程在 4℃下进行。

（2）超滤技术　超滤是使用特殊的超滤膜对溶液中各种溶质分子进行选择性过滤的方法。当溶液在一定压力（外源氮气压力或真空泵压）下通过超滤膜时，溶剂和小分子物质可以透过，而大分子物质被截流在膜的表面，从而使不同分子量的物质得到分离，或者用于生物大分子的蛋白质和酶的脱盐和浓缩。由于该法具有不存在相变，不添加任何化学物质，条件温和，操作方便，能较好地保持生物活性物质的活性，回收率高等优点，因此应用越来越广泛，除应用于浓缩、脱盐、大分子物质的分离纯化，还应用于除菌过滤及生物药物的去热原，应用于连续发酵和动、植物细胞的连续培养等。

在实施超滤技术时，超滤膜的性能关系极大，在选择时必须注意以下几点。

① 截留相对分子质量　超滤膜通常不以其孔径大小作为指标，而以截留相对分子质量作为指标。所谓“相对分子质量截留值”是指阻留率达 90%以上的被截留物质的相对分子质量。它表示了每种超滤膜所额定的截留溶质相对分子质量的范围，大于这个范围的溶质分子绝大多数不能通过该超滤膜。一般选用的膜的额定截留值应稍低于分离或浓缩的溶质的相对分子质量。

② 超滤膜性质和使用条件　在使用超滤技术时除考虑相对分子质量截留值和流率外，还需了解各种超滤膜的性质和使用条件。

a. 操作温度　不同的膜基材料对温度的耐受能力差异很大，如 UM、XM、HM、OM 型膜使用温度不超过 50℃，而 PM、HP 膜则能耐受高温灭菌（120℃）。

b. 化学耐受性　不同型号的超滤膜与各种溶剂或药物的作用也存在很大差异，使用前必须查明膜的化学组成，了解其化学耐受性。如 DM 型膜禁用强碱、氨水、肼、二甲基甲酰胺、二甲基亚砜等。

c. 膜的吸附性质　由于各种膜的化学性质组成不同，对各种溶质分子的吸附情况也不同。使用超滤膜时，希望它对溶质的吸附尽可能少些。

d. 膜的无菌处理　许多生化物质需要在无菌条件下进行处理，所以必须对超滤器及超滤膜实行无菌化。

3. 层析法

层析分离技术操作简便，自动化水平高，样品可多可少，既可用于实验室的科学研究，也可用于工业生产，已广泛应用于生物活性物质的分离与纯化。常用的层析分离技术包括吸附层析、离子交换层析、凝胶层析和亲和层析等。

其中的亲和层析与其他类型的层析技术有所不同，它是利用生物分子间所具有的专一而又可逆的亲和力而使生物分子分离纯化的一种层析技术。具有专一而又可逆的亲和力的生物分子是成对互配的，如酶和底物、抗原和抗体、激素与其受体、DNA 与其互补的 RNA 等。在成对互配的生物分子中，可把任何一方固相化作为固定相，另一方若随流动相流经固定相时，双方即亲和结合，然后选择适宜的条件将它们分开，从而可得到与固定相有特异亲和能力的某一特定的生物活性物质。亲和层析的最大优点在于，利用它从粗提液中一步提纯，便可得到所需的高纯度活性物质。例如用珠状琼脂糖为载体，以胰岛素为配基制得的亲和柱，从肝脏匀浆中成功地提取得到胰岛素受体，经过亲和层析一步处理，可使胰岛素受体纯化 8000 倍左右。

4. 电泳法

带电粒子在电场中向着与其本身所带电荷相反的电极移动的过程称为电泳。不同的生物分子，由于所带电荷性质、电荷数量以及相对分子质量的不同，因而在一定的电场中移动方向和移动速度也不同，因此可使它们得到分离。

电泳技术既可用于分离各种生物大分子，也可用于分析某种物质的纯度，还可用于相对分子质量的测定。电泳技术与层析技术的结合，可用于蛋白质结构的分析，“指纹法”就是电泳法与层析法的结合产物。利用免疫学技术检测电泳结果，提高了对蛋白质的鉴别能力。

电泳方法各式各样，按所使用的支持体的不同，可分为纸电泳、薄膜电泳、薄层电泳、凝胶电泳和等电聚焦电泳等。

5. 离心技术

利用离心机旋转所产生的离心力，根据物质颗粒的沉降系数、质量、密度及浮力等因子的不同，而使物质分离的技术称离心技术。离心技术既可以是制备性的，也可以是分析性的。离心技术可用于细胞器的分离、菌体细胞的收集、发酵液的分离和生物大分子物质的浓缩等。

制备性离心技术可分为差速离心、密度梯度离心和等密度离心等。

(1) 差速离心　通过分步改变离心速度，用不同强度的离心力，使具有不同沉降速度的颗粒分批沉淀分离的方法，称为差速离心。操作过程一般是在离心后用倾倒的办法把上清液与沉淀分开，然后将上清液升高转速再次进行离心，分离出第二部分沉淀，如此多次离心，即能把液体中的不同沉降速度的颗粒分批分离。

差速离心的分辨率不高，沉降系数在同一个数量级内的各种颗粒不容易分开，该法常用于其他分离手段之前的粗制品提取，例如利用差速离心法从大鼠肝匀浆中分离各种细胞器。

(2) 密度梯度离心　又称速度区带离心，系将样品在密度梯度介质中进行离心，使沉降系数比较接近的物质得以分离的一种区带分离方法。

密度梯度离心的操作过程，是在离心前于离心管内先装入密度梯度介质（如蔗糖、甘油、氯化铯、右旋糖酐等），介质的密度自上而下逐渐增大，介质的最大密度（ρ_m）必须小于样品中颗粒的最小密度（ρ_p），即 $\rho_p > \rho_m$。待分离的样品是小心地铺放在密度梯度介质的表面，离心时，由于离心力的作用，颗粒离开原样品层，按不同沉降速率沿管底沉降。离心一定时间后，不同大小、不同形状、有一定的沉降系数差异的颗粒在密度梯度溶液中形成若干条界面清楚的不连续区带。

在密度梯度离心过程中，区带的位置和宽度随离心时间的不同而改变。离心时间越长，由于颗粒扩散而使区带越来越宽。因此，适当增大离心力而缩短离心时间，可减少由于扩散导致区带加宽现象，增加区带界面的稳定性。

密度梯度离心法适于分离颗粒大小不同而密度相近的组分，如 DNA 与 RNA 的混合物、核蛋白体亚单位及线粒体、溶酶体及过氧化物酶体等。

（3）等密度离心　当不同颗粒存在浮力密度差时，在离心力场下，颗粒或向下沉降，或向上浮起，一直沿梯度移动到它们密度恰好相等的位置上（即等密度点）形成区带，称为等密度离心，也称沉降平衡。其特点是沉降分离与样品物质的大小和形状无关，而取决于样品物质的密度，即根据样品密度的差异进行的离心分离。

等密度离心法常用的介质是氯化铯，一般是将待分离样品液和氯化铯溶液混合均匀，然后在离心机内离心，铯盐由于离心力的作用，自离心管口至管底形成连续递增的密度梯度，生物样品中的不同组分在离心过程中在其各自的等密度点位置上形成不同的区带，从而得到分离。

等密度离心法可应用于大小相近而密度差异的生物物质的分离，如DNA的分级分离。

五、生物活性物质的浓缩、干燥和保存

（一）浓缩

生物活性物质在制备过程中，由于一系列的分离纯化步骤可能使得样品液变得很稀，为了进一步的分离或保存及鉴定的目的，往往需要进行浓缩。粗分离时，一般浓缩可采用盐析法、有机溶剂沉淀法、减压薄膜浓缩和超滤法等；精制分离纯化，则可采用吸收法、超滤法及有机溶剂沉淀法等。值得注意的是，由于多数生物活性物质对热不稳定，因此必须采用一些较为缓和的浓缩方法。

（1）减压浓缩　通过降低液面压力使液体沸点降低，减压的真空度愈高，液体沸点降得愈低，蒸发愈快。该法适应于一些不耐热的生物活性物质的浓缩。

（2）吸收法　利用吸收剂直接吸收除去溶液中的溶剂分子，使溶液得到浓缩。使用的吸收剂必须与样品溶液不发生化学反应，对生物活性物质没有吸附作用，并且易与溶液分开。常用的吸收剂有聚乙二醇、蔗糖、甘油和凝胶等。使用聚乙二醇浓缩时，先将待浓缩的生物大分子溶液装入透析袋内，袋外加聚乙二醇覆盖并置于4℃下，袋内的溶剂渗出即被聚乙二醇迅速吸收，聚乙二醇被饱和后可更换新的，直至达到所需要的体积。该法特别简便，适用于实验研究中的少量溶液的浓缩。

（3）超滤浓缩　应用不同型号的超滤膜浓缩不同分子量的生物活性物质。既适用于实验研究中的少量溶液的浓缩，也可用于工业生产。

（二）干燥

生物活性物质的制备得到所需的产品后，为了防止变质，保持生物活性和稳定性，利于保存和运输，常常需要干燥处理，常用的干燥方法是真空干燥和冷冻干燥。

（1）真空干燥　是在密闭容器中抽去空气后进行干燥的方法，其原理与减压浓缩相同，真空度愈高，溶液沸点愈低，蒸发愈快。该法适用于不耐高温、易氧化物质的干燥和保存。

（2）冷冻干燥　是将需要干燥的生物活性物质的溶液预先冻结成固体，然后在低温低压条件下从冻结状态不经液态而直接升华除去水分的一种干燥方法。操作时，一般先将待干燥的液体冷冻到冰点以下使之变成固体，然后在低温（－30～－10℃）、高真空度（13.3～40Pa）时，将溶剂变成气体直接用真空泵抽走。该法具有如下的优点：①避免生物活性物质因高热而分解变质；②产品质地疏松；③含水量低；④产品中的微粉物质少；⑤产品剂量准确，外观优良。

（三）保存

生物活性物质的稳定性与保存方法密切相关，生物活性物质的保存可分为干粉保存和液态保存两种方法。

（1）干粉保存　干燥的制品一般比较稳定，在低温条件下，其活性可在数日、数月甚至数年无明显变化，贮藏要求简单，只要将干燥的样品置于干燥器内（内装有干燥剂）密封，

在 0～4℃冰箱中保存即可。

(2) 液态保存　液态保存一般不利于生物物质活性的保持，只在一些特殊情况下采用，并往往需要加入防腐剂和稳定剂，同时必须保存在 0～4℃冰箱中，注意保存时间不宜过长。常用的防腐剂有甲苯、苯甲酸、氯仿等，蛋白质和酶的常用的稳定剂有硫酸铵、蔗糖、甘油等。另外，酶蛋白也可加入底物和辅酶以提高其稳定性。液态核酸可保存在缓冲液中。

第二节　微生物制药工艺技术基础

一、制药微生物菌种的选育与保藏

(一) 制药微生物菌种的选育

菌种选育在微生物制药工业生产上起了极其重要的作用。目前工业生产所用的菌株绝大多数都是通过菌种选育从产量很低的原始菌株出发，经过多次选育得到的。另外，在生产过程和菌种保藏过程中菌种都不可避免地出现一些退化，这就需要经常对生产菌株进行选育复壮，否则将严重影响生产的顺利进行。高产菌种或分泌新型特效药物菌株的选育，包括自然选育和人工选育两种方法，后者又分诱变育种、杂交育种和基因工程育种等方法，其育种原理都是通过基因突变或重组来获得优良菌株。

1. 自然选育

自然选育就是在生产过程中利用微生物自然突变而进行优良品种选育的过程，自然突变的频率一般较低。在大量的生产实践中，这种突变在形成有利突变的同时，也会出现不利突变，这时不利突变的菌株往往在生长速度上快于正常的生产菌种，使生产性能下降，长期培养后，在微生物群体中占优势地位，表现出菌种衰退及产量下降。因此为确保生产水平，生产菌种使用一段时间后，需要进行纯化和淘汰衰退的菌株，同时分离和筛选出优良的菌株，即所谓的菌株自然分离或自然选育。

常用的自然选育方法是单菌落分离法，即把生产中应用的菌株或在试管中保存的菌株制成单细胞悬浮液，接种于适当的培养基上，培养后，挑取在初筛平板上具有优良特征的菌进行复筛，根据实验结果再挑选 2～3 株优良的菌株进行生产性能实验，最后选出目的菌种。工业生产中，从高产发酵液中直接取样进行自然选育，常常能够选出比较稳定的高产菌株，从而替代原发酵用菌株。

自然选育目前主要用于纯化菌种、选育高产菌株和复壮生产菌株。自然选育简单易行，但效率低，增产幅度不会很大。

2. 诱变育种

凡是利用诱变剂处理分散而均匀的微生物群体，促进其基因发生突变的育种技术就称为诱变育种。其中诱变剂是指能诱致基因突变，明显提高基因突变频率的理化和生物因素。常用的诱变剂包括紫外线、射线、超声波、脱氨剂（如亚硝酸、羟胺）、烷化剂（如硫酸二乙酯、氮芥）、碱基类似物（如 5-氟尿嘧啶）等。

一般诱变剂处理后需采用简便且高效的筛选方法，才能从大量的突变株中寻找出所需要的目的菌株，因此诱变育种过程包括诱变和筛选两部分。诱变育种虽然能大大提高诱变效果，但仍然是一种盲目的育种方法，一株理想的菌株往往需经过反复的诱变和筛选。

诱变育种的基本操作步骤与自然选育基本相同，只是将制备好的单细胞悬浮液经诱变剂处理后再涂布于平皿。

此外，一些抗生素也可作为诱变剂。如抗癌抗生素本身是通过抑制癌细胞 DNA 合成而发挥作用，因此对微生物的DNA也同样有诱变的作用。还有其他许多抗生素也具有不同的诱变效果，例如链霉素抑制蛋白质的合成，引起DNA的交联或DNA的转译错误、DNA多聚酶或修复酶结构改变，最终引起细胞突变，因此链霉素不仅能引起自身生产菌的变异，提高链霉素的发酵单位，也可以引起其他抗生素生产菌的突变，在链霉素的作用下曾获得过对链霉素抗性稳定的艮他霉素高产菌株。

诱变结束后的筛选可以采用传统的随机筛选，也可以通过推理筛选，即根据生产菌的生物合成途径或遗传机制来设计筛选有效突变型的方法。根据推理筛选，可获得多种类型的突变株，包括前体及其类似物抗性突变株、诱导酶系突变株、分解产物的酶缺失突变株、形态突变株、膜渗透性突变株和代谢途径障碍突变株等。

一个优良菌株不仅要高产，而且要具有足够的遗传稳定性，活力强，产孢子丰富，发酵周期短，培养基要求比较粗放，能广泛适应环境条件等优良特性。突变菌株选育后，为了应用到工业生产上，要对菌种纯度、生长速度、产孢能力、培养条件、产品提取难度、保藏法等进行研究。另外，突变株有时会发生变异，在传代过程造成一些低发酵活力的菌占有主导地位，最终导致菌种不纯，因此经常性地进行自然分离和诱变育种是生产正常进行的一个保证。

3. 现代菌种选育技术

(1) 杂交育种　杂交育种是指将两个基因型不同的菌种经接合使遗传物质重新组合，从中分离和筛选出具有新性状的菌株的过程。通过杂交育种，获得了具有新遗传特性的重组体，不仅可克服因长期诱变造成的生活力下降、代谢缓慢等缺陷，也可以提高对诱变剂的敏感性；另外，具有不同遗传性状菌株的杂交，使遗传物质进行交换和重新组合，扩大了变异范围，使两亲株的优良性状集中于重组体内，获得新品种。

(2) 原生质体融合与基因组重排　所谓微生物原生质体融合，就是将双亲株的微生物细胞分别通过酶解脱壁，使之形成原生质体，然后在高渗的条件下混合，并加入物理的或化学的或生物的助融条件，使双亲株的原生质体间发生相互凝集，通过细胞质融合、核融合，而后发生基因组间的交换、重组，进而可以在适宜的条件下再生出微生物的细胞壁来，从而获得重组子的过程。原生质体融合的重组频率高于普通杂交方法，并实现了种间、属间的融合，为亲缘关系较远、性能差别较大原菌株实现杂交，开辟了一条有效的途径。

基因组重排（shuffling）技术也称为循环原生质体融合技术，它是在传统育种、原生质体融合以及DNA改组的基础上对微生物育种技术的改进，是本世纪初才发展起来的一种新的育种技术。其具体操作过程是通过对出发菌株进行诱变，然后在模拟DNA重组的条件下对原生质体进行递进式多次融合（recursive fusion），最后筛选出具有多重正向进化标记的目标菌株。通过循环多轮的随机重组可以快速、高效地选育出表型得到较大改进的杂交菌种。基因组重排技术采用传统诱变与细胞融合技术相结合，对微生物细胞进行基因组重组，遗传信息量大，从而大幅度提高微生物细胞的正向突变频率及正向突变速度，使得人们能够在较短的时间内获得高效的正向突变的菌株，不需要了解亲本详细的遗传背景以及便于操作等优点而受到人们极大的关注。

(3) 基因工程技术育种　基因工程技术育种是在分子生物学理论的指导下的一种自觉的、可事先控制的育种技术，系将某一生物体（供体）的遗传信息在体外经人工与载体连接（重组），构成重组DNA分子，然后转入另一个微生物体（受体）细胞中，使外源DNA片段在受体内部得以表达和遗传。利用基因工程技术改良菌种，产生新的微生物药物，已经成为生物制药的一个重要发展方向。

(二) 制药微生物菌种的保藏

菌种经过多次传代，会发生遗传性的变异，导致退化，从而丧失生产能力甚至死亡，因此，微生物菌种需要妥善地保藏，使之能长期保持存活、不退化。菌种保藏的原理是根据微生物生理、生化特点，创造条件使菌体的代谢处于不活泼、生长繁殖受抑制的休眠状态。这些人工造成的条件主要是低温、干燥、缺氧和营养缺乏等，在这些条件下，可实现菌种的长期保藏。常用的保藏方法如下。

1. 斜面低温保藏法

将菌种接种在适宜的固体斜面培养基上，待菌充分生长后，移至2～8℃的冰箱中保藏。保藏时间依微生物的种类而有不同，霉菌、放线菌及有芽孢的细菌保存2～4个月，移种一次。酵母菌两个月，细菌最好每月移种一次。

此法为实验室和工厂菌种室常用的保藏法，优点是操作简单，使用方便，不需特殊设备，能随时检查所保藏的菌株是否死亡、变异与污染杂菌等。缺点是保藏时间短、容易发生变异。

2. 液体石蜡保藏法

将需要保藏的斜面菌种，加入灭菌的液体石蜡，其用量以高出斜面顶端1cm为准，使菌种与空气隔绝。封闭管口，以直立状态，置低温或室温下保存（有的微生物在室温下比冰箱中保存的时间还要长）。

此法实用、保藏效果好。霉菌、放线菌、芽孢细菌可保藏2年以上，酵母菌可保藏1～2年，一般无芽孢细菌也可保藏1年左右，甚至用一般方法很难保藏的脑膜炎球菌，在37℃温箱内，亦可保藏3个月之久。该法的优点是制作简单，不需特殊设备，且不需经常移种。缺点是保存时必须直立放置，所占位置较大，同时也不便携带。

3. 沙土管保藏法

沙土管保藏法的方法为：①按一份黄土、三份沙的比例（或根据需要而用其他比例，甚至可全部用沙或全部用土）混合均匀，装入10mm×100mm的小试管或安瓿管中，每管装1g左右，塞上棉塞，进行灭菌，烘干，备用；②将培养成熟的（一般指孢子层生长丰满的，营养细胞用此法效果不好）优良菌种，以无菌水洗下，制成孢子悬液；③于每支沙土管中加入约0.5mL（一般以刚刚使沙土润湿为宜）孢子悬液，以接种针拌匀，使孢子吸附在沙土中；④将已吸附孢子的沙土管放入真空干燥器内，用真空泵抽干。干燥后的沙土管放入冰箱或室内干燥处保存。

该法多用于能产生孢子的微生物如霉菌、放线菌，因此在抗生素工业生产中应用广泛，效果亦好，可保存2年左右，但应用于营养细胞效果不佳。

4. 液氮冷冻保藏法

该法为将待保存的菌种用保护剂制成菌悬液密封于安瓿管内，经控制速度冻结后，置于−196～−150℃的液氮保藏器或液氮超低温冰箱中保存。常用的保护剂有10%的甘油溶液或5%～10%的二甲亚砜溶液。

一般微生物在−130℃的低温下，所有的代谢活动暂时停止而生命延续，微生物菌种得以长期保存。该法被认为是防止菌种退化的最可靠方法。该法除适宜于一般微生物的保藏外，对一些用冷冻干燥法都难以保存的微生物如支原体、衣原体、氢细菌、难以形成孢子的霉菌、噬菌体及动物细胞均可长期保藏，而且性状不变异。缺点是需要特殊设备。

5. 冷冻干燥保藏法

该法为将待保存的菌种用保护剂（脱脂牛乳或血清等）制成菌悬液，快速冷冻，真空干燥，低温避光保存。此法为菌种保藏方法中的有效方法之一，对一般生命力强的微生物及其孢子以及无芽孢菌都适用，即使对一些很难保存的致病菌，如脑膜炎球菌与淋病球菌等亦能保存。适用于菌种长期保存，一般可保存数年至十余年，但设备和操作都比较复杂。

二、微生物代谢产物的生物合成

微生物的代谢有初级代谢和次级代谢之分。初级代谢产物合成途径在微生物群中基本是一致的。而次级代谢产物只能由微生物中某些类群所产生，其合成过程或多或少取决于与初级代谢产物无关的遗传物质，并与由这类遗传物质决定的酶所催化的代谢途径有关，而且一般是菌株所特有的。

（一）微生物初级代谢产物的生物合成

微生物的初级代谢产物虽然是用于自身的生长繁殖，但是通过适当的开源节流，可以积累各种各样的初级代谢产物。这类产物的生物合成途径在生物化学等有关书籍中已有详细的论述。这里仅以赖氨酸的生物合成为例加以说明。

赖氨酸的生物合成途径与其他氨基酸不同，依微生物种类而异。产生赖氨酸的细菌主要有谷氨酸棒杆菌、北京棒杆菌、黄色短杆菌或乳糖发酵短杆菌等谷氨酸产生菌的高丝氨酸缺陷型兼 AEc 抗性突变株，这些菌株中赖氨酸的生物合成途径需要经过二氨基庚二酸中间体，体内不存在天冬氨酸激酶的同功酶，因此这一激酶只受赖氨酸和苏氨酸的协同反馈抑制，当发酵体系中存在大量的赖氨酸时，如果控制苏氨酸在限量范围，并不会抑制天冬氨酸半醛的合成。因此选育高丝氨酸合成缺陷的突变株，控制发酵过程，可大量合成赖氨酸。

（二）微生物次级代谢产物的生物合成

1. 微生物合成次级代谢产物的基本特征

微生物的次级代谢产物在生物活动过程中，并不是独立存在的，都要以初级代谢产物作为前体物，并受初级代谢的调节作用。但是次级代谢产物具有种的特异性，有些微生物能合成多种次级代谢产物，而有些微生物能产生同样的产物，这些微生物菌种在分类学上的位置与产生次级代谢产物的结构之间没有明确的内在联系。其次，进行次级代谢的产生菌能同时合成多种结构相似的次级代谢产物，因为次级代谢产物合成的酶系对底物特异性不强，而且在代谢过程中存在许多结构相似的次级代谢中间产物，甚至在某些菌中，同一种次级代谢产物可以通过两种以上的代谢途径合成，最终导致次级代谢产物为一结构极其相近的混合物。在次级代谢产物的合成过程中，有时控制次级代谢产物合成的基因位于核染色体上，有时处在质粒上，而且质粒在次级代谢产物合成中所起的作用要比在初级代谢中大得多。另外，次级代谢产物一般在菌体的生长后期合成，但是在发酵的每个过程所需要营养成分和发酵条件均不同，因此在实际生产中一定要注意，以便确定最佳的发酵工艺。

2. 次级代谢产物的生源

在研究次级代谢产物生物合成过程中，常用到两个不同的术语，即生物合成和生源。生物合成是指用于描述在生物体内次级代谢产物的形成过程，而生源则是强调次级代谢产物分子的装配单位的来源。一般次级代谢产物的生源都是直接或间接地来自于微生物代谢过程中产生的一些中间产物和初级代谢产物。以下介绍次级代谢产物合成中常用的生源。

（1）聚酮体　即含有多个羰基的聚合物，和初级代谢产物脂肪酸合成的前体相似。许多次级代谢产物（如四环素抗生素的苯并体、大环内酯类抗生素的内酯环以及蒽环类抗生素的蒽醌环）的前体物是由聚酮体构成。组成聚酮体的基本单位为乙酸、丙酸、丁酸和短链脂肪酸，起始单位有乙酰辅酶 A、丙酰辅酶 A、丙二酰胺辅酶 A 和丁酰辅酶 A 等。聚酮体链的延伸单位有丙二酰辅酶 A、甲基丙二酰辅酶 A、乙基丙二酰辅酶 A，分别是二碳、三碳和四碳的供体。聚酮体的形成以起始单位为基础，与链的延伸单位不断缩合和脱羧，最终形成 β-多酮次甲基链，聚酮体链的长短及其链的饱和程度随微生物种类不同而差别很大，一般情况下，聚酮体链的构建单位由 4 个或 4 个以上组成，长链聚酮体的构建单位可以达到 19 种。合成的 β-多酮次甲基链经过不完全的还原或者在不同位点还原，可以形成种类极多的聚酮体。这些反应是附着于酶的表面上完成的，而不是在细胞质中以游离态进行的。

以聚酮体形成次级代谢产物时，常伴随着聚酮体长链上许多基团的化学修饰作用，可以引进一些氯原子、氧原子、C-甲基等，而且经修饰的聚酮体以糖苷键和糖类物质相连，以酰胺键形式与某些氨基化合物相连，使得由聚酮体组成的次级代谢产物群非常庞大。

(2) 糖类 参与次级代谢产物中的糖类主要有氨基糖、糖胺、核糖、环多醇和氨基环多醇以及其他糖类等。

微生物在发酵过程中，可以利用的碳源有单糖、双糖以及少数多糖等，但是在被微生物吸收时，必须先降解成以葡萄糖和戊糖为主的单糖，因此在次级代谢产物结构中，主要以葡萄糖和戊糖为前体，形成次级代谢产物所需要的各种糖类和氨基糖。例如葡萄糖的碳架经过异构化、氨基化、脱氧、碳原子重排、氧化还原或脱羧等修饰后形成各种糖类，以 *O*-糖苷、*N*-糖苷、*S*-糖苷、*C*-糖苷的方式并入次级代谢产物分子中。大多数情况下，葡萄糖在被修饰成为次级代谢产物中的糖类时，需要先活化成二磷酸核苷衍生物或其他形式。

(3) 不常见的氨基酸 不常见的氨基酸是指非蛋白质组成氨基酸，如 D-氨基酸、*N*-甲基氨基酸、β-甲基氨基酸以及稀有的二氨基酸等。这些非蛋白质氨基酸在次级代谢产物中占到一半以上，可以由正常的氨基酸异构或修饰而得，也可以通过葡萄糖的初级代谢产物合成。不常见的氨基酸是肽类抗生素的构建单位，如杆菌肽、放线菌素 D 等。青霉素、头孢菌素等的生物合成也是利用了非蛋白质氨基酸。

(4) 非核酸的嘌呤碱和嘧啶碱 非核酸的嘌呤碱和嘧啶碱不同于正常核酸上的碱基，而是以正常碱基经过化学修饰形成的。其合成途径与菌体内核苷酸的合成途径不同，可以直接利用培养基中的各种嘌呤碱基核苷酸。如 3′-脱氧嘌呤核苷酸类抗生素的生物合成过程中，腺嘌呤核苷酸可以直接被产生菌作为前体物质并入抗生素的结构中，而不用菌体先将其分解为腺嘌呤和核糖。而嘧啶核苷酸类抗生素的生物合成中，嘧啶环的前体物质由胞嘧啶提供。

(5) 甲羟戊酸 在许多次级代谢产物中，甲羟戊酸是其重要的构建单位。如甲羟戊酸被磷酸化后形成甲羟戊酸-5-焦磷酸，继续经脱羧和脱水作用就可以形成活性形式的焦磷酸异戊二烯，用于生物碱、胡萝卜素、甾醇和赤霉素等重要活性物质的生物合成。甲羟戊酸的合成是由乙酸缩合而形成的，首先是两个乙酰辅酶 A 进行头尾缩合（claisen 型缩合），然后再和另一个乙酰辅酶 A 进行醇醛缩合，生成 3-羟基-3-甲基-戊二酰辅酶 A，继续经过两步不可逆的还原反应生成甲羟戊酸。

3. 次级代谢产物生物合成的基本途径

各种次级代谢产物以不同的前体经过不同的途径合成，然后再经过一系列化学修饰衍生出各种结构相似的生理活性物质。这些物质的合成途径和修饰作用很不一致，主要取决于生产菌种的生理学特性。在合成过程中存在多种关键酶，而且用于聚合的构建单位数量和种类也因菌种以及次级代谢产物的不同而不同，一般次级代谢产物合成的基本途径包括：前体聚合、结构修饰和不同组分的装配。

(1) 前体聚合 次级代谢产物的合成必须由其不同的生源通过不同的方式聚合在一起。各种聚酮体的聚合反应基本相似，只是起始单位和延伸单位有所变化。聚酮体是 2～6 个二碳单位的聚合反应的结果。对于不同的次级代谢产物，形成聚酮体后，可以成环或进一步被修饰，如直接成环形成四环素前体和大环内酯等，内酯环很快和相应的基团（如氨基糖、糖胺以及其他的糖类单位等）结合，以形成具有不同生理活性物质的次级代谢产物。

有些次级代谢产物中氨基酸的聚合方式不同于蛋白质和谷胱甘肽的合成。例如在肽类抗生素的生物合成中，组成它们的氨基酸首先被相应的多酶合成酶活化为氨酰-腺苷酸，然后按照“蛋白质模板机制”（或称“多酶硫模板机制”）合成肽链。

(2) 结构修饰 次级代谢产物的合成中，各种单体聚合在一起，基本骨架结构建立起来后，其中的某些基团往往还必须通过酶促反应进行修饰，从而形成各种代谢产物。例如红霉素合成中，聚酮体经转化并接收了D-红霉氨基糖后，形成了第一个有生物活性的二糖苷红霉素D，其抗菌活性约为红霉素A的一半，但是红霉素D中的中性糖被甲基化后得红霉素B，或者被羟基化而得红霉素C，红霉素C可进一步被甲基化修饰得到红霉素A。在青霉素的合成中，三肽成环后形成异青霉素N，然后在酰基转移酶的催化下，以苯乙酰基取代β-内酰胺环上的α-氨基己二酰基，生成青霉素G；但是当培养基中不存在苯乙酰基的供体时，异青霉素N则被青霉素酰化酶催化裂解，产生6-APA，它是合成各种半合成青霉素的主要原料。

(3) 不同组分的装配　合成各个组分后，需要按照一定的顺序在特异酶的催化下组装在一起。例如新生霉素的几个组分有4-甲氧基-5′，5′-二甲基-L-来苏糖、香豆素和对羟基苯甲酸，它们形成后装配在一起得到具有生理活性的新生霉素。

三、微生物药物发酵基础

在现代工业中，发酵是利用微生物细胞中酶的作用，将培养基中有机物转化为细胞或其他有机物的过程。

制药工业中有一半以上的药物是利用生物合成法生产的，如青霉素发酵、氨基酸发酵、维生素发酵和葡聚糖发酵等。20世纪70年代以来，由于基因重组技术的问世，可以根据人类的意图构建基因工程菌，使发酵工业能够生产出自然界微生物所不能合成的产物，如胰岛素、干扰素等的发酵生产，从而极大地丰富了发酵工业的范围，推动着发酵工业不断地向前发展。

(一) 发酵方式

1. 表面培养法

微生物在液体的、半固体的或固体的基质表面，经过一定时间培养后，在液体的表面形成微生物膜，半固体的或固体的培养基上，也能形成这种膜。菌体产生的代谢产物，或者扩散到培养基中，或者留在微生物细胞内，或者两者都有，这要根据菌体和产物的特性而定。产物产量达到高峰后进行提取。产量的高低取决于培养基的厚度和表面积之间的比例及培养基的量，比表面积愈大、培养基的厚度愈薄，在一定限度内形成的代谢产物也愈多。

表面培养法是人类利用微生物生产产品历史最悠久的技术之一，青霉素的早期产生也采用表面培养法。表面培养法具有设备、方法简便，投资少，原料粗放，能耗低等优点，但也有劳动强度大、占地面积大、产量低、易污染等缺点。目前，某些农用抗生素如赤霉素，以及一些酿造食品如酒类、酱油、食醋仍采用表面培养法进行发酵生产。

2. 深层培养法

这是微生物细胞在液体深层中进行厌氧或需氧的纯种培养的方法，也称液体深层发酵。按照供气方式的不同，需氧深层发酵可分为振荡培养和深层通气（搅拌）培养。振荡培养，即摇瓶振荡培养，培养微生物所需的氧气是外界空气与培养液在振荡时进行自然交换提供的。深层（搅拌）通气培养是在纯种条件下，强制通入无菌空气到密闭的发酵罐中进行（搅拌）培养的方式，微生物所需的氧气是外界通入空气中的氧经过溶解后提供的。摇瓶振荡培养，多为实验室的研究及工业生产中种子的初步制备所采用。深层通气（搅拌）培养则广泛应用于工业生产。

制药工业中，抗生素、有机酸、氨基酸、酶制剂等许多医药产品都可以利用液体深层发酵来进行生产。深层发酵具有生产规模大、发酵速度快、生产效率高、容易实现自动化控制等优点。根据生产过程，液体深层发酵可进一步划分为分批发酵（间歇发酵）、补料分批发酵和连续发酵等。

（1）分批发酵　即所有物料都一次加入发酵罐中，灭菌、接种、发酵培养。发酵结束后将整个罐内发酵液全部倒出，对发酵液进行分离纯化。而发酵罐清罐后，重复上述过程。因整个发酵过程在一个发酵罐中进行，减少了染菌机会，也便于生产控制和管理，并且工艺较为成熟、技术较为完善。在分批发酵中，微生物的生长遵循典型生长曲线的规律。

（2）补料分批发酵　在分批发酵的基础上，间歇或连续地补入新鲜料液，以克服由于养分的不足，导致发酵过早结束。与传统的分批发酵相比，补料分批发酵具有以下的优点：①可以避免在分批发酵中因一次投料过多造成细胞大量生长所引起的一切影响，改善发酵液流体学的性质；②可以解除底物抑制、产物反馈抑制和分解产物阻遏；③可减缓培养液所含碳氮源浓度的衰减，延长微生物细胞的对数生长期和稳定期，增加目的产物的合成，实现发酵过程的最佳化。因此，补料分批发酵被广泛地应用于微生物药物的发酵生产和研究中，如已应用于包括抗生素、氨基酸、酶类等10余类几十种产品的工业生产中。

（3）连续发酵　在发酵过程中不断往发酵罐内加入新鲜的培养基，同时不断取出成熟的发酵液。连续发酵的优点有：培养液浓度和代谢产物含量相对稳定，可保证产品质量和产量稳定；降低空罐的时间、缩短发酵周期，提高了设备利用率、产量和总产率；有利于人力物力的节省，便于自动化生产。其缺点有：发酵过程较长，菌种面临退化的危险，即高产菌丝逐渐被低产细胞所代替，生产能力迅速下降；微生物的变异和杂菌污染的机会增多，对技术要求过高。由于对连续流动的不均匀性、菌丝在管道中流动时的状态以及微生物形态方面的活动规律的研究尚不十分清楚，故连续发酵存在一定的应用困难。目前只限于应用在啤酒、酒精、丙酮、丁醇等的生产。

（二）发酵的基本过程

发酵的基本过程包括以下几个部分：①培养基的配制，培养基、发酵罐及其辅助设备的灭菌；②大规模的有活性、纯种的种子培养物的生产；③发酵罐中微生物在优化条件下大规模生产目的产物；④发酵产物的分离提取；⑤发酵废液的处理。下面以有孢子产生的真菌的发酵为例进行说明。典型的发酵工艺流程见图2-1。

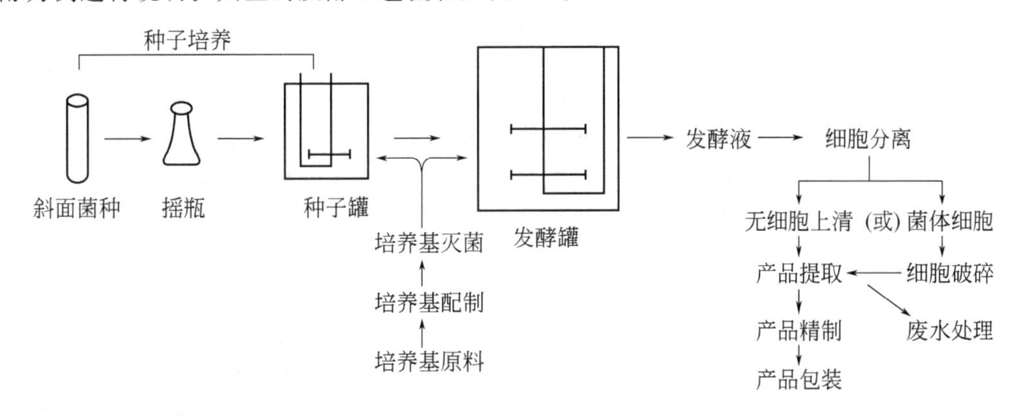

图2-1　发酵工艺流程图

1. 菌种

从来源于自然界土壤等，获得能生产所需目的产物的微生物，经过分离、选育、纯化后，即成为菌种，它必须具备产量高、周期短、性能稳定和容易培养等特点。菌种可用冷冻干燥法制备后，以超低温，即在液氮冰箱（－196～－190℃）内保存。所谓冷冻干燥是用脱脂牛奶或葡萄糖液等和孢子混在一起，经真空冷冻、升华干燥后，在真空下保存。如条件不足时，则可采用砂土管在0℃冰箱内保存的老方法，但如需长期保存时不宜用此法。一般生产用菌株经过多次移植往往会发生变异而退化，故必须经常进行菌种选育和纯化以提高其生产能力。

2. 孢子制备

这是发酵工序的开端，是一个重要环节，其方法是将保藏的休眠状态的孢子，通过严格的无菌手续，将其接种到经过灭菌过的固体斜面培养基上，在一定温度下培养几天，这样培养出来的孢子数量还是有限的，为了获得更多数量的孢子以供生产需要，必要时可进一步采用较大面积的固体培养基（如小米、大米、玉米粒等），扩大培养。

3. 种子制备

此过程是使孢子发芽繁殖，获得足够量的菌丝，以便接种到发酵罐中去。种子制备可以在摇瓶中或中、小罐内进行。种子扩大培养级数的多少，决定于菌种的性质、生产规模的大小和生产工艺的特点。接种材料为孢子悬浮液或来自摇瓶的菌丝，以微孔压差法或打开接种阀在火焰的保护下接种，接种后在一定的空气流量、罐温、罐压、pH值等条件下进行培养，并定时取样做无菌试验、菌丝形态观察和生化分析，以确保种子质量。

4. 培养基的配制

在微生物药物的发酵生产中，由于各菌种的生理生化特性不一样，采用的工艺不同，所需的培养基组成亦各异。即使同一菌种，在种子培养阶段和不同发酵时期，其营养要求也不完全一样。因此需根据不同要求来选用培养基的成分与配比。

培养基的主要成分包括碳源、氮源、无机盐（包括微量元素）和前体等。

（1）碳源　是构成菌体细胞和代谢产物碳骨架及供给菌种生命活动所需能量的营养物质。常用的碳源包括淀粉、葡萄糖、油脂和某些有机酸。由于不同菌种的酶系统有其特殊性，不同菌种能利用的碳源也有所不同。有的用淀粉作碳源比较合适，但有的则用葡萄糖或乳糖较适宜等。

（2）氮源　是构成菌体细胞物质（氨基酸、蛋白质、核酸、酶类等）和含氮产物等其他代谢产物的营养物质。常用的氮源可分为有机氮源和无机氮源两类。有机氮源主要有黄豆饼粉、花生饼粉、玉米浆、蛋白胨、酵母粉、鱼粉、蚕蛹粉和菌丝体等。无机氮源主要有氨水、尿素、硫酸铵、硝酸铵、磷酸氢二铵等。在含有有机氮源的培养基中菌丝生长速度较快，菌丝量也较多。

（3）无机盐和微量元素　微生物在生长、繁殖和产物的生物合成过程中也需要某些无机盐类和微量元素，如硫、磷、镁、铁、钾、钠、锌、铜、钴、锰等。它们对菌体细胞的生理活性的作用与其浓度有关，低浓度时往往呈现刺激作用，高浓度却表现出抑制作用。因此要依据菌种的生理特性和发酵工艺条件来确定合适的配比和浓度。此外，在发酵过程中可加入碳酸钙作为缓冲剂以调节pH。

（4）前体　在产物的生物合成过程中，被菌体直接用于产物合成而自身结构无显著改变的物质称为前体。前体除直接参与产物的生物合成外，在一定条件下还控制菌体合成代谢的方向并增加代谢的产量。如苯乙酸或苯乙酰胺可用作青霉素发酵的前体，丙酸或丙醇可作为红霉素发酵的前体。前体的加入量应当适度，如过量则往往对菌体的生长显示毒副作用，同时也增加了生产成本，如不足，则发酵单位降低。

此外，有时还需要加入某种促进剂或抑制剂，如在四环素发酵中加入M-促进剂和抑制剂溴化钠，以抑制金霉素的生物合成、增加四环素的产量。

（5）培养基的质量　培养基的质量应予严格控制，以保证发酵水平，可以通过化学分析，并在必要时作摇瓶试验以控制质量。培养基的储存条件对培养基质量的影响应予注意。

此外，如果在培养基灭菌过程中温度过高、受热时间过长亦能引起培养基成分的降解或变质。培养基在配制时的调节其 pH 亦要严格按规定和程序来执行。

5. 发酵

发酵过程的目的是使微生物大量生产目的产物。在发酵开始前，有关设备和培养基必须先经过灭菌后再接入种子，接种量一般为 5%～20%，在需氧发酵的整个过程中，需不断地通入无菌空气和搅拌，以维持一定罐压或溶氧，在罐的夹层或蛇管中需通冷却水以维持一定罐温。并定时取样分析和做无菌试验，观察代谢情况及产物产量情况、是否有杂菌污染等。在发酵过程中会产生大量泡沫，所以往往要加入消沫剂来控制泡沫，必要时还加入酸、碱以调节发酵液的 pH 值，多数品种的发酵还需要间歇或连续加入葡萄糖及铵盐化合物（以补充培养基内的碳源和氮源），或补进其他料液和前体，以促进产物的合成。

发酵过程中可供分析的参数有；通气量、搅拌转速、罐温、罐压、培养基总体积、黏度、泡沫情况、菌丝形态、菌丝浓度、pH 值、溶解氧浓度、排气中二氧化碳含量以及培养基中的总糖、还原糖、总氮、氨基氮、磷和产物含量等，一般根据各品种的需要测定其中若干项目。目前许多项目都可以通过在线控制。

发酵周期会因品种不同而异，大多数抗生素的发酵周期为 4～8 天，但也有少于 3 天或长达 10 多天的，如新霉素、灰黄霉素等。

6. 发酵液的预处理和过滤［见本节（五）］。

（三）发酵罐

发酵罐是微生物发酵的核心设备，是现代生物工程领域中的一种重要的生物反应器。发酵罐的容量可大可小，国外生产单细胞蛋白的发酵罐容积达到 1500m^3，柠檬酸及抗生素的发酵罐容积为 150～400m^3，国内生产抗生素的发酵罐约为 20～100m^3。除了酒精、乳酸等少数的发酵为厌气发酵之外，绝大多数的生物制药生产都是使用通气发酵反应的。目前，常用的通气发酵罐有机械搅拌式发酵罐和气升式发酵罐。

（四）发酵工艺条件的控制

发酵过程是微生物药物发酵生产中决定产物产量的主要过程。发酵过程由于各种酶系统的作用发生一系列生化反应，各种酶系统的活性受各种因素影响而相互作用。发酵水平的高低，首先受菌种这个内因的限制，但是发酵过程的控制也有着极为重要的作用。只有良好的外界环境因素，才能使菌种固有的优良性能得到充分的发挥。下面讨论发酵工艺条件及控制对产生菌的生长代谢及产物生物合成的影响，包括温度、pH、溶氧、基质、压力、搅拌、通气等因素的影响与控制。

1. 温度的选择及控制

在发酵过程中，需要维持适当的温度，才能使菌体生长和代谢产物的合成顺利地进行。最适发酵温度是既适合菌体的生长，又适合代谢产物合成的温度，但最适生长温度与最适生产温度往往不一致。因此根据发酵的不同阶段，选择不同的培养温度。

在生长阶段时，选择最适生长温度，在合成时选择最适生产温度。这样的变温发酵所得产物的产量是比较理想的。但在工业发酵中，由于发酵液的体积很大，升降温度比较困难，所以往往在整个发酵过程中，采用一个比较适合的培养温度使得到的产物产量最高。或者在可能条件下进行适当的调整。

工业生产中，大多数发酵不需要加热，需要冷却的情况较多，可通过热交换冷却（冷却水通入发酵罐的夹层或蛇形管、列管中，通过热交换来降温），保持恒温发酵。

2. pH 的选择及控制

微生物发酵的合适 pH 范围一般是在 5～8 之间。选择合适的培养基的基础配方，并通过补加酸碱或葡萄糖等以控制料液 pH 的变化。

3. 溶氧的影响及控制

溶氧是需氧发酵控制的最重要参数之一，氧在水中的溶解度很小，所以需要不断通气和搅拌，才能满足溶氧的要求。抗生素发酵一般都是需氧发酵，因此它们必须在有氧的条件下，才能获得大量的能量来满足菌体生长、繁殖和分泌抗生素的需要。所以溶氧既影响菌体生长，又影响产物合成。但也并不是溶氧愈大愈好，因为溶氧太大有时反而抑制产物的形成。因此必须考察每一种发酵产物的临界氧浓度和最适氧浓度，并使发酵过程保持在最适浓度。

溶氧的控制：①通过控制补料速度来控制菌体浓度，从而控制发酵液的摄氧率；②调节温度，降低培养温度可提高溶氧浓度。③适当增加搅拌速度，可提高供氧能力，并及时排除 CO_2。

4. 基质的影响及其控制

基质，即培养微生物的营养物质。基质的种类和浓度与发酵代谢有着密切的关系，选择适当的基质和控制适当的浓度，是提高代谢产物产量的重要方法。

5. 菌体浓度的影响及其控制

菌体（细胞）浓度，简称菌浓，是指单位体积培养液中菌体的含量。菌浓的大小，在一定条件下，不仅反映菌体细胞的多少，而且反映菌体细胞生理特性不完全相同的分化阶段。适当的比生长速率下，发酵产物的产率与菌体浓度成正比关系。发酵生产中有一个临界菌体浓度，超过这个临界浓度，反而会引起比生长速率和发酵产物的得率下降。一般通过确定基础培养基配方的适当配比和通过中间补料来控制适当的菌浓。

6. CO_2 的影响及其控制

CO_2 是微生物在生长繁殖过程中的代谢产物，也是某些合成代谢的基质，对微生物生长和发酵具有刺激或抑制作用。一般通过增加通气量和搅拌速率，通入碱中和 CO_2，补料和调节罐压等来控制 CO_2 的浓度。

7. 泡沫的影响及其控制

在大多数发酵过程中，由于培养基中蛋白类表面活性剂存在，在通气条件下，培养液中就形成了泡沫。泡沫影响发酵罐的装料系数，减少氧传递系数，造成逃液、影响补料、增加污染杂菌机会、影响通气和搅拌的正常运转、阻碍菌体的呼吸，导致代谢异常，产量下降。

泡沫的控制方法包括：①筛选不产生流态泡沫的菌种，消除起泡的内在因素；②调整培养基中的成分（如少加或缓加易起泡的原材料）；③改变某些物理化学参数（如 pH、温度、通气和搅拌）；④改变发酵工艺（如采用分次投料）；⑤采用机械消沫或消沫剂消沫。消沫剂主要有天然油脂类和聚醚类。最常用的是聚氧乙烯氧丙烯甘油（简称 GPE 型），又称泡敌。泡敌的一般总用量为 0.01%～0.04%。

（五）发酵产物的分离提取

发酵产物的分离是指从发酵液中分离、精制有关产品的过程。由于发酵液中的目的产物的浓度往往都很低，如抗生素为 1%～3%，酶为 0.2%～0.5%，维生素 B_{12} 甚至只有 0.002%的含量，并且发酵液中还可能同时有物化性质类似的副产物和杂质的存在；而目的产物具有生物活性，在分离提纯过程中很容易失活；发酵液易受微生物污染而变质。上述原因使得发酵生产的下游加工过程的难度大大增加，也使其成为发酵工业的重要组成部分，因为这是产品的收率、质量及经济效益好坏的关键所在。

发酵产品的多样性和特殊性导致了各式各样的分离方法和应用，图 2-2 为一般的发酵生产的下游加工的工艺流程图。

1. 发酵液的预处理和过滤

发酵液的预处理及过滤，是产物提取的第一道工序。在发酵液过滤以前，一般对发酵液

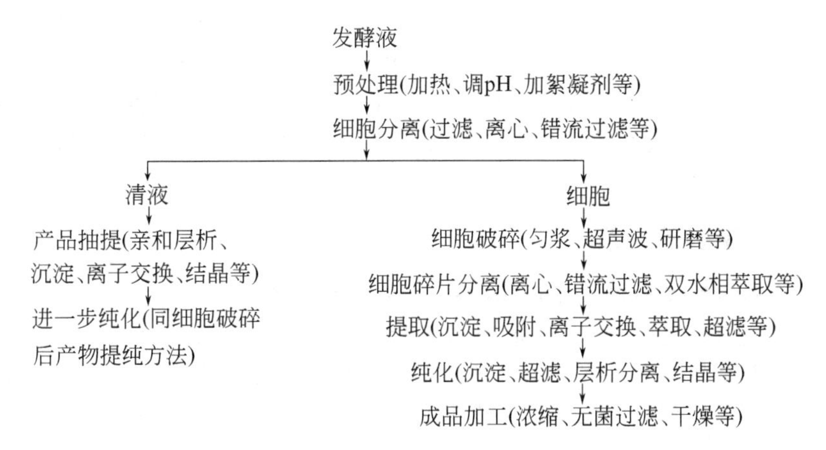

图 2-2　下游加工的工艺流程图

进行预处理，预处理的目的在于使发酵液中的蛋白质和某些杂质沉淀，以增加过滤速度，有利于后面提取工序的操作，并尽可能地使产物转入便于以后处理的相中（因为当发酵终了时，大多数产物存在液相中，但也有的产物存在于菌丝体内或两相同时存在的缘故）。常用的预处理方法有酸化、加热、加絮凝剂等。

发酵液过滤的目的是使菌丝体从发酵液中分离出来，除少数目的产物如灰黄霉素、制霉菌素等非水溶性抗生素存在于菌丝体内、需从菌丝中提取外，一般过滤操作都是为了获得含有目的产物的澄清发酵滤液，供下步提取目的产物之用。

2. 提取和精制

提取过程的目的是将发酵液中的目的产物进行初步浓缩和提纯。采用的方法一般有溶剂萃取法、沉淀法、离子交换法和吸附法等。

精制是将目的产物的提取液或中间体（粗制品）进一步加以纯化并精制成符合药品标准的各种微生物发酵药物的成品。

在精制时仍可重复或交叉使用提取的基本方法。较多的产品精制时，常采用树脂脱色或活性炭脱色及去热原。此外，在精制过程中还可采用结晶及重结晶、晶体洗涤、蒸发浓缩、层析、无菌过滤、干燥等方法。

第三节　基因工程制药技术基础

基因工程，即重组 DNA 技术的实际应用，它是把在体外重新组合的 DNA 引入到适当的细胞中进行复制和表达。自从 1973 年诞生了基因工程以来，制药工业发生了革命化的变化。基因工程技术的迅猛发展，使人们能够十分方便有效地生产许多以往难以大量获取的生物活性物质，甚至可以创造出自然界中不存在的全新物质。自 1982 年第一个基因工程药物——人胰岛素在美国被批准生产与使用以来，迄今为止，已有大约 40 种的基因工程药物上市。目前，利用基因工程技术，不仅可以生产多肽类激素和细胞因子，还可生产疫苗等生物制品、基因的诊断和治疗的产品。

基因工程药物的研制开发一般包括五个阶段：①制备基因工程菌株（或细胞）及实验室小试阶段，主要涉及 DNA 重组技术，称为基因工程上游技术；②中试与质量鉴定阶段，主要涉及基因工程产物的分离、纯化，称为基因工程下游技术；③临床前研究阶段；④临床试验阶段；⑤试生产阶段。本节内容只涉及前两个阶段，即基因工程的上游技术和下游技术。

基因工程上游技术的工作主要在实验室内完成，包括目的基因的制备、选择或改造作为载体的DNA、目的基因与载体的重组、重组DNA引入宿主细胞；工程菌或工程细胞的筛选、表达；鉴定目的基因的表达产物。下游技术则旨在构建稳定表达的细胞株，并经过实验室小试后，进行大规模工程菌发酵或细胞培养、分离纯化、制剂、质量控制等一系列工艺过程。

一、目的基因的制备

（一）构建生物基因库（gene library），筛选目的基因

基因库，也称基因文库，是指通过基因克隆的方法，在特定的宿主体系中保存许多DNA分子的混合物。在这些分子中插入的DNA片段总和代表了某种生物的全部基因组序列或全部mRNA序列，因此基因文库又分为基因组文库（genomic DNA library）和cDNA文库（cDNA library）。

基因组文库的构建，需要先提取细胞（真核或原核）染色体DNA，经特定限制性内切酶酶切后，成为具有一定大小范围的片段，与适当载体连接后，经体外包装并转染细菌，得到含不同DNA片段的重组噬菌体颗粒，由于其包括了所需基因组的全部基因片段，因此构成了基因组文库。

从基因组文库中，利用杂交或PCR方法就能钓取该生物的全部基因或DNA序列。构建基因组文库，利用分子杂交等技术去钓取基因克隆的方法，称为鸟枪法。当生物基因组比较小时，此法较易成功；当生物基因组很大时，构建完整的基因组文库和从庞大的文库中克隆目的基因具有一定难度，因而限制了其应用。

cDNA文库的构建，则是由真核生物的组织或细胞中提取mRNA，通过逆转录酶将其转变为cDNA，与适当载体连接重组后，转化并扩增，构建成cDNA文库。由于cDNA文库含有能转录和转译的序列，因此更具有实用价值。

建立cDNA文库后，就可根据不同的情况而采取不同的方法来获取目的基因。若对目的基因序列有所了解，筛选的最直接方法是用核酸探针进行杂交，或设计引物进行PCR扩增。若目的基因序列不清楚，而基因产物的部分氨基酸序列已知时，可利用氨基酸序列指导合成核苷酸探针获得目的基因。另外，也可利用差异显示技术筛选组织特异性表达的功能基因。

（二）人工合成目的基因

人工合成目的基因主要采用下列两种途径。

（1）化学合成法　利用DNA合成仪可合成任何已知序列的DNA片段或人为设计的DNA片段。并且可以合成探针、引物和人工接头，因此在基因工程研究中具有重要的作用。不过，化学合成的费用较高，很少用于合成大片段的基因。

（2）聚合酶链反应（PCR）　当已知基因的核苷酸序列，可根据序列设计引物，进行PCR扩增获得目的基因。也可以采用反转录PCR（RT-PCR）等方法，直接从富含目的基因的实验材料提取RNA，在逆转录酶的作用下获得cDNA，以此为模板进行PCR扩增获得目的基因。

二、基因重组

（一）基因工程中的载体

载体（vector）是指一个能够进行自我复制的复制子，它必须能携带外来DNA进入指定的受体细胞、并在受体细胞内稳定保存、复制、扩增。

基因工程中常用的载体包括：质粒（plasmid）、噬菌体（bacterial phage）、病毒（virus）等，虽然它们的大小、结构、复制功能的差别很大，但都应具有下列的特性：①能在宿主细胞中独立复制；②具有选择性标记，易于识别和筛选；③分子结构中有一段不影响其扩增的非必需区域，插入外源DNA后能被动的与载体一起复制、扩增；④有合适的限制性酶切位点，便于进行克隆；⑤拷贝数多，易于改造，易从宿主细胞中分离纯化；⑥生物安全性好。

目前已有各种不同的、商品化的载体，可以根据需要选择合适的载体，进行DNA的体外重组。

（二）体外DNA的重组

DNA重组是指不同来源的DNA片段共价连接、通过重新组合、构建了具有两个DNA分子遗传信息的新重组体DNA（recombinant DNA）。DNA重组通常是指外来DNA片段（目的基因）与载体（质粒、噬菌体或病毒DNA）的共价连接。

外源DNA及载体DNA分别经限制性内切酶酶切后，可通过以下方式进行连接。

（1）黏末端连接　黏性末端（cohesive ends or stick ends）是指ds DNA分子经酶切割后所产生的限制性片段的单股末端。当以同一种限制性内切酶切割供体DNA及载体DNA时，可产生相同的互补的黏性末端，很容易产生重组DNA分子。由于该重组DNA保留了限制酶的识别序列和切点部位，故有利于质粒扩增后目的基因的回收。黏末端连接主要有同源黏末端连接与定向克隆两种方法。

（2）平端连接　T4DNA连接酶可将只有平齐末端的两个DNA片段共价连接为新的DNA分子。如果目的序列和载体上没有相同的限制性内切酶位点可供使用，而用不同的限制性内切酶切割后的黏性末端不能互补结合，则可用适当的酶将DNA突出的末端削平或补齐成平末端，再用T4DNA连接酶连接。

（3）同聚物加尾法　当连接的两个DNA片段没有能互补的黏末端，可通过末端核苷酸转移酶在其末端引入互补的黏末端，如在外来DNA片段的3′末端加上polyG，在载体DNA片段的3′末端加上PolyC，这样就可人工在DNA两端做出互补的核苷酸多聚物黏性末端，退火后结合连接，这样的方法称为同聚物加尾法。

（4）人工接头连接　对平末端的DNA或没有互补黏末端的DNA，除同聚物加尾法外，也可先连上人工合成的脱氧寡核苷酸双链接头，使DNA末端产生新的限制性内切酶位点，经内切酶酶切后获得人工接头黏末端，即可按黏末端相连，实现DNA的体外重组。

三、基因工程菌或细胞的构建

DNA重组完成后，需要导入适当的宿主细胞进行表达、繁殖，才能获得大量纯一的重组体DNA分子，这一过程习惯上称为基因的扩增，而接受了重组DNA的受体细胞称为转化子或基因工程菌（细胞）。

（一）表达宿主

作为基因工程药物的表达宿主细胞应满足以下的要求：①容易培养，生长、表达的条件较易控制，培养的成本较低；②表达的多肽、蛋白具有所需要的生物活性；③表达产物的产量、产率高，产物容易提取、分离与纯化；④该宿主一般应不具致病性、不产生内毒素。

用于基因表达的宿主细胞分为两大类：第一类为原核细胞，常用的有大肠杆菌、枯草芽孢杆菌、链霉菌等；第二类为真核细胞，常用的有酵母、哺乳动物细胞等。

大肠杆菌体系作为基因工程研究开发最早的表达系统，其优点是遗传背景较清楚、外源基因表达水平较高，容易培养，培养周期短，下游技术成熟，较易控制。其主要缺点是不具有真核细胞的翻译后修饰，不适合表达需要糖基化、酰基化的多肽。另外，大肠杆菌产生内毒素，纯化时需注意除去。

酵母菌是最简单的真核生物，为单细胞真菌，是主要的工业微生物之一。酵母表达体系既具有真核生物的翻译后修饰功能，又具有生长迅速、易于培养、安全的优点，表达的蛋白信号可通过信号肽分泌到细胞培养上清液中，相对表达纯度较高。尤其随着其遗传背景的逐渐清楚，其应用更加广泛。酵母表达体系常用的有酿酒酵母和毕赤酵母。

动物细胞包括昆虫细胞和哺乳动物细胞也是目前普遍被采用的表达系统，其主要优点是能有效进行翻译后加工，可糖基化，表达产物可分泌到细胞外，直接从上清液中分离纯化。但培养成本较高，周期较长。

（二）重组 DNA 的导入

将重组 DNA 导入宿主细胞的方法主要有转化、转染以及电穿孔、显微注射和基因枪等。

（1）转化（transformation） 是指将质粒 DNA 或以质粒为载体构建的重组 DNA 导入细胞的方法。常用的转化方法为钙转化法，其基本过程如下：首先将大肠杆菌经冰冷 $CaCl_2$ 的处理，成为感受态细胞，然后加入重组质粒并迅速由 4℃转入 42℃做短时间处理（热休克），质粒 DNA 就能进入细菌，将细菌放置在培养基中培养一段时间，经培养后在选择性平板上筛选出相应的转化子（工程菌）。

（2）转染（transfection） 是指噬菌体、病毒或以其为载体的重组 DNA 导入细胞的过程。转染方法包括磷酸钙法和脂质体（liposome）转染法。磷酸钙法的基本原理是：将 DNA 与磷酸钙混合，制备磷酸钙-DNA 共沉淀物，此时，培养细胞摄取 DNA 的效率会显著提高。脂质体转染法则用人工脂质膜包裹 DNA，通过胞膜融合将 DNA 导入细胞，其方法简单有效，近年来使用日益广泛。

（3）电穿孔法 又称电转化法，该法将目的细胞和外源 DNA 混合，置于电击杯中，施加一个瞬时的高电压，在致使部分细胞死亡的同时使部分细胞膜上出现孔洞，外源 DNA 由此孔进入到细胞。电穿孔法不需制备感受态细胞，操作简便，适用于各种细菌、酵母菌以及真核细胞等的转化，其转化率可达 10^9～10^{10} 转化子/μgDNA，转化率受电场强度、电脉冲时间、长度及 DNA 的浓度影响。

（三）转化子的筛选鉴定

外源 DNA 与载体 DNA 正确连接、并重组导入细胞的频率极低，在转基因操作后要对其进行筛选鉴定，找出真正转入基因、所需的工程菌株或工程细胞株。常用的筛选与鉴定方法如下。

1. 平板筛选

平板筛选是依据表达载体携带的作为筛选标记的抗性基因所赋予受体细胞在平板生长的表型特点进行的，常见的抗性基因有抗氨苄西林（amp^r）、抗四环素（tet^r）、抗卡那霉素（kan^r）等。通过平板筛选，可以去除大量的非目的重组体，但只是粗筛，在某些情况下会出现假阳性转化菌落（例如细菌可能发生变异而引起耐药性的改变，而并不是由于目的基因的插入），所以需要进一步鉴定。

2. DNA 限制性内切酶图谱分析

由于目的基因序列的插入，载体 DNA 的限制性内切酶图谱会发生变化，利用这种变化可以鉴定插入序列的大小和方向。常用的方法就是利用重组时使用的限制性内切酶切割重组体 DNA，若获得与目的基因一致的片段，即证明重组体中含有目的基因。

3. PCR 法

以目的基因两端序列为引物、对转化生长的重组质粒 DNA 进行扩增，挑选出 PCR 产物与预期长度相符的克隆，可能就是含有目的基因的重组体。

4. 核酸杂交法

利用标记的核酸为探针与转化细胞的DNA进行分子杂交，可以直接筛选和鉴定含目的基因的阳性克隆。杂交法包括菌落原位杂交、Southern杂交等。

5. DNA测序

经初步筛选后，一般都需要采用DNA测序进行最后的鉴定。通过测序，可以检测目的基因的克隆准确无误，以获得有高效表达功能蛋白的重组体。

四、基因工程菌或细胞的培养

在构建了稳定高效表达的细胞株之后，必须通过工程菌或工程细胞的大规模培养，才能获得人类所需要的基因重组蛋白产物。

(一) 基因工程菌的培养

1. 培养方式

(1) 摇床培养　适于基因工程菌种培养和小量试验。摇床有三种类型：小型旋转式摇床、往复式摇床和大型立式旋转摇床。摇床的温度和转速可调，使用的三角瓶大小和数量不等，可根据需要确定，大型立式旋转摇床一次可摇500mL的三角瓶100个。

(2) 发酵罐培养　是基因工程菌大规模培养的主要方式。

基因工程菌的发酵培养，按操作方式可分为：分批培养、补料分批培养、连续培养和透析培养等。其中的透析培养是利用透析膜将乙酸等代谢废物从培养基中除去，从而获得高菌体密度。有文献报道，利用透析培养法培养重组菌*E. coli* HB101 (pPAKS2) 生产青霉素酰化酶，可提高产率11倍。

2. 影响基因工程菌培养的因素

基因工程菌的发酵培养，与传统的微生物发酵比较有一定的不同特点，就选用的生物材料而言，基因工程菌是携带外源基因重组体的微生物，而传统的微生物不含外源基因；从发酵工艺方面考虑，基因工程菌发酵生产的目的是使外源基因高效表达，必须尽可能减少宿主细胞本身蛋白的污染，以获得大量的外源基因产物，而传统微生物发酵生产的目的是获得微生物自身基因表达所产生的初级或次级代谢产物。外源基因的高效表达，除了与所构建的质粒及所用宿主菌有关之外，还受很多因素的影响。

(1) 培养基的影响　培养基的组成既要有利于提高工程菌的生长速率，又要有利于保持重组质粒的稳定性，使外源基因能够得到高效的表达。

培养基中的碳源对菌体生长和外源基因表达有较大的影响。使用葡萄糖和甘油作为碳源，它们所导致的菌体比生长速率及呼吸强度相差不大，但甘油的菌体得率较大，而葡萄糖所产生的副产物较多；葡萄糖对*lac*启动子有抑制作用，采用流加的方法控制培养基中葡萄糖在较低的浓度，可减弱或消除葡萄糖的阻遏作用。对*lac*启动子，使用乳糖作为碳源较为有利，乳糖同时还具有诱导作用。

在培养基中增加氨基酸、蛋白胨、酪蛋白水解物、酵母抽提物能提高菌体密度和产物浓度。酪蛋白水解物有利于分泌型产物的合成与分泌；甘氨酸则能促进胞外酶的释放；色氨酸对*trp*启动子控制的基因表达有影响。

无机磷是许多初级代谢的酶促反应的效应因子，它参与生物大分子（DNA、RNA和蛋白质）和ATP的合成，影响糖代谢和细胞呼吸等。过量的无机磷会刺激葡萄糖的利用、菌体生长和氧的消耗。通常，起始的磷酸盐浓度应控制在0.015mol/L左右，浓度过低影响细菌生长，浓度过高则影响外源基因的表达。

(2) 温度的影响　温度对基因表达的调控机理比较复杂，涉及DNA复制、转录、翻译及小分子调节分子的合成等方面。有文献报道，利用重组菌*E. coli* A56 (PPA22) 表达青霉素酰化酶时，温度是在转录水平上专一地调控青霉素酰化酶基因的表达。温敏扩增型质粒在升温后，质粒拷贝数大量增加，对菌体生长影响很大。对于此类重组菌，通常要先在较低温度培养，然后升温大量扩增质粒，诱导外源基因表达，从而获得高产量。温度还影响蛋白质的活性和包涵体的形成。

（3）pH 的影响　pH 对菌体的正常生长和外源基因的高效表达都有影响，在培养过程中应根据工程菌的生长和代谢情况，对 pH 进行适当的调节。通常在培养前期着重于优化工程菌的最佳生长条件，培养后期着重于优化外源蛋白的表达条件，菌体生长阶段的最佳 pH 范围一般在 6.8～7.4 左右，外源蛋白表达的最佳 pH 一般为 6.0～6.5。采用 pH 自动调节程序，可避免环境 pH 激烈变化对菌体生长和产物合成造成的不利影响。

（4）接种量的影响　接种量是指移入的种子液体积和接种后培养液体积的比例。它的大小影响发酵周期和发酵的产量，接种量小，将延长菌体的生长延迟期，不利于外源基因的表达；采用大接种量，由于种子液中含有大量的水解酶类，有利于基质的利用，能缩短菌体的生长延迟期，促进菌体快速生长，使生产菌迅速占据整个培养环境，减少杂菌生长的机会。但若接种量过高，亦会造成菌体生长过快，代谢产物积累过多，反而影响后期菌体的生长和外源基因的表达。研究发现，在利用重组菌 *E. coli* DH5 α/j1 表达 rhGM-CSF 的发酵中，分别采用 5%、10%、15%的接种量，结果表明：5%的接种量，菌体延迟期较长，使菌龄老化，不利于表达外源基因；而 10%、15%的接种量，菌体的延迟期短，菌群迅速繁殖，很快进入对数生长期，适于外源基因的表达。

（5）溶氧的影响　溶氧既影响菌体生长，又影响产物合成。外源基因的高效转录和翻译需要大量的能量，促进了细胞的呼吸作用，提高了对溶氧的需求，因此只有维持较高水平的溶氧浓度，才能促进重组工程菌的生长，利于外源蛋白产物的形成。研究发现，分泌型重组人粒细胞-巨噬细胞集落刺激因子工程菌 *E. coli* W3100/pGM-CSF 在发酵过程中，若溶氧长期低于 20%，则产生大量杂蛋白，影响下一步的纯化。因此，在发酵过程中，应始终控制溶氧在 25%以上。

（二）基因工程细胞的培养

大多数的基因工程药物以非糖基化形式存在，可利用原核细胞、特别是大肠杆菌作为宿主细胞，不过，也有一些生物活性蛋白如干扰素、白介素、集落刺激因子等必须糖基化才有生物学活性，只能利用真核细胞（如哺乳动物细胞）作为寄主细胞才能使产物糖基化，并且使得产物的生物活性更接近天然蛋白，安全度更高，因它较少含有宿主细胞毒性物质，而且可将表达产物直接向胞外分泌，产品的后处理更为方便。

由于人类对生物活性医用大分子蛋白的大量需求，促进动物细胞培养技术的发展，大量生物活性蛋白在哺乳动物细胞体内正确表达，形成了哺乳动物细胞表达体系。不过，动物细胞的培养远比细菌发酵复杂和困难，动物细胞培养需要昂贵的培养基，复杂的培养条件和仪器设备，且培养周期长、产量低、易受微生物污染等。针对这些缺点，近年来研究工作者在培养基改进、培养工艺优化、反应器创新等方面进行了大量的研究工作，取得很大的进展。

1. 培养方式

基因工程细胞分为贴壁依赖性细胞和非贴壁依赖性细胞两类。前者需要附着于带适量正电荷的固体或半固体表面上生长，后者则可以像微生物发酵一样，进行悬浮培养。

目前，基因工程细胞的培养方式，主要包括悬浮培养、贴壁培养、微载体培养等。微载体培养把贴壁培养和悬浮培养融合在一起，以分散、运动的微平面代替整体、静态的大平面，将细胞生长区的大单元分割成众多的微单元，利用传统的微生物深层培养的高度均一的单元操作原理，实现贴壁依赖性细胞的悬浮培养。微载体培养已成为基因工程细胞大规模培养应用最广泛、最具有潜力和前景的培养系统。

2. 影响基因工程细胞培养的因素

（1）培养基　动物细胞培养的营养要求远比微生物细胞复杂得多，动物细胞培养基的基本成分包括能源物质（如葡萄糖、谷氨酰胺）、各种必需的氨基酸（约 12 种）、维生素、无机盐离子、微量元素、脂、核酸前体、缓冲体系（主要为碳酸盐体系），同时需要结合血清等生物体液一起使用。不过，由于血清的性质不稳，且价格贵，动物细胞培养基的设计正逐步从成分不确定向成分确定的方向发展，从有血清向无血清方向发展。

动物细胞培养中，通过控制培养基的补充方式（如分批流加和灌注培养），可以减少代谢废物的积累、延长培养细胞寿命并增加产物的产量。

另外，动物细胞培养基常需要添加抗生素以防染菌，但过分使用抗生素可能使产品残留抗生素成分，还可能在实验室保留抗药性微生物，因此必须严格控制使用的品种和数量。采用抗生素可参考使用下列混合物：①青霉素（100U/mL）用于抑制革兰阳性细菌的增殖；②链霉素（50μg/mL）用于抑制革兰阴性细菌的增殖；③两性霉素（25μg/mL）用作抗真菌剂。

（2）pH 的影响　培养体系的 pH 对动物细胞生长有明显的影响，不同的细胞株对 pH 有不同的要求，但多数控制在 6.9～7.2 之间。培养过程产生的代谢产物（如氨、乳酸）的累积会引起 pH 的改变，一般利用调节二氧化碳、空气、氮气和氧气的混合配比气体的比例控制 pH 的稳定。

（3）溶氧的影响　溶氧对动物细胞生长的影响也不可忽视。各种基因工程细胞对溶氧的需求不一样，生长迅速的细胞对溶氧量要求高，而有的细胞对溶氧水平有较强的适应性，在 8%～100%空气饱和水平对细胞生长几乎没有影响。因此对具体的细胞株需通过实验来确定最合适的溶氧量。

另外，培养温度、搅拌方式、代谢产物、培养液供给方式等，也与溶氧的控制密切相关，必须综合考虑。

五、基因工程产物的分离与纯化

基因工程产物的分离与纯化是基因工程药物生产中重要的一环，因为利用工程菌或细胞大规模培养后，产生的有效成分含量很低、杂质含量却很高、环境组分复杂、性质不稳定；并且由于基因工程药物是利用转化细胞、而不是正常细胞生产的，因此对于产品的纯度也高于传统产品。所以要获得合乎医疗要求的基因工程药物，其分离纯化要比传统产品困难得多。

基因工程产物的分离与纯化，由于表达产物的存在状态和性质等的不同，其分离纯化方法和选择的路径也各不相同，不过一般包括以下几个步骤：细胞破碎、固液分离、浓缩与初步纯化、高度纯化与精制。基因工程产物的常用的分离纯化技术简单介绍如下。

（一）细胞的破碎

外源基因经过克隆并在细菌或细胞中转化成功之后，其表达产物有的可以分泌到细胞外，但大部分为胞内物质，因此需要破碎细胞使目标产物释放出来。大肠杆菌的细胞壁是以肽聚糖为骨架，由乙酰葡萄糖胺和乙酰胞壁酸交替排列形成的坚固网状结构，这种网状结构给破碎细胞带来阻力。破碎细胞的常用方法分为机械法和非机械法两大类，机械法中的球磨法和高压匀浆法既可以应用于实验室而且在工业中也得到广泛的应用，而超声波法等非机械法大多处于实验室应用阶段。

（二）固液分离

（1）离心　离心是实现固液分离的重要手段。它是利用离心机旋转所产生的离心力，根据物质颗粒的沉降系数、质量、密度及浮力等因子的不同，而使物质得以分离。通常，细胞、细胞碎片、蛋白沉淀物、包涵体及病毒颗粒的密度都大于其相应环境液体的密度，通过离心，可使它们沉降下来。由于基因重组产物含有大量的 DNA，液体的黏度较高，所以通常采用高速离心机进行离心。与其他固液分离技术比较，离心技术具有分离速度快、分离效率高、液相澄清度好等优点，但设备投资大，能耗大。

(2) 膜分离　膜分离技术具有效率高、经济、无相的变化等优点，高分子聚合膜的出现使膜分离技术在基因工程产物的分离纯化中得到广泛的应用。膜分离技术中的微孔过滤可应用于细胞、细胞碎片、包涵体及蛋白质沉淀物的分离；超滤可应用于蛋白质、核酸、多糖等大分子物质的浓缩和脱盐等。

(3) 双水相萃取　细胞破碎后，将细胞碎片与胞内蛋白质进行分离，是蛋白质分离纯化过程中关键的步骤之一，由于细胞碎片中含胞壁碎片、膜碎片、细胞器及未破碎细胞，大小不均一，离心分离不易除去某些絮状物，而膜分离速度较慢且易出现蛋白质滞留。双水相萃取在分离细胞碎片和胞内蛋白质方面显示出可能取代高速离心和膜分离的巨大潜力。将两种亲水性的高分子聚合物都加在水溶液中，当超过某一浓度时，就会产生两相，两种聚合物分别溶于互不相溶的两相中，并且在两相中水分均占很大比例，即形成双水相系统（aqueous two-phase system，ATPS)。利用双水相的性质，可进行双水相萃取。由于高分子聚合物的水溶液给生物分子、细胞和细胞颗粒成分提供了温和的环境，因而可直接利用双水相从细胞破碎匀浆中萃取蛋白质，达到固液分离和纯化的目的。

影响双水相萃取效果的因素包括聚合物的选择、无机盐的种类和浓度、pH 值和温度等。

(三) 层析技术

层析技术是基因工程产物主要采用的纯化技术。根据重组蛋白所带的电荷、疏水性、配体结合特异性分子质量大小而选用的层析技术有离子交换、疏水层析、亲和层析和凝胶过滤等。

(1) 离子交换　离子交换层析是最常用的层析方法之一，其优点是对样品的处理量大，较大体积的样品液经结合、洗脱后，样品得到浓缩，体积减少后有利于后继的纯化，因此离子交换层析可用于第一步的层析分离。

在比较杂的初步提取产物中，虽然与目标蛋白等电点相近的杂质较多，但在选用一定的pH 的缓冲体系上柱后，用同样的缓冲体系加一定的盐浓度洗脱，一般都可以获得较好的纯化效果。

(2) 疏水层析　疏水层析是利用蛋白质在非变性状态下，其分子表面疏水性的差异来实现不同蛋白分子间的分离和纯化。它在基因工程产品的纯化中也较常用。菌体破碎液中大部分杂蛋白及核酸等亲水性较强，如目标蛋白具有较强的疏水性，则目标蛋白与层析介质结合，而样品液中的亲水蛋白、核酸和大部分色素则直接流过层析柱。疏水层析可处理较大体积的样品，对于高离子强度的缓冲体系的样品也可处理。洗脱后所得目标蛋白浓度较高，同时目标蛋白也得到有效的纯化。

(3) 亲和层析　亲和层析是利用固定化配基与目标蛋白之间特异的生物亲和力进行吸附，如果目标蛋白有特异结合的配体，可将该配体先交联在凝胶上，制得亲和柱。由于亲和作用的特异性和专一性很高，样品液经过亲和柱，可得到非常有效的纯化，达到很高的纯度。

(4) 凝胶过滤　凝胶过滤是根据生物大分子的大小来达到目标蛋白分离纯化的目的。凝胶过滤主要用于脱盐、分级分离和分子量的测定。

第四节　细胞工程制药技术基础

细胞工程是在细胞水平上的生物工程，细胞工程制药是利用动、植物细胞培养生产药物的技术。利用动物细胞培养可生产人类生理活性因子、疫苗、单克隆抗体等产品；利用植物细胞培养技术可大量生产色素、香精、药物等经济价值较高的植物有效成分，也可生产多肽、蛋白和疫苗等重组 DNA 产品。目前，重组 DNA 技术已用来构建可以高效生产药物的动、植物细胞株系或构建能生产原植物中没有的新结构化合物的植物细胞系。细胞工程制药已成为生物制药领域中的一个重要内容。

一、动物细胞工程制药技术基础

动物细胞培养技术起源于 19 世纪末期，应用于药物生产则始于 20 世纪 50 年代，随着杂交瘤细胞技术和基因工程技术的问世和发展，动物细胞培养生产药物也得到迅速发展，利用动物细胞培养生产具有重要医用价值的酶、生长因子、疫苗和单抗等，已成为医药生物高技术产业的重要部分。

（一）动物细胞培养的特性

虽然动物细胞培养的基本原理和微生物细胞相同，但动物细胞对营养条件要求更加苛刻，培养时间更长，这给动物细胞的培养带来了一定的困难。动物细胞培养的特性如下。

（1）细胞生长缓慢，容易受微生物的污染，培养时需要添加抗生素。在动物细胞培养中，细菌、真菌、病毒或细胞均可引起污染，生物材料本身、培养基、各种器皿及环境也可引起污染；

（2）动物细胞体积较大，无细胞壁，机械强度低，对环境的适应能力较差；

（3）培养过程需氧量少，培养中的 pH 值常用空气、氧气、二氧化碳和氮气的混合气体进行调节，且不耐受强力通风与搅拌；

（4）体外动物细胞在形态结构上均不同程度地与原来体内细胞有所差异，活动度大。细胞在体外培养生长时具有群体效应、细胞黏附性、接触抑制性及密度依赖性；

（5）培养过程产物分布于细胞内外，反应过程成本较高，产品价格昂贵；

（6）培养过程中对营养的要求较高，往往需要多种氨基酸、维生素、辅酶、核酸、嘌呤、嘧啶、激素和生长因子等，其中很多成分系用血清、胚胎浸出液等提供，在许多情况下还需加入 10%的胎牛血清或新生牛血清。

（7）动物细胞培养一般需要经历原代培养的过程。所谓原代培养是指直接从有机体得到的组织或将其分散成细胞后开始的培养。转移一部分原代培养物到新鲜培养基的培养，叫继代培养或传代培养。

（二）动物细胞的培养方法

（1）贴壁培养法　大多数动物细胞在离体培养条件下都需要附着在带有适量正电荷的固体或半固体的表面上才能正常生长，并最终在附着表面扩展成单层。其基本操作过程是：先将采集到的活体动物组织在无菌条件下采用物理（机械分散法）或化学（酶消化法）的方法分散成细胞悬液，经过滤、离心、纯化、漂洗后接种到加有适宜培养液的培养皿（瓶、板）中，再放入二氧化碳培养箱进行培养。用此法培养的细胞生长良好且易于观察，适于实验室研究。但贴壁生长的细胞有接触抑制的特性，一旦细胞形成单层，生长就会受到抑制，细胞产量有限。如要继续培养，还需将已形成单层的细胞再分散，稀释后重新接种后进行继代培养。

（2）悬浮培养　少数动物细胞属于悬浮生长型，这些细胞在离体培养时不需要附着物，悬浮于培养液中即可良好生长，可以是单个或细小的细胞团，细胞呈圆形。悬浮生长的细胞其培养和传代都十分简便。培养时只需将采集到的活体动物组织经分散、过滤、纯化、漂洗后，按一定密度接种于适宜培养液中，置于特定的培养条件下即可良好生长。传代时不需要再分散，只需按比例稀释后即可继续培养。此法细胞增殖快，产量高，培养过程简单，是大规模培养动物细胞的理想模式。但在动物体中只有少数种类的细胞适于悬浮培养，细胞密度较低，转化细胞悬浮培养有潜在致癌危险，培养病毒易失去病毒标记而降低免疫能力，此外，贴壁依赖性细胞不能进行悬浮培养。

（3）固定化培养　动物细胞的固定化培养类似于微生物细胞的固定化培养，即将动物细胞固定在载体上进行培养的技术。制备固定化细胞有吸附、共价贴附、离子/共价交联、包埋和微囊等方法，各种方法的特点如表 2-1。

表 2-1　各种动物细胞固定化培养方法的特点

项目	吸附	共价贴附	离子/共价交联	包埋	微囊
负载能力	低	低	高	高	高
机械保护	无	无	有	有	有
细胞活性	高	低	高	高	高
制备	简单	复杂	简单	简单	复杂
扩散限制	无	无	有	有	有
细胞泄漏	有	无	无	无	无

（三）动物细胞培养的操作模式

无论是是贴壁依赖性细胞还是悬浮细胞，按操作方式来分，可分为分批式、流加式、半连续式、连续式和灌注式 5 种方式。

（1）分批式操作　分批式培养是指将动物细胞和培养液一次性装入培养容器中，进行培养，细胞不断生长，产物不断形成，经过一段时间的培养后，将整个反应体系取出。

（2）流加式操作　流加式培养是指先将一定量的培养液装入培养容器中，在适宜条件下接种细胞并进行培养，细胞不断生长，产物也不断形成，随着细胞对营养物质的不断消耗，再将新的营养成分不断补充进培养容器中，使细胞进一步获得充足的营养，进行生长代谢，直到培养终止时取出整个反应体系。

流加式操作的特点，一是能够调节细胞培养的环境中营养物质的浓度，避免某些营养成分出现的底物抑制现象，或防止由于营养成分的消耗而影响细胞的生长及产物的形成；二是由于在培养过程中加入了新的培养液，整个反应体积是变化的。最常见需流加的营养成分是葡萄糖、谷氨酰胺等物质。

（3）半连续式操作　半连续培养又叫反复分批式培养或换液培养，是指在分批式操作的基础上，只取出部分培养体系，剩余部分重新补充新的培养液，再按分批式操作方式进行培养。这种方式的特点是经过多次换液，但总培养体积保持不变。

（4）连续式操作　连续式培养是指将种子细胞和培养液一起加入培养容器中进行培养，一方面新鲜培养液不断加入培养容器中，另一方面又将反应液连续不断地取出，使细胞的培养条件处于一种恒定状态。与分批式操作和半连续式操作不同的是，连续培养可以控制细胞的培养条件长时间保持稳定，可使细胞维持在优化状态下，促进细胞生长和产物的形成。连续培养过程中可以连续不断地收获产物，并能提高细胞密度，在生产过程中被用于培养非贴壁依赖性细胞。

（5）灌注培养　灌注培养指细胞接种后进行培养，一方面新鲜培养液不断流入培养容器，另一方面反应液不断地从培养容器中被取出，但是细胞不被取出，而是留在容器内，使细胞处于一种不断的营养状态。

罐注培养是相对于批式培养而言的。在批式培养中，一次加足培养细胞、培养载体、培养液后，培养一定时间，然后一次性收获细胞及细胞产品。这种培养方法很难达到很高的细胞密度。罐注培养则是通过在生物反应器上添加一个动力装置，不断地向培养物中加入新鲜培养液，同时不断地抽走相同量的旧培养液，培养细胞可以达到很高的密度。可以高密度培养动物细胞，对于以获取细胞分泌物为目的的细胞培养来说特别有利。由于分泌物就在不断抽走的培养液里，通过分离纯化，就能源源不断地获得细胞产品，尤其适于工厂化生产，而且，罐注培养也有助于减少培养细胞污染的机会。Wen 等报道了一种新型灌注方法，它是利用沉淀罐把抽出的培养物首先进行沉淀，再将培养液和细胞进行分离，在培养细胞重新回到培养罐的同时，更换新鲜培养液，使细胞处于旺盛生长状态。在气升式生物反应器中，利用该技术可使生产单克隆抗体的杂交瘤细胞达到 1.31×10^{7} 个/mL 的高密度。

（四）动物细胞培养基

1. 培养基的组成

（1）氨基酸类　包括必需氨基酸和某些非必需氨基酸。如体内不能合成而又是体外培养细胞所必需的——半胱氨酸和酪氨酸，以及某些特殊细胞所需要的不能自身合成的或在培养过程中容易丢失的非必需氨基酸。氨基酸类的浓度与所需细胞浓度有关，氨基酸浓度与细胞生长密度之间的平衡程度往往会影响细胞的存活和生长率。谷氨酰胺是多数细胞所需求的，但有些细胞系则利用谷氨酸。

（2）维生素类　有的人工培养液中仅含有 B 类维生素，有的有 C 类维生素。一般维生素的来源大多来自血清。减少培养液中血清含量，需要在培养基中增加维生素的种类和含量。

（3）盐类　主要包括 Na^{+}、K^{+}、Mg^{2+}、Ca^{2+}、Cl^{-}、SO_4^{2-}、PO_4^{3-}、HCO_3^{-}，它们是调节培养液渗透压的主要成分。

（4）葡萄糖　各种培养液中大多数含有葡萄糖，作为能源物质。但在培养液中，尤其是培养胚胎性和转化细胞的培养中容易聚集乳酸，表明体外培养细胞的三羧酸循环功效未必与体内完全相同。相反证据证明培养细胞的能量和碳来自谷氨酰胺。

（5）缓冲系统　大多数平衡盐溶液采用磷酸盐缓冲系统。如采用分密封口的培养容器时可通入 CO_2，使 CO_2 与 HCO_3^{-} 间达到平衡。而 HEPES 现在也被广泛用作缓冲系统。一般采用 25mmol/L HEPES，如浓度高于 50mmol/L，则对某些细胞类型有毒性。

（6）有机补充物　如核苷类、三羧酸循环中间产物、丙酮酸盐及类脂化合物等，在低血清培养液中是必需的成分，有助于细胞克隆和特化细胞的培养。

（7）激素类　不同的激素对细胞存活与生长显示不同的效果。胰岛素可以促进葡萄糖和氨基酸的吸收。生长激素存在于血清中，尤其是胚胎血清中。当生长激素与促生长因子结合后，有促进有丝分裂的效应。氢化可的松也存在于血清中，可促进细胞黏着和细胞增殖；但在某些情况下，如细胞密度比较高时，氢化可的松可能是细胞抑制剂，并能诱导细胞分化。

（8）生长因子类　血液自然凝固产生的血清，比用物理方法制备的血清，更能促进细胞增殖，这可能是由于血液凝固过程中从血小板释放出来的多肽所致。这类血小板衍生出的生长因子（PDGF）是多肽类中的一簇，可促进有丝分裂活性，可能是血清中的主要生长因子。其他如成纤维细胞生长因子（FGF）、表皮生长因子（EGF）、内皮生长因子（IGF）以及增殖刺激活性（MSA）均具有不同程度的特异性，它们或者来源于组织，或者来源于血清。

（9）水　水是培养用液最主要的溶剂，配制培养液要用纯净的水。培养用液中的其他成分只有溶解于水中才有利于细胞吸收摄取。通常，细胞代谢产物也是直接溶解于水中而排泄的。水是细胞体外生存最基本的环境条件，体外培养的细胞对水质特别敏感，对水的纯度要求较高。培养用水中如果含有一些杂质，即使含量极微，有时也会影响细胞的存活和生长，甚至导致细胞死亡。细胞培养用水的最低质量要求为电阻率在 $1\times10^{6}\Omega\cdot cm$ 以上。配制培养用液可应用经石英玻璃蒸馏器三次蒸馏的三蒸水（电阻率为 $1.5\times10^{6}\Omega\cdot cm$）或超纯水净化装置制备的超纯水。

2. 动物细胞培养基的种类

(1) 平衡盐溶液　细胞培养中所用的各种平衡盐溶液主要有三方面的作用：①作为稀释和灌注的液体，维持细胞渗透压；②提供缓冲系统，使培养液的酸碱度维持在培养细胞生理范围内；③提供细胞正常代谢所需的水分和无机离子；另外，大多数平衡盐溶液内附加有葡萄糖，作为细胞能量的来源。

因此，平衡盐溶液的组成和含量应符合如下条件：要与培养物来源的动物血清相近似；并呈溶液状态，利于物质的传递和扩散；同时必须是等渗的，否则会引起细胞的收缩（高渗透压）和膨胀（低渗透压）。

(2) 合成培养液　根据天然培养基的成分，用化学物质模拟配方组成，如109培养液，DMEM-199，RPM1640等。普遍使用的人工合成培养液培养动物细胞，仍需要补充5%～10%的血清。

(3) 无血清培养基　在添加血清的培养基中，血清具有下列主要功能：①提供对维持细胞指数生长的激素，基本培养液中没有或量很少的营养物，以及主要的低分子量的营养物；②提供结合蛋白质，能识别维生素、脂类、金属和其他激素等，能结合或调节它们所结合的物质活力；③有些情况下，结合蛋白质能与有毒金属和热源结合，起到解毒作用；④是细胞贴壁、铺展在塑料培养基质上所需因子的来源；⑤起酸碱度缓冲剂作用；⑥提供蛋白酶抑制剂，使细胞传代时使用的胰蛋白酶失活，保护细胞不受损伤。

不过，血清的存在对实验却有许多难以排除的缺陷：①在进行激素和药物研究时，血清成分与激素或药物结合的结果，干扰了其对细胞的作用；②在进行细胞营养研究时，由于血清组成的复杂和不稳定，妨碍对细胞营养要求的确切了解；③干扰对培养细胞释放产物的分析；④血清只能进行过滤消毒，过滤消毒只能除去细菌，但不能除去血清中可能含有的病毒和支原体；⑤血清中可能有抑制病毒的因素，干扰病毒研究实验。

从20世纪50年代开始，人们就逐步进行无血清培养基培养动物细胞的尝试，无血清培养基一般由三部分组成，即基础培养基、生长因子和激素、基质。最为常用的基础培养基是将Ham F12和DME以1∶1制成的混合培养基。一些专用于无血清培养的培养基已经有商品供应，较有名的有SFRE199-1、SFRE199-2、NCTC135、MCDB151、MCDB201、MCDB302等。

目前无血清培养基（又称无血清限定培养基或简称限定培养基）已被广泛应用并不断发展，它是动物细胞和组织培养技术的一个重大进展。这类培养基主要以各种激素（如前列腺素、生长激素、胰岛素等）、生长因子（如表皮生长因子、神经生长因子、成纤维细胞生长因子等）、维生素、载体蛋白（如转铁蛋白、铜蓝蛋白等）、微量元素（镉、硒等）、乙醇胺以及贴壁与展开因子（如昆布氨酸、纤维网素等）取代血清培养基中的血清部分。

（五）培养条件

(1) pH值　大多数动物细胞系在pH7.4中生长最好。有的细胞系的生长最适pH稍有不同，但一般不能超过6.8～7.6范围。个别细胞系如表皮细胞可以在pH5.5中维持存活。

(2) 渗透压　大多数细胞能耐受相当大的渗透压。人类血浆的渗透压为770kPa，小鼠类则为820kPa。培养液的渗透压一般介于690～850kPa之间，能为多数细胞所耐受。如果用略微低渗的培养液培养细胞也可以，因温育时有些蒸发可使渗透压得到一些修正。

(3) 温度　温度除直接影响细胞生长外，与培养液的pH值也有关。如低温时可增加CO_2的溶解性而影响pH。最理想的做法是把配有血清的培养液，置于36.5℃中。过夜，然后再用于培养。

(4) 溶氧　溶氧是动物细胞培养必不可少的条件，它不仅影响细胞的产率，而且直接或间接地影响细胞的代谢。不同类型动物细胞所需溶氧的最适水平不同，空气饱和度应在

10%～100%范围内。可根据需要向培养液内加入空气、氧气或氮气控制溶氧。常用的供氧方法有：①脉冲式直接喷雾供氧。②使用多孔硅胶管供氧。③使用多孔特氟隆管供氧。

(5) 黏度　培养液中血清的存在，直接影响培养液的黏度。黏度对细胞生长影响较小。但是在细胞悬浮培养或用胰蛋白酶处理时，为了尽量减少细胞受损伤，可通过提高溶液的黏度来克服。在培养液中加羧甲基纤维素或聚乙烯吡咯烷酮可增加培养液的黏度。这对于低血清或无血清培养液更为重要。

(6) 表面张力和泡沫　培养液的表面张力有利于培养物黏附于基质上面。在悬浮培养中，由于空气中含有5%的CO_2可产生气泡，通过培养液中的血清形成气泡。加入防泡沫硅后，可减少表面张力，使之不产生泡沫。

(六) 动物细胞大规模培养在制药中的应用

利用动物细胞大规模培养技术生产大分子生物药物始于20世纪60年代，当时是为了满足生产FMD疫苗的需要。后来随着大规模培养技术的逐渐成熟和转基因技术的发展与应用，人们发现利用动物细胞大规模培养技术来生产大分子药用蛋白比原核细胞表达系统更有优越性。因为，重组DNA技术修饰过的动物细胞能够正常地加工、折叠、糖基化、转运、组装和分泌由插入的外源基因所编码的蛋白质，而细菌系统的表达产物则常以没有活性的包涵体形式存在。动物细胞培养主要用于生产激素、疫苗、单克隆抗体、酶、多肽等功能性蛋白质以及皮肤、血管、心脏、大脑、肝、肾、胃、肠等组织器官。

(1) 疫苗　基于动物细胞技术生产的病毒疫苗包括减毒的活病毒，或是灭活的病毒。在动物细胞技术早期，一般培养原代细胞，例如，生产脊髓灰质炎疫苗的细胞取自猴肾，细胞培养几天后用病毒感染，扩增大量病毒用于制备疫苗。但由于原代细胞增殖能力有限，一般只能通过简单增加动物的数量来增加产量。而使用具有无限增殖潜力的细胞系，则使疫苗生产得到飞跃。使用动物细胞体外大规模培养技术生产的疫苗可以保证质量，因为所用的细胞性质均一，经过严格的安全检验，克服了动物个体间的差异产生的疫苗质量不稳定的问题，并且大大降低了来自动物的病原体传染给使用者的可能性。

(2) 单克隆抗体　单克隆抗体在体外诊断、体内造影、人和家畜的治疗以及工业上的应用日益广泛，采用传统方法（小鼠或大鼠的腹水瘤培养法）生产单克隆抗体，已经不能适应实际需要。应用大规模细胞培养系统生产各种不同的单克隆抗体是经济可靠的方法。如英国Celltech公司采用10L、100L和1000L自动气升式培养系统，培养各种生产单克隆抗体的小鼠、大鼠和人的细胞株，生产各种单克隆抗体的产品。到目前为止，已成功地在1000L培养系统中，采用无血清培养液生产优质的单克隆抗体。法国输血中心大量制备可分辨A、B和AB型的单抗血型诊断盒。

(3) 基因重组产品　选择动物细胞来生产基因重组产品具有比微生物细胞更多的优势。目前，利用动物细胞表达系统主要用于生产大分子、结构复杂的蛋白，并且转录后的修饰对蛋白的生物活性具有重要影响，如组织型纤溶酶原激活剂（t-PA）、促红细胞生成素等（EPO）等。

二、植物细胞工程制药技术基础

(一) 植物细胞培养技术的特点

利用植物细胞的体外培养生产有价值的天然产物，较大田生产相比有如下优点：①不受地区、季节、土壤及有害生物的影响；②代谢产物的生产完全在人工控制条件下进行，可以通过改变培养条件和选择优良培养体系得到超整株植物产量的代谢产物；③有利于细胞筛选、生物转化、寻找新的有效成分；④减少大量用于种植原料的农田，以便进行粮食作物的生产；⑤有利于研究植物的代谢途径，还可以利用基因工程手段探索或创造新的合成路线，得到新的有价值的物质。

(二) 植物细胞的培养方法

植物细胞培养的方法多种多样，按照培养基的不同可以分为固体培养和液体培养。其中液体培养又可以按照培养方式的不同分为液体薄层静止培养和液体悬浮培养等。

固体培养是指细胞在含有琼脂的固体培养基上生长繁殖的培养过程。植物细胞培养所使用的固体培养基除了含有植物细胞生长繁殖所需的各种组分以外，还含有0.7%～0.8%的琼脂，培养基呈半固体状态。固体培养在愈伤组织的诱导和继代培养，细胞和小细胞团的筛选、诱变，单细胞培养和原生质体培养等方面广泛使用。

液体薄层静止培养是将接种有单细胞的少量液体培养基置于培养皿中，形成一薄层，在静止条件下进行培养，使细胞生长繁殖的培养过程。一般在单细胞培养中使用。

液体悬浮培养是指细胞悬浮在液体培养基中进行培养的过程。植物细胞生产次级代谢物的过程，以及通过植物细胞进行生物转化将外源底物转化为所需产物的过程，通常是在生物反应器中采用液体悬浮培养技术进行。

按照培养对象的不同，植物细胞培养可以分为愈伤组织培养、单细胞培养、单倍体细胞培养、原生质体培养、固定化细胞培养、小细胞团培养等。

(三) 植物细胞培养基

在植物培养基的设计和配制时，应当根据细胞的特性和要求，特别注意各种组分的种类和含量，以满足细胞生长、繁殖和新陈代谢的需要，并调节至适宜的pH值。还必须注意到，有些细胞在生长繁殖阶段和生产代谢物的阶段所要求的培养基有所不同，必须根据需要配制不同的生长培养基和生成培养基。

1. 植物细胞培养基的基本成分

植物细胞培养生产次级代谢物的培养基多种多样，其组分比较复杂，但是培养基一般都含有碳源、氮源、无机盐和生长因子等几大类组分。

(1) 碳源　植物细胞主要采用蔗糖为碳源；具有叶绿体的植物和藻类可以利用二氧化碳为碳源等。在植物细胞培养生产次级代谢物的过程中，除了根据细胞的不同营养要求以外，还要充分注意到某些碳源对次级代谢物的生物合成具有代谢调节的功能，主要包括酶生物合成的诱导作用以及分解代谢物阻遏作用。

(2) 氮源　氮源是植物细胞生长、繁殖和生物碱等次级代谢物的生成和积累所必不可少的营养物质。植物细胞培养基通常采用一定量的硝酸盐和铵盐作为混合无机氮源，铵盐和硝酸盐的比例对植物细胞的生长和新陈代谢有显著的影响。在植物细胞培养过程中，必要时可以添加一定量的有机氮源，如酪蛋白水解物、酵母提取液等，以促进细胞生长繁殖和新陈代谢。

(3) 无机盐　无机盐的主要作用是提供细胞生命活动所必不可缺的各种无机元素，并对细胞内外的pH值、氧化还原电位和渗透压起调节作用。

(4) 生长激素　在植物细胞培养生产次级代谢物过程中，最常用的植物生长激素是生长素和分裂素。生长素（auxin）是一类对植物细胞的生长和生根起促进作用的化合物，常用的有萘乙酸（NAA）、吲哚乙酸（IAA）、2,4-二氯苯氧乙酸（2,4-D），此外还有2,4,5-三氯苯氧乙酸（2,4,5-T）、4-氨基-3,5,6-三氯吡啶羧酸等。分裂素是促进细胞分裂和出芽的腺嘌呤衍生物，常用的有激动素（6-呋喃氨基嘌呤，KT）、玉米素（6-异戊烯腺嘌呤，ZT）、6-苄基腺嘌呤（6-BA）等。生长素和分裂素的种类、含量及其比例都对植物细胞的生长、繁殖、分化、发育和新陈代谢起作重要调节控制作用。一般说来，分裂素与生长素的比例高的时候，细胞容易分化出芽；比例低的时候，容易分化生根；在比例适当的时候，细胞可以维持生长、繁殖而不分化。在培养基的设计和配制中应当多加注意。

2. 几种常用的植物细胞培养基

植物细胞培养基种类多种多样，现将常用的几种培养基的组成介绍如下。

(1) MS 培养基　MS 培养基是 1962 年由穆拉辛格（Murashinge）和斯库格（Skoog）为烟草细胞培养而设计的培养基。无机盐浓度较高，为较稳定的离子平衡溶液。其营养成分的种类和比例较为适宜，可以满足植物细胞的营养要求，其中硝酸盐（硝酸钾、硝酸铵）的浓度比其他培养基高。MS 培养基广泛应用于植物细胞、组织和原生质体培养，效果良好。LS 和 RM 培养基是在其基础上演变而来的。

(2) B_5 培养基　B_5 培养基是 1968 年甘伯尔格（Gamborg）等人为大豆细胞培养而设计的培养基。其主要特点是铵的浓度较低，适用于双子叶植物特别是木本植物的组织、细胞培养。

(3) White 培养基　White 培养基是 1934 年由 White 为番茄根尖培养而设计的培养基。1963 年作了改良，提高了培养基中 $MgSO_4$ 的浓度，增加了微量元素硼（B）。其特点是无机盐浓度较低，适用于生根培养。

(4) KM-8P 培养基　KM-8P 培养基是 1974 年为原生质体培养而设计的培养基。其特点是有机成分的种类较全面，包括多种单糖、维生素和有机酸，在原生质体培养中广泛应用。

(5) NT 培养基　NT 培养基是 1970 年设计的适用于烟草等原生质体培养的培养基。

(6) N_6 培养基　N_6 培养基是 1974 年朱至清为水稻等禾谷类作物的花药培养而设计的培养基。其特点是成分较为简单，氮源（硝酸钾和硫酸铵）的含量高。已广泛用于禾谷类植物的花药培养和组织培养。

(四) 提高植物细胞培养中药物产量的方法

自 20 世纪 70 年代以来，利用植物细胞培养生产药物的研究取得了飞速发展。已对 400 多种植物进行了细胞培养研究，从培养物中分离到 600 多种次生代谢产物，其中有 60 多种在含量上超过或等于其原植物。在植物细胞培养中，选择高产的外植体，寻找合适的培养条件等，是提高植物细胞的生长速度和次生代谢产物的产量是其实现工业化生产的先决条件。

1. 外植体选择

不同外植体的愈伤组织诱导能力及愈伤组织合成次级代谢产物能力不同，所以，在利用植物细胞悬浮培养生产次生代谢产物时，选择能诱导出疏松易碎，生长快速且具有较高次生代谢产物合成能力的愈伤组织的外植体是非常重要的。如 Mischenko 等在茜草（*Rubia-cordifolia*）愈伤组织培养过程中发现，来源于叶柄和茎的愈伤组织蒽醌累积量比来源于茎尖和叶的愈伤组织高。

2. 高产细胞系的选择

在外植体诱导出愈伤组织后，筛选生长快，次生代谢产物合成能力强的细胞系是植物细胞培养工业化的前提。杜金华等用小细胞团法筛选出的花色苷含量高的玫瑰茄（*Hibscus-sabdariffa*）细胞系，花色苷含量和产量分别比对照提高了 14.5 倍和 16 倍。目前，筛选高产细胞系的方法一般有：目测法，放射免疫法、酶联免疫法、流动细胞测定法、琼脂小块法等。

3. 最适物理因素的选择

影响植物细胞生长及次生代谢产物积累的物理因子主要包括光照、pH 值、通气状况、接种量等。能有效地调控这些外界因子，是植物细胞实现工业化生产的必要条件。

(1) 光照　光对于次生代谢产物的积累具有重要的作用。朱新贵等在光质对玫瑰茄悬浮细胞花青素合成的影响研究中发现，蓝光是促进玫瑰茄细胞产生花青素的最有效单色光，红光和橙光无效，其他单色光随其波长接近蓝光，正效应增强。元英进等研究单色光对长春花愈伤组织影响时发现，以白光为基准，蓝光对细胞生长和生物碱积累均有促进作用，红光和黄光影响程度在白光之下，绿光有抑制作用。

（2）pH值　盛长忠等的研究表明，南方红豆杉（*Taxus chinensis*）的愈伤组织生长及紫杉醇的含量受pH值的影响较大，pH5.5时对愈伤组织生长最为有利，达接种量的3.84倍，但紫杉醇的含量较低，pH7.0时，愈伤组织的生长量仅为接种量的2.80倍，而紫杉醇含量却达pH5.5时的2倍多。

（3）通气状况　Schlatmann等人在15L搅拌式反应器中高密度培养长春花（*Gatharanthus roseus*）细胞时，发现当溶解氧（DO）小于29%时，阿吗碱产率小于0.06μmol/(g·d)，DO值大于43%时，阿吗碱产率恒为0.21μmol/(g·d)，而当DO值在29%～43%时，DO值与阿吗碱产量显著相关。

（4）接种量　培养细胞生长及其产物累积需要有一适合的接种量。在紫草（*Lithospermumery hrorhizon*）细胞培养中，细胞收获量与接种细胞量呈正比例增加，细胞的紫草素产率在接种量达6g/L干重时为11%，达最大值，大于6g/L时，紫草素的含量急剧下降。

（五）化学因素的优化

1. 培养基种类及激素影响

在细胞培养中，愈伤组织生长和次生代谢物产生的最佳培养基一般是不一致的。钟青平等研究不同培养条件下的栀子（*Gardenia jasminoides*）愈伤组织生长和栀子黄色素的产生时，发现B_5、MG-5基本培养基有利于愈伤组织生长；M-9基本培养基有利于黄色素合成。在基本培养基一致的情况下，激素种类和浓度对细胞生长和次生代谢物的积累具有至关重要的作用。韩爱明等在研究生长调节物质对高山红景天（*Rhodiola sachlinensis*）细胞生长及红景天苷积累的影响时发现，在不同生长调节物质（NAA，2,4-D，IAA，6-BA，KT等）组合中，当所用浓度相同时，以NAA和6-BA组合效果最好，生物量和红景天苷含量都最高。当NAA的质量浓度为1mg/L、6-BA的质量浓度为0～3mg/L时，红景天苷含量则随6-BA浓度增大缓慢降低。当6-BA的质量浓度为3mg/L时，生物量在加入较小浓度的NAA后成倍增长。NAA的质量浓度在0.05～0.3mg/L时，对细胞生长影响不大，但大大促进了红景天苷的积累，质量浓度大于0.3mg/L时，细胞生长明显受到抑制，生物量急剧减小，而红景天苷含量仍然逐渐升高。

2. 诱导剂的添加

诱导剂是一类可以引起代谢途径改变或代谢强度改变的物质，其主要作用是可以调节代谢进程的某些酶活性，并能对某些关键酶在转录水平上进行调节，包括一些无机盐、真菌提取液、葡聚糖等。诱导剂有生物诱导剂和非生物诱导剂两种。Gregorio等用PC2500感染长春花得到的肿瘤细胞进行液体培养，在其细胞悬浮系中分别加入不同质量浓度（0.5～2.0mmol/L）的诱导剂乙酰水杨酸（ASA），1mmol/L的ASA促使总碱含量增加5.05倍，总酚含量增加15.78倍，呋喃香豆素类增加14.76倍。袁丽红等研究发现，在紫草细胞的生产培养基中加入0.2%的表面活性剂Tween-20可明显提高细胞向外分泌紫草素的能力，其分泌量比未加Tween-20的细胞高30.52%，紫草素产量高达37.82%，比对照提高了19.88%。

3. 前体物质的添加

在培养基中添加合适的前体物质可大大提高植物细胞次生代谢产物的产量。在葡萄糖细胞培养中，在指数生长期开始添加［1-^{13}C］-苯丙氨酸，可促使花青素的积累，获得的^{13}C-花青素含量占总含量的65%。在培养基中添加0.05～0.2mmol/L的苯丙氨酸、苯甲酸、苯甲酰甘氨酸、丝氨酸和甘氨酸，能使东北红豆杉（*Taxuscus pidata*）中紫杉醇含量高出1～4倍，这些物质参与了紫杉醇侧链的合成。

4. 抑制剂的添加

使用抑制支路代谢和其他相关次级代谢途径的抑制剂，可使代谢流更多地流向所需次级代谢产物。在云南红豆杉培养基中添加抑制甾体合成的代谢抑制剂氯化氯胆碱（CCC）可提高紫杉醇的含量。质量浓度为5.0mg/L的CCC可使紫杉醇质量提高60%以上。但高浓度的CCC反而起抑制作用。

（六）培养技术的选择

1. 两步培养技术

植物细胞生物量增长与次生代谢产物积累之间往往是不同步的，因而为了提高目的产物的产率，可采用两步培养技术。在新疆紫草（*Arnebia euchroma*）细胞在两步培养过程中，第一步培养中细胞生长迅速，与接种量相比，干重增加5倍，但色素合成较少，外泌至培养基中的色素质量浓度为58mg/L，胞内为134mg/L，当换入M-9培养基后，细胞生长明显减弱，细胞内色素上升很快，到培养结束后，胞内色素质量浓度达1300mg/L，培养液中色素质量浓度为60mg/L。在黄连细胞培养中，先在生长培养基中培养3周，然后在合成培养基中培养3周，每升培养液可获生物碱556mg，两步法培养生物碱产率为一步法培养的1.72倍。

2. 固定化培养技术

植物细胞固定化是将植物细胞包裹于一些多糖或多聚化合物上进行培养，并生产有用代谢物的技术。具有提高反应效率、延续反应时间及保持产物生产的稳定性等特点。吕华等发现固定化培养的硬紫草（*Lithospermum erythrorhizon*）细胞中色素产量达20mg/g（FW），高于悬浮细胞［17mg/g（FW）］；M9培养基中固定化硬紫草细胞能在长达80d的时间内不断形成色素，而悬浮细胞在40d时基本解体，不再产生色素。

3. 两相培养技术

两相培养技术是指在植物细胞培养体系中加入水溶性或脂溶性的有机化合物，或者是具有吸附作用的多聚化合物，使培养体系由于分配系数不同而形成上、下两相，细胞在其中一相中生长并合成次生代谢物，这些次生代谢物又通过主动或被动运输的方式释放到胞外，并被另一相所吸附。这样由于产物的不断释放与回收，可以减少由于产物积累在胞内形成的反馈机制，有利于提高产物积累含量，并有可能真正实现植物细胞的连续培养，从而大大降低生产成本。在孔雀草（*Tagetes patula*）发状根培养体系中加入正十六烷可促使30%～70%的噻吩分泌出来，而不加正十六烷的对照组只有1%左右分泌到培养基中。在花菱草细胞悬浮培养中，加入一种液体硅胶，可使血根碱的含量提高10倍。

4. 毛状根培养技术

毛状根是双子叶植物各器官受发根土壤杆菌（*Agrobacterium rhizogenes*）感染后产生的病态组织。感染过程中，发根农杆菌Ti质粒T-DNA转移并整合到植物基因组中。具有激素自养，增殖速度快，次级代谢产物含量高且稳定等特点。用发根土壤杆菌感染短叶红豆杉（*Taxus brevifolia*）芽外植体诱导出毛状根，5株毛状根在无激素的B_5液体培养基中悬浮培养20d，生物量平均增加约9倍，是同等条件下短叶红豆杉愈伤组织液体培养物的2.9倍，毛状根紫杉醇含量为愈伤组织的1.3～8.0倍。

5. 冠瘿培养技术

通过根瘤农杆菌感染植物可以将其Ti质粒的T-DNA片段整合进入植物细胞的基因组，诱导冠瘿组织的发生。冠瘿组织离体培养时也具有激素自主性、增殖速率较常规细胞培养快等特点，其次生代谢产物合成稳定性与能力较强，用来生产有用次生代谢产物有着良好的开发前景。用根瘤农杆菌（*A. tumefaciers*）直接感染鼠尾草（*Salvia officimalis*）的无菌苗诱导出冠瘿，并将冠瘿在6,7-V无激素培养基上继代培养，不断地挑选红色细胞团，12个月继代培养后，获得1个高丹参酮产量的冠瘿系C1。C1在液体培养基中生长良好并保持高丹参酮产量特性。留兰香冠瘿瘤组织进行离体培养时，产生的芳香油总产量虽然低于原植物的叶片，但主要活性成分芳樟醇和乙酸芳樟醇的含量却占总含量的94%。

6. 反义技术

植物次生代谢是多途径的，是植物体内一系列酶促反应的结果。反义技术是根据碱基互补原理，通过人工合成或者是生物体合成的特定互补的DNA或RNA片段（或者是具化学修饰产物），抑制或封闭某些基因表达的技术。通过此技术，可以将反义DNA或RNA片段导入植物，使催化某一分支代谢中的关键酶的活性受到抑制或增强。这样，目的化合物的含量可以提高，而其他化合物的合成途径则受到抑制。通过反义技术调节亚麻属中的一种植物（*Linuns favum*）毛状根中内植醇脱氢酶的活性，可以抑制分支代谢中木脂素分子的合成而使抗癌物5-甲氧基鬼臼毒素的含量提高。

（七）植物细胞培养技术在制药中的应用

利用植物细胞培养进行有用物质的生产，不受环境生态和气候条件的限制，且增殖速度比整个植物体栽培快得多。以下例子是利用植物细胞培养技术生产药物的成功例子。

1. 植物细胞培养生产抗癌药物——紫杉醇

紫杉醇是一种用于卵巢癌、乳腺癌、肺癌的高效、低毒、广谱并且作用机制独特的抗癌药物。植物细胞培养生产紫杉醇被公认为是一种生产紫杉醇长期有希望的方法。日本曾从短叶红豆杉（*T. Brevofolia*）和东北红豆杉（*T. Cetenhum*）中进行诱导愈伤组织、筛选得到的细胞在培养4周增殖了5倍，紫杉醇含量达到0.05%，比原来的红豆杉皮紫杉醇含量高出10倍。Ketchum从6种紫杉醇属植物中进行愈伤组织的诱导，获得了产生紫杉醇的细胞株，其中2个细胞株在悬浮培养条件下培养超过29个月和16个月。悬浮培养的细胞紫杉醇的含量超过了20mg/L。我国中科院昆明植物研究所经过多年研究，对多种红豆杉的不同外植体进行愈伤组织的诱导、培养，筛选出了紫杉醇高产的细胞株。Pork等考察东北红豆杉细胞培养中培养基的起始糖浓度。当糖浓度达到40g/L时，细胞比生长速度最大，为0.017单位/天，当糖浓度达到60g/L时悬浮细胞的浓度最高达34g/L，当糖浓度达到80g/L时，紫杉醇的产量为1.36mg/L。此外，适合的生物反应器和最佳环境条件也直接影响细胞培养紫杉醇的产量。目前报道的有Yonn&Park在5L反应品中培养，细胞接种量为33.3%，经10d培养，细胞干、湿重均可增至4倍。在培养第9d时胞外紫杉醇含量最高为1.8μg/g。

2. 植物细胞培养生产紫草宁

紫草宁可用作创伤、烧伤以及痔疮的治疗药物。紫草宁产生于紫草系多年生植物的根部。日本在1983年进行紫草细胞大规模培养来生产紫草宁。我国南京大学从1986年开始对该项目进行研究，结果表明，在适当的条件下，培养的紫草细胞悬浮物中紫草宁含量占干重的14%，比紫草根中的含量高几倍。

3. 植物细胞培养生产人参皂苷

人参是用于治疗与保健的名贵药材，它的主要成分是人参皂苷。1964年罗士伟首先成功地进行了人参组织培养。日本于1986年开始首先利用13L培养罐悬浮培养人参细胞从中提取人参皂苷。古谷于1970年及Theng于1974年先后从人参根、茎、叶的愈伤组织中的人参皂苷分离出人参苷Rb1，并证明这些成分的药理与生药朝鲜人参相同，含量相当于人参根的50%，占鲜重的1.3%。

4. 植物细胞培养生产毛地黄毒苷

毛地黄毒苷是一种强心苷类。毛地黄细胞培养物能够进行植株所不能够或能极微量进行的生物合成过程。强心苷类有重要的医用价值，以微生物发酵生产强心苷效率很低，而以毛地黄细胞悬浮培养生产强心苷则很有发展前景。

5. 植物细胞培养啊吗碱

啊吗碱被广泛应用于解除脑血流的阻塞等循环系统方面的疾病。它存在于萝芙木属 20 个种、长春花属 4 个种、帽柱木属 2 个种、茜草科和夹竹桃科中。啊吗碱是植物的次生代谢产物。医药对啊吗碱的需求始终供不应求。而且目前的生产方式陈旧，它是从干燥的萝芙根中提取的。这样生产方式落后于需求的发展。有研究者利用 30L 培养罐进行细胞悬浮培养，获得高产啊吗碱的细胞株。

6. 植物细胞培养生产天然色素

目前各种合成色素的滥用严重危害人类的健康，寻求无毒、安全的天然色素就显得非常重要。已报道过的用植物细胞培养生产的色素包括胡萝卜素、花青素、叶黄素、单宁、黄酮体等。

第五节　酶工程制药技术基础

一、概述

酶工程是酶学和工程学相互渗透结合、发展而成的生物技术，是通过人工操作获得人们所需的酶，并通过各种方法使酶发挥其催化功能的技术。酶工程制药是生物制药的主要内容之一，主要包括药用酶的生产和酶法制药两方面的技术。

药用酶是指具有治疗和预防疾病作用的酶。例如，用于治疗白血病的天冬酰胺酶，用于防护辐射损伤的超氧化物歧化酶，用于防治血栓性疾病的尿激酶等。药用酶的生产方法多种多样，主要包括微生物发酵产酶，动、植物细胞培养产酶，酶的提取与分离纯化等，还可以通过药用酶的分子修饰技术，以提高酶活力、增加酶的稳定性、降低酶的抗原性等酶的催化特性，从而提高药用酶的功效。

酶法制药是在一定条件下利用酶的催化作用，将底物转化为药物的技术过程。例如用青霉素酰化酶生产半合成抗生素，用 β-酪氨酸酶生产多巴，用谷氨酸脱羧酶生产 γ-氨基丁酸等。为了改进酶的催化特性，酶法制药还可以利用酶固定化和酶的非水相催化等技术。酶法制药技术主要包括酶的选择与催化反应条件的确定，固定化酶及其在制药方面的应用，酶的非水相催化及其在制药方面的应用等。

二、药用酶的生产

药用酶的生产是指经过预先设计，通过人工操作而获得所需的药用酶的技术过程。药用酶的生产方法可以分为提取分离法、生物合成法和化学合成法等 3 种。其中，提取分离法是最早采用且沿用至今的方法，生物合成法是 20 世纪 50 年代以来酶生产的主要方法，而化学合成法至今仍然停留在实验室阶段。

（1）提取分离法　提取分离法是采用各种生化分离技术从动物、植物的组织、器官、细胞或微生物细胞中将酶提取出来，再与杂质分离而获得所需酶的技术过程。提取分离法中所采用的各种提取、分离、纯化技术在采用其他方法进行酶的生产过程中，也是必不可少的技术环节。

酶的提取（extraction）是指在一定的条件下，用适当的溶剂（或溶液）处理含酶原料，使酶充分溶解到溶剂（或溶液）中的过程。主要的提取方法有盐溶液提取、酸溶液提取、碱溶液提取和有机溶剂提取等。

酶的分离（separation）纯化（purification）是采用各种生化分离技术，诸如：离心分离、过滤与膜分离、萃取分离、沉淀分离、层析分离、电泳分离以及浓缩、结晶、干燥等，使酶与各种杂质分离，达到所需的纯度，以满足使用的要求。

提取分离法设备较简单，操作较方便，在动、植物资源或微生物菌体资源丰富的地区采用提取分离法生产药用酶有其应用价值。例如，从动物的胰脏中提取分离胰蛋白酶、胰淀粉酶、胰脂肪酶或这些酶的混合物——胰酶；从木瓜中提取分离木瓜蛋白酶、木瓜凝乳蛋白酶；从菠萝皮中提取分离菠萝蛋白酶；从动物血液中或者从大蒜、青梅等植物中提取分离超氧化物歧化酶等。

（2）生物合成法　生物合成法是利用微生物、植物或动物细胞的生命活动而获得人们所需酶的技术过程。自从1949年细菌α-淀粉酶发酵成功以来，生物合成法就成为酶的主要生产方法。

利用微生物细胞的生命活动合成所需酶的方法又称为发酵法，采用发酵法生产的药用酶很多，例如，利用枯草杆菌生产淀粉酶、蛋白酶，利用大肠杆菌生产青霉素酰化酶、多核苷酸聚合酶等。

20世纪70年代兴起并发展起来的植物细胞培养和动物细胞培养技术，使药用酶的生产方法进一步发展。动、植物细胞培养生产药用酶，首先需获得优良的动、植物细胞，然后利用动、植物细胞在人工控制条件的生物反应器中培养，经过细胞的生命活动合成各种酶，再经分离纯化，得到所需的药用酶。例如，利用木瓜细胞培养生产木瓜蛋白酶、木瓜凝乳蛋白酶，利用人黑色素瘤细胞培养生产血纤维蛋白溶酶原激活剂等。

生物合成法具有生产周期短，酶的产率高，不受生物资源、地理环境和气候条件的影响等显著特点。但是对生产设备和工艺条件的要求较高，在生产过程中必须进行严格的控制。

（3）化学合成法　化学合成法是20世纪60年代中期出现的新技术。1965年，我国人工合成胰岛素的成功，开创了蛋白质化学合成的先河。1969年，采用化学合成法得到含有124个氨基酸的核糖核酸酶，其后RNA的化学合成亦取得成功。现在已可以采用合成仪进行酶的化学合成和人工合成改造。然而由于酶的化学合成要求单体达到很高的纯度，化学合成的成本高；而且只能合成那些已经搞清楚其化学结构的酶，这就使化学合成法受到限制，难以工业化生产。

然而利用化学合成法进行酶的化学修饰和人工模拟方面具有重要的理论意义和发展前景。

三、药用酶的修饰

通过各种方法使酶分子的结构发生某些改变，从而改变酶的某些特性和功能的技术过程称为酶的分子修饰。

酶分子修饰的目的在于：人为地改变天然酶的一些性质，创造天然酶所不具备的某些优良特性甚至创造出新的活性，来扩大酶的应用领域，促进生物技术的发展。通常，酶经过改造后，会产生各种各样的变化，概括起来有：①提高生物活性（包括某些在修饰后对效应物反应性能的改变）；②增强在不良环境（非生理条件）中的稳定性；③针对异体反应，降低生物识别能力，可以说，酶化学修饰在理论上为生物大分子结构与功能关系的研究提供了实验依据和证明，是改善酶学性质和提高其应用价值的一种非常有效的措施。

酶分子修饰的方法多种多样，主要包括以下几种方法。

1. 侧链基团的修饰

酶分子可离解的基团如氨基（$-NH_2$）、羧基（—COOH）、羟基（—OH）、巯基（—SH）、咪唑基都可用来修饰。例如氨基修饰剂可产生脱氨基作用、消除酶分子表面的氨基酸的电荷，从而改善酶的稳定性；采用修饰剂产生酰化反应，可改变侧链羟基性质。这些修饰反应，可稳定酶分子有利的催化活性现象，提高抗变性的能力。

2. 交联修饰

使用双功能基团试剂如戊二醛等将酶蛋白分子之间、亚基之间或分子内不同肽链部分，进行共价交联，可使分子活性结构加固，并可提高其稳定性，扩大了酶在非水溶剂中的使用范围。多功能交联剂除了传统的戊二醛外，还包括一些新近开发成功的化合物，如经葡聚糖二乙醛交联的青霉素G酰化酶在55℃的半衰期提高了9倍而v_{max}保持不变。酶的稳定性提高的主要原因是交联增强了葡聚糖的羟基与酶分子亲水基团间的相互作用。

3. 大分子结合修饰

某些水溶性大分子化合物如多糖、聚乙二醇（PEG）等可以与酶的侧链基团共价结合，使酶分子空间构象发生改变，从而改变酶的某些特性和功能，如α-淀粉酶在65℃时半衰期为25min，当与葡萄糖结合后，半寿期延长至63min。

4. 与辅因子有关的修饰

很多酶都含有辅酶或辅基活性基团，天然酶中这些基团的种类有限，因而限制了酶的功能。如果利用化学方法在这些辅因子中接上一些其他基团，再将修饰后的辅因子取代天然酶的原有辅因子，便可制造出多种多样的新型酶。如将烷基、聚阴离子、金属配合物、电子供体或受体、光致变色基团、肽等接到卟啉环上，以修饰血红素蛋白（肌红蛋白、血红蛋白和细胞色素b562）。有报道将卟啉环的丙酸基端置换成含8个羧基的化合物，并用其取代天然肌红蛋白中的铁卟啉辅基，修饰后的肌红蛋白对邻苯二酚、对苯二酚及邻甲氧基苯酚的氧化速率比天然肌红蛋白高14～32倍。

5. 定点突变与化学修饰结合法

由于天然酶的催化底物非常有限，从而限制了其在有机合成中的应用。分子生物学家利用定点突变法来改变酶的底物专一性，开发出了一些新型的酶制剂。但由于定点突变只是用天然氨基酸进行取代，有一定的局限性，仍然无法满足有机合成的需要。为此，利用定点突变技术在酶的关键活性位点引入一个氨基酸残基，然后利用化学修饰法对突变的氨基酸残基进行修饰，引入一个小分子化合物，得到一种化学修饰突变酶。

近年来，改善酶性质的化学修饰已成为国际上的一个研究热点，只要选择合适的化学修饰剂及修饰方法，就可快速、廉价地提高酶的稳定性，甚至合成出新的酶。

四、酶的固定化及其在制药方面的应用

（一）简介

酶的固定化是指将酶固定在载体上并在一定的空间范围内进行催化反应。酶固定化技术于20世纪60年代应运而生并发展起来。它是模拟体内酶的作用方式（体内酶多与膜类物质相结合并进行特有的催化反应），通过化学或物理的手段，用载体将酶束缚或限制在一定的区域内，使酶分子在此区域进行特有和活跃的催化作用，并可回收及长时间重复使用的一种交叉学科技术。

酶经过固定化后，能够在一定的空间范围内进行催化反应，但是由于受到载体的影响，酶的结构发生了某些改变，从而使酶的催化特性发生某些改变。固定化酶既保持了酶的催化特点，又克服了游离酶的某些不足之处，具有增加稳定性，可反复或连续使用以及易于和反应产物分开等显著优点。

在固定化酶的研究制备过程中，起初都是采用经提取和分离纯化后的酶进行固定化。随着固定化技术的发展，也可采用含酶菌体或菌体碎片进行固定化，直接应用菌体或菌体碎片中的酶或酶系进行催化反应，这称之为固定化菌体。1973年，日本首次在工业上成功地应用固定化大肠杆菌菌体中的天冬氨酸酶，由反丁烯二酸连续生产L-冬氨酸。

（二）酶的固定化方法

酶的固定化方法（immobilization method）多种多样，主要有吸附法、包埋法、交联法、载体偶联法等。

（1）吸附法　是最早出现的酶固定化方法，包括物理吸附和离子交换吸附。该法条件温和，酶的构象变化较小或基本不变，因此对酶的催化活性影响小，但酶和载体之间结合力弱，在不适 pH、高盐浓度、高温等条件下，酶易从载体脱落并污染催化反应产物等。

（2）包埋法　其基本原理是载体与酶溶液混合后，借助引发剂进行聚合反应，通过物理作用将酶限定在载体的网格中，从而实现酶固定化的方法。该法不涉及酶的构象及酶分子的化学变化，反应条件温和，因而酶活回收率较高。包埋法固定化酶易漏失，常存在扩散限制等问题，催化反应受传质阻力的影响，不宜催化大分子底物的反应。

（3）交联法　是利用双功能或多功能交联试剂，在酶分子和交联试剂之间形成共价键，采用不同的交联条件和在交联体系中添加不同的材料，可以产生物理性质各异的固定化酶。交联法一般作为其他固定化方法的辅助手段。

（4）共价结合法　是指酶分子的非必须基团与载体表面的活性功能基团通过形成化学共价键实现不可逆结合的酶固定方法，又称载体偶联法。共价结合法所得的固定化酶与载体连接牢固，有良好的稳定性及重复使用性，成为目前研究最为活跃的一类酶固定化方法。但该法较其他固定方法反应剧烈，固定化酶活性损失更加严重。

（三）固定化酶在药物生产中的应用

固定化酶既保持了酶的催化特性，又克服了游离酶的不足之处，具有如下显著的优点：酶经过固定化后稳定性增加，减少温度、pH、有机溶剂和其他外界因素对酶的活力的影响，可以较长期地保持较高的酶活力；固定化酶可反复使用或连续使用较长时间，提高酶的利用价值，降低生产成本；固定化酶易于和反应产物分开，有利于产物的分离纯化，从而提高产品质量。因此，固定化酶已广泛地应用于医药、食品、工业、农业、环保、能源和科学研究等领域。下面介绍固定化酶在药物生产方面应用的一些例子。

（1）氨基酰化酶　这是世界上第一种工业化生产的固定化酶，可以用于生产各种 L-氨基酸药物。1969 年，日本田边制药公司将从米曲霉中提取分离得到的氨基酰化酶，用DEAE-葡聚糖凝胶为载体通过离子键结合法制成固定化酶，将 L-乙酰氨基酸水解生成 L-氨基酸，用来拆分 D,L-乙酰氨基酸，连续生产 L-氨基酸。剩余的 D-乙酰氨基酸经过消旋化，生成 D,L-乙酰氨基酸，再进行拆分。生产成本仅为用游离酶生产成本 60%左右。

（2）青霉素酰化酶　这是在药物生产中广泛应用的一种固定化酶。可用多种方法固定化。1973 年已用于工业化生产，用于制造各种半合成青霉素和头孢菌素。用同一种固定化青霉素酰化酶，只要改变 pH 等条件，就既可以催化青霉素或头孢菌素水解生成 6-氨基青霉烷酸（6-APA）或 7-氨基头孢霉烷酸（7-ACA），也可以催化 6-APA 或 7-ACA 与其他的羧酸衍生物进行反应，以合成新的具有不同侧链基团的青霉素或头孢霉素。

（3）天冬氨酸酶　1973 年日本用聚丙烯酰胺凝胶为载体，将具有高活力天冬氨酸酶的大肠杆菌菌体包埋制成固定化天冬氨酸酶，用于工业化生产，将延胡索酸转化生产 L-天冬氨酸。1978 年以后，改用角叉莱胶为载体制备固定化酶，也可将天冬氨酸酶从大肠杆菌细胞中提取分离出来，再用离子键结合法制成固定化酶，用于工业化生产。

（4）天冬氨酸-β-脱羧酶　将含天冬氨酸-β-脱羧酶的假单胞菌菌体，用凝胶包埋法制成固定化天冬氨酸-β-脱羧酶，于 1982 年用于工业化生产，催化 L-天冬氨酸脱去 β-羧基，生产 L-丙氨酸。

五、酶的非水相催化及其在制药方面的应用

酶已在医药、食品、轻工、化工、能源、环保等领域广泛应用。这些应用大多数是在水溶液中进行的，有关酶的催化理论也是基于酶在水溶液中的催化反应而建立起来的，在其他介质中，酶往往不能催化，甚至会使酶变性失活。故此，人们以往普遍认为只有在水溶液中酶才具有催化活性。

近二十多年来，酶在非水介质，特别是有机介质中的催化反应受到重视，发展很快。在理论上进行了非水介质（包括有机溶剂介质、超临界流体介质、气相介质、离子液介质等）中酶的结构与功能、非水介质中酶的作用机制，非水介质中酶催化作用动力学等方面的研究，初步建立起非水相酶学（non-aqueous enzymology）的理论体系，并进行了非水介质中，特别是在有机介质中酶催化作用的应用研究，利用酶在有机介质中的催化作用进行多肽、酯类等的生产，甾体转化、功能高分子的合成、手性药物的拆分等方面均取得显著成果。

本章小结

本章主要介绍了生化制药、微生物制药、基因工程制药、细胞工程制药和酶工程制药等技术基础。传统的生化制药的基本工艺过程，包括了材料的选择和预处理、组织与细胞的破碎及细胞器的分离、提取和纯化、浓缩干燥和保存等步骤。微生物制药技术的研究内容，则包括了微生物菌种的选育和保藏、代谢产物的生物合成、发酵工艺、发酵产物的提取纯化等。而基因工程制药的研究内容，包括了目的基因的制备、基因重组、基因工程菌或细胞的构建、基因工程菌或细胞的培养、产物的分离与纯化等。细胞工程制药是利用动、植物细胞培养生产药物的技术，其研究内容包括动植物细胞培养的特性、培养方法、培养基组成与种类、培养条件及其动植物细胞培养技术在制药中的应用。酶工程制药主要包括药用酶的生产和酶法制药两方面的技术。酶的分子修饰、酶的固定化和酶的非水相催化等理论和技术，已在生物制药中发挥重要的作用，并取得显著的成果。

思考题

1. 简述生物材料的来源。
2. 简述生物活性物质的存在特点。
3. 生物活性物质主要有哪些提取方法？
4. 生物活性物质有哪些主要的浓缩、干燥方法？
5. 已经上市或目前处于研究热点的基因工程药物主要有哪些？试举例说明。
6. 简述酶工程技术、细胞工程技术和基因工程技术等现代生物技术在生物制药工业中的应用。
7. 名词解释：酶工程、提取、萃取、浓缩、干燥、单克隆抗体、PCR、生物合成技术

第三章　氨基酸类药物

第一节　概　　述

氨基酸（amino acid）是蛋白质的基本组成单位。作为生物大分子的各种蛋白质，之所以在生命活动中表现出各种各样的生理功能，主要取决于蛋白质分子中氨基酸的组成、排列顺序以及形成的特定三维空间结构。

蛋白质和氨基酸之间的不断分解与合成，在机体内形成一个动态平衡，任何一种氨基酸的缺乏及代谢失调，都会破坏这种平衡，导致机体代谢紊乱甚至疾病，何况许多氨基酸及其衍生物尚有其特定药理效应，因此氨基酸类药物越来越受到重视。

一、氨基酸的组成与结构

羧酸分子中一个或一个以上氢原子被氨基取代后生成的化合物称为氨基酸。在自然界中组成生物体各种蛋白质的氨基酸有 20 余种，除 Pro 外，所有的氨基酸其分子结构的共同特点是都有一个 α-氨基，故统称为 α-氨基酸。结构式如下：

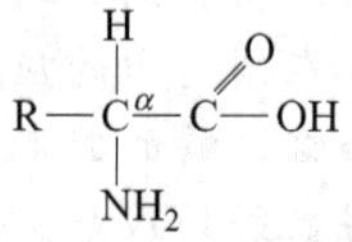

$$R-\overset{H}{\underset{NH_2}{\overset{|}{\underset{|}{C^{\alpha}}}}}-\overset{O}{\overset{\|}{C}}-OH$$

(R为 α-氨基酸的侧链)

从氨基酸结构式可知其具有两个特点：①具有酸性的—COOH 基和碱性的—NH_2 基，为两性电解质；②如果 $R\neq H$，则具有不对称碳原子，因而是光学活性物质。这两个特点使不同的氨基酸具有某些共同的化学性质和物理性质。除甘氨酸无不对称碳原子因而无 D-及 L-型之分外，一切 α-氨基酸的 α-碳原子皆为不对称碳，故有 D-及 L-型两种异构体。天然蛋白质水解得到的 α-氨基酸几乎都是 L 构型。

二、氨基酸的理化性质

（一）物理性质

1. 晶形和熔点

α-氨基酸都是白色晶体，各有其特殊的结晶形状，熔点都很高，一般在 200～300℃之间，而且多在熔解时分解。具体见表 3-1。

2. 溶解度

各种氨基酸均能溶解于水，但水中溶解度差别较大，精氨酸、赖氨酸溶解度最大，胱氨酸、酪氨酸溶解度最小；在乙醇中，除脯氨酸外，其他均不溶解或很少溶解；都能溶于强酸和强碱中，不溶于乙醚、氯仿等非极性溶剂。具体见表 3-1。

3. 旋光性

除甘氨酸外，所有的天然氨基酸都有旋光性。天然氨基酸的旋光性在酸中可以保持，在

表 3-1　氨基酸的一些物理性质

氨基酸	物理形状	熔点/℃	水中溶解度(25℃)
甘氨酸	白色单斜晶	290	24.99
丙氨酸	菱形晶	297	16.51
缬氨酸	六角形叶片水晶	292～295	8.85
亮氨酸	无水叶片状晶	337	2.19
异亮氨酸	菱形叶片或片状晶	284	4.12
丝氨酸	六角形或柱状晶	228	5.02
苏氨酸	斜方晶	253	1.59
半胱氨酸	晶粉	178	溶于水
胱氨酸	六角形晶	261	0.011
蛋氨酸	六角形片状晶	283	5.14
天冬氨酸	菱形叶片状晶	270	0.5
谷氨酸	四角形晶	249	0.84
赖氨酸	扁角形片状晶	224～225	易溶
精氨酸	柱片状晶	238	易溶
苯丙氨酸	叶片状晶	284	2.96
酪氨酸	丝状针晶	344	0.046
色氨酸	六角形叶片状晶	282	1.14
组氨酸	叶片状晶	277	4.29
脯氨酸	柱、针状晶	222	62.3

碱中由于互变异构，容易发生外消旋化。用测定比旋度的方法可以测定氨基酸的纯度。

（二）化学性质

氨基酸的化学性质与其特殊功能基团如羧基、氨基和侧链的基团（如羟基、羧基、碱基、酰氨基等）有关。氨基酸的氨基具有伯胺（R—NH_2）氨基的一切性质（如与 HCl 混合，脱氨，与 HNO_2 作用等）。氨基酸的羧基具有羧酸羧基的性质（如脱羧、酰氯化、成盐、成酯、成酰胺等）。氨基酸的主要化学反应，一部分是 α-氨基参加的反应，一部分是 α-羧基参加的反应，还有一部分是二者共同参加的反应。现简单介绍如下。

1. α-氨基参加的反应

（1）与 HNO_2 反应　氨基酸的氨基在室温下与亚硝酸反应生成氮气。在标准条件下测定生成氮气的体积，即可计算出氨基酸的量。这是 Van Slyke 法测定氨基氮的基础。可用于氨基酸定量和蛋白质水解程度的测定。

（2）与酰化试剂反应　氨基酸的氨基与酰氯或酸酐在弱碱性溶液中发生反应时，氨基即被酰基化。酰化试剂在多肽和蛋白质的人工合成中被用作氨基的保护剂。

（3）烃基化反应　氨基酸氨基中的一个 H 原子可被烃基取代，例如与 2,4-二硝基氟苯在弱碱性溶液中发生亲核芳环取代反应而生成二硝基苯基氨基酸。该反应被用来鉴定多肽或蛋白质的 NH_2 末端氨基酸。

（4）形成席夫碱反应　氨基酸的 α-氨基能与醛类化合物反应生成弱碱，即席夫碱。

（5）脱氨基反应　氨基酸经氨基酸氧化酶催化即脱去 α-氨基而转化为酮酸。

2. α-羧基参加的反应

（1）成盐和成酯反应　氨基酸与碱作用即生成盐，氨基酸的羧基被醇酯化后，形成相应的酯。当氨基酸的羧基被酯化或成盐后，羧基的化学性能即被掩蔽，而氨基的化学反应性能得到加强，容易和酰基或烃基结合，这就是为什么氨基酸的酰基化和烃基化需要在碱性溶液中进行的原因。

（2）成酰氯反应　氨基酸的氨基如果用适当的保护剂，例如苄氧甲酰基保护后，其羧基可与二氯亚枫或五氯化磷作用生成酰氯。

（3）脱羧基反应　氨基酸经氨基酸脱羧酶作用，放出二氧化碳并生成相应的伯胺。

（4）叠氮反应　氨基酸的α-氨基通过酰化加以保护，羧基经酯化转变成甲酯，然后与肼和亚硝酸反应即变成叠氮化合物。此反应可使氨基酸的羧基活化。

3. α-氨基和α-羧基共同参加的反应

（1）茚三酮反应　茚三酮在弱碱性溶液中与α-氨基酸共热，引起氨基酸氧化脱羧、脱氨反应，最后茚三酮与反应产物氨和还原茚三酮发生作用，生成紫色物质。该反应可用于氨基酸的定性和定量测定。

（2）成肽反应　一个氨基酸的氨基可与另一个氨基酸的羧基缩合成肽，形成肽键。该反应可用于肽链的合成。

三、氨基酸及其衍生物在医药中的应用

氨基酸是构成蛋白质的基本单位，是具有高度营养价值的蛋白质的补充剂，广泛应用于医药、食品、动物饲料和化妆品的制造。氨基酸在医药上既可用作治疗药物，也用来制备复方氨基酸输液，及用于合成多肽药物。目前用作药物的氨基酸及其衍生物有100多种。

（一）氨基酸的营养价值及其与疾病治疗的关系

人体蛋白质由20种氨基酸组成，其中有8种氨基酸是人体自身不能合成或合成速度不能满足机体需要，必须从食物中直接获得的，这些氨基酸称为必需氨基酸，它们是异亮氨酸、亮氨酸、苯丙氨酸、蛋氨酸、色氨酸、苏氨酸、赖氨酸和缬氨酸，对于婴儿来说，组氨酸也是必需氨基酸。

健康人从正常的膳食中摄取蛋白质或氨基酸，来满足机体对营养的需求；若缺乏蛋白质或氨基酸，则会影响机体的生长发育及正常的生理功能，导致抗病能力减弱引起病变。消化功能严重障碍者或手术后病人、重症病人，因无法从膳食中获取足够蛋白质，而使自身蛋白质过量消耗，导致病情恶化或预后不良。临床上常通过直接给病人输入氨基酸制剂以改善患者的营养状况，增加治疗机会，促进康复。因此，复合氨基酸制剂亦是防治疾病的重要药品。

（二）治疗消化道疾病的氨基酸及其衍生物

治疗消化道疾病的氨基酸及其衍生物包括谷氨酸及其盐酸盐、谷氨酰胺、乙酰谷酰胺铝、甘氨酸及其铝盐、硫酸甘氨酸铁、维生素U及组氨酸盐酸盐等。甘氨酸及其铝盐以及谷氨酸盐酸盐是通过调节胃液酸碱度实现治疗。谷氨酸盐酸盐可提供盐酸及促进胃酸分泌，甘氨酸及其铝盐可中和过多胃酸，保护黏膜，谷氨酸、谷氨酰胺、乙酰谷酰胺铝、维生素U及组氨酸盐酸盐是通过保护消化道黏膜或促进黏膜增生而达到防治胃及十二指肠溃疡的作用。

（三）治疗肝病的氨基酸及其衍生物

治疗肝病的氨基酸及其衍生物包括精氨酸盐酸盐、磷葡精氨酸、鸟天氨酸、谷氨酸钠、蛋氨酸、乙酰蛋氨酸、瓜氨酸、赖氨酸盐酸盐及天冬氨酸等。L-天冬氨酸有助于鸟氨酸循环，促进氨和二氧化碳生成尿素，降低血中氨和二氧化碳，增强肝功能，消除疲劳，用于治疗慢性肝炎、肝硬化及高血氨症。异亮氨酸、亮氨酸等可纠正血浆氨基酸失衡，蛋氨酸、胱氨酸可用于治疗脂肪肝，而精氨酸对治疗高氨血症、肝机能障碍等疾病颇有效果。

（四）治疗脑及神经系统疾病的氨基酸及其衍生物

治疗脑及神经系统疾病的氨基酸及其衍生物包括谷氨酸钙盐及镁盐、氢溴酸谷氨酸、色氨酸、5-羟色氨酸、左旋多巴等。L-谷氨酸的钙盐及镁盐用于治疗神经衰弱及其官能症、脑外伤，以及癫痫小发作。γ-酪氨酸用于治疗记忆障碍、语言障碍、癫痫等。L-色氨酸用于治

疗精神分裂症和改善抑郁症等。左旋多巴用于治疗震颤麻痹症及控制锰中毒的神经症状。酪氨酸亚硫酸盐用于治疗脊髓灰质炎等。

（五）用于肿瘤治疗的氨基酸及其衍生物

用于肿瘤治疗的氨基酸及其衍生物包括偶氮丝氨酸、氯苯丙氨酸、磷乙天冬氨酸及重氮氧代正亮氨酸等。偶氮丝氨酸用于治疗急性白血病及霍奇金病。氯苯丙氨酸用于治疗肿瘤综合征，可减轻症状。磷天冬氨酸用于治疗 B16 黑色素瘤及 Lewis 肺癌。重氮氧代正亮氨酸用于治疗急性白血病。

（六）治疗其他疾病的氨基酸及其衍生物

天冬氨酸的钾镁盐可用于疲劳恢复，治疗低钾症心脏病、肝病、糖尿病等。半胱氨酸能促进毛发的生长，可用于治疗秃发症。组氨酸可扩张血管，降低血压，用于心绞痛、心功能不全等疾病的治疗。

（七）氨基酸输液

复方氨基酸输液是由多种纯净结晶氨基酸切实按照人体需要的种类、含量和比例配制的灭菌水溶液，对改善病人营养，纠正氮平衡，提高病人抢救的成功率起着十分明显的作用，成为现代医疗中不可缺少的医药品种之一。复方氨基酸输液除含有亮氨酸、异亮氨酸、缬氨酸、苯丙氨酸、赖氨酸、蛋氨酸、苏氨酸和色氨酸等 8 种人体必需氨基酸外，还含有一些非必需氨基酸，一般还加入山梨醇、木糖醇等补充热量，提高体内氨基酸的利用率。复方氨基酸输液能增加血浆蛋白、组织蛋白，提高氮平衡，促进酶、免疫抗体及激素的生成，加速各种细胞的增生。在临床上主要用于：改善外科手术前病人的营养状态；供给胃肠病人的蛋白质营养成分；纠正肝病所导致的蛋白质生化合成紊乱；预防及治疗放射性、抗癌剂或其他原因引起的白血球减少症；作为血浆代用品等。

近年来，利用氨基酸和母体药物结合制成药物前体，用以改善药物理化特性，提高药物疗效或降低副反应，如赖氨酸阿司匹林，有抑制血小板凝集和解热镇痛作用，其镇痛功效良好，没有成瘾性。此外，氨基酸衍生物在癌症治疗上出现了希望。不同癌细胞的增殖需要大量消耗某种特点的氨基酸，寻找这些氨基酸的类似物——代谢拮抗剂可能成为癌症治疗的一种有效手段。

用氨基酸合成的聚合物制造的膜或纤维具有柔软、亲水性、半透性、耐水性和无毒性等特点，可用来制造肾脏和外科缝合线。如果将聚合氨基酸渗透入杀菌剂、防腐剂和抗生素，可以预防和治疗暴露伤口的皮肤病。药片用其作为涂层，可防护药片内涵物免受湿气、空气和光的影响以及药物对胃黏膜的刺激作用和药物发出的气味。

第二节 氨基酸的生产方法

氨基酸的生产方法主要有水解法、化学合成法、微生物发酵法及酶合成法等。目前，除少数氨基酸采用水解提取法外，大部分氨基酸已采用化学合成法和发酵法生产，个别也采用前体发酵和酶合成法生产。

一、水解法

水解法是最早发展起来的生产氨基酸的基本方法。它是以富含蛋白质的物质如毛发、血粉及废蚕丝等为原料，通过酸、碱或蛋白质水解酶水解成多种氨基酸混合物，再经分离纯化获得各种氨基酸的工艺过程。分为酸水解法、碱水解法和酶水解法。水解提取法的优点是原料比较丰富，投产比较容易。缺点是产量低，成本较高及对环境的污染比较大。目前仍有少数氨基酸如酪氨酸、胱氨酸等采用水解提取法生产。

1. 酸水解法

酸水解法是蛋白质水解常用的方法。一般是在蛋白质原料中加入约4倍质量的6mol/L的盐酸，于110℃加热回流12～24h，使氨基酸充分析出，除去酸即得氨基酸混合物。酸水解法的优点是水解完全，不易引起氨基酸发生旋光异构作用，所得氨基酸均为L-型氨基酸。缺点是色氨酸几乎全部破坏，含羟基的酪氨酸和丝氨酸部分破坏，水解产物可与醛基化合物作用生成一类黑色物质而使水解液呈黑色，需进行脱色处理；另外由于使用大量的酸，所以对设备腐蚀严重，产生大量的废液，对环境影响较大，同时工人劳动条件较差。正因为如此，酸水解法目前较少使用。

2. 碱水解法

蛋白质原料经6mol/L氢氧化钠于100℃水解6h，即得各种氨基酸混合物，该法水解迅速彻底，色氨酸不被破坏，水解液清亮。但含羟基或巯基的氨基酸全部被破坏，且产生消旋作用，产物是D-型和L-型氨基酸混合物，工业上多不采用此方法。

3. 酶水解法

蛋白质原料在一定pH和温度条件下经蛋白水解酶作用分解成氨基酸和小肽混合物的过程称为酶水解法。酶水解法的优点是反应条件温和，无需技术设备，氨基酸不被破坏，无消旋作用。缺点是水解不彻底，水解时间长，产物中除氨基酸外，尚含较多肽类。故主要用于生产水解蛋白质及蛋白胨，较少用于生产氨基酸。

二、发酵法

发酵有厌氧发酵和好氧发酵之分，氨基酸发酵属于好氧的不完全氧化过程。氨基酸发酵法有广义和狭义之分。狭义指通过特定微生物在以碳源和氮源以及其他成分的培养基中生长，直接产生氨基酸的方法。广义者除直接发酵法外，尚包括添加前体发酵法及酶转化技术生产氨基酸。

氨基酸直接发酵的基本过程包括菌种培养、接种发酵、产品提取及分离纯化等。氨基酸产生菌是实现发酵法生产氨基酸的前提，在氨基酸发酵中起着非常重要的作用，早期氨基酸发酵多采用野生型菌株，20世纪60年代以后，则多采用经人工诱变选育的营养缺陷型和抗代谢类似物变异菌株。随着现代生物工程技术的发展，已获得多种高产氨基酸基因工程菌株，其中苏氨酸和色氨酸基因工程菌已投入工业生产。目前大部分氨基酸可通过发酵法生产，如谷氨酸、谷氨酰胺、丝氨酸、酪氨酸、组氨酸等，产量和品种逐年增加。

微生物发酵法生产氨基酸的优点是原料丰富，可以廉价碳源如甜菜或化工原料（醋酸、甲醇和石蜡）代替葡萄糖，成本大为降低，产品都是L-型氨基酸。缺点是产物浓度一般较低，生产周期长，设备投资大，有副反应，单晶体氨基酸的分离比较复杂，工艺管理要求严格。

三、酶转化法

酶转化法是指在某些特定酶的作用下使某些化合物转化成相应氨基酸的技术。其基本过程是以氨基酸前体为原料，通过酶催化反应制备氨基酸。酶转化法的优点是工艺简单、周期短、耗能低、专一性强、产物浓度高、副产物少、收率高等。如何获得廉价的底物和酶源是这一方法能否成立的关键。

四、化学合成法

以某些相应化合物为原料，经氨解、水解、缩合、取代及氢化还原等化学反应合成氨基酸的方法称为化学合成法。化学合成法可归纳为一般合成法及不对称合成法两大类。前者产物为DL-型氨基酸混合物，后者产物为L-型氨基酸。理论上所有氨基酸都可由化学合成法制造，但在目前，只有当采用其他方法生产很不经济时才采用化学合成法生产。

第三节　重要氨基酸药物的生产工艺

一、L-胱氨酸

胱氨酸是最早发现的氨基酸，1810年英国化学家Wollaston从膀胱结石中分离出来一种物质，当时根据“膀胱”这个词，把它命名为胱氨酸。胱氨酸比半胱氨酸稳定，它在体内转变为半胱氨酸后参与蛋白质合成和各种代谢过程。L-胱氨酸具有增强造血功能，升高白细胞水平，促经皮肤损伤的修复及抗辐射作用。临床上用于治疗辐射损伤、重金属中毒、慢性肝炎、牛皮癣及病后或产后继发性脱发。

1. 结构与性质

L-胱氨酸存在于所有蛋白质分子中，尤以毛、发、蹄甲等角蛋白中含量最多，其分子由两分子半胱氨酸脱氢氧化而成，含两个氨基、两个羧基和一个二硫键。分子式$C_6H_{12}N_2O_4S_2$，相对分子质量240.29。胱氨酸纯品为六角形板状白色结晶或结晶性粉末，无味，在75℃水中溶解度为0.052，不溶于乙醇及其他有机溶剂，易溶于酸、碱溶液中，在热碱液中易分解，等电点为5.06。熔点260～261℃，结构式如下：

$$HOOC-\underset{}{\overset{NH_2}{\overset{|}{C}}}H-CH_2-S-S-CH_2-\overset{NH_2}{\overset{|}{C}}H-COOH$$

2. 酸水解法制备胱氨酸的生产工艺

胱氨酸的生产方法主要有发酵法、合成法和水解法三种。工业上利用水解法生产胱氨酸是把人发、猪毛用强酸水解，从角朊分解成多种氨基酸，然后再从水解液中用各种方法把胱氨酸与其他氨基酸和杂质分离，提取出纯的胱氨酸。

胱氨酸在人发和猪毛中的含量分别为12%和14%，收率可达到7.5%～8%，但我国实际生产中的收率一般只有5%左右。

（1）工艺路线

人发或猪毛 —[水解] 盐酸，117℃，6.5～7h→ 水解液 —[中和] 氢氧化钠→ L-胱氨酸粗品(Ⅰ) —[粗制] 盐酸，活性炭，85℃，0.5h→ —[中和] 氢氧化钠，pH4.8→ L-胱氨酸粗品(Ⅱ) —[精制] 盐酸，活性炭，85℃，0.5h→ 滤液 —[中和] 氨水，pH3.5～4→ L-胱氨酸

（2）工艺过程

① 水解　在水解缸内配制一定量8.0～8.5mol/L盐酸，加热至75～80℃，迅速投入质量为盐酸50%～55%的人发或猪毛，温度升到110℃时开始计时，水解6h后，用双缩脲法吸取水解液，滴1%的硫酸铜溶液，直到检验溶液无紫色出现为止，冷却，离心分离。

② 中和　将分离得到的滤液，在搅拌下加入30%～35%的工业氢氧化钠溶液，调节pH值至4.8为止，静置36h，离心分离得到胱氨酸粗品Ⅰ。

③ 脱色　将胱氨酸粗品Ⅰ放入缸中，加入其质量为粗品Ⅰ的60%的10mol/L盐酸，再加入其质量为粗品Ⅰ的2.5倍的水，加热至70℃左右，搅拌溶解0.5h，加入其质量为粗品

Ⅰ的8%的活性炭，升温至80℃左右保温0.5h，离心分离。

④ 二次中和　将分离得到的滤液加热到80～85℃，搅拌加入30%～35%的氢氧化钠溶液，调节pH至4.8为止，静置36h，离心分离，得到胱氨酸粗品Ⅱ。

⑤ 精制　将胱氨酸粗品Ⅱ放入缸中，加入其质量为粗品Ⅱ60%的1mol/L盐酸（化学纯），加热到70℃左右，再加入其质量为粗品Ⅱ4%的活性炭，升温至85℃，保温搅拌0.5h，离心分离。将分离得到的滤液放入缸中，加入其质量为滤液1.5倍的蒸馏水，加热至75～80℃，搅拌后加入12%氨水中和，使pH值达3.5～4.0，此时胱氨酸结晶析出，离心分离，结晶用蒸馏水洗至无氯离子，低温干燥，即得精品胱氨酸。

（3）工艺讨论

① 影响毛发蛋白水解的因素　毛发角蛋白由胱氨酸、精氨酸等十几种氨基酸构成，产品收率的高低，主要取决于蛋白质的水解程度及胱氨酸的破坏程度。需要控制好酸的用量、水解时间、水解温度。对一定的原料，盐酸的用量要有适当的比例，原料发生变化时，要通过小试确定合适的比例。水解缸上要安装冷凝设备，使盐酸不致逸出，保证水解时稳定的盐酸浓度。

② 提高收率，通过控制好水解、中和、过滤三个环节。中和过程中的体积要掌握适当。体积过大则收率降低，体积控制过小，则产品纯度降低。另外，被活性炭吸附的胱氨酸要进行回收。

二、L-赖氨酸

L-赖氨酸存在于所有蛋白质中，为人类和动物生长所必需的而又不能在体内合成的氨基酸之一，也是最重要的氨基酸之一。近年来，国内外饲料工业及食品工业发展迅速，加之赖氨酸在医药工业上新的用途不断被发现，赖氨酸成为一种国际市场上发展前景良好、国内市场上缺口较大的产品，且原料来源丰富、生产技术成熟。

赖氨酸广泛应用在饲料添加剂、食品添加剂及医药工业上。目前世界上赖氨酸产量的95%以上都作为饲料添加剂。赖氨酸是很好的鱼粉替代物，一般估计，在以谷物为主的饲料中，应加入0.2%～0.3%的赖氨酸。赖氨酸也可以用作食品添加剂。赖氨酸是衡量食物营养价值的重要指标之一，成人每日最低需要赖氨酸0.8克，人体缺乏L-赖氨酸时，就会发生蛋白质代谢障碍和机能障碍。有资料显示，在小麦面粉中添加0.2%的赖氨酸，则可使其蛋白质的营养有效率从原来的47%提高到71.1%。赖氨酸也可以用在医药工业。赖氨酸在医药上一般用作氨基酸输液。近来的有关研究发现，赖氨酸对人的脑部神经细胞有很好的修复作用，并据此开发出了新药。有关专家还认为赖氨酸还可以治疗癫痫病、老年性痴呆、脑溢血等。另外，L-赖氨酸在多肽合成化学、生化研究、赖氨酸衍生物制备（赖氨酸能与一些金属离子生成络合物赖氨酸铁、赖氨酸锌等，用作饲料添加剂）等用途上的需求量也在增加。

1. 结构与性质

L-赖氨酸存在于所有蛋白质中，为人体必需氨基酸之一，化学名称为2,6-二氨基己酸，分子式为$C_6H_{14}N_2O_2$，易溶于水，几乎不溶于乙醇和乙醚，等电点为10.56，结构式如下：

$$NH_2—CH_2—CH_2—CH_2—CH_2—\underset{\underset{NH_2}{|}}{CH}—COOH$$

由于游离的赖氨酸易吸收空气中的二氧化碳，故制取结晶比较困难。一般商品都是赖氨酸盐酸盐的形式。赖氨酸盐酸盐的化学式为$C_6H_{14}O_2N_2 \cdot HCl$，相对分子质量为182.65，含氮 15.34%。赖氨酸盐酸盐熔点为 263℃，单斜晶系，比旋光度 +21°。在水中的溶解度 0℃时为 53.6，25℃时为 89，50℃时为 111.5，70℃时为 142.8，在酒精中的溶解度为 0.1。赖氨酸的口服半致死量 LD_{50} 为 4g/kg 体重。赖氨酸含有 α-氨基及 ε-氨基，只有 ε-氨基为游离状态时，才能被动物机体所利用，故具有游离 ε-氨基的赖氨酸为有效氨基酸。所以在提取浓缩时，要特别注意防止有效赖氨酸受热破坏而影响其使用价值。

2. 赖氨酸生物合成途径

赖氨酸生物合成途径是 1950 年以后逐渐被阐明的。赖氨酸的生物合成途径与其他氨基酸有所不同，依据微生物种类而异。

细菌的赖氨酸生物合成途径需要经过二氨基庚二酸（DAP）合成赖氨酸，如图 3-1 所示。酵母、霉菌的赖氨酸生物合成途径，需要经过 α-氨基己二酸合成赖氨酸，具体如下：

α-酮戊二酸→高柠檬酸→高异柠檬酸→草酰酮戊二酸→α-酮己二酸→α-氨基己酸→酵母氨酸→赖氨酸。

同样是二氨基庚二酸合成赖氨酸途径，不同的细菌，赖氨酸合成的调节机制有所不同。赖氨酸产生菌主要为谷氨酸棒杆菌、北京棒杆菌、黄色短杆菌或乳糖发酵短杆菌等、谷氨酸产生菌的高丝氨酸营养缺陷型兼 AEC 抗性突变株。与大肠杆菌不同，这些菌的天冬氨酸激酶不存在同功酶，而是单一地受赖氨酸和苏氨酸的协同反馈抑制。因此在苏氨酸限量培养下，即使赖氨酸过剩，也能形成大量天冬氨酸半醛，由于产生菌失去了合成高丝氨酸的能力，使天冬氨酸半醛这个中间产物全部转入赖氨酸合成而大量生产赖氨酸。

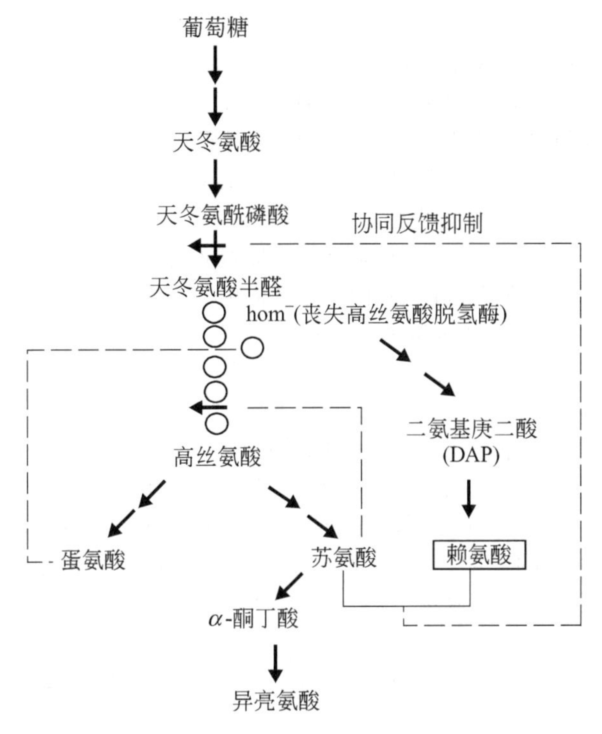

图 3-1　用谷氨酸棒杆菌高丝氨酸缺陷型的赖氨酸发酵

○○○○○遗传缺陷位置（hom^-）

3. 赖氨酸的发酵生产

赖氨酸的制备方法有水解法、合成法、酶法和发酵法。工业上主要采用发酵法生产赖氨酸。

（1）工艺流程

斜面菌种→转接活化→摇瓶种子培养→种子罐扩大培养→发酵罐→提取分离→赖氨酸产品

(2) 工艺路线:

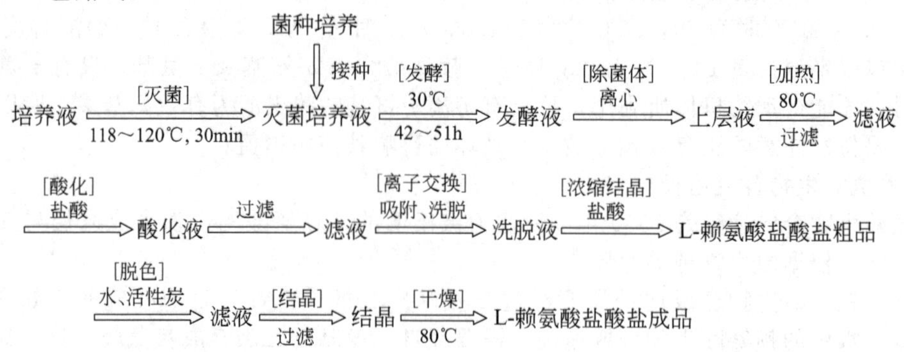

(3) 工艺过程

① 菌种培养　采用的菌种为北京棒状杆菌高丝氨酸缺陷型 *AS1.563*，先进行斜面培养、然后一级种子培养、二级种子培养，逐级放大。

② 灭菌、发酵　培养基经灭菌，按 10%接种量接种，通气量 1∶0.6 [V/(V·min)]，30℃发酵 42～51h，搅拌速度为 180r/min。

③ 发酵液处理　发酵结束后，在发酵液中加入絮凝剂絮凝后过滤除菌体，也可用高速离心液固分离设备直接分离出菌体，回收的菌体可进一步加工利用，澄清的滤液用盐酸调节 pH4.0 后待用。

④离子交换　上述的滤液经 732 树脂交换柱（三柱串联）进行离子交换提取。为提高床层利用率，实际离子交换过程一般采用多柱串联操作。

赖氨酸的离子交换提取一般用铵型 732 树脂，树脂的处理过程为：732 阳离子树脂→水洗→1mol/L 的 NaOH 处理后水洗至 pH8.0→1mol/L HCl 处理后水洗至 pH6.0→1mol/L 氨水处理后水洗至 pH8.0→铵型树脂待用。

水洗后，用 2～3mol/L 浓度的氨水洗脱，洗脱高峰赖氨酸含量可达 6%～8%，如用高浓度氨水（15%～20%）洗脱，洗脱高峰赖氨酸浓度可达 15%～16%。

⑤ 浓缩结晶　洗脱液经过减压浓缩、结晶。

⑥ 精制　用水溶解，活性炭脱色，5℃放置结晶，80℃烘干。

(4) 工艺讨论

① 赖氨酸发酵过程分为两个阶段，发酵前期（约 0～12h）为菌体生长期，主要是菌体生长繁殖，很少产酸。当菌体生长一定时间后，转入产酸期。

② 赖氨酸发酵生产中，首先必须防止产生菌在发酵培养中的回复突变。

③ 温度对赖氨酸发酵的影响。幼龄菌对温度敏感，在发酵前期，提高温度，生长代谢加快，产酸期提前，但菌体的酶容易失活，菌体容易衰老，赖氨酸产量少。赖氨酸发酵，前期控制温度 32℃，中后期 30℃。

④ pH 值控制　赖氨酸发酵最适 pH 值为 6.5～7.0。在整个发酵过程中，应尽量保持 pH 值平稳。

⑤ 种子对赖氨酸发酵的影响　种子对赖氨酸发酵影响较大，对数生长期的种子有利于菌体生长和赖氨酸发酵。二级种子扩大培养时，接种量较少，约 2%，种龄 8～12h，三级种子扩大培养时种量较大，约 10%，种龄一般为 6～8h。

⑥ 溶氧对赖氨酸发酵的影响　赖氨酸生产菌是耗氧菌，供氧充足有利于赖氨酸的发酵生产。供氧不足时，细菌呼吸受到抑制，赖氨酸产量降低。供氧严重不足时，产赖氨酸量很少而积累乳酸。这是因为在供氧严重不足时，丙酮酸脱氢酶不能充分发挥作用，而只能利用 CO_2 固定系统来合成天冬氨酸（赖氨酸是天冬氨酸族氨基酸）的缘故。

对于谷氨酸棒杆菌的高丝氨酸缺陷型菌株，因其糖酵解酶系和三羧酸循环酶系的酶活均与氧的供给量有关。因此氧供给量的多少，直接影响糖的消耗速度和赖氨酸生成量。研究发现当溶解氧的分压为4～5kPa时，磷酸烯醇式丙酮酸羧化酶、异柠檬酸脱氢酶活性最大，赖氨酸生成量也最大。赖氨酸发酵的耗氧速率受菌种、培养基组成、发酵工艺、搅拌等影响。

⑦ 生物素对赖氨酸生物合成的影响　在以葡萄糖、丙酮酸为唯一碳源的情况下，添加过量的生物素，赖氨酸的积累显著增加。因为生物素量增加，促进了草酰乙酸的合成，增加了天冬氨酸的供给。另一方面，过量生物素又使细胞内合成的谷氨酸对谷氨酸脱氢酶起反馈抑制作用，抑制谷氨酸的大量合成，使代谢流转向合成天冬氨酸的方向进行。因此，生物素有促进草酰乙酸生成，增加天冬氨酸的供给，提高赖氨酸产量的作用。

⑧ 硫酸铵对赖氨酸合成的影响　硫酸铵对赖氨酸合成影响很大。当硫酸铵含量较高时菌体生长迅速，但赖氨酸含量低。在无其他铵离子情况下，硫酸铵用量为4%～4.5%时，赖氨酸产量最高。

另外，还有一些其他因素对赖氨酸产量有一定影响，比如维生素 B_1 也可促进赖氨酸合成；在培养基中添加一定浓度的铜离子，可提高糖质原料发酵赖氨酸的产量。

三、L-天冬氨酸和L-丙氨酸

1. 结构与性质

L-天冬氨酸（L-Aspartic，L-Asp）存在于所有蛋白质分子中，含两个羧基和一个氨基，为酸性氨基酸，等电点为2.77，分子式为 $C_4H_7NO_4$，相对分子质量为133.10，其结构式为：

$$HOOC—CH_2—\underset{\displaystyle NH_2}{\underset{|}{CH}}—COOH$$

L-Asp的化学名称为α-氨基丁二酸或氨基琥珀酸，纯品为白色菱形叶片状结晶，熔点为269～271℃，溶于水及盐酸，不溶于乙醇、乙醚，在25℃水中溶解度为8，75℃时为28.8。在碱性溶液中为左旋性，在酸性溶液中为右旋性。

L-丙氨酸存在于所有蛋白质分子中，为中性氨基酸，分子式为 $CH_3CH(NH_2)COOH$，相对分子质量89.04，其结构式为：

$$CH_3—\underset{\displaystyle NH_2}{\underset{|}{CH}}—COOH$$

L-丙氨酸的化学名称为α-氨基丙酸，纯品为白色菱形结晶，无臭无毒，密度1.401g/cm^3，熔点297℃（分解），等电点为6.0，易溶于水，在25℃水中溶解度为166.5；微溶于乙醇，在20℃乙醇中溶解度为1.6，不溶于丙酮和乙醚。

2. 酶转化工艺

天冬氨酸与丙氨酸的制备可利用酶工程技术（酶转化法）。酶转化法，实际上就是在特定酶的作用下使某些化合物转化成相应氨基酸的技术。其基本过程为：培养产酶微生物，然后将酶或细胞进行固定化处理，并装填于适当的反应器中制成所谓“生物反应堆”，加入相应底物合成特定氨基酸，反应液经分离纯化即得相应氨基酸成品。酶转化法的特点为：工艺简单、可连续操作、可长期反复使用、产物浓度高、转化率及生产效率较高、副产物少。

天冬氨酸与丙氨酸的酶转化反应如下：

$$HOOC—CH{=}CH—COOH \xrightarrow{\text{天冬氨酸酶}} HOOC—CH_2—\underset{\displaystyle NH_2}{\underset{|}{CH}}—COOH \xrightarrow{\text{L-天冬氨酸-}\beta\text{-脱羧酶}}$$

$$CH_3—\underset{\displaystyle NH_2}{\underset{|}{CH}}—COOH + CO_2\uparrow$$

工艺路线：

延胡索酸 + NH_3 —[转化] 固定化天冬氨酸酶→ 转化液 —[分离]→ L-Asp粗品 → L-Asp精品

转化液 —固定化L-Asp-β-脱羧酶→ 转化液 —[浓缩结晶]→ L-Ala粗品 —[精制]→ L-Ala精品

3. 工艺过程

（1）菌种培养　大肠杆菌（*Escherichia coli*）AS 1.881 的培养　斜面培养基为普通肉汁培养基；摇瓶培养基成分（%）为玉米浆 7.5，反丁烯二酸 2.0，$MgSO_4 \cdot 7H_2O$ 0.02，氨水调 pH6.0，煮沸后过滤，500mL 三角烧瓶中培养基装量 50～100mL。从新鲜斜面上或液体中培养种子，接种于摇瓶培养基中，37℃振摇培养 24h，逐级扩大培养至 1000～2000L 规模。培养结束后用 1mol/L HCl 调 pH5.0，升温至 45℃并保温 1h，冷却至室温，转筒式高速离心机收集菌体（含天冬氨酸酶），备用。

德阿昆哈假单胞菌（*Pseudomonas dacunhae*）68 变异株的培养　斜面培养基组成（%）为蛋白胨 0.25，牛肉膏 0.52，酵母膏 0.25，NaCl0.5，pH7.0，琼脂 2.0。种子培养基与斜面培养基相同，唯不加琼脂，250mL 三角烧瓶中培养基装量为 40mL。摇瓶培养基组成（%）为 L-谷氨酸 3.0，蛋白胨 0.9，酪蛋白水解液 0.5，磷酸二氢钾 0.05，$MgSO_4 \cdot 7H_2O$ 0.01，用氨水调 pH7.2，500mL 三角瓶中培养基装量为 80mL。将培养 24h 的新鲜斜面菌种接种于种子培养基中，30℃振摇培养 8h，再接种于摇瓶培养基中，30℃振荡培养 24h，如此逐级扩大至 1000～2000L 的培养罐培养。培养结束后用 1mol/LHCl 调 pH 至 4.75，于 30℃保温 1h，用转筒式高速离心机离心收集菌体（含 L-天冬氨酸-β-脱羧酶），备用。

（2）细胞固定　*E. coli* 的细胞固定　取湿菌体 20kg 悬浮于 80L 生理盐水（或离心后的培养清液）中，保温至 40℃，再加入 90L 保温至 40℃的 12%明胶溶液及 10L 1.0%戊二醛溶液，充分搅拌均匀，放置冷却凝固，再浸于 0.25%戊二醛溶液中。于 5℃过夜后，切成 3～5mm的立方小块，浸于 0.25%戊二醛溶液中 5℃过夜、蒸馏水充分洗涤，滤干，得含天冬氨酸酶的固定化 *E. coli*，备用。

假单胞菌体固定　取湿菌体 20kg，加生理盐水搅匀并稀释至 40L，另取溶于生理盐水的 5%角叉菜胶溶液 85L，两液均保温至 45℃后混合，冷却至 5℃成胶。浸于 600L2% KCl 和 0.2mol/L 己二胺的 0.5mol/L pH7.0 的磷酸缓冲液中，5℃下搅拌 10min，加戊二醛至 0.6mol/L 浓度，5℃搅拌 30min，取出切成 3～5mm 的立方小块，用 2% KCl 溶液充分洗涤后，滤去洗涤液，即得含 L-天冬氨酸-β-脱羧酶的固定化细胞，备用。

（3）生物反应堆的制备　将含天冬氨酸酶的固定化 *E. coli* 装填于填充床式反应器（ϕ40cm×200cm）中，制成生物反应堆Ⅰ，备用。将 L-天冬氨酸-β-脱羧酶的固定化假单胞菌装于耐受 1.515×10^5Pa 压力的填充床式反应器（ϕ30cm×180cm）中，制成生物反应堆Ⅱ，备用。

（4）转化反应　将保温至 37℃的 1mol/L 延胡索酸铵（含 1mmol/L $MgCl_2$，pH8.5）底物溶液按一定空间速度（SV）连续流过生物反应堆Ⅰ，控制达到最大转化率（>95%）为限度，收集转化液制备 L-Asp 或用于生物反应堆Ⅱ的再转化。当需要生产 L-丙氨酸时，向上述转化液中加磷酸吡哆醛至0.1mmol/L浓度，调pH6.0，保温至37℃，按一定空间速度流入1.515×10^5Pa压力下的生物反应堆Ⅱ，控制达到最大转化率（>95%）为限，收集转化液，用于制取L-丙氨酸。

（5）产品纯化与精制　生物反应堆Ⅰ转化液经过滤澄清，搅拌下用1mol/L HCl调pH2.8，5℃结晶过夜，滤取结晶，用少量冷水洗涤抽干，105℃干燥得L-Asp粗品。粗品用稀氨水溶解（pH5）成15%溶液，加1%（质量浓度）活性炭，70℃搅拌脱色1h，过滤，滤液于5℃结晶过夜，滤取结晶，85℃真空干燥得药用L-Asp。

生物反应堆Ⅱ转化液过滤澄清，于60～70℃下减压浓缩至原体积的50%，冷却后加等体积甲醇，5℃结晶过夜，滤取结晶并用少量冷甲醇洗涤、抽干，80℃真空干燥得L-Ala粗品。粗品用3倍体积（质量浓度）去离子水于80℃搅拌溶解，加0.5%（质量浓度）药用活性炭于70℃搅拌脱色1h，过滤，滤液冷后加等体积甲醇，5℃结晶过夜，滤取结晶，于80℃真空干燥得药用L-Ala。

4. 检验

（1）L-天门冬氨酸的检验　应为白色菱形叶片状结晶，含量应在98.5%～101.5%之间，$[\alpha]_D^{20}$为+24.8°～+25.8°，干燥失重不大于0.2%，炽灼残渣小于0.1%，氯化物不大于0.02%，铵盐不大于0.02%，硫酸盐小于0.02%，铁盐小于10μg/g，重金属小于10μg/g，砷盐不大于1μg/g。

含量测定：精确称取干燥样品130mg，移至125mL小三角烧瓶中，以甲酸6mL、冰醋酸50mL的混合液溶解，采用电位滴定法，以0.1mol/L高氯酸溶液滴定至终点，滴定结果以空白试验校正即得。1mL 0.1mol/L高氯酸溶液相当于13.310mg $C_4H_7NO_4$。

（2）L-丙氨酸的检验　应为菱形晶体，含量应在98.5%～101.5%之间，$[\alpha]_D^{20}$为+13.7°～+15.1°，干燥失重不超过0.2%，炽灼残渣不超过0.15%，氯化物含量不超过0.05%，硫酸盐不超过0.03%，砷盐不超过1.5μg/g，铁盐不超过0.003%，重金属不超过0.0015%；

含量测定：取干燥样品80mg，移置125mL小三角烧瓶中，以甲酸3mL、冰醋酸50mL的混合液溶解，采用电位滴定法，用0.1mol/L的高氯酸溶液滴定至终点，滴定结果以空白试验校正即得。1mL 0.1mol/L高氯酸液相当于8.909mg $C_3H_7NO_2$。

5. 作用与用途

L-Asp有助于鸟氨酸循环，促进氨和CO_2生成尿素，降低血中氨和CO_2，增强肝功能，消除疲劳。可用于治疗慢性肝炎、肝硬化及高血氨症。同时L-Asp和L-Ala都是复合氨基酸输液的原料。

四、苯丙氨酸

1. 结构与性质

苯丙氨酸（L-Phe）的化学名称为L-*α*-氨基-*β*-苯丙酸，存在于所有蛋白质中，为人体必需氨基酸之一，其分子式为$C_9H_{11}NO_2$，相对分子质量为165.19，结构式为：

$$C_6H_5-CH_2-\underset{\underset{NH_2}{|}}{CH}-COOH$$

L-Phe在水中结晶成白色叶片状晶体，无臭，微苦，p*I*为5.48；分解点为283～284℃。在25℃水中溶解度为2.96，在75℃水中为6.62，微溶于甲醇及乙醇，不溶于乙醚。1%水溶液pH为5.4～6.0，$[\alpha]_D^{20}$为−4.47°（*C*=0.5～2.0，在5mol/L HCl中），$[\alpha]_D^{20}$为−34.5°（*C*=0.5～2.0，在水中）。

2. 酶拆分 DL-Phe 的原理

DL-Phe 与醋酸酐反应生成乙酰-DL-Phe（Ac-DL-Phe），氨基酰化酶可专一性水解 Ac-L-Phe 的酰胺键生成 L-Phe，而不水解 Ac-D-Phe 酰胺键，再利用 L-Phe 与 Ac-D-Phe 在水中溶解度的差异进行分离。Ac-D-Phe 又可经消旋生成 Ac-DL-Phe，再行水解和分离，如此反复进行，可将 DL-Phe 全部转化为 L-Phe。DL-Phe 拆分的基本反应过程如下：

$$\text{DL-Phe} + \text{醋酸酐} \xrightarrow[90^{\circ}\text{C}]{\text{醋酸}} \text{Ac-DL-Phe} \xrightarrow{\text{氨基酰化酶}} \text{L-Phe} + \text{Ac-D-Phe} + \text{乙酸}$$

3. 工艺路线

（1）固定化氨基酰化酶的制备

$$\text{米曲扩大曲} \xrightarrow[\text{水}]{[\text{提取}]} \text{氨基酰化酶抽提液} \xrightarrow[\text{DEAE-Sephadex A-50}]{[\text{吸附}]} \text{固定化氨基酰化酶}$$

（2）DL-Phe 拆分路线

$$\text{DL-Phe} + \text{醋酸酐} \xrightarrow[\text{醋酸}]{[\text{乙酰化}]} \text{Ac-DL-Phe} \xrightarrow[\text{固定化酶}]{[\text{酶水解}]}$$

$$\text{L-Phe} + \text{Ac-D-Phe} + \text{醋酸} \xrightarrow{[\text{分离}]} \begin{cases} \text{Ac-D-Phe} \xrightarrow{\text{消旋}} \text{Ac-DL-Phe} \\ \text{L-Phe粗品} \xrightarrow{[\text{精制}]} \text{L-Phe成品} \end{cases}$$

4. 工艺过程

（1）固定化氨基酰化酶的制备　取 DEAE-Sephadex A-50 于去离子水中充分浸泡后，依次用 10 倍量 0.5mol/L HCl 和 0.5mol/L NaOH 溶液搅拌处理 30min，再用去离子水洗至中性，然后依次用 0.1mol/L 及 0.01mol/L 的 pH7.0 磷酸缓冲液处理 1～2h，滤干备用。

另取培养 40～50h 的米曲扩大曲用 6 倍量去离子水分两次抽提，滤去残渣。滤液用 2mol/L NaOH 溶液调 pH6.7～7.0，按 100L 酶液加 1kg 已处理的湿 DEAE-Sephadex A-50 的比例混合，于 0～4℃搅拌吸附 4～5h，滤取 DEAE-Sephadex A-50，依次用去离子水、0.1mol/L 醋酸钠、0.01mol/L 的 pH7.0 磷酸缓冲液洗涤 3～4 次，滤干得固定化氨基酰化酶，加 1%甲苯后于冷库中贮存，备用。

（2）Ac-DL-Phe 的制备　将 DL-Phe、冰醋酸及醋酸酐按 1∶7∶1（*W*∶*V*∶*V*）的比例加入反应釜中，90℃反应 4～5h，回收醋酸，浓缩液加一定量去离子水，再浓缩至一定体积，冷却结晶，滤取结晶于 60℃真空干燥得 Ac-DL-Phe。

（3）酶水解　在 1000L 反应罐中加 700L 0.1mol/L Ac-DL-Phe 钠盐溶液，搅拌下滴加 6mol/L HCl 至 pH6.7～7.0，加 15～20kg 固定化氨基酰化酶，50℃反应 4～5h，过滤，滤液待分离 L-Phe，固定化酶再用于转化。

（4）分离纯化　上述滤液用 6mol/L HCl 调至 pH4.8～5.1，减压浓缩至 35L 左右，浓缩液于 0℃结晶过夜，滤取结晶并用 10L 冷乙醇洗涤三次，抽干，于 80℃烘 3～4h，得 L-Phe粗品。滤液和洗涤液合并后减压浓缩至 20L 左右，得 Ac-D-Phe 溶液，待消旋和再转化。

（5）精制　取 50L 去离子水于 100L 反应罐中，加热至 95～100℃，投入 5kg L-Phe 粗品，搅拌溶解，加药用活性炭 0.25kg，搅拌脱色 3min。趁热过滤，滤液转移至 200L 结晶罐中，冷却至 40℃，加 50L 40℃ 95%乙醇，用 6mol/L HCl 调 pH5.5，于 0℃结晶过夜，滤取结晶，用 10L 冷乙醇洗涤 3～4 次，抽干，于 80℃干燥 3～4h。母液浓缩回收 L-Phe 结晶，所得结晶如上法重结晶一次，得药用 L-Phe。结晶母液及洗涤液合并，减压浓缩后转入粗品母液，待消旋。

（6）Ac-D-Phe 的消旋　上述粗品及精品 L-Phe 母液及洗涤液合并后浓缩至 60L，于

100L反应罐中在搅拌下缓缓加入醋酸酐18.5L，在25～45℃搅拌反应30min，冷却至室温，放置6h，用浓盐酸调pH1.5～2.0，5℃结晶过夜，滤取结晶，用去离子水洗涤3～5次，每次20L，抽干，于40℃真空干燥得Ac-DL-Phe.

再如前述，用固定化氨基酰化酶水解，如此反复操作，直至全部Ac-D-Phe均转化为L-Phe为止。

5. 检验

应为白色叶片状结晶，其含量应在98.5%～101.5%之间，$[\alpha]_D^{20}$为－32.3°～＋34.3°，1%水溶液pH为5.4～6.0，干燥失重应不超过0.3%，炽灼残渣应不超过0.4%，氯化物、硫酸盐及重金属均与异亮氨酸规定相同，砷盐应不超过1.5μg/g，铁盐应不超过0.003%。

含量测定：精密称取干燥样品160mg，移置125mL的小三角烧瓶中，以甲酸3mL、冰醋酸50mL的混合液溶解，采用电位滴定法，用0.1mol/L的高氯酸滴定至终点，滴定结果以空白试验校正即得。1mL 0.1mol/L高氯酸溶液相当于16.52mg $C_9H_{11}NO_2$。

6. 作用与用途

L-苯丙氨酸为复方氯基注射液的重要原料之一，也是合成苯丙氨酸氮芥及对氟苯丙氨酸等抗癌药的原料。

第四节　氨基酸输液

将多种结晶L-氨基酸依特定比例混合制成的静脉内输注液称氨基酸输液。氨基酸输液可直接注入进食不足者的血液中，促进蛋白质、酶及肽类激素的合成，提高血浆蛋白的浓度与组织蛋白含量，维持氮平衡，调节机体正常代谢。氨基酸输液的种类很多，有含氨基酸数目为11、14、18及20种等多种类型，氨基酸浓度分别为3%、5%、9%、10%、12%等多种规格。

一、氨基酸输液的一般要求

（1）所有氨基酸均为L-型。

（2）必须含有8种必需氨基酸和两种半必需氨基酸。

（3）必需氨基酸和非必需氨基酸应维持一定比例。

（4）有些氨基酸输液还需要加入山梨醇、木糖醇、维生素、无机离子等，以补充能量，提高营养价值和氨基酸利用率。

二、氨基酸输液的配方模式

氨基酸输液的配方模式是通过膳食研究与人体需要量的测定而提出的。人体对必需氨基酸的平均需要量占总氨基酸需要量的百分比（$E\%$）为理想模式，婴幼儿的与人乳的模式相近似，成人的能达到人体蛋白质的恢复与充实，同参考蛋白质的模式相近似。配方模式主要有以下几种。

① 人乳蛋白模式，如Proteamin（日本）；

② FAO（1957）暂定模式，如ES—Polytamin（日本）；

③ FAO—WHO（1965）参考模式，如Ispol（日本）；

④ Vuj—N模式，如Moriamin（日本）；

⑤ 鸡蛋蛋白模式，如Freamine（美国）；

⑥ 需要量适合模式，按Rose需要量制定，如Aminofusin（德国）；

⑦ 利用适合模式即血浆氨基酸模式，如 Aminoplasmal（德国）；

⑧ 土豆-鸡蛋模式，即由65%土豆蛋白氮与35%鸡蛋蛋白氮组成混合蛋白质的氨基酸模式，如 Aminosteril KE（德国）；

⑨ 其他，如 GF 溶液及 Aminosyn（美国）等。见表 3-2。

表 3-2 结晶氨基酸输液组成模式 单位：×10mg/L

成分		Vuj-N	FAO (1957)	FAO-WHO (1965)	人乳	鸡蛋	需要量	利用	土豆-鸡蛋	Amino syn	GF-1
必需氨基酸(E)	异亮氨酸	549	960	845	597	590	160	200	230	720	800
	亮氨酸	1230	1090	1175	1138	770	220	340	330	940	1600
	赖氨酸	2229	1440	1032	980	870	180	370	290	720	480
	甲硫氨酸	710	960	540	433	450	210	160	190	400	60
	苯丙氨酸	870	640	1280	974	480	220	220	250	440	400
	苏氨酸	540	640	596	504	340	100	160	210	520	240
	色氨酸	178	320	218	187	130	50	90	100	160	120
	缬氨酸	610	960	865	690	560	150	200	290	800	800
	E 总计	6916	7010	6551	5503	4190	1290	1740	1890	4700	4500
非必需氨基酸(N)	精氨酸	799	1000	1200	1488			410			
	组氨酸	400	500	600	706	310	400	220	540	980	1000
	甘氨酸	999	1490	1825	1563	240	70	420	150	300	200
	丙氨酸			480	821	1700	1000	720	640	1280	400
	丝氨酸			240	472	600	510	100	690	1280	400
	胱氨酸			24	23	500		25		420	400
	谷氨酸			180	102	20		190			340①
	天冬酰胺			600	202		830	40			50
	酪氨酸			60	57			60			50
	脯氨酸			240	1063	950	770	490		44	50
	鸟氨酸							130	690	860	200
	天冬酰胺							100			
	N 总计	2198	2990	5449	6502	4320	3580	2880	2710	5164	3090
E/%		75.9	70	54.6	45.8	49.2	26	37	41	47.6	59
E/T		4.7	4.3	3.4	2.7	3.2	1.6	2.3	2.5	3.4	4

注：E/T 为氨基酸（g）/总氮（g）。

三、氨基酸输液的制备

配制氨基酸输液大致有两种方法。一种是取高纯度的 L 型结晶氨基酸进行配制；另一种是以蛋白质为原料，经过彻底水解，得到氨基酸混合物，再进一步纯化，定量分析各种氨基酸，按其配方补足并调整各种氨基酸的含量。

一般的配制工艺过程如下：

(1) 选用符合注射剂要求的各种氨基酸原料，否则需要精制后才能使用。

(2) 先取比较难溶而又较稳定的异亮氨酸、亮氨酸、甲硫氨酸、苯丙氨酸、缬氨酸等，用适量的无热原蒸馏水溶解，可在水浴上加热并搅拌，至完全溶解后停止加热，再加入色氨酸继续充分搅拌使之全溶。

(3) 最后加入易溶氨基酸、山梨醇和适量的稳定剂，一般加入 0.5g/L（0.05%）的亚硫酸氢钠和 0.5g/L（0.05%）的半胱氨酸，搅拌溶解，迅速冷却至室温，以无热原蒸馏水根据需要定容，用 100g/L（10%）的氢氧化钾调整 pH 至 5～7。

(4) 加入 1～2g/L（0.1%～0.2%）的活性炭，搅拌 30min，过滤除去活性炭，再以 4

号垂熔玻璃漏斗过滤至澄清，最后分装于 250 或 500mL 输液瓶中（最好充氮），在 49.05kPa（0.5kgf/cm^2）灭菌 30min 即可。

经活性炭处理，常有部分色氨酸损失，在配料时，要增加 20%色氨酸弥补其损失，以保证输液质量，或将活性炭先用 1%苯丙氨酸吸附饱和后再处理。

氨基酸输液的 pH 一般在 4.0～6.0，最佳 pH 为 5.5，酸性过大或接近中性皆影响色泽和产品质量。

四、氨基酸输液的质量标准

氨基酸输液的质量标准包括鉴别反应、含量测定（可利用 UV 法、HPLC 法或氨基酸自动分析仪）、pH 值、安全试验、热原、降压物质等。

五、氨基酸输液的种类与应用

（一）营养用氨基酸输液

主要用于不能经口进食、消化吸收有障碍、长期患消耗性疾病、急需补充营养以增强体质等的患者；可改善术前患者营养状态，使患者做大手术成为可能，以及补充创伤、烧伤、骨折、化脓及术后等患者的蛋白质损失等。

营养用氨基酸输液的组成以 8 种必需氨基酸为主，再加精氨酸、组氨酸、甘氨酸，共计 11 种结晶氨基酸，其必需氨基酸比例符合 Rose 模式，见表 3-3。

表 3-3　营养用氨基酸输液配方　　单位：×10mg/L

成　分	品　名					
	11-AA-833	11-S	11-AA-823	14-S	11-AA-300	18-AA
亮氨酸	1000	1230	770	770	270	1138
异亮氨酸	660	550	90	590	210	597
缬氨酸	640	610	560	560	200	690
精氨酸盐酸盐	1090	800	810	810	290	1488
甲硫氨酸	680	710	450	450	160	433
苯丙氨酸	960	870	480	480	170	974
色氨酸	300	180	130	130	46	187
赖氨酸盐酸盐	1920	2230	870(Ac)	870(Ac)	310(Ac)	980
苏氨酸	700	540	340	340	120	504
组氨酸盐酸盐	470	400	470	470	85	706
丙氨酸			600	600	210	821
脯氨酸			950	950	340	1062
丝氨酸			500	500	180	467
谷氨酸						102
天冬氨酸						202
半胱氨酸			<20	<20	<20	23
山梨醇		5000		5000		
甘油					3000	
木糖醇						5000
TAA/%	8.33	9.12	8.23	8.23	3.00	12.00
E/N	1∶0.3	1∶0.3	1∶1.1	1∶1.1	1∶1.1	1∶2
模式	Rose	Rose	全蛋	全蛋	全蛋	人乳

（二）肝病用氨基酸输液

严重肝病或肝功能衰竭的患者，血浆中氨基酸谱有显著改变，氨基酸平衡失调，苯丙氨酸、甲硫氨酸升高，而支链氨基酸（BCAA）下降。因此，治疗肝功能衰竭的主要措施是使血浆中氨基酸谱恢复正常。临床验证表明，BCAA 输液对于纠正病人血浆氨基酸谱紊乱和治疗肝昏迷均有良好效果，同时又补充了氨基酸营养成分。有此配方为增加输液的脱氨能力，在 3 种 BCAA 配方中增加了具有脱氨能力的精氨酸、谷氨酸、天冬氨酸和鸟氨酸等氨基酸。国内外肝病用 BCAA 输液配方，见表 3-4、表 3-5。

表 3-4 国内肝病用 BCAA 输液配方 单位：×10mg/L

成分	品名					
	14-AA-800	15-AA-800	6-AA	4-AA	HE-1	3H
亮氨酸	1100	1100	1660	1320	1320	1650
异亮氨酸	900	900	1100	1030	1030	1350
缬氨酸	840	840	1220	1000	1030	1260
精氨酸	600	600	2200	800(HCl)		
甲硫氨酸	100	100				
苯丙氨酸	100	100				
色氨酸	76	66				
赖氨酸	608	610				
苏氨酸	450	450				
组氨酸	240	240				
丙氨酸	750	770				
脯氨酸	800	800				
丝氨酸	500	500				
甘氨酸	900	900				
半胱氨酸	<20	<20				
谷氨酸			1860			
天冬氨酸			400			
山梨醇				5000		
BCAA/%	35.6	35.6	47.2	80.1	100	100
TAA/%	8.0	8.0	8.4	4.2	3.4	4.3

表 3-5 国外肝病用 BCAA 输液配方 单位：×10mg/L

成分	品名								
	FO_{80}	HFS	Freamine E	Freamine HBC	HEP-Ⅱ	Hepatamine	THF	GO_{80}	Hepou
异亮氨酸	450	450	700	760	850	900	920	900	550
亮氨酸	550	550	1100	1370	1400	1100	945	1100	830
缬氨酸	420	420	800	880	900	840	890	840	610
甲硫氨酸	50	50	1100	250	200	100	65	100	
半胱氨酸	14	<20		20	50	20	20	28	
苯丙氨酸	50	50	1100	320	50	100	30	100	
酪氨酸					50		60		
色氨酸	38	38	250	90	50	66	70	76	
赖氨酸	304	380	800	410	450	610	395	608	
苏氨酸	225	225	500	200	250	450	300	450	
精氨酸	300	300		580	800	600	920	600	
组氨酸	120	120		160	400	240	310	240	
丙氨酸	370	375		400	200	770	840	750	
脯氨酸	400	400		630	200	800	530	800	
丝氨酸	250	250		330	200	500	260	500	
甘氨酸	450	450		330	200	900	540	900	
天冬氨酸							20		200
谷氨酸									300
鸟氨酸									100
BCAA/%	35.6	4.08	6.35	6.9	50.4	35.6	37.8	35.6	76.9
TAA/%	4				6.25	8.0	7.0	8.0	5.2
E/N	1∶0.9				1∶0.5	1∶0.9	1∶0.94	1∶0.9	1∶0.3

（三）婴幼儿用氨基酸输液

婴幼儿用氨基酸输液，按照婴幼儿营养蓄积量少、代谢旺盛、营养摄取量低等特点，其配方具有特殊性。通常配成与正常人血浆氨基酸相同的浓度，促进婴幼儿生长发育和供给儿科患者用。它不同于成人输液配方，而含有较高浓度的对婴幼儿必需的组氨酸和酪氨酸。Aminovenos pad 的必需氨基酸模式与人乳相近。医药专家建议，对婴幼儿来说，各个必需氨基酸的供应量必须充足，总氨基酸的量要高，在 2～2.5g/kg，$E\%$不应低于 40；组氨酸、酪氨酸及胱氨酸或半胱氨酸不能缺少；输液时，要多用几种非必需氨基酸，不要仅用甘氨酸等，这样，输液后不至于扰乱正常血浆氨基酸谱。

婴幼儿用氨基酸输液在临床适用于早产儿、低体重儿及各种病因所致不能经口摄入蛋白质或摄入量不足的新生儿，各种创伤，如烧伤、外伤及手术后等高代谢状态的小儿，各种不能经口摄食或摄食不足的急、慢性营养不良的小儿，如坏死性小肠结肠炎、急性坏死性胰腺炎、化疗药物反应等。

（四）癌症用氨基酸输液

有关研究表明，用缺少含硫氨基酸的不平衡输液，能使肿瘤细胞发生蛋白质营养缺陷而被抑制，从而提高化疗药物的效果。癌症用氨基酸输液通常由亮氨酸、缬氨酸、异亮氨酸、赖氨酸、苯丙氨酸、苏氨酸、色氨酸、精氨酸、组氨酸、甘氨酸等氨基酸，按一定配比组成输液，供癌症病人用，可降低其血液的 pH，抑制肿瘤的发展。

（五）营养代血浆

对某些患者来说，不仅需要输入代血浆来维持正常血压，同时还需要补充营养，若用含血浆增量剂的氨基酸输液——营养代血浆则能起到双重效果。若配以适量的血浆增量剂、能量添加剂和无机盐以构成复方氨基酸输液，可以节约部分血源，是外科治疗的重要措施。所谓血浆增量剂，其渗透压和密度均与血浆相似，它们能在体内停留适当时间后排出而不至于在体内积蓄，已被应用于氨基酸输液中的血浆增量剂有右旋糖酐和聚乙烯吡咯酮（PVP）。

本章小结

本章主要介绍了氨基酸药物的基本概念、生产方法与重要氨基酸药物的生产工艺。氨基酸是构成蛋白质的基本单位，氨基酸在医药上既可用作治疗药物，它们在消化道、肝病、脑及神经系统疾病和肿瘤等疾病的治疗中，发挥重要作用，也用来制备复方氨基酸输液，以改善患者的营养状况，增加治疗机会，促进康复。氨基酸的生产方法包括水解法、化学合成法、微生物发酵法及酶合成法等。工业上，L-胱氨酸的生产可利用水解法，先把人发、猪毛用强酸水解成多种氨基酸，然后再从水解液中用各种方法把胱氨酸与其他氨基酸和杂质分离，提取出纯的胱氨酸；L-赖氨酸则可采用发酵法生产，以高丝氨酸缺陷型的北京棒状杆菌为菌种，经过种子制备、扩大培养、发酵生产；L-天冬氨酸和 L-丙氨酸则是利用酶转化法进行生产；L-苯丙氨酸则是利用酶拆分法进行生产。本章同时也介绍了氨基酸输液的制备、氨基酸输液的种类与应用等。

思考题

1. 名词解释：必需氨基酸、半必需氨基酸、发酵、氨基酸直接发酵法。
2. 简述氨基酸及其衍生物在医药中的应用。

3. 简述氨基酸类药物的四种生产方法及其它们的优缺点。
4. 简述酸水解法制备 L-胱氨酸的工艺路线及注意事项。
5. 简述发酵法生产 L-赖氨酸的工艺路线及注意事项。
6. 简述酶拆分法制备 L-苯丙氨酸的基本原理和工艺路线。
7. 简述氨基酸输液的组成与要求，作用与用途。

第四章 多肽与蛋白类药物

第一节 概 述

多肽和蛋白质，从化学结构上看并没有本质的区别，它们都是由氨基酸通过酰胺键（肽键）连接而成的化合物。一般将组成化合物的氨基酸数目在 50 个以下的，称之为多肽，50 个以上的称之为蛋白质。多数多肽无特定的空间构象，某些多肽也有一定构象，但其构象的坚固性远不如蛋白质，其构象的浮动性很大。而蛋白质都有稳定的高级结构，这是由于组成肽链的氨基酸数目增大到一定的程度以后，才有可能具备高级结构所需要的足够的次级键作用力。多肽和蛋白质是存在于一切生物体内的重要物质，具有多种多样的生理生化功能，也是一大类非常重要的生物药物。

一、多肽类药物

多肽在生物体内的浓度很低，在血液中一般为 $10^{-12}\sim10^{-10}$ mol/L，但它们的生理活性很强，在调节生理功能时起着非常重要的作用。活性多肽主要是从内分泌腺、组织器官、分泌细胞和体液中产生或获得的。自 1953 年人工合成了第一个有生物活性的多肽——催产素以后，整个 50 年代都集中于脑垂体所分泌的各种多肽激素的研究。到了 60 年代，研究的重点转移到控制脑垂体激素分泌的、由下丘脑所形成的各种释放激素因子和激素释放抑制因子，由此开始了对神经肽的研究。70 年代，脑啡肽及其他阿片样肽的相继发现使神经肽的研究进入高潮。由于生物胚层发育的渊源关系，很多脑活性肽也存在于胃肠道组织中，从而推动了胃肠道激素研究的进展，极大地丰富了生化药物的内容。到了 20 世纪 70 年代，生物技术的发展更开拓了多肽药物的新领域——细胞生长调节因子，现已发现的细胞生长调节因子已近 100 种，超过了目前已发现的有临床医疗价值的多肽类激素和其他活性多肽的总和。

许多活性蛋白质、多肽都是由无活性的蛋白质前体，经过酶的加工剪切转化而来的，它们中间许多有共同的来源，相似的结构，甚至还保留着若干彼此所特有的生物活性。如绒毛膜促性腺激素（human chorionic gonadotropin，HCG）α 亚单位的氨基酸排列顺序几乎与促卵泡激素（follicle-stimulating hormone，FSH）、促甲状腺激素（tlyroid stimulating hormone，TSH）和促黄体激素（luteinizing hormone，LH）的 α 亚单位完全相同；HCG 的 β 亚单位的结构有 80%与 LH 的 β 亚单位相同。生长激素（growth hormone，GH）与催乳激素（PRL）的肽链氨基酸顺序约有近一半是相同的，因此，生长激素具有弱的催乳激素活性，而催乳激素也有弱的生长激素活性。促黑激素（melanocyte stimulating hormone，MSH）有两种，即 α-MSH 和 β-MSH，α-MSH 是一个十三肽，与促皮质素（ACTH）的 N 末端 13 个氨基酸残基排列顺序完全一样，因此 α-MSH 有弱的 ACTH 作用，而 ACTH 也有弱的 α-MSH 作用。

研究活性多肽结构与功能的关系及活性多肽之间结构的异同与其活性的关系，将有助于设计和研制新的活性多肽药物。国内外一些临床上确有疗效的组织提取制剂，其有效成分有的还不十分清楚，从活性肽或细胞生长调节因子的角度去研究它们的物质基础和作用机制，预计可获得一定成效。

多肽类药物主要包括以下几种。

（1）多肽激素

① 垂体多肽激素　促皮质素（ACTH），促黑激素（MSH），脂肪水解激素（LPH），催产素（OT），加压素（AVP）。

② 下丘脑激素　促甲状腺激素释放激素（TRH），生长素抑制激素（GRIF），促性腺激素释放激素（LHRH）。

③ 甲状腺激素　甲状旁腺激素（PTH），降钙素（CT）。

④ 胰岛激素　胰高血糖素，胰解痉多肽。

⑤ 胃肠道激素　胃泌素，胆囊收缩素，促胰激素（CCK—PZ），肠泌素，肠血管活性肽（VIP），抑胃肽（GIP），缓激肽，P物质。

⑥ 胸腺激素　胸腺素，胸腺肽，胸腺血清因子。

（2）多肽类细胞生长调节因子　表皮生长因子（EGF），转移因子（TF），心钠素（ANP）等。

（3）含有多肽成分的其他生化药物　骨宁，眼生素，血活素，氨肽素，妇血宁，脑氨肽，蜂毒，蛇毒，胚胎素，助应素，神经营养素，胎盘提取物，花粉提取物，脾水解物，肝水解物，心脏激素等。

二、蛋白类药物

蛋白质是一切生命的物质基础，是构成生物体的一类最重要的有机含氮化合物，是塑造一切细胞和组织的基本材料。自然界中，蛋白质的种类繁多。氨基酸按照不同的比例和排列顺序连接在一起，构成了不同的蛋白质。各种不同的蛋白质，不仅成分不同，其分子的立体结构、理化特性和生理生化功能也各不相同。多肽和蛋白类药物是临床上应用的一大类药物。

蛋白质生化药物除包括蛋白质类激素和细胞生长调节因子外，还有像血浆蛋白质类、黏蛋白、胶原蛋白及蛋白酶抑制剂等大量的其他生化药物品种，其作用方式也从生化药物对机体各系统和细胞生长的调节扩展到被动免疫、替代疗法、抗凝血剂以及蛋白酶的抑制物等多种领域。

自20世纪70年代后期开始，由于基因工程技术的兴起，人们首先把目标集中在应用基因工程技术制造重要的蛋白质药物上，已实现产品工业化的有胰岛素、干扰素、白细胞介素、生长素、EPO、t-PA、TNF等，现在正在从微生物和动物细胞的表达转向基因动植物发展。鉴于一些蛋白质和多肽生化药物有一定的抗原性、容易失活、在体内的半衰期短、用药途径受限等难以克服的缺点，对一些蛋白质生化药物进行结构修饰、应用计算机图像技术研究蛋白质与受体及药物的相互作用、发展蛋白质工程及设计相对简单的小分子来代替某些大分子蛋白质类药物，并且起到增强或增加选择性疗效的作用等，已成为现代生物技术药物研究的主要内容。

主要蛋白质类药物包括以下几种。

（1）蛋白质激素

① 垂体蛋白质激素　生长素（GH），催乳激素（PRL），促甲状腺素（TSH），促黄体生成激素（LH），促卵泡激素（FSH）。

② 促性腺激素　人绒毛膜促性腺激素（HCG），绝经尿促性腺激素（I-IMG），血清性促性腺激素（SGH）。

③ 胰岛素及其他蛋白质激素　胰岛素，胰抗脂肝素，松弛素，尿抑胃素。

(2) 血浆蛋白质　白蛋白，纤维蛋白溶酶原，血浆纤维结合蛋白（FN），免疫丙种球蛋白，抗淋巴细胞免疫球蛋白，Veil's 病免疫球蛋白，抗-D 免疫球蛋白，抗-HBs 免疫球蛋白，抗血友病球蛋白，纤维蛋白原，抗凝血酶Ⅲ，凝血因子Ⅷ，凝血因子Ⅸ。

(3) 蛋白质类细胞生长调节因子　干扰素 α、β、γ（IFN），白细胞介素 1～7（IL），神经生长因子（NGF），肝细胞生长因子（HGF），血小板衍生的生长因子（PDGF），肿瘤坏死因子（TNF），集落刺激因子（CSF），组织纤溶酶原激活因子（t-PA），促红细胞生成素（EPO），骨发生蛋白（BMP）。

(4) 黏蛋白　胃膜素，硫酸糖肽，内在因子，血型物质 A 和 B 等。

(5) 胶原蛋白　明胶、氧化聚合明胶、阿胶、新阿胶、冻干猪皮等。

(6) 碱性蛋白质　硫酸鱼精蛋白等。

(7) 蛋白酶抑制剂　胰蛋白酶抑制剂、大豆胰蛋白酶抑制剂等。

(8) 植物凝集素　PHA，ConA 等。

三、多肽与蛋白类药物的主要生产方法

(一) 蛋白质与多肽类药物的提取、分离与纯化

1. 材料选择

原料来源包括动物、植物及微生物等。选择原料时应考虑来源丰富、目的物含量高、成本低且易于提取的材料。同时应考虑其种属、发育阶段、生物状态、来源、解剖部位、生物技术产品的宿主菌或细胞等因素的影响。

(1) 种属　牛胰含胰岛素单位比猪胰高，抗原性则猪胰比牛胰岛素低。因为存在种属特异性的关系，所以用动物脑垂体制造的生长素对人体无效。

(2) 发育生长阶段　幼年动物的胸腺比较发达，因此胸腺原料必须采自幼龄动物。HCG 在妊娠妇女 60～70d 的尿中达到高峰。怀孕 45～90d 的孕妇尿是提取 HCG 的最佳原料；而 HMG 必须从绝经期的妇女尿中获取。

(3) 生物状态　饱食后动物的胰腺分泌胰岛素增加，有利于胰岛素的提取分离。

(4) 原料来源　血管舒缓素可分别从猪胰脏和猪颚下腺中提取，稳定性则以颚下腺来源为好，因其不含蛋白水解酶。

(5) 原料解剖学部位　猪胰脏中，胰尾部分含激素较多，而胰头部分含消化酶较多。分别处理可提高各产品的收率。

2. 提取

提取是分离纯化的第一步，它是将目的物从复杂的生物体系中转移到特定的人工液相体系中。提取多肽或蛋白质的总要求是最大限度地把目标成分提取出来，其关键是溶剂的选择。多肽或蛋白质的提取所用溶剂的选择标准是，首先对待制备的多肽或蛋白质具有最大的溶解度，并在提取中尽可能减少一些不必要的成分。常用的手段是调整溶剂的 pH，离子强度，溶剂成分配比和温度范围等。

3. 分离纯化

多肽及蛋白质的分离纯化是将提取液中的目的蛋白质与其他非蛋白质杂质及各种不同蛋白质分离开来的过程。常用的分离纯化方法有以下几种。

(1) 根据蛋白质等电点的不同来纯化蛋白质　蛋白质等两性电解质，在溶液的 pH 等于其等电点时溶解度最小，而不同的蛋白质具有不同的等电点，因此可通过调节溶液不同的 pH 值对蛋白质进行分离。在实际工作中，往往将等电点沉淀法与盐析法或有机溶剂沉淀法联合使用。用等电点法沉淀蛋白质常需配合盐析操作，而单独使用等电点法主要是用于去除

等电点相距较大的杂蛋白，也可配合热变性操作。等电聚焦电泳除了用于分离蛋白质外，也可用于测定蛋白质的等电点。

（2）根据蛋白质分子形状和大小不同来纯化蛋白质　蛋白质的一个特点是分子大，而且不同种类的蛋白质分子大小也不相同，因此可以用凝胶过滤法、超滤法、离心法及透析法等将蛋白质与其他小分子物质进行分离，也可将大小不同的蛋白质分离进行。

（3）根据溶解度的不同来纯化蛋白质　属于这一类的分离方法主要有蛋白质盐溶与盐析法、结晶法和低温有机溶剂沉淀法等。

不同的蛋白质分子由于其表面带有不同的电荷，它们在盐析沉淀时所需要的中性盐的饱和度各不相同，因此可通过调节混合蛋白质溶液中的中性盐浓度使各种蛋白质分段沉淀。

结晶是通过改变溶液的某些条件，使其中的溶质以晶体析出的过程。利用结晶作为物质纯化的手段，就是结晶法。蛋白质等生物大分子也具有形成晶体的能力，但相对比较困难。一般来说，支链较少的比支链多的容易结晶，对称的分子比不对称的分子容易结晶，分子量小的比分子量大的容易结晶。

有机溶剂沉淀法是利用不同蛋白质在不同浓度的有机溶剂中的溶解度不同，从而使不同的蛋白质得到分离。常用的有机溶剂有乙醇和丙酮。由于丙酮的介电常数小于乙醇，故丙酮的沉淀能力比乙醇强。有机溶剂沉淀法的分辨率比盐析法好，溶剂也容易除去，缺点是易使蛋白质和酶变性，应注意在低温条件下进行。

（4）根据电离性质的不同来纯化蛋白质　对蛋白质的离子交换层析，一般多用离子交换纤维素和以葡聚糖凝胶、琼脂糖凝胶、聚丙烯酰胺凝胶等为骨架的离子交换剂，主要是取其具有较大的蛋白质吸附容量，较高的流速和分辨率等优点。

另外电泳法亦是利用电离性质的不同来分离纯化蛋白质。电泳技术既可用于分离各种生物大分子，也可用于分析某种蛋白质的纯度，还可用于相对分子质量的测定。电泳技术与层析技术的结合，可用于蛋白质结构的分析，“指纹法”就是电泳法与层析法的结合产物。利用免疫学技术检测电泳结果，提高了对蛋白质的鉴别能力。

（5）根据蛋白质功能专一性的不同来纯化蛋白质　主要手段是亲和层析法，即利用蛋白质分子能与其相应的配体进行特异的、非共价键的可逆性结合而达到纯化的目的。亲和层析的优点是条件温和、操作简单、效率高、特别是对分离含量低而又不稳定的蛋白质尤为有效。其局限性在于不是任何蛋白质都有特定的配基，而且针对某蛋白质还需要制备含有其配基的特定层析载体及特定相应的层析条件。

一些蛋白质如胰岛素、催乳素、生长素以及酶类都可用专一的抗体作为配基进行纯化，染料配基亲和层析亦用于 IL-2 的纯化。

（6）根据蛋白质疏水基团与相应的载体基团结合来纯化蛋白质　利用蛋白质上的疏水区与吸附剂上的疏水基团结合，再通过降低介质的离子强度和极性，或用含有去垢剂的溶剂，提高洗脱剂的 pH 等方法将蛋白质洗脱下来。

（7）根据蛋白质在溶剂系统中分配的不同来纯化蛋白质　这是一种以化合物在两个不相容的液相之间进行分配为基础的分离过程，称之为逆流分溶。利用逆流分溶技术分离垂体激素、氨基酸、DNA 是很有效的。

（8）根据蛋白质的选择性吸附性质来纯化蛋白质　在蛋白质的分离纯化中，使用最广泛的吸附剂有结晶磷酸钙、磷酸钙凝胶、硅胶、皂土、沸石、硅藻土和活性炭等。

（二）化学合成

即借助化学催化剂，按一定的氨基酸序列秩序形成肽链。1953 年，人类首次化学合成了有生物活性的多肽——催产素。1965 年中国科学家在世界上首次合成了牛胰岛素，从而使肽的化学合成发展到一个新的阶段。多肽的全合成具有重要的理论意义和应用价值，通过多肽的全合成可以验证一个新的多肽的结构，用于研究结构与功能的关系，为多肽的生物合成反应机制提供重要信息。不过，到目前为止，利用化学合成仍然只能合成一些较短的肽链，生产少数的多肽药物。因为蛋白质一般具有复杂的空间结构，而且这些结构的形成还需要一些特殊的细胞因子参与起辅助作用，所以化学合成难于用于生产相对复杂的蛋白质药物。

（三）微生物及重组微生物发酵法

利用微生物及重组微生物发酵生产多肽蛋白类药物，已成为该类药物生产的重要发展方向。特别是通过基因工程菌发酵生产，可以获得许多以往从自然界很难或不能大量获得的蛋白质药物，因此受到全世界生物制药企业的青睐，迄今为止，已有 100 多种基因工程药物投入市场，产生了巨大的社会效益和经济效益。

第二节　重要多肽类药物的制备

一、胸腺激素

胸腺位于纵隔腔上部、胸骨的后方；胸腺发生于胚胎第二个月，到出生后两年内，生长迅速，体积较大，到青春期仍继续发育，青春期后发生萎缩。因此胸腺原料必须采自幼龄动物。

胸腺是一个激素分泌器官，对免疫功能有多方面的影响。胸腺依赖性的淋巴细胞群——T 细胞直接参与有关免疫反应。胸腺对 T 细胞发育的控制，主要通过由胸腺所产生的一系列胸腺激素，促使 T 细胞的前身细胞——前 T 细胞分化、增殖、成熟为 T 细胞的各种功能亚群，由此控制调节免疫反应的质与量。

1966 年 Goldstein 首先从小牛胸腺组织中提取得到一种具有生物活性的物质，命名为胸腺素（thymocin），随后进行了临床应用。由于小牛胸腺来源有限，难于大量生产，而我国的猪源比较丰富，以猪胸腺为原料，参考牛胸腺素组分 5 的提取、纯化方法而制得的猪胸腺素注射液，与国外的小牛胸腺素比较，活力相当，无明显不良反应。

目前，国内外已开发了多种胸腺激素（thymus hormones）的制剂（参见表 4-1），各种胸腺激素制剂的生物学功能虽然有所不同，但总的说来，都与调节免疫功能有关。

表 4-1　重要的胸腺激素制剂

名　称	化　学　性　质
胸腺素组分 5	一族酸性多肽，M_W1000～15000
猪胸腺素注射液	多肽混合物，M_W15000 以下
胸腺素 a1	具有 28 个氨基酸残基的多肽，M_W5562，pI4.2
胸腺体液因子	多肽，M_W3200，pI5.7
血清胸腺因子	9 肽，M_W857，pI7.5
胸腺生成素	具有 49 个氨基酸残基的多肽，M_W5562，pI5.7
胸腺因子 X	多肽，M_W4200
胸腺刺激素	多肽混合物
自身稳定胸腺激素	糖肽，M_W1800～2500

注：M_W 相对分子质量；pI＝等电点。

1. 胸腺素

（1）结构和性质　胸腺素组分 5 是由在 80℃热稳定的 40～50 种多肽组成的混合物，相对分子质量在 1000～15000 之间，等电点在 3.5～9.5 之间。这些多肽根据它们的等电点以及在等电聚焦分离时的顺序而命名。共分三个区域：α 区包括等电点低于 5.0 的组分；β 区包括等电点在 5.0～7.0 之间的组分；γ 区则指其等电点在 7.0 以上者（此区内组分很少）。对分离的多肽进行免疫活性测定，有活性的称为胸腺素，如胸腺素 α_1，无活性者则称之为多肽，如多肽 β_1。

目前已经研究清楚，胸腺素组分 5 中，胸腺素 α_1、α_5、α_7、β_3 和 β_4 等是具有调节胸腺依赖性淋巴细胞分化和体内外免疫反应的活性组分。它们的主要生物学功能表现在：连续诱导 T 细胞分化发育的各个阶段，放大并增强成熟 T 细胞对抗原或其他刺激物的反应，维持机体的免疫平衡状态。

（2）生产工艺

① 工艺路线

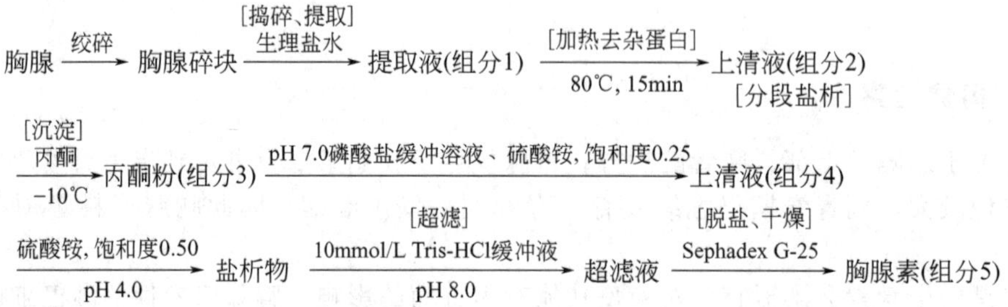

胸腺 —绞碎→ 胸腺碎块 —[捣碎、提取] 生理盐水→ 提取液(组分1) —[加热去杂蛋白] 80℃, 15min→ 上清液(组分2)

[分段盐析]

—[沉淀] 丙酮, −10℃→ 丙酮粉(组分3) —pH 7.0磷酸盐缓冲溶液、硫酸铵, 饱和度0.25→ 上清液(组分4)

—硫酸铵, 饱和度0.50, pH 4.0→ 盐析物 —[超滤] 10mmol/L Tris-HCl缓冲液, pH 8.0→ 超滤液 —[脱盐、干燥] Sephadex G-25→ 胸腺素(组分5)

② 工艺过程

提取　取新鲜或冷冻胸腺，除去脂肪并绞碎后，加入 3 倍量生理盐水，于组织捣碎机中制成匀浆，14000×g 离心后得提取液（组分 1）。

加热去杂蛋白　提取液 80℃加热 15min，以沉淀对热不稳定部分。离心去掉沉淀，得上清液（组分 2）。

沉淀　上清液冷至 4℃，加入 5 倍体积的－10℃丙酮，过滤收集沉淀，干燥后得丙酮粉（组分 3）。

分段盐析　将丙酮粉溶于 pH7.0 的磷酸盐缓冲溶液中，加硫酸铵至饱和度为 0.25，离心去除沉淀，上清液（组分 4）调 pH 为 4.0，加硫酸铵至饱和度为 0.50，得盐析物。

超滤　将盐析物溶于 pH8.0 的 10mmol/L Tris-HCl 缓冲液中，超滤，取相对分子质量在 15000 以下的超滤液。

脱盐、干燥超滤液　经 Sephadex G-25 脱盐后，冷冻干燥得胸腺素（组分 5）。

国内在制备猪胸腺素注射液时，从制剂方便的角度出发，一般是先进行脱盐，后进行超滤。

（3）检验方法　活力测定：E-玫瑰花结升高百分数不得低于 10%；相对分子质量 15000 以下。

（4）作用与用途　胸腺素为免疫调节剂，临床主要用于以下方面的治疗：①原发性和继发性免疫缺陷病，如反复上呼吸道感染等；②自身免疫病，如肝炎、肾病、红斑狼疮、类风湿关节炎、重症肌无力等；③变态反应性疾病，如支气管哮喘等；④细胞免疫功能减退的中年人和老年人疾病，并可抗衰老；⑤肿瘤的辅助治疗。

2. 胸腺肽

（1）结构和性质　胸腺肽（thymus peptides）是从冷冻的小牛（或猪、羊）胸腺中，经提取、部分热变性、超滤等工艺过程制备出的一种具高活力的混合肽类药物制剂。据十二烷基磺酸钠（SDS）-聚丙烯酰胺凝胶电泳分析表明，胸腺肽中主要是相对分子质量 9600 和 7000 左右的两类蛋白质或肽类，氨基酸组成的种类达 15 种，必需氨基酸含量高，还含有 RNA 0.2～0.3mg/mg 制剂，DNA 0.12～0.18mg/mg 制剂。对热较稳定，加温 80℃生物活性不降低。经蛋白水解酶作用，生物活性消失。

（2）生产工艺

① 工艺路线

小牛胸腺 —[原料处理] 绞碎→ 绞碎胸腺 —[制匀浆、提取] 冷重蒸馏水；10000r/min, 1min; 冰冻-20℃, 48h→ 胸腺匀浆

—[部分热变性、离心、过滤] 80℃, 5min; 离心5000r/min, 40min→ 滤液 —[超滤、提纯] 超滤膜；$M<1000$→ 精制液 —[分装、冻干] 3%甘露醇→ 注射用胸腺肽

② 工艺过程

原料处理　取－20℃冷藏小牛胸腺，用无菌的剪刀剪去脂肪、筋膜等非胸腺组织，再用冷无菌蒸馏水冲洗，置于灭菌绞肉机中绞碎。

制匀浆、提取　将绞碎胸腺与冷重蒸馏水按 1∶1 的比例混合，置于 10000r/min 的高速组织捣碎机中捣碎 1min，制成胸腺匀浆。浸渍提取，温度应在 10℃以下，并放置－20℃冰冻贮藏 48h。

部分热变性、离心、过滤　将冻结的胸腺匀浆融化后，置水浴上搅拌加热至 80℃，保持 5min，迅速降温，放置－20℃以下冷藏 2～3d。然后取出融化，以 5000r/min 离心 40min，温度 2℃，收集上清液，除去沉渣，用滤纸浆或微孔滤膜（0.22μm）减压抽滤，得澄清滤液。

超滤、提纯、分装、冻干　将滤液用相对分子质量截流值为 10000 以下的超滤膜进行超滤，收取相对分子质量 10000 以下的活性多肽，得精制液，置－20℃冷藏。经检验合格，加入 3%甘露醇作赋形剂，用微孔滤膜除菌过滤、分装、冷冻干燥即得注射用胸腺肽。

（3）检验方法　活力测定同胸腺素。相对分子质量 10000 以下。

（4）作用与用途　胸腺肽可调节细胞免疫功能，有较好的抗衰老和抗病毒作用，适用于原发和继发性免疫缺陷病以及因免疫功能失调所引起的疾病，对肿瘤有很好的辅助治疗效果。也用于再生障碍性贫血、急慢性病毒性肝炎等的治疗。无过敏反应和不良的副作用。

二、促皮质素

1. 结构和性质

垂体包括腺垂体和神经垂体，可分泌多种激素（见表 4-2）。

促皮质素是从腺垂体前叶中提取出来的一种含 39 个氨基酸残基的直链多肽。ACTH 的 24 肽即 1～24 位的片段（ACTH1～24）已具有全部活性，包括与受体的结合及对肾上腺皮质的促进作用，而且该部分的 24 个氨基酸序列具有高度的保守性，不同物种之间没有差别，种属差异仅仅表现在第 25～33 位上。第 25～39 位的氨基酸片段的主要功能是参与维持整个多肽结构的稳定性。ACTH 在溶液中以高度的 α-螺旋存在，可被胃蛋白酶部分水解，但仍有活力，就是因为存在着活性片段的缘故。

人的 ACTH 的相对分子质量为 4567，pI 为 6.6，ACTH 在干燥状态和酸性溶液中较稳定，经 100℃加热，活力不减；但在碱性溶液中容易失活。易溶于水，能溶解于 70%的丙酮或 70%的乙醇中。

表 4-2 垂体激素

名 称	化学本质	主要生理作用
腺垂体		
(1)促肾上腺皮质激素类		
促肾上腺皮质激素(ACTH)	多肽(39)	促进肾上腺皮质发育和分泌
黑(素细胞)刺激素(MSH)		
αMSH	多肽(13)	促进黑色素合成
βMSH	多肽(18)	
β促脂激素(βLPH)	多肽(91)	促进脂肪动员
γ促脂激素(γLPH)	多肽(58)	
(2)糖蛋白激素类		
黄体生成素(LH)	糖蛋白α链(89)	促进黄体生成和排卵
	糖蛋白β链(115)	刺激睾酮分泌
促卵泡素(FSH)	糖蛋白α链(89)	促进卵泡成熟
	糖蛋白β链(115)	促进精子生成
促甲状腺激素(TSH)	糖蛋白α链(89)	促进甲状腺的发育和分泌
	糖蛋白β链(112)	
(3)生长激素类		
生长激素(GH)	蛋白质(191)	促进机体生长(促进骨骼生长和加强蛋白质合成)
催乳素(PRL)	蛋白质(198)	发动和维持泌乳
神经垂体		
加压素(抗利尿激素,ADH)	多肽(9)	促进水的保留
催产素(OX)	多肽(9)	促进子宫收缩

2. 生产工艺

(1) 工艺路线

垂体前叶干粉 —[提取] 0.5mol/L醋酸，70～75℃，pH 2.0～2.4→ 提取液 —[一次吸附] CMC，pH 3.1，5℃以下→ CMC 1 —[解吸] 0.15mol/L盐酸，25℃→ 解吸液

—[二次吸附] CMC，5℃，pH 3.1→ CMC 2 —[洗涤] 0.1mol/L醋酸、蒸馏水、醋酸缓冲液→ CMC 3 —[解吸] 0.15mol/L盐酸，25℃→ 解吸液

—[树脂处理] 阴、阳离子交换树脂，冻干→ ACTH

(2) 工艺过程

① 取猪垂体前叶干粉，加 20 倍体积的 0.5mol/L 醋酸溶液，用硫酸调节 pH 2.0～2.4，70～75℃保温 10min，过滤，得提取液。

② 一次吸附 提取液调 pH 3.1，加投料量 20%的 CMC（羧甲基纤维素）作为吸附剂，于 3℃搅拌吸附 12h，过滤。CMC 用 0.15mol/L 盐酸解吸，解吸液用 717 阴离子交换树脂处理，过滤，调节 pH3.1，冷藏。

③ 二次吸附 在洗脱滤液中再加入 CMC，1～5℃搅拌吸附 12h，过滤，CMC 用 0.1mol/L 醋酸、蒸馏水、0.01mol/L 醋酸铵（pH4.6）及 0.1mol/L 醋酸铵（pH6.7）分别洗涤，最后用 0.15mol/L 盐酸解吸。解吸液分别用 717 阴离子交换树脂及 732 阳离子交换树脂处理，pH 调到 3.0 左右，冷冻干燥得 ACTH，效价在 45U/mg 以上。

ACTH 冻干制剂有每瓶 25U 和 50U 两种规格。还可制成长效制剂，如促皮质素锌注射液、磷锌促皮质素混悬液、明胶促皮质素、羧纤促皮质素等。合成的促皮质素类似物有促皮质 18 肽、24 肽、25 肽及 28 肽等。

3. 检验方法

ACTH 粗品（效价在 1U/mg 以上）用小白鼠胸腺萎缩法测定；ACTH 精品（效价在 45U/mg 以上）用去垂体大白鼠的肾上腺维生素 C 降低法测定。

4. 作用与用途

ACTH 能维持肾上腺皮质的正常功能，促进皮质激素的合成和分泌。临床上主要用于胶原病（包括风湿性关节炎、红斑狼疮、干癣等），也用于过敏症（如严重喘息、药物过敏、荨麻疹等）。另外，ACTH 尚可作为诊断试剂，用于诊断垂体和肾上腺皮质功能。近年还发现 ACTH 与人的记忆和行为有联系，可以改善老年人及智力迟钝儿童的学习和记忆能力。

三、降钙素

1. 结构和性质

降钙素（CT）是由甲状腺内的滤泡旁细胞（C 细胞）分泌的一种调节血钙浓度的多肽激素，是由 32 个氨基酸残基组成的单链多肽，降钙素的相对分子质量约 3500。降钙素的 N 端为半胱氨酸，它与 7 位上的半胱氨酸间形成二硫键，C 端为脯氨酸。如果去掉脯氨酸，保持 31 个氨基酸，则生物活性完全消失，说明降钙素肽链的脯氨酸端与生物活性有密切的关系。

降钙素可溶于水和碱性溶液，不溶于丙酮、乙醇、氯仿、乙醚、苯、异丙醇及四氯化碳等，难溶于有机酸。在 25℃以下避光保存，可稳定两年，水溶液于 2～10℃可保存 7d。降钙素的活性可被胰蛋白酶、胰凝乳蛋白酶、胃蛋白酶、多酚氧化酶、H_2O_2 氧化、光氧化及 *N*-溴代琥珀酰亚胺所破坏。

降钙素广泛存在于多种动物体内。在人及哺乳动物体内，主要存在于甲状腺、甲状旁腺、胸腺和肾上腺等组织中，在鱼类中，则在鲑、鳗、鳟等的终鳃体里含量较多。已从人、牛、猪的甲状腺和鲑、鳗的终鳃体中分离出纯品。由鲑鱼中获得的降钙素，对人的降钙作用比从其他哺乳动物中分离出的降钙素要高 25～50 倍。不同来源的降钙素，其氨基酸序列有一定的差异。

2. 生产工艺

生产降钙素的原料主要有猪甲状腺和鲑、鳗的心脏或心包膜。用化学合成和基因工程技术制备降钙素已获成功。

（1）工艺路线

$$\text{猪甲状腺丙酮粉}\xrightarrow[\text{60℃, 1h}]{\text{[提取] 0.1mol/L盐酸, 水}}\text{提取液}\xrightarrow[\text{50℃, 过滤}]{\text{[沉淀] 异戊醇:醋酸:水}}\text{沉淀物}$$

$$\xrightarrow[\text{pH 2.5}]{\text{[除杂蛋白] 0.3mol/L氯化钠, 10\%盐酸}}\text{离心清液}\xrightarrow[\text{pH 4.5}]{\text{[吸附、解吸] CMC}}\text{解吸液}\xrightarrow{\text{[干燥] 冷冻干燥}}\text{降钙素}$$

（2）工艺过程

① 取猪甲状腺，绞碎，用丙酮脱脂制成脱脂甲状腺粉。

② 取猪甲状腺丙酮粉 27kg，加入 0.1mol/L 盐酸 1540L，加热至 60℃搅拌 1h。加水 1620L 混匀，搅拌 1h，离心，沉淀用水洗涤，合并上清液和洗液再搅拌 2h 后离心，收集上清液。

③ 于上清液中加入 15L 异戊醇：醋酸：水（20：32：48）的混合液，搅匀，加热至 50℃，用硅藻土作助滤剂过滤，收集沉淀。

④ 将沉淀溶于 8L 0.3mol/L 氯化钠液中，用 10%盐酸调节 pH 为 2.5，离心除去不溶物，收集离心液。

⑤ 溶液用10倍水稀释后，通过CMC（5cm×50cm）柱，柱用0.02mol/L醋酸缓冲液（pH 4.5）平衡，收集含有降钙素的溶液，冻干，或用2mol/L的氯化钠盐析制得降钙素粉末，含量为3.6U/mg。在此基础上还可进一步纯化。

3. 生物活性测定

样品用经过0.1mol/L醋酸钠溶液稀释过的0.1%白蛋白溶液溶解，取0.2mL样品按倍比稀释法配制，选用雄性大白鼠，静脉注射后1h收集血液。采用原子吸收光谱法测定血样的血清钙值，对照采用MRC标准品，该标准品是从猪甲状腺中提取的。将标准品稀释至所需要的稀释度2.5、5、10和20MRC mU/0.2mL，然后用同样方法给大鼠注射，1h后测定血清钙值。根据标准品测定样品的生物活性。猪、猫、人降钙素的效价一般为50～200MRC U/mg，鲑鱼降钙素效价较高，相当于其他哺乳动物降钙素的25～50倍。由国际卫生组织专业会议确定的降钙素标准品为猪2000U/mg、鲑2700U/mg。

4. 作用与用途

降钙素的主要功能是降低血钙。由于降钙素具有抑制破骨细胞活力的作用，可抑制骨盐的溶解吸收，从而阻止钙从骨中释出。临床用于骨质疏松症、甲状旁腺机能亢进、婴儿维生素D过多症、成人高血钙症、畸形性骨炎等。还用于诊断溶骨性病变、甲状腺的髓细胞癌和肺癌。并还有报道降钙素能抑制胃酸分泌，可治疗十二指肠溃疡。

第三节　重要蛋白类药物的制备

一、白蛋白

1. 结构和性质

白蛋白又称清蛋白，是人血浆中含量最多的蛋白质，约占总蛋白的55%。同种白蛋白制品无抗原性，主要功能是维持血浆胶体渗透压。

白蛋白为单链，含575个氨基酸残基，相对分子质量为65000，其N末端为天冬氨酸，C末端为亮氨酸，p*I*为4.7，沉降系数（$S_{20,w}$）4.6，电泳迁移率5.92。可溶于水和半饱和的硫酸铵溶液中，一般在硫酸铵的饱和度为60%以上时析出沉淀。对酸较稳定。受热后可聚合变性，但仍较其他血浆蛋白质耐热，蛋白质的浓度大时热稳定性小。在白蛋白溶液中加入氯化钠或脂肪酸的盐，能提高白蛋白的热稳定性，利用这种性质，可使白蛋白与其他蛋白质分离。

从人血浆中分离的白蛋白有两种制品：一种是从健康人血浆中分离制得的，称人血白蛋白；另一种是从健康产妇胎盘血中分离制得的，称胎盘血白蛋白。白蛋白制剂为淡黄色略稠的澄明液体或白色疏松状（冻干）固体。

2. 生产工艺

（1）工艺路线

$$\text{人血浆}\xrightarrow[\text{pH 8.6, 固液分离}]{\text{[络合]}\ \text{利凡诺、碳酸钠溶液}}\text{络合物}\xrightarrow[\text{弱酸性, 65℃, 离心}]{\text{[解离]}\ \text{蒸馏水、氯化钠、盐酸}}\text{解离液}\xrightarrow[\text{超滤}]{\text{[浓缩]}}\text{浓缩液}$$

$$\xrightarrow[\text{60℃, 10h}]{\text{[热处理]}}\text{热处理液}\xrightarrow[\text{除菌过滤}]{\text{[除菌]}}\text{白蛋白}$$

（2）工艺过程

① 络合（利凡诺沉淀）　将人血浆泵入不锈钢夹层反应罐内，开启搅拌器，用碳酸钠溶

液调节 pH8.6，再泵入等体积的 2%利凡诺溶液，充分搅拌后静置 2～4h，分离上清与络合沉淀（上清液供生产人丙种球蛋白用）。

② 解离　沉淀加灭菌蒸馏水稀释，用 0.5mol/L 的盐酸调节 pH 至弱酸性，加 0.15%～0.2%氯化钠，不断搅拌进行解离。

③ 加温　充分解离后，65℃恒温 1h，立即用自来水夹层循环冷却。

④ 分离　冷却后的解离液经离心分离，分离液再用不锈钢压滤器澄清过滤。

⑤ 超滤　澄清后的滤液用超滤器浓缩。

⑥ 热处理　浓缩液在 60℃恒温处理 10h。

⑦ 澄清和除菌　以不锈钢压滤器澄清过滤，再通过冷灭菌系统除菌。

⑧ 分装　白蛋白含量及全项检查合格后，用自动定量灌注器进行分瓶灌装，得白蛋白成品。

3. 检验方法

人血白蛋白有 10%与 25%两种规格，制剂为淡黄色略带黏稠状的澄明液体或白色疏松物体（冻干品）。按《中国药典》（2005 年版）的规定进行检验，应符合规定。下列标准供参考。溶解时间：本品冻干制剂配成 10%蛋白浓度时，其溶解时间不得超过 15min；水分：冻干制剂水分含量不超过 1%；pH 值：6.6～7.2；白蛋白含量：应不低于本品规格（10%或 25%）；纯度：白蛋白含量应占蛋白含量的 95%以上；残余硫酸铵含量：应不超过 0.01%（质量体积分数）；无菌试验、安全试验、毒性试验、热原试验应符合规定。

4. 作用与用途

人血白蛋白的主要功能是维持血浆胶体渗透压，临床上用于失血性休克、严重烧伤、低蛋白血症等的治疗。

二、干扰素

1. 结构和性质

干扰素（interferon，IFN）系指由干扰素诱生剂诱导有关生物细胞所产生的一类高活性、多功能的诱生蛋白质。这类诱生蛋白质从细胞中产生和释放之后，作用于相应的其他同种生物细胞，并使其获得抗病毒和抗肿瘤等多方面的“免疫力”。IFN 由英国学者 Isaacs 和 Lindemann 于 1957 年研究流感病毒时发现的。

按照结构和来源方面的差异，可将干扰素分为 3 类，即 α-干扰素、β-干扰素、γ-干扰素。在同一类型中，根据氨基酸序列的差异，同一型别又分为若干亚型。已知 IFN-α 有 23 个以上的亚型，分别以 IFN-α_1、α_2…表示之；IFN-β、IFN-γ 目前仅知 1 个型别。IFN-α、IFN-β 的基因位于人的第 9 对染色体上，而 IFN-γ 的基因位于第 12 对染色体上。三种干扰素的理化及生物学性质有明显差异，即使是 IFN-α 的各亚型之间，生物学作用也不尽相同。干扰素的理化和生物学性质参见表 4-3。

此外，干扰素还有一些共同性质，其中包括沉降率低，不能透析，可被胃蛋白酶、胰蛋白酶和木瓜蛋白酶破坏，不被 DNase 和 RNase 水解破坏等特性。IFN 按其作用被归到细胞激素（cytokine）或细胞生长调节因子一类。

2. 生产工艺

干扰素生产的传统方法是对能诱导产生干扰素的细胞进行培养，然后再通过诱导剂进行诱导培养、分离除杂，获得干扰素产品。利用血库血大量制备人血细胞干扰素的方法已经比较完善，达到 10^6 U/mg 蛋白的水平。利用基因工程技术制备重组干扰素也已经入工业化生产。

下面介绍人白细胞干扰素的生产工艺，重组干扰素的生产将在后面的章节另外介绍。

表 4-3 人干扰素的理化和生物学性质比较

性质	IFN-α	IFN-β	IFN-γ
相对分子质量/$\times 10^3$	20	20～25	20～25
活性分子结构	单体	二聚体	四聚体或三聚体
等电点	5～7	6.5	8.0
已知亚型数	＞23	1	1
氨基酸数	165～166	166	146
pH2.0 的稳定性	稳定	稳定	不稳定
热(56℃)稳定性	稳定	不稳定	不稳定
对 0.1%SDS 的稳定性	稳定	部分稳定	不稳定
在牛细胞(EBT_r)上的活性	高	很低	不能检出
诱导抗病毒状态的速度	快	很快	慢
与 ConA-Sepharoser 的结合力	小或无	结合	结合
免疫调节活性	较弱	较弱	强
抑制细胞生长活性	较弱	较弱	强
种交叉活性	大	小	小
主要诱发物质	病毒	病毒、PHA、ConA 等	抗原、PHA、ConA 等
主要产生细胞	白细胞	成纤维细胞	淋巴细胞

(1) 工艺路线

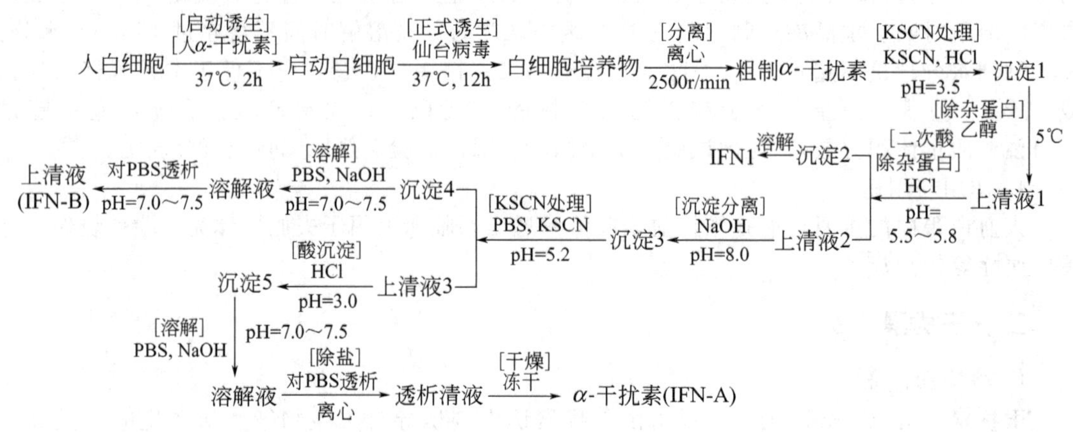

(2) 工艺过程

① 分离灰黄层 将新鲜血液（一般每份 400ml）采入含有 ACD 抗凝剂的塑料袋内，离心后分离出血浆，小心吸取灰黄层。每份血可吸取 13～15mL，放置 4℃冰箱中过夜。

② 氯化铵处理 每份灰黄层加入 30mL 缓冲盐水溶液，再加入为总体积 9 倍量的冷的 0.83% 的氯化铵溶液，混匀，4℃放置 10min，然后在 4℃离心（8000r/min）20min。小心弃去溶血上清液，并加入适量的缓冲盐水，收集沉淀的细胞，作成悬液，再用 9 倍量的 0.83%氯化铵液重复处理 1 次，溶解残存的红细胞。取沉淀的白细胞并悬于培养液中，置于冰浴，取样做活细胞计数，用预温的培养液稀释成每毫升含 10^7 个活细胞。培养液的基础成分为 Eagle's 培养基，其中含 4%～6%的人血浆蛋白，无磷酸盐，含 Tricine 3mg/mL 及适量抗生素。

③ 启动诱生 取稀释的细胞悬液，加入白细胞干扰素，使其最后浓度为 100U/mL，置 37℃水浴搅拌培养 2h（这一步根据情况或可省略）。

④ 正式诱生 启动后的白细胞加入仙台病毒（在 10d 龄鸡胚中培养 48～72h，收获尿囊液），使其最后浓度为 100～150 血凝单位每毫升，在 37℃搅拌培养过夜。

⑤ 收获 次日晨将培养物离心（2500r/min）30min，吸取上清液即得粗制干扰素。取样作无菌试验并测定效价。作效价测定的材料要在 pH2 的条件下处理 24h 后，再作检定。据报道每份灰黄层约能制备 100 万单位的纯化干扰素。

⑥ 纯化 将粗制人白细胞干扰素加入硫氰化钾到 0.5mol/L，用 2mol/L 盐酸调节 pH3.5，离心弃去上清液，得沉淀 1。沉淀 1 加入原体积 1/5 量的 94%冷乙醇，离心弃沉

淀，得上清液 1。上清液 1 用盐酸调节 pH 至 5.5，离心弃去沉淀，再调至 pH5.8，离心，得上清液 2 和沉淀物 2。沉淀 2 加入原体积 1/50 量的甘氨酸-盐酸缓冲液（pH2）溶解，检测，得 IFN Ⅰ。

上清液 2 调节 pH 至 8，离心弃去上清液，沉淀 3 加原体积 1/50 量的 0.1mol/L PBS 0.5mol/L 硫氰化钾（pH8）溶解，pH 降至 5.2，离心得上清液 3 和沉淀物 4。沉淀物 4 加原体积 1/2500 量的 pH8、0.1mol/L PBS 溶解，调至 pH7～7.5，对 PBS（pH7.3）透析，过夜，离心，收集上清液，检测，得 IFN-B。

上清液 3 中加盐酸使 pH 降至 3，离心，沉淀物 5 加入原体积 1/5000 量的 pH8，0.1mol/L PBS 溶解，加 NaOH 调节 pH7～7.5，对 PBS（pH7.3）透析过夜，离心，收集上清液，检测，得 IFN-A。

此法特点是一次纯化量大，回收率高于 60%；经济，简便，易于普及，效价可达 1.2×10^6 U/mL，比活 2.2×10^8 U/mg 蛋白。IFN-A 中干扰素含量占回收干扰素的 82%，比活也比较高。IFNI 的比活较低（5×10^4 U/mg 蛋白），一般可作外用滴鼻剂或点眼剂等。

三、胰岛素

人类对胰岛素的研究已有 200 年左右的历史。早在 1788 年，人们就发现了糖尿病的产生与胰脏功能的破坏密切相关。1922 年从胰脏中提取得到了胰岛素，1923 年开始供应临床使用；1926 年得到了胰岛素的结晶，是第一个获得的有生物活性的蛋白质结晶；1955 年首次报道了胰岛素的氨基酸序列；1965 年我国的科学家在在世界上首先成功完成牛结晶胰岛素的全合成工作；1969 年确定了胰岛素的三维结构；1979 年克隆了胰岛素基因；1982 年重组人胰岛素被批准上市，成为第一个投放市场的基因工程药物。

胰岛素广泛存在于人和动物的胰脏中，正常人的胰脏约含有 200 万个胰岛，约占胰脏总质量的 1.5%。胰岛由 α、β 和 δ 三种细胞组成，其中 α 细胞制造胰高血糖素和胰抗脂肝素，β-细胞制造胰岛素，δ-细胞制造生长激素抑制因子。胰岛素在 β-细胞中开始时是以活性很弱的前体胰岛素原存在的，进而分解为胰岛素进入血液循环。

1. 结构和性质

胰岛素由 51 个氨基酸残基组成，有 A 和 B 两条链，A 链含 21 个氨基酸残基，B 链含 30 个氨基酸残基，两链之间由两个二硫键相连，在 A 链本身还有一个二硫键。胰岛素原是胰岛素的前体，胰岛素原是由一条连接肽（C 肽）一端与胰岛素的 A 链的 N 末端相连，另一端与 B 链的 C-末端相连。不同种属动物的 C 肽也不同，如人的 C 肽为 31 肽，牛的为 26 肽，猪的为 29 肽。胰岛素原经过酶水解的作用，除 C 肽后，即形成有活性的胰岛素。人胰岛素原的结构见图 4-1。

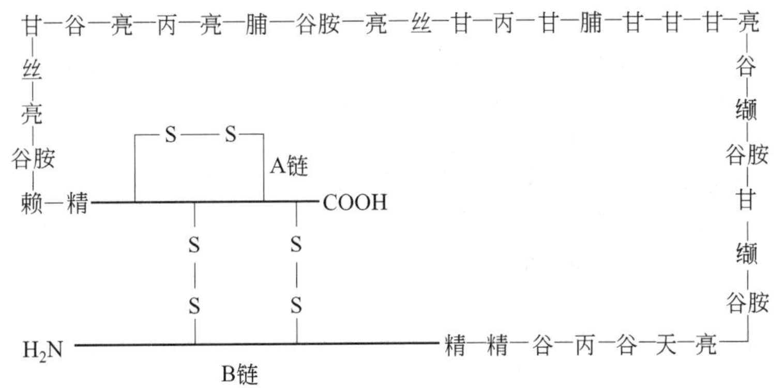

图 4-1　人胰岛素原的结构

不同种属动物的胰岛素分子结构大致相同，主要差别在A链二硫桥中间的第8、9和10位上的三个氨基酸及B链C末端的氨基酸上，它们随种属而异。表4-4仅列出人和几种动物的氨基酸差异，但它们的生理功能是相同的。

表4-4 不同种属动物的胰岛素结构

胰岛素来源	氨基酸排列顺序的部分差异			
	A_8	A_9	A_{10}	B_{30}
人	苏	丝	异亮	苏
猪、狗	苏	丝	异亮	丙
牛	丙	丝	缬	丙
羊	丙	甘	缬	丙
马	苏	甘	异亮	丙
兔	苏	丝	异亮	丝

由于猪与人的胰岛素相比只有B_{30}位的一个氨基酸不同，人的是苏氨酸，猪的是丙氨酸，因此以猪胰脏为原料来源的胰岛素，抗原性比其他来源的胰岛素要低。

胰岛素的基本性质如下有。

① 胰岛素为白色或类白色结晶粉末，晶形为扁斜形六面体。猪胰岛素的相对分子质量为5733，牛为5764，人为5784。胰岛素的等电点为5.30～5.35。

② 胰岛素在pH4.5～6.5范围内几乎不溶于水，在室温下溶解度为10μg/mL；易溶于稀酸或稀碱溶液；可溶于80%以下乙醇或丙酮中溶解；在90%以上乙醇或80%以上丙酮中难溶；在乙醚中不溶。

③ 胰岛素在弱酸性水溶液或混悬在中性缓冲液中较为稳定。在pH8.6时，溶液煮沸10min即失活一半，而在0.25%硫酸溶液中要煮沸60min才能导致同等程度的失活。

④ 在水溶液中胰岛素分子受pH、温度、离子强度的影响产生聚合和解聚现象。在低胰岛素浓度的酸性溶液（pH≤2）时呈单体状态。锌胰岛素在pH2的水溶液中呈二聚体，聚合作用随pH增高而增加，在pH4～7时聚合成不溶解状态的无定形沉淀。在高浓度锌的溶液中，pH6～8时胰岛素溶解度急剧下降。锌胰岛素在pH7～9时呈六聚体或八聚体，pH>9时则解聚并由于单体结构改变而失活。

⑤ 在pH为2的酸性水溶液中加热至80～100℃，可发生聚合而转变为无活性纤维状胰岛素。如及时用冷0.05mol/L氢氧化钠处理，仍可恢复为有活性的胰岛素。

⑥ 胰岛素具有蛋白质的各种特殊反应。高浓度的盐，如饱和氯化钠、半饱和硫酸铵等可使其沉淀析出；也能被蛋白质沉淀剂如三氯醋酸、苦味酸、鞣酸等沉淀；并有茚三酮、双缩脲等蛋白质的显色反应。胰岛素能被胰岛素酶、胃蛋白酶、糜蛋白酶等蛋白水解酶水解而失活。

⑦ 还原剂如硫化氢、甲酸、醛、醋酐、硫代硫酸钠、维生素C及多数重金属（除锌、铬、钴、镍、银、金外）都能使胰岛素失活。破坏活性的主要原因是分子中二硫键被还原、游离氨基被酰化、游离羧基被酯化和肽键水解。

⑧ 胰岛素对高能辐射非常敏感，容易失活；紫外线能破坏胱氨酸和酪氨酸基团。光氧化作用能导致分子中组氨酸被破坏。超声波能引起其非专一性降解。胰岛素能被活性炭、白陶土、氢氧化铝、磷酸钙、CMC和DEAE-C吸附。

2. 生产工艺

利用动物胰脏生产胰岛素的方法较多，目前普遍采用的是酸醇法和锌沉淀法。现介绍酸醇法。

（1）工艺路线

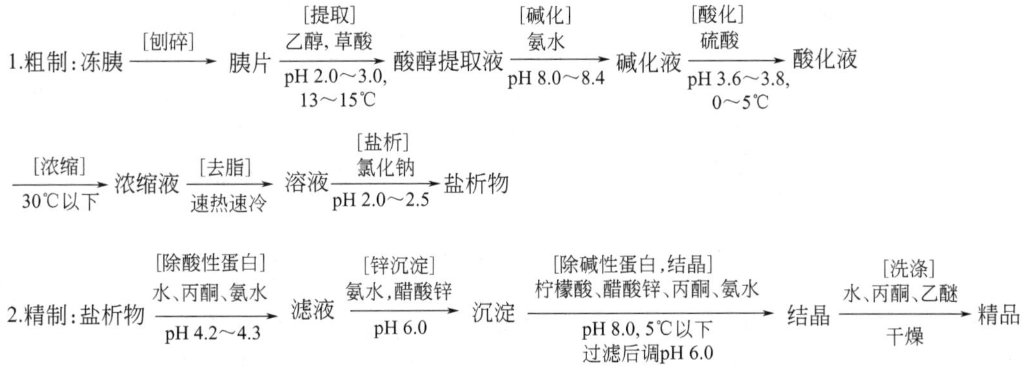

1.粗制:冻胰 —[刨碎]→ 胰片 —[提取] 乙醇,草酸 / pH 2.0～3.0, 13～15℃→ 酸醇提取液 —[碱化] 氨水 / pH 8.0～8.4→ 碱化液 —[酸化] 硫酸 / pH 3.6～3.8, 0～5℃→ 酸化液

—[浓缩] / 30℃以下→ 浓缩液 —[去脂] / 速热速冷→ 溶液 —[盐析] 氯化钠 / pH 2.0～2.5→ 盐析物

2.精制:盐析物 —[除酸性蛋白] 水、丙酮、氨水 / pH 4.2～4.3→ 滤液 —[锌沉淀] 氨水,醋酸锌 / pH 6.0→ 沉淀 —[除碱性蛋白,结晶] 柠檬酸、醋酸锌、丙酮、氨水 / pH 8.0, 5℃以下 过滤后调pH 6.0→ 结晶 —[洗涤] 水、丙酮、乙醚 / 干燥→ 精品

(2) 工艺过程

① 提取　冻胰块用刨胰机刨碎后，按胰脏质量加入 2.3～2.6 倍的 86%～88%乙醇（质量分数）和 5%草酸，在 13～15℃下搅拌提取 3h，离心。滤渣再用 1 倍量（质量比）的 68%～70%乙醇和 0.4%草酸提取 2h，同上法分离之。乙醇提取液合并。

② 碱化、酸化　提取液在不断搅拌下加入浓氨水调 pH8.0～8.4（液温 10～15℃），立即进行压滤，除去碱性蛋白，滤液应澄清，并及时用硫酸酸化至 pH3.6～3.8，降温至 5℃，静置不少于 4h，使酸性蛋白充分沉淀。

③ 减压浓缩　吸上层清液至减压浓缩锅内，下层用帆布过滤，沉淀物弃去。滤液并入上清液，在 30℃以下减压蒸去乙醇，浓缩至浓缩液密度为 1.04～1.06（约为原体积的 1/10～1/9 为止）。

④ 去脂、盐析　浓缩液转入去脂锅内于 5min 内加热至 50℃，立即用冰盐水降温至 5℃，静置 3～4h，分离出下层清液（脂层可回收胰岛素）。用盐酸调 pH 2.0～2.5，于 20～25℃在搅拌下加入 27%（质量浓度）固体氯化钠，保温静置数小时。析出之盐析物即为胰岛素粗品。

⑤ 精制、除酸性蛋白　盐析物按干重计算，加入 7 倍量蒸馏水溶解，再加入 3 倍量的冷丙酮，用 4mol/L 氨水调 pH4.2～4.3，然后补加丙酮，使溶液中水和丙酮的比例为 7∶3。充分搅拌后，低温放置过夜，使溶液冷至 5℃以下，次日在低温下离心分离，或使用过滤法将沉淀分离。

锌沉淀在滤液中加入 4mol/L 氨水使 pH 为 6.2～6.4，加入 3.6%（体积分数）的醋酸锌溶液（此溶液浓度为 20%），再用 4mol/L 氨水调节 pH 至 6.0，低温放置过夜，次日过滤，分离沉淀。

⑥ 结晶　将过滤的沉淀用冷丙酮洗涤，得干品（每千克胰脏得 0.1～0.125g 干品）再按干品重量每克加冰冷 2%柠檬酸 50mL、6.5%醋酸锌溶液 2mL、丙酮 16mL，并用冰水稀释至 100mL，使充分溶解，冷到 5℃以下，用 4mol/L 氨水调 pH8.0，迅速过滤。滤液立即用 10%柠檬酸溶液调 pH6.0，补加丙酮，使整个溶液体系保持丙酮含量为 16%。慢速搅拌 3～5h 使结晶析出。在显微镜下观察，外形为似正方形或扁斜形六面体结晶，再转入 5℃左右低温室放置 3～4d，使结晶完全。离心收集结晶，并小心刷去上层灰黄色无定形沉淀，用蒸馏水或醋酸铵缓冲液洗涤，丙酮、乙醚脱水，离心后，在五氧化二磷真空干燥箱中干燥，即得结晶胰岛素，效价应在每毫克 26U 以上。

⑦ 回收　在上述各项操作中，应注意产品回收，从 pH4.2 的沉淀物中回收的胰岛素量最多，占整个回收量的近一半，约为正品的 10%。从油脂盐析物中回收的胰岛量也可达正品的 5%左右。

3. 说明和讨论

(1) 原料质量和预处理　胰脏质量是胰岛素生产中的关键，工业生产用的原料主要是猪、牛的胰脏。不同种类和年龄的动物，其胰脏中胰岛素含量有所差别，如猪胰脏每克含胰岛素2.0～3.0U，牛胰含量高于猪胰。采摘胰脏要注意保持腺体组织的完整，避免摘断。由于胰脏中含有多种酶类，离体后，蛋白水解酶类能分解胰岛素使之失活。因此，要立即深冻，先在-30℃以下急冻后转入-20℃保存备用。如用液氮或干冰速冻，效果更好。在胰脏中，胰尾部分胰岛素含量较高，如单独使用可提高收率10%。

(2) 提取条件的选择　第一次提取用86%乙醇，与胰糜混合后，其最终百分浓度为70%左右，不仅能完全溶解胰岛素，而且能抑制蛋白水解酶的活力。草酸是弱酸，较温和，故提取时多采用草酸，控制pH在2.5，不仅胰岛素较稳定，还能抑制蛋白水解酶的活力。提取温度一般控制在10～15℃，因为温度偏高会增强酶对胰岛素的破坏作用，会使油脂含量增加，影响分离工序。

碱化时pH控制在8.2～8.4，pH低了除碱性蛋白不完全，且不易过滤，但在碱性条件下，胰岛素不稳定，其蛋白分解酶活力增加，因此pH不应过高，操作应尽快进行。

(3) 浓缩　浓缩工序的条件，对胰岛素收率影响很大。采用离心薄膜蒸发器，在第一次浓缩后，浓缩液用有机溶媒去脂，再进行第二次浓缩，被浓缩溶液受热时间极短，避免了胰岛素效价的损失。

浓缩除去乙醇后，油脂与水呈乳浊液，采取速热速冷，先热后冷，可将乳浊液破坏分成两相，分离油脂，也可除去部分杂蛋白。

(4) 产品纯度　在常规的结晶胰岛素中，纯度还是不够的，除了胰岛素主成分外，尚含有其他一些杂蛋白抗原成分，如胰岛素原、精氨酸胰岛素、脱酰胺胰岛素、胰多肽、抑长素、胰高血糖素及肠血管活性肽等。美、英药典主要控制两个指标，即分子量大于胰岛素的蛋白质和胰岛素原。我国常规生产的胰岛素结晶中胰岛素原含量约为0.02%，而国外一般要求胰岛素原和脱酰胺胰岛素含量应为10^{-5}和10^{-3}以下。用超细Sephadex G-50凝胶过滤，可使结晶胰岛素进一步纯化。胰岛素纯化组分见图4-2。

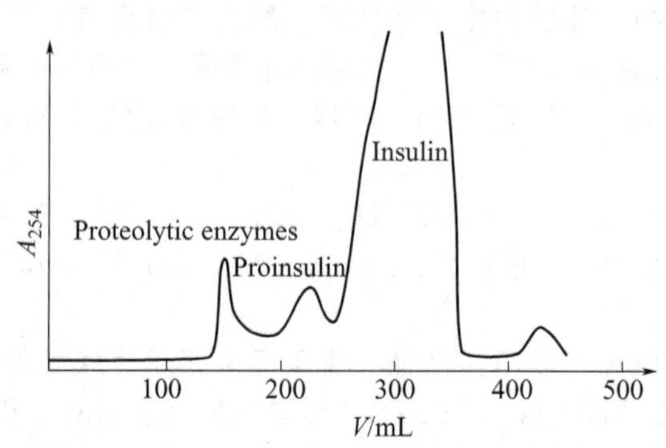

图4-2　超细Sephadex G-50层析纯化胰岛素组分

(5) 胰岛素制剂　胰岛素制剂按其作用时间大致可分速效、中效、延效三种类型。新剂型的研究有眼用膜剂、鼻腔给药的气雾剂、直肠用栓剂，以及口服的脂质体、微囊、乳剂等。

(6) 胰岛素结构修饰　在研究胰岛素的结构与功能关系的基础上，可对胰岛素分子进行修饰和改造，以改变某些性质，如提高降血糖能力、延长体内半衰期、抗热变性、抗蛋白水解酶的降解等。

(7) 酶促半合成人胰岛素　猪与人两种胰岛素的差别仅是B_{30}位上，猪的是丙氨酸，人的则是苏氨酸。经胰蛋白酶的转酰胺作用，将猪胰岛素转化为人胰岛素B_{30}苏氨酸（丁酰基）丁酸，通过硅胶柱层析，然后用三氟乙酸处理，断裂保护基团，再用离子交换层析纯化，可得到高纯度人胰岛素。应用胰蛋白酶的专一性和它的转酰胺作用，还可制备胰岛素B_{30}的类似物。

（8）重组DNA技术制造人胰岛素　已有AB链合成法和反转录酶法两条途径。

① AB链合成法　以人工合成的人胰岛素A链和B链基因，分别插入克隆载体质粒所携带的β-半乳糖苷酶基因中，再将重组质粒导入大肠杆菌，在细胞中进行复制，并在β-半乳糖苷酶基因的信号序列的控制下，合成mRNA，再翻译出A链和B链蛋白，用溴化氢（CNBr）将A链和B链连接起来组成人胰岛素（见图4-3）。

② 反转录酶法　如图4-4所示，通过胰岛素原的cDNA合成人胰岛素。先将mRNA经反转录酶处理合成cDNA，用化学合成法把甲硫氨酸密码子（ATG）接在胰岛素原cDNA的5′-末端，再将此基因插入pBR322质粒载体并转入大肠杆菌中增殖，除去连接物甲硫氨酸使胰岛素原从融合的蛋白中释放出来。胰岛素原折叠成三维结构，并形成二硫键，再经工具酶切开，除去C-肽，即可获得人胰岛素。

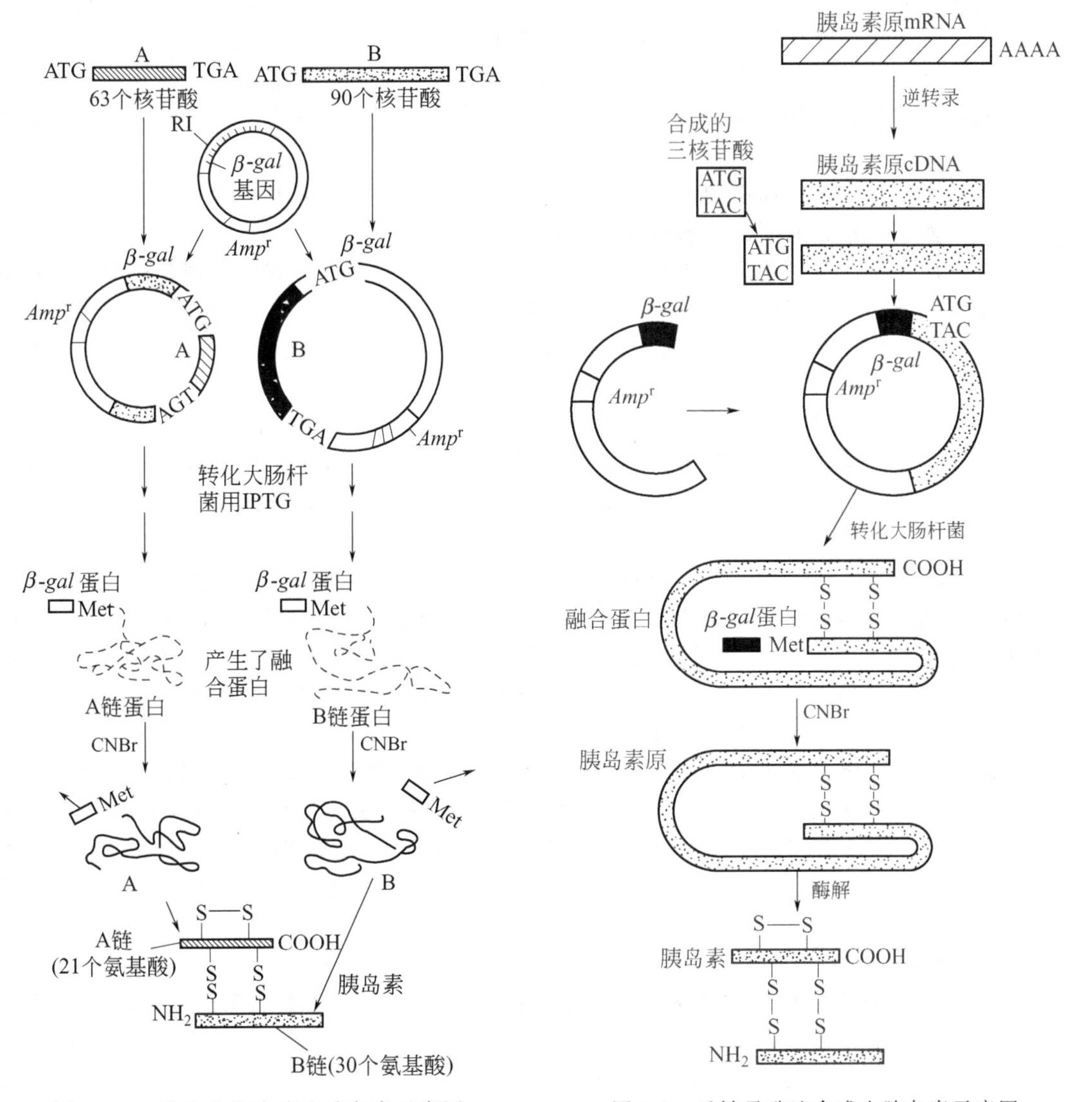

图4-3　A链和B链合成人胰岛素示意图

图4-4　反转录酶法合成人胰岛素示意图

4. 检验方法

胰岛素为白色或者类白色的结晶性粉末。每1mg效价不得少于26个单位。胰岛素效价测定，各国药典规定有家兔血糖降低法和小鼠血糖降低法。

5. 作用与用途

胰岛素是调节血糖水平的重要激素，能使血糖降低，主要治疗：

①胰岛素依赖型糖尿病；②糖尿病合并感染、妊娠、创伤和甲状腺功能亢进、抗体对胰岛素需要量增加者；③糖尿病昏迷和酮症酸中毒；④用于精神分裂症的休克疗法。

四、生长素

1. 结构和性质

人的生长激素（growth hormone，GH）是脑垂体分泌的，由一条191个氨基酸的多肽链所构成的蛋白质激素，分子中有两条二硫链，相对分子质量21700，等电点4.9（猪的为6.3），沉降系数$S_{20,w}$2.179。用糜蛋白酶或胰蛋白酶处理生长激素使部分水解，活性并不丧失，可见生长激素的活性并不需要整个分子。经实验知道N端的1～134氨基酸段肽链为活性所必需，C端的一段肽链可能起保护作用，使生长激素在血循环中不致被酶所破坏。人生长激素分子相当稳定，其活性在冰冻条件下可保持数年，在室温放置48h无变化。

不同种属的哺乳动物的生长激素之间有明显的种属特异性，只有灵长类的生长激素对人有活性。

生长激素与催乳素的肽链氨基酸顺序约有近一半是相同的，因此，生长激素具有弱的催乳素活性，而催乳素也有弱的生长激素的活性。

人生长激素对人肝细胞有增加核分裂的作用；对人红细胞有抑制葡萄糖利用的作用；对人白细胞或淋巴细胞有促进蛋白质及核酸合成的作用。有促进骨骼、肌肉、结缔组织和内脏增长的作用，对因垂体功能不全而引起的侏儒症有效。人生长激素在体内的半衰期约为20～30min。

2. 人生长激素的制备

（1）提取法　由于人生长激素的种属特异性很强，故以往人生长激素的唯一来源是从尸体的脑垂体中取得。不过，利用尸体的脑垂体制备的人生长激素，既由于原料来源少、生产量有限，满足不了临床的需求，同时在医疗临床应用中也曾出现许多严重的不良反应与副作用。从20世纪80年代以后，人们能够利用基因工程技术制造重组人生长激素。

（2）基因工程制造法　重组人生长激素的制备是通过合成hGH基因，构建表达载体，利用细菌转化和表达hGH，并提取、纯化，得到成品。已经利用的表达系统包括大肠杆菌、枯草杆菌及哺乳动物细胞等。还开发出一种转基因小鼠的原型生长系统，可从小鼠乳汁中获得hGH，每1L乳汁中含0.6g hGH。

上海细胞研究所合成了hGH基因5′-端的DNA片段，再经过DNA聚合酶大片段polⅠ（LF）修复成双链DNA，经加工改造后得到的表达型质粒pSS-M在宿主菌K_{802}和JM_{82}中高水平表达。K_{802}/Pss-M的hGH产物占细胞总蛋白的6%，占释放出总蛋白的30%以上。每1L培养液中可得15mg左右hGH，纯度达95%以上，已建立了100L发酵罐的中试工艺路线。

3. 讨论

1944年美籍华人生物化学家李卓浩等分离提取获得了生长激素的结晶品；1966年明确了生长激素的化学元素组成；1971年用化学方法人工合成了生长激素；1979年实现了hGH基因在大肠杆菌中的表达成功；1985年重组DNA在大肠杆菌中表达生产hGH；1989年又问世了第一个产自乳动物细胞系统的重组DNA的hGH。现又开发出一种转基因小鼠的原型生长统，从鼠乳汁中获得 hGH，每 1L 乳汁中含 0.5g hGH。

用枯草杆菌系统表达 hGH 的最高产量达 1.5g/L。用大肠杆菌或哺乳动物细胞生产的 hGH，比脑垂体提纯的天然 hGH 多一个甲硫氨酸，其治疗效果更为显著。

五、绒毛膜促性激素

1. 结构和性质

绒膜促性激素（human chorionic gonadotr ophin，HCG）或人绒毛膜促性腺激素是从受精卵着床第 1d，即受孕的第 8d 开始，由胎盘滋养层合体细胞分泌的。受孕后第 20d 尿中可测得 HCG，到妊娠 45d 时，尿中 HCG 的浓度升高，60～70d 时可达到高峰，24h 尿中的排出量可达 30000～50000IU，约等于 3mg。此后逐渐下降，到妊娠第 18 周降至最低水平，分娩后 4d 左右消失。

HCG 是一种糖蛋白激素，由 α 链和 β 链两个亚基组成，相对分子质量 47000～59000。其核心部分由氨基酸组成，以共价键与寡糖链相结合，此寡糖链占 HCG 分子量的 31%，由甘露糖、岩藻糖、半乳糖、乙酰氨基半乳糖、乙酰氨基葡萄糖组成，在糖链的末端有一个带负电的唾液酸，每个 HCG 分子中约含有 20 个分子的唾液酸，其含量减少，能引起 HCG 生理活性的显著下降。

HCG 的制品性状呈白色或类白色粉末，易溶于水，不溶于乙醇、乙醚和丙酮等有机溶剂，等电点 p*I*3.2～3.3。干品稳定，稀溶液不稳定。

2. 生产工艺

（1）工艺路线

孕妇尿 —(苯甲酸)→ HCG粗制品 —([提取] NaAc / pH 4.8)→ 提取液 —([透析] 水 / 5℃以下)→ 透析内液 —([吸附] CM Sepharose CL-6B)→ 吸附交换剂 —([洗涤Ⅰ、Ⅱ峰] NaAc、PBS / pH 4.8; pH 5.9)→ 洗涤交换剂 —([洗脱] NaAc、PBS / pH 8.5)→ 洗脱液 —([干燥] 冷冻干燥 / -30℃)→ HCG精品 —([溶解] 蒸馏水 / 10℃以下)→ HCG溶液 —([透析] PBS / pH 6.8, 5℃以下)→ 透析内液 —([吸附] Hydroxylapatitc / pH 6.8)→ 吸附物 —([解吸] PBS 0.5mmol/L、1.0mmol/L / pH 6.8)→ 解吸液 —([干燥] 冷冻干燥 / -30℃)→ HCG纯品

（2）工艺过程

① 吸附　取用盐酸调节至 pH4～5 的孕妇尿，加苯甲酸乙醇饱和液（按孕妇尿：苯甲酸乙醇饱和液：乙醇＝1：0.075：5 的配比）搅拌 1h，静置 2～3h，过滤，弃上清液得吸附物。用 95%乙醇在搅拌下洗脱，直到苯甲酸全部溶解为止，即有絮状沉淀物产生，静置过夜，离心，沉淀物用 95%乙醇和丙酮洗涤、干燥，即得粗制品。

② 提取　粗制品加入 10 倍量 4℃的 1/15mol/L、pH4.8 醋酸盐缓冲溶液中，搅拌 4h，充分提取 HCG，离心，取上清液。沉淀再加上述缓冲液搅拌提取 2h，离心，合并两次上清液。沉淀弃去。

③ 透析　上清液对水在 5℃以下进行透析，过夜。其间不断搅拌，使无机离子透析完全。

④ 离子交换层析　CM Sepharose 柱预先用 0.01mol/L 醋酸盐缓冲溶液平衡，透析内液上柱。

⑤ 洗涤、洗脱　交换柱依次用 pH8.5、0.2mol/L 醋酸盐缓冲液洗涤和 pH5.9、0.01mol/L 磷酸盐缓冲液洗涤。洗涤后的交换柱用 pH8.5、0.2mol/L 醋酸盐缓冲溶液洗

脱，至第Ⅲ个生物活性峰完毕。

⑥ 干燥　洗脱液－30℃冷冻干燥，得 HCG 精品。比活 3000～4000IU/mg 蛋白质。

⑦ 再纯化、溶解透析　取 HCG 精品溶于 100 倍蒸馏水中，在 5℃以下对 1000 倍 pH6.8、0.5mmol/L 磷酸盐缓冲溶液进行透析，其间透析外液更换 3 次。

⑧ 吸附柱层析　Hydroxylapatite 柱预先用 pH6.8、0.5mmol/L 磷酸盐缓冲溶液平衡，透析内液上柱。

⑨ 解吸　吸附柱依次用 pH6.8 的 0.5mmol/L 和 1.0mmol/L 磷酸盐缓冲溶液解吸，得第Ⅰ、Ⅱ解吸生物活性峰。

⑩ 干燥　解吸液－30℃冷冻干燥，得 HCG 纯品。比活 10000～12000IU/mg 蛋白质。

3. 检验方法

检测 HCG 生物活性，中国药典和美国药典均规定使用小白鼠子宫增重法，日本药典规定使用大白鼠卵巢增重法。中国药典规定＞2500U/mg，第二国际标准品 10000～15000U/mg。

4. 作用与用途

HCG 的作用与 LH 相似，都是作用于卵巢，使黄体发育，HCG 使之变成妊娠黄体。临床用于由男性垂体功能不足所致的性功能过低症和隐睾症、由于黄体功能不全引起的子宫出血和习惯性流产。与自孕马血清、绝经期妇女尿中提取的促性激素合用，可诱发排卵，治疗不育症。亦可用于皮肤瘙痒症、神经性皮炎等。

六、免疫球蛋白

1. 结构和性质

免疫球蛋白（immunoglobulin，Ig）是一类主要存在于血浆中、具有抗体活性的糖蛋白。免疫球蛋白约占血浆蛋白总量的 20%。除存在于血浆中外，也少量地存在于其他组织液、外分泌液和淋巴细胞的表面。

电泳时 Ig 主要出现在 γ 球蛋白部分，过去曾将 γ 球蛋白用做 Ig 的同义语，其实有小部分 Ig 也出现在 β 球蛋白部分。根据免疫球蛋白的免疫化学特性质的差异，可将 Ig 分成五类，即 IgG、IgA、IgM、IgD 和 IgE。这五类 Ig 的主要理化特征见表 4-5。机体的大部分免疫能力主要依赖于 IgG 类免疫球蛋白，它们约占免疫球蛋白总量的 70%～90%。

表 4-5　各类 Ig 的主要理化特征

类　别	IgG	IgA	IgM	IgD	IgE
重链	γ	α	μ	σ	ε
亚类	$\gamma_1,\gamma_2,\gamma_3,\gamma_4$	α_1,α_2			
重链分子量	53000	64000	70000	58000	75000
轻链	k 或 λ	k 或 λ	k 或 λ	k 或 λ	k 或 λ
轻链分子量	22500	22500	22500	22500	22500
分子式	$k_2\gamma_2\lambda_2\gamma_2$	$(k_2\alpha_2)_n$①、$(\lambda_2\alpha_2)_n$	$(\alpha_2\mu_2)_n$②$(k_2\mu_2)_n$	$k_2\delta_2$、$\lambda_2\delta_2$	$k_2\varepsilon_2$、$\lambda_2\varepsilon_2$
沉降系数($S_{20,w}$)	6.5～7.0	7～13	18～20	6.2～6.8	7.9
分子量	150000	360000～720000	950000	160000	190000
含糖量(w)/%	2.9	7.5	11.8	10～12	10.7
血中含量(w)/%	0.6～1.7	0.14～0.42	0.05～0.19	0.003～0.04	0.00001～0.00014
半衰期/d	23	5.8	5.1	2.8	2.5
合成率/[mg/(kg·d)]	33	24	6.7	0.4	0.016
生物学作用	抗菌、抗病毒、抗毒素，固定补体，通过胎盘	分泌型 IgA 在局部黏膜抗菌、抗病毒	溶血，溶菌，固定补体	不明	与Ⅰ型变态反应有关

① $n=1\sim2$。

② $n=5$

Ig 的成分虽然很复杂，但各种类型的 Ig 分子的基本结构（或称单体 Ig）是相似的。Ig 分子的基本结构见图 4-5。单体 Ig 由四条多肽链组成，两条较长的称为重链（H 链），两条较短的称为轻链（L 链）。两条相同的重链通过链间二硫键连接，两条相同的轻链也由链间二硫键连接在两条重链的两侧。

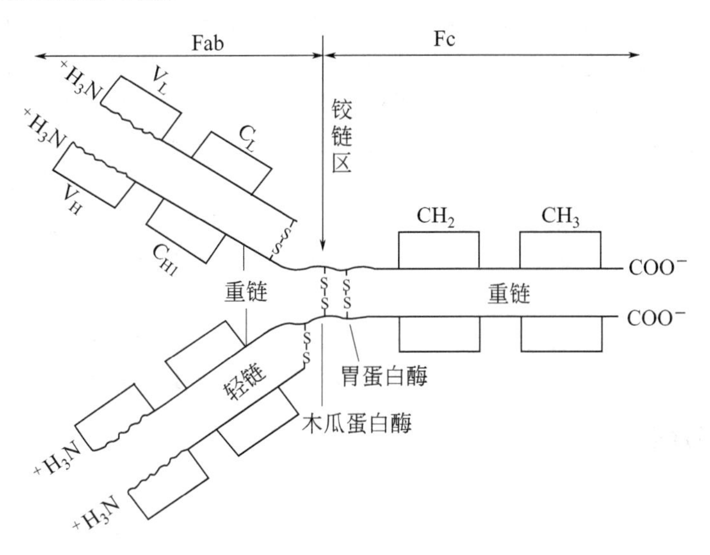

图 4-5　Ig 分子的基本结构示意图

重链和轻链的羧基一侧的氨基酸排列比较恒定，称为恒定区，分别为 C_H 和 C_I。重链和轻链在恒定区之外的氨基酸排列顺序变化较大，这一段是可变区，分别称为 V_H 和 V_l。

重链的中间部分肽段的脯氨酸残基相对较多，不能形成螺旋结构，因此这一区域的伸展性比较大，易于暴露在分子的表面而受到酶或其他化学试剂的作用，称为铰链区。由于铰链区的存在，Ig 分子的形状可在“Y”和“T”型之间互变。不结合抗原时，Ig 分子呈“T”型，结合抗原后，则成为“Y”型。

木瓜蛋白酶可将 Ig 分子水解成两个 Fab 片和一个 Fc 片。胃蛋白酶水解 Ig 分子，可得一个 $F(ab')_2$ 片和不完整的 Fc 片。木瓜蛋白酶和胃蛋白酶对 Ig 的作用点见图 4-5。

Fab 具有一个抗原结合点，$F(ab')_2$ 具有两个抗原结合点。完整的 Fc 也保留了原有的生物活性。

2. 生产工艺

（1）工艺路线

人血浆 —[络合沉淀] 利凡诺 / pH8.6→ 清液 —[盐析] 硫酸铵 / pH7.0→ 盐析物 —[除盐] 水 / 超滤→ 浓缩液 —[沉降处理] / 2～6℃ 1个月以上→ 处理液 —[除菌] 除菌过滤→ 人血丙种球蛋白

（2）工艺过程

① 利凡诺沉淀、盐析　此步过程同人血清白蛋白，取利凡诺于 pH8.6 沉淀后的上清部分。置于不锈钢反应罐中开启搅拌器，以 1mol/L 盐酸调 pH7.0，加 23%结晶硫酸铵，充分搅拌后沉淀静置 4h 以上。

② 离心分离　虹吸去上清液，将下部混悬液泵入篮式离心机中离心，得沉淀物。

③ 超滤、除盐　将离心甩干后的沉淀用适量无热原蒸馏水稀释溶解，在不锈钢压滤机中进行澄清过滤，以 Sartocon-Ⅳ超滤器浓缩、除盐，得浓缩液。

④ 沉降处理　浓缩液静置于 2～6℃冷库中存放 1 个月以上。

⑤ 澄清和除菌　以不锈钢压滤器澄清过滤，再通过 Sartolis 冷灭菌系统除菌。

⑥ 分装　免疫球蛋白含量及全项检查合格后，用灌封机分装，即得人血免疫球蛋白成品。

3. 检验方法

本品采用健康人胎盘血或血浆提取制成，内含适宜的防腐剂。蛋白浓度分为5%与10%两种。本品为无色或淡褐色的澄明液体，微带乳光但不应含有异物或摇不散的沉淀。

下列标准可供参考：pH 6.6～7.4；蛋白质含量：制品中丙种球蛋白含量应占蛋白质含量的95%以上；稳定性：要求在57℃加热4h不得出现结胨现象或絮状物；防腐剂含量：酚含量不超过0.25%（g/mL），硫柳汞含量不超过0.005%（g/mL）；总固体制品中固体总量百分数与蛋白质含量百分数之差不得大于2%；残余硫酸铵含量不得超过0.1%（g/mL）；其他如无菌试验、防腐剂试验、安全试验、热原试验应符合规定。

4. 作用与用途

本品具有被动免疫、被动-自动免疫以及非特异性即负反馈作用，故可用于预防流行性疾病如病毒性肝炎、脊髓灰质炎、风疹、水痘及治疗丙种球蛋白缺乏症等。

七、白细胞介素-2

1. 结构和性质

白细胞介素（ILs）是淋巴因子家族的一员，其主要功能是介导白细胞间的相互作用。到目前为止，已发现的ILs已有二十多种，其中IL-1～IL-6研究得较多。6种IL的生物化学特性见表4-6。

表 4-6　6 种白细胞介素的生物化学特性

项目	IL-1_α	IL-1_β	IL-2	IL-3	IL-4	IL-5	IL-6
来源	人 PBMC	人 PBMC	人扁桃体	WEHI-3B	EL-4	BI51	TCL-Nal
用量/L	10	10	3.5	150	10	3	5.7
纯品得量/μg	8	8	30	3.4	13	24	2.8
比活力/(U/mg)	1.2×10^7	2×10^7	1×10^7	2.4×10^4	1.9×10^4	9.6×10^4	1.7×10^7
浓缩倍数/$\times10^3$	—	27	19.5	—	2.6	34	5.3
收获率/%	1.2	1.7	16	8.4	55	3.8	25
相对分子质量(SDS-PAGE)/$\times10^3$	17.5	18	13～16	28	15	18	19～21
等电点(p*I*)	5.2,5.4	7	7.0,7.7,8.5	4.5～8.0	6.3～6.7	4.7～4.9	—
化学组成	单链,蛋白	单链,蛋白	单链,糖蛋白	单链,糖蛋白	单链,糖蛋白	单链,糖蛋白	单链,糖蛋白
单克隆抗体	+	+	+	−	+	+	−
检测方法	胸腺细胞增殖反应	肿瘤细胞抑制试验	IL-2 依赖性细胞株增殖反应	IL-3 依赖性细胞株增殖反应	抗 IgM 抗体活化 B 细胞增殖反应	小鼠脾脏 B 细胞特异 IgG 检测	B 细胞分泌 IgG、IgM 检测

人IL-2（interleukin-2，IL-2）是由活化的淋巴细胞所产生的分泌型蛋白类细胞因子，在分泌出细胞前由153个氨基酸残基组成，在分泌出细胞的过程中，其信号肽（含20个氨基酸残基）被切除，产生成熟的IL-2分子，即含133个氨基酸残基的糖蛋白，其精确相对分子质量为15420。人IL-2分子中含有3个半胱氨酸残基，其中第58位和105位的两个半胱氨酸之间形成的链内二硫链对IL-2的构象和生物学活性有着重要的作用。而第125位的半胱氨酸则呈游离态，很不稳定，在某些情况下，125位的半胱氨酸与58位或105位的巯基形成错配的二硫键，从而使IL-2失去活性。

不同来源的IL-2的分子不均一，表现在分子的大小和所带的电荷上，这种不均一性是由于糖组分的变化所致。人IL-2的氨基酸序列与小鼠有50%的同源性，与牛有69%的同源性。

IL-2 在 pH 2～9 范围内稳定，56℃加热 1h 仍有活性，但在 65℃加热 30min 即失去活性。IL-2 对各种蛋白酶敏感，对核酸酶不敏感。

2. IL-2 的传统生产工艺

(1) 工艺路线

人血白细胞 —[诱生] 鸡瘟病毒、PHA、培养液；37℃→ 诱生白细胞培养液 —[灭活病毒、分离] HCl、NaOH；pH 2.0～2.5, pH 7.2～7.4,离心→ 上清液 —硫酸铵至35%；4℃、24h、离心→

上清液 —硫酸铵至85%；4℃、24h、离心→ 沉淀 —[除盐] 10mmol/L PBS透析；pH 6.5, 24h→ 透析内液 —[亲和层析] 上Sepharose 4B柱；pH 6.5→ 亲和载体Ⅰ —[洗涤] 0.4mol/L NaCl, PBS；pH 6.5→

亲和载体Ⅱ —[解吸] 1.0mol/L NaCl, PBS；pH 6.5→ IL-2 活性组分 —[凝胶层析] 上Ultrogel柱；pH 7.6→ 凝胶载体 —[洗脱] 0.2mol/L Tris-HCl,含0.1% PEG、2%正丁醇、0.5mol/L甘氨酸；pH 7.6→ IL-2

(2) 工艺过程

① 诱生 用鸡瘟病毒和 PHA 联合刺激人外周血白细胞，37℃培养。

② 病毒灭活和固液分离 将诱生的白细胞培养液用 6mol/L HCl 调节 pH2.0～2.5，再用 6mol/L NaOH 调回到 pH 7.2～7.4，离心分离，除去变性杂蛋白。

③ 硫酸铵分级沉淀 取上述离心后的培养上清液，加饱和硫酸铵至 35%饱和度，4℃静置 24h，离心弃去沉淀。上清液补加固体硫酸铵至 85%饱和度，4℃静置 24h，离心，收集沉淀。

④ 透析除盐 将沉淀溶于 pH6.5、10mmol/L 的 PBS 中（内含 2%正丁醇和 0.15mol/L NaCl)。对 pH6.5、10mmol/L 的 PBS 透析 24h（更换 5 次透析外液)。

⑤ 蓝色琼脂糖层析 将上述透析内液通过 Sepharose 4B 层析柱，用 200mL 起始 PBS 洗去不吸附的蛋白，再用含 0.4mol/L NaCl 的 PBS 洗涤亲和柱，最后用含 1.0mol/L NaCl 的 PBS 解吸 IL-2 活性组分。

⑥ 凝胶层析 将解吸的 IL-2 活性组分经 PEG（M_W＝6000）浓缩，再上 ACA44 Ultrogel 层析柱。柱用含 0.1%PEG、2%正丁醇和 pH7.6 的 0.5mol/L 甘氨酸的 0.2mol/L Tris-HCl 洗脱，得 IL-2 成品。

3. 检验方法

IL-2 生物活性测定用^{3}H-TdR 掺入法。方法是：取小鼠脾淋巴细胞经 ConA 及 rIL/2（或 20%大鼠因子）处理后得 IL-2 的靶细胞（CTC)。测定时，将靶细胞配成 1×10^4 个/mL，取 100μl 加到 96 孔细胞培养板中，再加入 100μl 不同稀释度的样品，置 CO_2 培养箱 37℃培养 24h，于结束前 6h 每孔加入 0.5μCi ^{3}H-TdR（1Ci＝37GBq)。培养结束后，收集细胞，检测掺入细胞的放射性核素量，同时作标准对照。通过比较待测样品和已标定活性单位的标准品 IL-2 两者之间 CTC 的增殖能力来确定活性单位。其他如 BA-ELISA 法、活细胞计算法也在实践中应用。样品 pH、灭菌试验、安全试验、毒性试验应符合要求。

4. 作用与用途

IL-2 能诱导 T 细胞增殖与分化，刺激 T 细胞分泌 γ-干扰素，增强杀伤细胞的活性，故在调整免疫功能上具有重要作用。临床用于治疗一些免疫性疾病，如获得性免疫缺陷综合征（艾滋病)、原发性免疫缺损、老年性免疫功能不全以及癌症的综合治疗。IL-2 对创伤修复也有一定的作用。动物细胞培养和用大肠杆菌基因重组的 hIL-2 都已用于临床。

本章小结

本章主要介绍了多肽蛋白类药物的基本概念，重要的多肽蛋白质药物的性质与结构、生产工艺等。多肽和蛋白质是存在于一切生物体内的重要物质，具有多种多样的生理生化功能，也是一大类非常重要的生物药物。多肽蛋白质药物包括激素、生长因子、含多肽蛋白质的其他生化药物。多肽蛋白质药物的主要生产方法包括提取法、化学合成法和生物技术法。胸腺激素为重要的免疫调节剂，可利用幼龄动物如小牛、猪的胸腺为原料进行提取。促皮质素是从腺垂体中提取得到的一种含39肽的激素，可促进皮质激素的合成和分泌。降钙素是由甲状腺内的C细胞分泌的一种调节血钙浓度的多肽激素，生产降钙素的原料主要有猪甲状腺和鲑鱼等，用化学合成和基因工程技术制备降钙素也已获成功。白蛋白是人血浆中含量最多的蛋白质，主要功能是维持血浆胶体渗透压，可从健康人血浆中分离制备。干扰素（IFN）是一类高活性、多功能的诱生蛋白质，包括α-干扰素、β-干扰素、γ-干扰素。生产干扰素的传统方法是对能诱导产生干扰素的白细胞进行培养，然后再诱导培养、分离除杂，获得干扰素产品。胰岛素广泛存在于人和动物的胰脏中，是治疗糖尿病的重要药物，可采用酸醇法从猪胰脏中制备胰岛素。利用重组DNA技术制造人胰岛素，已有AB链合成法和反转录酶法两条途径。免疫球蛋白是一类主要存在于血浆中、具有抗体活性的糖蛋白，可采用健康人血浆提取制备。

思考题

1. 简述多肽药物的分类与重要的多肽类药物（包括名称、来源、作用与用途）。
2. 简述胸腺素的性质和工艺路线。
3. 简述蛋白类药物的分类与重要的蛋白类药物（包括名称、来源、作用与用途）。
4. 简述白蛋白的制备工艺要点。
5. 简述胰岛素的结构与性质、作用与用途、提取法制备胰岛素的生产工艺要点以及基因工程技术生产人胰岛素的途径。

第五章　酶类药物

第一节　酶类药物概述

酶是生物细胞产生的具有催化活性的一类生物活性物质。用于预防、治疗和诊断疾病的酶称为药用酶。生物体内的各种生化反应，几乎都是在酶的催化作用下进行的，所以酶在生物体的新陈代谢中起着非常重要的作用。当酶的正常生物合成受到影响或酶的活力受到抑制，生物体的代谢受阻就会出现各种疾病。此时若给机体补充所需的酶，使代谢障碍得以解除，从而达到预防和治疗疾病的目的。

目前，自然界中已发现的酶多达几千种，结晶出来的酶近几百种，已经应用的商品酶有一千多种。酶和辅酶是我国生化药品中发展比较快的一类，已正式投产的有 20 多种，载入药典的有 10 多种。

药用酶最早是从动物脏器中提取，到了 20 世纪 60 年代中期逐渐发展到利用微生物发酵生产酶制剂，进入 70 年代后，开始利用细胞培养技术和基因工程手段来获取有关酶及进行酶的修饰、改造，从而使酶类药物的开发迅速发展。

一、酶类药物的分类

根据药用酶的临床用途，可将药用酶分为以下 5 类。

1. 促进消化酶类

这类酶的作用是水解和消化食物中的成分，如蛋白质、糖类和脂类等。这类酶是最早使用的医用酶，包括蛋白酶、脂肪酶、淀粉酶、纤维素酶等水解酶。后来发现有色人种多缺乏乳糖酶，婴幼儿在摄取牛奶时不易消化而腹泻，因此消化酶有时还包括乳糖酶。目前已从微生物制得不仅能在胃中、同时也能在肠中促进消化的复合消化剂，内含蛋白酶、淀粉酶、脂肪酶和纤维素酶。消化酶的问题是如何将上述各种酶以合理的配比，做成适于各种要求的、稳定的剂型。实用复合消化剂的配制如表 5-1、表 5-2 所示。

表 5-1　复合消化剂组成Ⅰ（胶囊）

用法、用量	1 日 3 次，食时、食后各服 1～2 粒	
配方	纤维素酶	50mg
	耐酸性淀粉酶	50mg
	耐酸性蛋白酶	100mg
	脂肪酶	50mg
	胰酶	150mg
适用症	消化阻碍、食欲不振、消化机能受阻、手术后消化力减退、促进营养	

表 5-2 复合消化剂组成Ⅱ（胶囊）

用法、用量	1日3次，饭后立即服1～2粒	
配方	鱼精蛋白酶	150mg
	牛胆汁	50mg
	纤维素酶	25mg
	细菌淀粉酶	50mg
适用症	消化阻碍、慢性胃炎、胃下垂、肝炎、慢性胆囊炎、慢性胰炎	

2. 消炎酶类

蛋白酶的消炎作用已为实验所证实，从而促进了蛋白酶作为消炎剂的开发。如临床上采用胰蛋白酶、胰凝乳蛋白酶、菠萝蛋白酶等治疗炎症和浮肿疾患，清除坏死组织；溶菌酶则适用于五官科各种炎症，亦用于治疗扁平疣、传染性软疣、寻常性疣、尖锐湿疣等多种皮肤病。消炎酶一般做成肠溶性片剂。常用的消炎酶复方制剂见表 5-3。

表 5-3 片剂与胶囊中消炎酶的组成

消炎酶(单一品种)	发售品种数	所占比例/%	消炎酶(单一品种)	发售品种数	所占比例/%
溶菌酶	14	27.5	胰蛋白酶	3	5.9
菠萝蛋白酶	10	19.6	明胶肽酶	1	2.0
α-胰凝乳蛋白酶	8	15.7	合计	39	76.6
SAP	3	5.9			

3. 溶血纤维蛋白酶类

这类酶的作用是防止血小板凝集、阻止血纤维蛋白形成或促进其溶解。已应用临床的主要有链激酶、尿激酶、纤溶酶、凝血酶等。由于心血管疾病发病率的上升，对这类酶的研究，已成为目前的一个研究热点。

4. 抗肿瘤酶

酶能治疗某些肿瘤，如 L-天冬酰胺酶可用于治疗白血病。L-天冬酰胺酶是酰胺基水解酶，专一地催化天冬酰胺水解形成 L-天冬氨酸和氨，肿瘤细胞本身不能合成天冬酰胺，需依赖宿主供给，外源性天冬酰胺酶能使血液中天冬酰胺分解成天冬氨酸，从而使肿瘤细胞缺乏天冬酰胺而不能合成蛋白质，从而达到抗肿瘤目的。另外，谷氨酰胺酶、精氨酸酶、丝氨酸脱水酶、苯丙氨酸氨解酶和亮氨酸脱氢酶等也具有抗肿瘤活性。

5. 其他药用酶

如青霉素酶能分解青霉素，可应用于治疗青霉素引起的过敏反应；超氧化物歧化酶可消除超氧负离子、防止脂质过氧化，在抗衰老、抗辐射、消炎等方面有显著疗效；而透明质酸酶能提高毛细血管的通透性，作为一种药物扩散剂，可增进药物的吸收效果；葡聚糖酶和右旋糖酐酶能预防龋齿；细胞色素 C 是参与生物氧化的一种非常有效的电子传递体，用于组织缺氧治疗的急救和辅助用药。表 5-4 是近年来国内外正在研究和已开发成功的药用酶品种。

二、酶类药物的要求

随着酶类药物在治疗上的广泛应用，对其品种数量以及纯度、剂型均提出了更高的要求，主要包括如下几点。

(1) 在生理 pH（中性）下，具有高活性和稳定性。如大肠杆菌生产的谷氨酰胺酶最适 pH 为 5.0，在 pH 7.0 时基本无活性，所以这种酶制剂不能用于人类疾病的治疗。

(2) 对其作用的底物具有较高的亲和力（即 K_m 值低）。酶的 K_m 值较低时，只需少量的酶制剂就能催化血液或组织中较低浓度的底物发生化学反应，从而高效发挥治疗作用。

表 5-4 酶类药物一览表

品　　种	来　　源	用　　途
胰酶(pancreatin)	猪胰	助消化
胰脂酶(pancrelipase)	猪、牛胰脏	助消化
胃蛋白酶(pepsin)	胃黏膜	助消化
高峰淀粉酶(taka-diastase)	米曲霉	助消化
纤维素酶(cellulase)	黑曲霉	助消化
β-半乳糖苷酶(β-galactosidase)	米曲霉	助乳糖消化
麦芽淀粉酶(diastase)	麦芽	助消化
胰蛋白酶(trypsin)	牛胰	局部清洁,抗炎
胰凝乳蛋白酶(chymotrypsin)	牛胰	局部清洁,抗炎
胶原酶(collagenase)	溶组织棱菌	清洗
超氧化物歧化酶(superoxide dismutase)	猪、牛等的红细胞	消炎、抗辐射、抗衰老
菠萝蛋白酶(bromelin)	菠萝茎	抗炎、助消化
木瓜蛋白酶(papain)	木瓜果汁	抗炎、助消化
酸性蛋白酶(acidic proteinase)	黑曲霉	抗炎、化痰
沙雷菌蛋白酶(serratiopeptidase)	沙雷菌	抗炎、局部清洁
蜂蜜曲霉蛋白酶(separase)	蜂蜜曲霉	抗炎
灰色链霉菌蛋白酶(pronase)	灰色链霉菌	抗炎
枯草杆菌蛋白酶(subtilisin)	枯草杆菌	局部清洁
溶菌酶(lysozyme)	鸡蛋卵蛋白	抗炎、抗出血
透明质酸酶(hyaluronidase)	睾丸	局部麻醉、增强剂
葡聚糖酶(dextranase)	曲霉、细菌	预防龋齿
脱氧核糖核酸酶(dnase)	牛胰	祛痰
核糖核酸酶(rnase)	红霉素生产菌	局部清洁、抗炎
链激酶(streptokinase)	B-溶血性链球菌	部分清洁,溶解血栓
尿激酶(urokinase)	男性人尿	溶解血栓
纤溶酶(fibrinolysin)	人血浆	溶解血栓
半曲纤溶酶(brinloase)	半曲霉	溶解血栓
蛇毒纤溶酶(ancrod)	蛇毒	抗凝血
凝血酶(thrombin)	牛血浆	止血
人凝血酶(human thrombin)	人血浆	止血
蛇毒凝血酶(hemocoagulase)	蛇毒	凝血
激肽释放酶(kallikrein)	猪胰、颌下腺	降血压
弹性蛋白酶(elastase)	胰脏	降压,降血脂
天冬酰胺酶(L-asparaginase)	大肠杆菌	抗白血病,抗肿瘤
谷氨酰胺酶(glutaminase)	—	抗肿瘤
青霉素酶(panicillinase)	蜡状芽孢杆菌	青霉素过敏症
尿酸酶(uricase)	黑曲霉	高尿酸血症
脲酶(urease)	刀豆(植物)	—
细胞色素 C(cytochrome C)	牛、猪、马心脏	改善组织缺氧性
组胺酶(histaminase)	—	抗过敏
凝血酶原激酶(thrombokinase)	血液、脑等	凝血
链道酶(streptodornase)	溶血链球菌	局部清洁,消炎
无花果蛋白酶(ficin)	无花果汁液	驱虫剂
蛋白质 C(protein C)	人血浆	抗凝血,溶血栓

(3) 在血清中半衰期较长。即要求药用酶从血液中清除率较慢，以利于充分发挥治疗作用。

(4) 纯度高，尤其是对注射用的酶类药物纯度要求更高。

(5) 免疫原性较低或无免疫原性。由于酶的化学本质是蛋白质，酶类药物都不同程度地存在免疫原问题，这是酶类药物的天然缺点，近年来为了改善酶类药物疗效，对酶进行化学修饰以期降低免疫原性，获得了比较理想的效果。

（6）有些酶需要辅酶或ATP和金属离子，方能进行酶反应，在应用治疗中常常因此受到限制。因此理想状态是最好不需要外源辅助因子的药用酶。

三、酶类药物的一般制备方法

（一）酶类药物的原料来源

1. 原料选择

生物材料和体液中虽然普遍含有酶，但在数量和种类上差别很大。选用原料应注意以下几点。

（1）不同酶的用料选择　如乙酰化酶在鸽肝中含量高，凝血酶选用牛血，透明质酸选用羊睾丸，溶菌酶选用鸡蛋清，超氧化物歧化酶选用动物的血和肝等。

（2）注意不同生长发育情况及营养状况　植物原料要注意植物生长的季节性，选择最佳采集时间；用动物器官提取酶，则与动物年龄、性别及饲养条件有关。

（3）从原料来源是否丰富考虑。

（4）从简化提纯步骤着手。

（5）如用动物组织做原料，则此动物宰杀后应立即取材。

从动物或植物原料中提取酶类药物，要注意资源的综合利用，如动物脏器的综合利用、血液综合利用及人尿综合利用等，并扩大开发新资源，从海洋生物中找寻新药物。

从动物或植物中提取酶受到原料的限制，随着酶应用日益广泛和需求量的增加，工业生产的重点已逐渐转向微生物。用微生物发酵法生产药用酶，突出的优点是不受季节、气候和地域的限制，生产周期短，产量高，成本低，能大规模生产。

2. 微生物酶制剂高产菌株的选育

菌种是工业发酵生产酶制剂的重要条件，优良菌种不仅能提高酶制剂产量和发酵原料的利用率，而且还与增加品种、缩短生产周期、改进发酵和提取工艺条件等密切相关。作为酶制剂的生产菌应有特定的要求：①产酶量高，酶的性质应符合使用要求；②不是致病菌，在系统发育上与病原体无关，也不产毒素；③稳定，不易变异退化，不易感染噬菌体；④能利用廉价的原料，发酵周期短，易于培养。

优良菌种的获得一般有三条途径：①从自然界分离筛选。自然界是产酶菌种的主要来源，土壤、深海、温泉、火山、森林等都是菌种采集地；筛选产酶菌的方法与其他发酵微生物的筛选方法基本一致，包括菌样采集、菌种的分离初筛、纯化、复筛和生产性能鉴定等步骤。②用物理或化学方法处理、诱变原有菌株。③利用基因重组与细胞融合技术对菌种进行改良。然而不管是诱变，还是用基因工程方法都必须有原始菌株，因此微生物的分离筛选是一切工作的基础。

3. 微生物酶制剂生产的发酵技术

有了优良的生产菌株，只是酶生产的先决条件，要有效地进行酶制剂的生产还必须探索菌株产酶的最适培养条件。首先要合理选择培养方法、培养基、培养温度、pH和通气量等；在大规模生产中还要摸索一系列工程和工艺条件，如培养基的灭菌方式、种子培养条件、发酵罐的类型和规模、通气条件、搅拌速度、温度控制等，这些条件将决定酶生产本身的经济效益。

（二）酶类药物的提取和纯化

1. 生物材料的预处理

酶类药物大部分存在于生物组织或细胞中，要提高提取率，则需对生物组织和细胞进行破碎。常用的破碎方法有以下几种。

(1) 机械法 利用机械力破碎细胞。一般先用绞肉机绞碎后匀浆，在实验室实用的是玻璃匀浆器和组织捣碎器，工业上可用高压匀浆泵或高速球磨机。

(2) 冻融法 冷到－10℃左右，再缓缓溶解至室温，如此反复多次。该方法设备简便，活性保持好，但用时较长。

(3) 丙酮粉法 用丙酮将组织迅速脱水干燥制成丙酮粉。其作用是使材料脱水、脱脂，使细胞结构松散，促使某些结合酶释放到溶液中，并增加了酶的稳定性，有利于酶的提取，同时又减少了体积，便于贮存和运输。

(4) 干燥法 包括空气干燥法，特别适用于干酵母的处理；而真空干燥则对细菌尤其适用；冷冻干燥，对较敏感的酶宜用此法。

(5) 超声波法 通常经过足够时间的超声波处理，细菌和酵母细胞都能破碎，超声波处理的主要问题是超声空穴局部过热而引起酶活力丧失，故超声振荡的时间应尽可能短，容器周围应以冰浴冷却为佳。

(6) 酶解法 用组织自溶或利用溶菌酶、蛋白水解酶、糖苷酶、脱氧核糖核酸酶、磷酯酶等对细胞膜或细胞壁的降解作用使细胞崩解破碎。酶解法常与冻融法联用。

2. 酶类药物的提取

生物组织与细胞破碎后要立即进行提取。提取前应详细了解预提取酶的性质，例如等电点、pH、温度、激活剂、抑制剂、稳定性等。提取的方法主要有水溶液法、有机溶剂法和表面活性剂法三种。

(1) 水溶液法 一般胞外酶和组织内游离的酶均可用此法提取。常用稀盐溶液或缓冲液提取。一般在低温下操作。提取溶剂 pH 的选取原则是，在酶稳定的 pH 范围内，选择偏离等电点的适当 pH。一般来说，碱性蛋白酶用酸性溶液提取，酸性蛋白酶用碱性溶液提取。

(2) 有机溶剂法 对某些结合酶如微粒体和线粒体膜的酶，由于和脂质牢固结合，难于用水溶液提取，必须用有机溶剂除去结合的脂质，且不能使酶变性，最常用的有机溶剂是正丁醇。

(3) 表面活性剂法 表面活性剂具有亲水性和疏水性的功能基因。表面活性剂能与蛋白质结合而分散在溶液中，故可用于提取结合酶。但此法用得较少。

3. 酶类药物的分离纯化

酶的纯化是一个十分复杂的工艺过程，不同的酶其纯化工艺可有很大不同。对纯化的要求是以合理的效率、速度、收率和纯度。评价一个纯化工艺的好坏，主要看两个指标，一是酶比活，二是总活力回收。酶类药物的常用的分离纯化方法很多，包括盐析法、选择性变性法、层析法、电泳法和超滤法等，类同于蛋白质的纯化方法。酶的分离和纯化工作中特别要注意防止酶蛋白变性、防止辅因子的流失和防止降解。

第二节 重要酶类药物的制备

一、胃蛋白酶

胃蛋白酶（pepsin，EC. 3. 4. 4. 1）广泛存在于哺乳动物的胃液中，以酶原的方式存在于胃黏膜基底部的主细胞中，为一种蛋白水解酶。药用胃蛋白酶是从猪、牛、羊等家畜胃黏膜中提取的。

胃蛋白酶最早于 1864 年载入了英国药典，随后世界许多国家都相继把它纳入药典，作为优良的消化药广泛应用。主要剂型有含糖胃蛋白酶散、胃蛋白酶片、与胰酶和淀粉酶配伍制成多酶片。临床上主要用于因食蛋白性食物过多所致消化不良及病后恢复期消化机能减退等。

1. 组成（结构）与性质

药用胃蛋白酶是胃液中多种蛋白水解酶的混合物，含有胃蛋白酶、组织蛋白酶和胶原酶等，为粗酶制剂。外观为淡黄色粉末，有透明或半透明两种，具有肉类的特殊气味及微酸味。吸湿性强，易溶于水，水溶液呈酸性，难溶于乙醇、氯仿、乙醚等有机溶剂。

干燥的胃蛋白酶较稳定，100℃加热10min无明显失活。在水中于70℃以上或pH6.2以上开始失活，pH8.0以上则呈不可逆失活。在酸性溶液中较稳定，但在2mol/L以上的盐酸中也会慢慢失活。

结晶胃蛋白酶呈针状或板状，经电泳可分出4个组分。其组成元素除N、C、H、O、S外，还有P和Cl。相对分子质量为34500，p*I*为1.0，最适pH 1.5～2.0，可溶于70%乙醇和pH4的20%乙醇中。

胃蛋白酶能水解大多数天然蛋白质底物，如角蛋白、黏蛋白、精蛋白等，尤其对两个相邻芳香族氨基酸构成的肽键最为敏感。它对蛋白质水解不彻底，产物为胨、肽和氨基酸的混合物。

2. 生产工艺

（1）工艺路线

猪胃黏膜 —[自溶、过滤] H_2O, HCl / 40～42℃, 3～4h→ 自溶液 —[脱脂、去杂质] 氯仿或乙醚 / 24～28h→ 上清液 —[浓缩、干燥] / 40℃以下→ 成品

（2）工艺过程

① 原料的选择和处理　胃蛋白酶主要存在于胃黏膜基底部，采集原料时剥取的黏膜直径大小与收率有关。一般剥取直径10cm、深2～3mm的胃基底部黏膜最适宜。对冷冻胃黏膜用水淋解冻会使部分黏膜流失，影响收率，故自然解冻为好。

② 自溶、过滤　在夹层锅内预先加水100L及盐酸（C.P）3.6～4L，搅匀，加热至50℃时，在搅拌下加入200kg猪胃黏膜，快速搅拌使酸度均匀，保持45～48℃，消化3～4h，得自溶液。用纱布过滤除去未消化的组织蛋白，收集滤液。

③ 脱脂、去杂质　将滤液降温至30℃以下，加入15%～20%乙醚或氯仿，搅拌均匀后转入沉淀脱脂器内，静置24～48h，使杂质沉淀，弃沉淀，得脱脂酶液。

④ 浓缩、干燥　取脱脂酶液，在40℃以下浓缩至原体积的1/4左右，真空干燥，球磨过80～100目筛，即得胃蛋白酶粉。

（3）胃膜素和胃蛋白酶联产工艺　胃膜素也是从猪胃黏膜中提取的一种黏蛋白。在分离胃膜素的母液中，搅拌下加入冷丙酮，至相对密度0.91，即有淡黄色胃蛋白酶沉淀形成，静置过夜，去上清液，沉淀真空干燥，可得胃蛋白酶粉。

（4）结晶胃蛋白酶的制备　将药用胃蛋白酶原粉溶于20%乙醇中，加硫酸调pH至3.0，5℃静置20h后过滤，加硫酸镁至饱和，进行盐析。盐析物再在pH 3.8～4的乙醇中溶解，过滤，滤液用硫酸调pH至1.8～2.0，即析出针状胃蛋白酶。针状沉淀再次溶于pH 4.0的20%乙醇中，过滤，滤液用硫酸调pH至1.8，在20℃放置，可得板状或针状结晶。

3. 检验方法

（1）质量标准　胃蛋白酶为药典收载药品，按规定每1g胃蛋白酶应至少能使凝固卵蛋白3000g完全消化。在109℃干燥4h，减失重量不得超过4.0%。每1g含糖胃蛋白酶中含蛋白酶活力不得少于标示量规定。如120或1200单位等规格。

(2) 活力测定 取试管6支，其中3支各精确加入对照品溶液1mL，另3支各精确加入供试品溶液1mL。置(37±0.5)℃水浴中，保温5min，精确加入预热至(37±0.5)℃的血红蛋白试液5mL，摇匀，并准确计时，在(37±0.5)℃水浴中反应10min。立即准确加入5%三氯醋酸5mL，摇匀，滤过，弃去初滤液，取滤液备用。另取试管2支，各精确加入血红蛋白试液5mL，置(37±0.5)℃水浴中，保温10min，再精确加入5%三氯醋酸溶液5mL，其中1支加供试品溶液1mL，另一支加盐酸溶液1mL摇匀，滤过，弃去初滤液，取初滤液，分别作为对照管。按照分光光度法，在波长275nm处测吸收度，算出平均值$\overline{A}_S$和$\overline{A}$，按下式计算：

$$每克含蛋白酶活力单位=\frac{\overline{A}\times W_S\times n}{\overline{A}_S\times W\times 10\times 181.19}$$

式中 $\overline{A}$——供试品的平均吸收值；

$\overline{A}_S$——对照品的平均吸收值；

W_S——对照品溶液每毫升中含酪氨酸的量，μg；

W——供试品取样量，g；

n——供试品稀释倍数。

在上述条件下，每分钟能催化水解血红蛋白生成1μmol酪氨酸的酶量，为1个蛋白酶活力单位。

二、胰蛋白酶

胰蛋白酶（trypsin，EC.3.4.4.4）是从牛、羊、猪胰提取的一种丝氨酸蛋白水解酶。临床上主要用于消除各种炎症和水肿。有报道在毒蛇咬伤部位立即注射胰蛋白酶，具有显著的解毒作用。同时胰蛋白酶也是一种重要的工具酶。

1. 组成（结构）与性质

胰蛋白酶在胰脏中是以胰蛋白酶原的形式存在。牛胰蛋白酶原由229个氨基酸组成，含6对二硫键，其氨基酸排列顺序和晶体结构已阐明。在肠激酶或自身催化下，酶原的N-末端赖氨酸与异亮氨酸残基之间的肽键被水解，去除6肽，活化为有活性的胰蛋白酶，见图5-1。牛胰蛋白酶相对分子质量为24000，是由223个氨基酸残基组成的单一肽链。

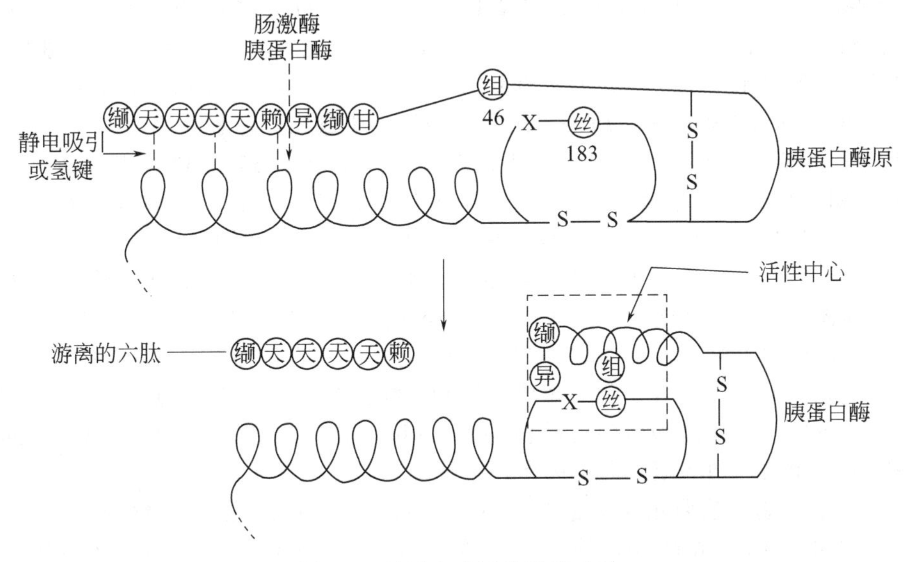

图5-1 胰蛋白酶原激活示意图

猪胰蛋白酶的化学结构与牛胰蛋白酶十分相似，在氨基酸残基排列顺序中，只有41个氨基酸残基不同，但分子构型有很大区别。沉降常数 $S_{20,w}$ 为 2.77S，pI 10.8，热稳定性较牛胰蛋白酶稳定，Ca^{2+} 对酶的保护作用不及牛羊的明显，无螯合 Ca^{2+} 的中心部位。有 6 对二硫键，断裂 1～2 个键，均不至于破坏酶分子的完整结构而保护了酶的活性。酶的活力分别相当于牛的 72%及羊的 61%。

羊胰蛋白酶与牛、猪的相似，但其活力略高于牛和猪的。

胰蛋白酶易溶于水，不溶于氯仿、乙醇、乙醚等有机溶剂。在 pH 1.8 时，短时煮沸几乎不失活；在碱溶液中加热则变性沉淀，Ca^{2+} 有保护和激活作用，胰蛋白酶的 pI 为 10.1。

胰蛋白酶专一作用于由碱性氨基酸精氨酸及亮氨酸羧基所组成的肽键。酶本身很容易自溶，由原先的β-胰蛋白酶转化成α-胰蛋白酶，再进一步降解为拟胰蛋白酶，乃至碎片，活力也逐步下降而丧失。

2. 生产工艺

(1) 以牛胰为原料的生产工艺

① 工艺路线

牛胰脏 —[浸取] H_2SO_4，0℃，2次→ 浸取液 —[分级盐析] $(NH_4)_2SO_4$→ 沉淀物 —[结晶] $(NH_4)_2SO_4$，NaOH，pH 5，25℃，48h→ { 糜蛋白酶原；滤液 —[盐析] H_2SO_4，$(NH_4)_2SO_4$，pH 3→ 胰蛋白酶原粗品 } —[溶解] 冷蒸馏水，pH 3→

溶解液 —[分级盐析] $(NH_4)_2SO_4$→ 胰蛋白酶原沉淀物 —[活化] $CaCl_2$，胰蛋白酶，pH 7.5，72h→ 活化液 —[除钙] H_2SO_4，$(NH_4)_2SO_4$，pH 3，48h→ 滤液 —[盐析] $(NH_4)_2SO_4$→

沉淀物 —[溶解] 硼酸铝缓冲液，H_2SO_4，pH 8→ 溶解液 —[透析] 工艺过程→ 透析液 —[冻干]→ 胰蛋白酶成品

② 工艺过程

a. 浸取　在宰杀牛后 1h 内取新鲜胰脏，除去脂肪、结缔组织等，浸入预冷的 0.125mol/L 硫酸中，迅速冷却，0℃左右保存。从酸中取出，绞碎得胰糜，再加入 2 倍量的 0.125mol/L 硫酸在冷室中浸取 24h，不断搅拌，过滤，滤饼用 1 倍量的 0.125mol/L 冷硫酸同法浸取 1h，合并 2 次滤液。

b. 分级盐析、结晶　上述滤液加 $(NH_4)_2SO_4$(242g/L) 使成 40%饱和度，置冷室过夜，次日过滤，滤液再加 $(NH_4)_2SO_4$(205g/L)，浓度增至 70%饱和度，冷室过夜，过滤，用滤饼质量 3 倍的冷水溶解，再同上法重复加 $(NH_4)_2SO_4$ 至 40%和 70%饱和度分级盐析。

取两次 70%饱和度盐析所得滤饼，用 1.5 倍量（质量比）冷水溶解，加入滤饼质量 0.5 倍的饱和硫酸铵溶液，用 5mol/L NaOH 调节 pH 至 5.0，25℃保温 48h，即有针状结晶（糜蛋白酶原粗品）析出。过滤，母液用 2.5mol/L 硫酸调 pH 至 3，加 $(NH_4)_2SO_4$ 至 70%饱和度，置冷室过夜。次日过滤，收集滤饼，即为胰蛋白酶原粗制品。

c. 溶解、分级盐析　取粗制品用冷蒸馏水溶解，用 2.5mol/L 硫酸调至 pH3 左右（每升蒸馏水加固体硫酸铵 210g），溶解后放置冰箱过夜。次日吸去上层清液，加入少量硅藻土过滤至清。沉淀用水溶解，再加 490～735g$(NH_4)_2SO_4$ 使其浓度达 40%饱和度，放置冰箱 1h。过滤至清，合并 2 次滤液、加入等体积饱和硫酸铵溶液，达 70%饱和度，置冰箱过夜。次日过滤，滤饼加入酸性饱和硫酸镁溶液静置 1min，抽滤，待滤液开始流出，将漏斗上剩余的硫酸镁溶液倾去，抽滤至干即得胰蛋白酶原。

d. 活化　取胰蛋白酶原用 4 倍量冷 0.005mol/L 盐酸溶解，加入 2 倍量冷 1mol/L 氯化钙溶液及 5 倍量冷 pH8 硼酸缓冲液和适量冷蒸馏水，使溶液总体积为滤饼重的 20 倍量，pH7.5 左右，最后加入滤饼重 1%的活力较高的结晶胰蛋白酶为活化剂（活力在 250U/mg 以上），搅匀，置冰箱中活化 72h 以上，得活化液。

e. 除钙、盐析、透析、冻干　取活化液加入 2.5mol/L 硫酸使 pH 下降至 3 左右，再加硫酸铵（242g/L）置冰箱 48h 使硫酸钙沉淀。过滤，滤液加硫酸铵（205g/L）使成 70%饱和液，置冰箱过夜，次日过滤。按滤饼重加入 1.5 倍量硼酸缓冲液溶解，用硫酸或氢氧化钠溶液调至 pH8，过滤至清，将清液置透析袋中，放入冰冷的外透析液（取蒸馏水 400mL，加入硫酸镁 500g，加热溶解，再加入等体积的硼酸缓冲液，并调节 pH 至 8）中透析除盐，不断摇动使其结晶，48h 后结晶开始形成，结晶完成需 1 周。透析液过滤，收集透析袋内结晶滤饼置于 1.5 倍量冷蒸馏水中，2.5mol/L 硫酸调 pH3 左右，使结晶全部溶解。再装入透析袋中于冰水中透析，每 2h 更换冰水一次，约 72h 左右取出，透析液用氢氧化钠溶液调 pH 至 6 左右，加入少量硅藻土，用滑石粉助滤，过滤澄清，滤液置搪瓷盘中冷冻干燥，即得胰蛋白酶成品。总收率 9760000U/kg，酶活力 150U/mg。

（2）以猪胰为原料的生产工艺

① 工艺路线

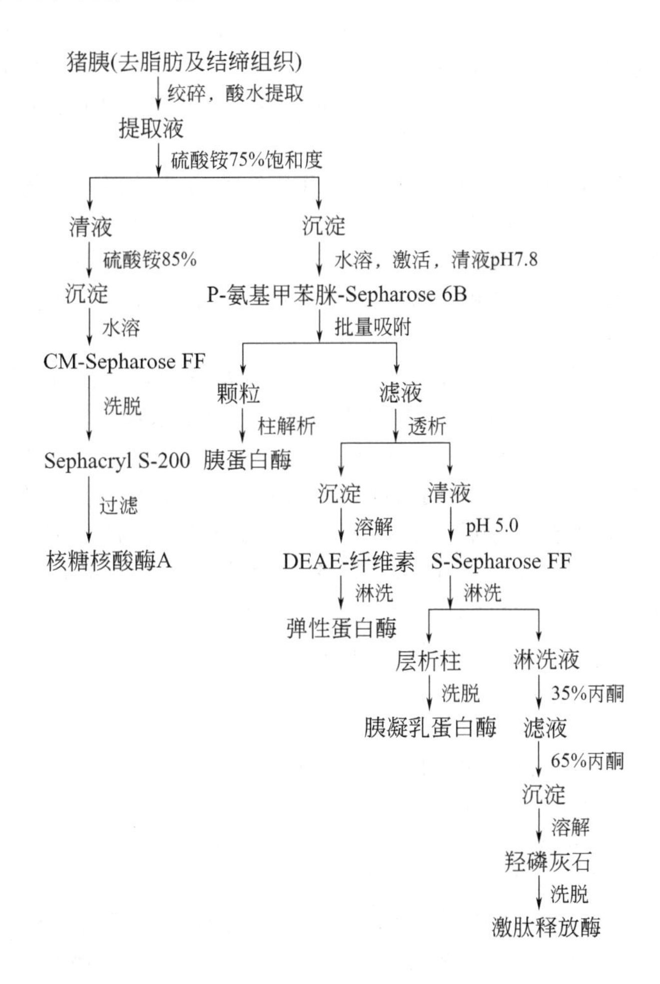

② 工艺过程

a. 提取、盐析　取 1kg 猪胰，去除脂肪及结缔组织，净重 738g，绞碎，加 pH4 乙酸水溶液于 4℃ 以下搅拌提取 24h，纱布过滤，弃去残渣，得提取液 2480mL，再加入固体 $(NH_4)_2SO_4$ 1428g，达到 75%饱和度，离心，得上清液 3100mL，盐析沉淀物 90g。

b. 核糖核酸酶 A 制备　取上清液加入 $(NH_4)_2SO_4$ 固体 372g，达到 85%饱和度，离心得沉淀，再将沉淀溶于少量水后，调 pH 为 6.0，然后加入到用 0.01mol/L、pH6.0 磷酸缓冲液（PBS）平衡过的 CM-Sepharose FF 层析柱中，用平衡缓冲液洗涤 1～2 柱床体积后，再用 0.01mol/L、pH6.0 和 0.1mol/L、pH7.5 磷酸缓冲液共 1000mL 进行梯度洗脱，收集活性峰液100mL。将活性峰液5mL调pH为8.0，再加入用0.05mol/L、pH8.0磷酸缓冲液平衡好的Sephacryl S-200柱中，用同样的缓冲液洗脱，收集活性峰75mL。经透析脱盐、冻干，即得核糖核酸酶A。比活力为71000U/mg。

c. 胰蛋白酶制备　将上述75%饱和度的盐析沉淀90g，溶于10倍体积1L蒸馏水重，加入$CaCl_2$粉末30g，使其高出$(NH_4)_2SO_4$ 0.1mol/L，调pH为8.0，加入5mg结晶胰蛋白酶，于4℃以下激活24h，过滤，除去$CaSO_4$沉淀，并调pH为7.8，加入P-氨基苯甲脒-Sepharose 6B进行批量吸附，用0.1mol/L Tris-0.05mol/L HCl，pH7.8的缓冲液，边抽滤边洗涤，共用2倍树脂体积。收集未吸附的滤液留作分离其他酶。将抽滤成半干状树脂装柱，再用相同缓冲液平衡一个柱床体积，0.1mol/L甲酸-0.05mol/L KCl，pH2.2缓冲液洗脱，收集活性峰。透析，冻干，即得胰蛋白酶。比活力为23750U/mg，活性回收60%。

d. 弹性蛋白酶制备　取未被P-氨基苯甲脒-Sepharose 6B吸附的滤液1.5L对水透析产生沉淀，离心，保留清液，沉淀用少量0.02mol/L，pH8.8 Tris-HCl缓冲液溶解，并调pH为10.4，加入用上述缓冲液平衡好的DEAE-纤维素柱上，再用同样的缓冲液洗涤。因弹性蛋白酶在此条件下不被吸附，收集活性峰。对水透析，冻干，即得弹性蛋白酶。比活力2010U/mg，活性回收10%。

e. 胰凝乳蛋白酶制备　将产生弹性蛋白酶沉淀的透析液经离心得清液，调pH为5.0，加入用0.01mol/L，pH5.0枸橼酸缓冲液平衡的S-Sepharose FF柱上，用同样的缓冲液洗涤，收集洗涤液待制备激肽酶。用0.01～0.05mol/L，pH5.0枸橼酸缓冲液进行梯度洗脱，收集活性峰组分16～20管。再透析、冻干，即得胰凝乳蛋白酶。比活力为23000U/mg，活性回收37%。

f. 激肽释放酶制备　取用0.01mol/L，pH 5.0枸橼酸缓冲液洗涤S-Sepharose FF柱的洗涤液，调pH为4.5，加入丙酮，至体积比为35%，4℃冰箱放置2～4h，过滤，得滤液205mL，再加入NaAc和NaCl，使浓度分别达0.065mol/L和0.035mol/L，继续加入丙酮，使体积比达65%，过滤，滤饼用少量水溶解，调pH为4.2，再次产生沉淀，过滤，滤饼用水溶解后调pH为6.8，透析脱盐后，加入到用0.01mol/L、pH6.8磷酸缓冲液平衡的羟基磷灰石柱上，用0.01～0.2mol/L、pH6.8磷酸缓冲液进行梯度洗脱，收集活性峰组分溶液。再透析脱盐，加入到同一个经过重新平衡的羟基磷灰石柱上，改用0.05～0.2mol/L、pH6.8磷酸缓冲液进行梯度洗脱。收集活性峰组分，经过透析，冻干，即得激肽释放酶。比活力为130U/mg，活性回收26%。

3. 检验方法

(1) 质量标准　性状：白色或类白色结晶性粉末。澄清度：本品10mg加蒸馏水或生理盐水1mL完全溶解。溶液应完全澄清。pH值：0.5%的水溶液，pH值应为5～7。干燥失重：真空干燥到恒重，减失重量不得超过8%。胰凝乳蛋白酶限度检查：不得超过5%。

(2) 效价测定　取底物溶液30mL，加盐酸(0.001mol/L) 0.2mL，混匀，作为空白，取供试品溶液0.2mL与底物BAEE溶液3.0mL，立即计时并摇匀，使比色池内的温度在(25±0.5)℃，照分光光度法，在253nm的波长处，每隔30s读取吸收度，共5min，每30s吸收度的变化率应恒定在0.015～0.018之间，恒定时间不得少于3min。以吸收度为纵坐标，时间为横坐标，作图，取3min内直线部分的吸收度，按下式计算。

$$P=\frac{A_1-A_2}{0.003TW}$$

式中　P——每1mg供试品中胰蛋白酶的单位数；

A_2——直线上升终止的吸收度；

A_1——直线上升开始的吸收度；

T——A_1 至 A_2 读数的时间，min；

W——测定液中供试品的量，mg。

0.003 为上述条件下，吸收度每分钟改变 0.003 相当于 1 个胰蛋白酶单位。

三、尿激酶

尿激酶（urokinase，缩写为 UK，EC.3.4.99.26）是一种碱性蛋白酶，主要存在于人及哺乳动物的尿中。人尿平均含量 5～6IU/mL。日本用亲和层析分离纯化 UK，得率很高。美国开发新的资源，用人胎儿肾细胞培养，即组织培养法，在空间卫星上分离出专门产生 UK 的细胞并进行 UK 的结晶工作，含量比一般提高 100 倍；另外，又用基因工程方法，将产生 UK 的基因成功转移到细菌细胞上，再培养产生 UK。根据我国的实际情况，以尿为提取尿激酶的资源，比较适合我国国情。

临床上，尿激酶已广泛应用于治疗各种新血栓形成或血栓梗塞等疾病。尿激酶与抗癌剂合用时，由于它能溶解癌细胞周围的纤维蛋白，使得抗癌剂能更有效地穿入癌细胞，从而提高抗癌剂杀伤癌细胞的能力，所以尿激酶也是一种很好的癌症辅助治疗剂。

1. 组成与性质

尿激酶有多种相对分子质量形式，主要的有 31300、54700 两种。尿中的尿胃蛋白酶原（uropepsinogen）在酸性条件下可以被激活生成尿胃蛋白酶（uropepsin），后者可以把相对分子质量 54700 的天然尿激酶降解成为分子量 31300 的尿激酶。相对分子质量 54700 的天然尿激酶由相对分子质量分别约为 33100 和 18600 的两条肽链通过二硫键连接而成。大分子尿激酶溶解血栓能力高于小分子尿激酶。

尿激酶是丝氨酸蛋白酶，丝氨酸和组氨酸是其活性中心的必需氨基酸。尿激酶是专一性很强的蛋白水解酶，血纤维蛋白溶酶原是它唯一的天然蛋白质底物，它作用于精氨酸-缬氨酸键，使纤溶酶原转化为有活性的纤溶酶。尿激酶对合成底物的活性与胰蛋白酶和纤溶酶近似，也具有酯酶活力，可作用于 *N*-乙酰甘氨酰-L-赖氨酸甲酯（AG-LME）。

尿激酶的 p*I* 为 8～9，主要部分在 pH8.6 左右。溶液状态不稳定，冻干状态可稳定数年。1%EDTA、人血白蛋白或明胶可防止酶的表面变性作用，0.005%鱼精及其盐与 0.005% Chloexidine gluconate 等对酶有良好的稳定作用，在制备时，加入上述试剂可明显提高收率。而二硫代苏糖醇、ε-氨基己酸、二异丙基氟代磷酸等对酶有抑制作用。

2. 生产工艺

（1）工艺路线

男性尿 —[沉淀] pH 8.5，10℃以下→ 上清尿液 —[酸化] pH 5～5.5→ 酸化尿 —[吸附] 硅藻土 5℃以下→ 吸附物 —[洗涤] 冷水 5℃→

硅藻土柱 —[洗脱] 氨水，氨水含NaCl→ 洗脱液 —[去热原、色素] QAE-Sephadex柱 pH 8→ 流出液 —[浓缩] CMC柱 pH 4.2→ CMC柱

—[洗脱] 氨水含NaCl pH 11.5～11.8→ 洗脱液 —[透析、冻干] 4℃，24h→ 尿激酶成品

（2）工艺过程

① 尿液收集　收集新鲜、健康的男性尿液，在 8h 内处理。尿液 pH 值控制在 6.5 以下，电导率相当于 20～30$M\Omega^{-1}$，细菌数 1000 个/mL 以下，夏天加 0.8%苯酚防腐。

② 沉淀、酸化　将尿液冷至 10℃以下，用 3mol/L NaOH 调节 pH 至 8.5，静置 1h，虹吸上清液。用 3mol/L 盐酸调至 pH5.0～5.5，得酸化尿液。

③ 硅藻土吸附　取酸化尿液加入 10g/L 的硅藻土（硅藻土预先用 10 倍量 2mol/L 盐酸

搅拌处理 1h，水洗至中性），于 5℃以下搅拌吸附 1h。

④ 洗脱　硅藻土吸附物用 5℃左右冷水洗涤，然后装柱（柱比 1∶1），先用 0.02%氨水洗涤至洗出液由混变清，改用 0.02%氨水加 1mol/L 氯化钠洗脱尿激酶，当洗脱液由清变混时开始收集，每吨尿约可收集 15L 洗脱液（100U/mL，3000U/mg）。

⑤ 除热原、去色素　上述洗脱液用饱和磷酸二氢钠调 pH8，加氯化钠调电导率相当于 $22M\Omega^{-1}$，通过预先用 pH8 磷酸缓冲液平衡过的 QAE-Sephadex 层析柱（用量 20000～30000U/mL QAE-Sephadex），经过 5h 流完，收集流出液。层析柱用 3 倍柱床体积的磷酸缓冲液洗涤，洗涤液与流出液合并。

⑥ CMC 浓缩　上述收集液用 1mol/L 醋酸调 pH4.2，以蒸馏水调电导率至相当于 16～$17M\Omega^{-1}$，通过预先用 0.1mol/L、pH4.2 乙酸缓冲液（电导率 $17m\Omega^{-1}$）平衡过的 CMC 层析柱（用量 300000U/mL CMC），约 12h 上样完毕。用 10 倍柱床体积量的 pH4.2 的乙酸-乙酸钠缓冲液洗涤柱床后，改用 0.1%氨水加 0.1mol/L 氯化钠，pH11.5～11.8，洗脱尿激酶，此时可见尿激酶洗脱液成丝状流出，部分收集洗脱液（30000～40000U/mL，15000～20000U/mg）。

⑦ 透析、冻干：洗脱液于 4℃对水透析 24h，一般换水 3～4 次，透析液离心去沉淀得离心液，抽样检验合格后稀释，除菌，加入适量赋形剂，分装，冻干即得成品尿激酶制剂。

（3）工艺讨论

① 采集的原尿要加防腐剂，恶臭尿不能用，尿液必须在 10℃以下尽快处理，防止产生热原和破坏酶。血尿和女性尿常含有红细胞等成分，影响收率和质量，故不能用。

② H-UK 的溶解血栓的效果比 L-UK 的约高 1 倍，生产过程中 pH 就不宜太低，防止酶的降解。在低蛋白浓度、低离子强度、无稳定剂及环境温度较高时，均易引起酶的失活。

③ 防止 UK 成品中含有热原，主要措施是在制备的全过程特别是在精制中，需半无菌和无菌操作，提高成品的合格率。

④ 尿中含有的盐的浓度及其杂蛋白，会影响 UK 的吸附，尿中的某些蛋白酶能水解 UK，这是提取过程中失活的重要原因之一。

⑤ 除使用硅藻土吸附外，还有以纤维素、离子交换剂、分子筛等为吸附剂，另外还有利用亲和层析法分离纯化 UK，其收率很高。

⑥ 可利用右旋糖酐、聚乙烯二醇来稳定 UK。延长其半衰期，提高稳定性。

⑦ 从尿液中提取 UK，由于尿液存在肝炎病毒、艾滋病毒等污染的可能，因而制备中要考虑灭毒，而美国已禁止用尿液为原料生产药物制剂。

四、溶菌酶

溶菌酶（lysozyme，EC.3.2.1.17），又称胞壁质酶（muramidase）或 *N*-乙酰胞壁质聚糖水解酶（*N*-acetylmuramide glycanohydrolase）。溶菌酶广泛存在于人和动物的组织、分泌液及其植物和微生物中，在鸡蛋清中溶菌酶含量比较多，人们主要从鸡蛋清中提取此酶。

溶菌酶是一种具有杀菌作用的天然抗感染物质，具有抗菌、抗病毒、抗炎症，促进组织修复作用。临床上主要用于五官科的各种炎症和龋齿，与抗生素合用具有良好的协同作用。同时也是重要的食品保鲜剂、生物技术的工具酶。

1. 组成、结构及性质

溶菌酶是一种碱性球蛋白，鸡蛋清溶菌酶是由 129 个氨基酸残基排列组成的单一肽链，相对分子质量为 14388，分子内有四对双硫键，分子呈一扁长椭球体（4.5nm×3.0nm×3.0nm）。结晶形状随结晶条件而异，有菱形八面体、正方形六面体及棒状结晶等。人溶菌酶由 130 个氨基酸残基组成，与鸡溶菌酶有 35 个氨基酸的不同，其溶菌活性比鸡溶菌酶高

3倍。

溶菌酶可通过水解细菌细胞壁的肽聚糖来溶菌，它能切断肽聚糖中β-1,4糖苷键之间的连接，破坏肽聚糖支架，在内部渗透压的作用下细胞胀裂开，引起细菌裂解。有些革兰阴性菌，如埃希大肠杆菌，也会受到溶菌酶的破坏。人和动物细胞无细胞壁结构也都没有肽聚糖，故溶菌酶对人体细胞无毒性作用。

药用溶菌酶为白色或微黄色的结晶或无定形粉末。易溶于水，不溶于丙酮、乙醚，无臭、味甜。在酸性溶液中十分稳定，而水溶液遇碱易被破坏，耐热至55℃以上。最适pH6.6，p*I*为10.5～11.0，由于溶菌酶是碱性蛋白质，常与氯离子结合成为溶菌酶氯化物。

溶菌酶目前多采用离子交换色谱法大规模自动化连续生产，快速、简单、经济。

2. 生产工艺

(1) 工艺路线

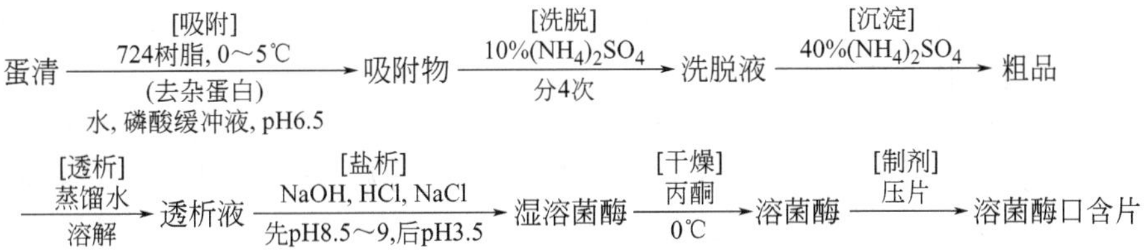

蛋清 —[吸附] 724树脂, 0～5℃ (去杂蛋白) 水, 磷酸缓冲液, pH6.5→ 吸附物 —[洗脱] 10%$(NH_4)_2SO_4$ 分4次→ 洗脱液 —[沉淀] 40%$(NH_4)_2SO_4$→ 粗品

—[透析] 蒸馏水 溶解→ 透析液 —[盐析] NaOH, HCl, NaCl 先pH8.5～9,后pH3.5→ 湿溶菌酶 —[干燥] 丙酮 0℃→ 溶菌酶 —[制剂] 压片→ 溶菌酶口含片

(2) 工艺过程

① 树脂的处理　用1mol/L HCl浸泡树脂2h，用去离子水洗至中性，再用1mol/L NaOH浸泡2h，用去离子水洗至近中性，再用0.15mol/L、pH6.5的磷酸盐缓冲液浸泡过夜，过滤后备用。

蛋清的预处理　取新鲜或冰冻蛋清（自然解冻）70kg，用pH试纸测pH为8.0左右，过铜筛，去除蛋清中的脐带、蛋壳碎片及其他杂质。

② 吸附　将处理过的蛋清冷至5～10℃，在搅拌下，加入处理好的11kg（pH6.5）724树脂，搅拌吸附6h，低温静置过夜。

③ 去杂蛋白、洗脱、沉淀　把上层清液倾出，下层树脂用清水洗去附着的蛋白质，反复洗涤4次（注意防止树脂流失），最后将树脂抽滤去水分。另取pH6.5、0.15mol/L磷酸缓冲液24L，分3次加入树脂中，搅拌约15min，每次搅拌后减压抽滤去水分。再用100g/L（10%）硫酸铵18L，分4次洗脱溶菌酶，每次搅拌30min，过滤抽干。合并洗脱液，按总体积加入320g/L固体硫酸铵使含量达到400g/L，有白色沉淀产生，冷处放置过夜，虹吸上清，沉淀离心分离或抽滤，得粗品。

④ 透析　将粗品加蒸馏水1.5kg使之溶解，装入透析袋，冷库透析24～36h，得透析液。

⑤ 盐析　向澄清透析液中慢慢滴加1mol/L氢氧化钠，同时不断搅拌，待pH上升到8.5～9时，若有白色沉淀，应立即离心除去，然后边搅拌边加3mol/L盐酸，使溶液pH达到3.5，按体积缓缓加入5%固体氯化钠，即有白色沉淀析出，在0～5℃冷库放置48h，离心或过滤得溶菌酶沉淀。

⑥ 干燥　沉淀加入10倍量0℃的无水丙酮，不断搅拌，使颗粒松细，冷处静置数小时，用漏斗滤去丙酮，沉淀用真空干燥，直到无丙酮臭味为止，即得口服或外用溶菌酶原料。收率按蛋清质量计算为2.5%。

⑦ 制剂　取干燥粉碎的砂糖粉，加入总量50g/L（5%）的滑石粉，通过120目筛，加50g/L淀粉浆适量，在混合机内搅拌均匀，制成软材，12目筛制粒，70℃烘干，用14目筛整颗，水分控制在2%～4%左右为宜。再按计算量加入溶菌酶粉混合，加1%硬脂酸镁，过16目筛2次，压片，即得溶菌酶口含片，每片含溶菌酶20mg。

根据需要可制成肠溶片、膜剂及眼药水等。

（3）讨论

① 采用大孔树脂代替 724 树脂，可以提高收率。

② 可利用蛋壳水进行溶菌酶的提取，做到资源的充分利用。

③ 在一般的制备工艺之后，可通过各种层析方法进行溶菌酶的进一步纯化，包括 DEAE-C 色谱、LL-Sepharose 亲和层析、羧甲基甲壳质色谱、超滤和亲和色谱联合使用等方法。

五、L-天冬酰胺酶

L-天冬酰胺酶（L-asparaginase，EC. 3. 5. 1. 1），为酰胺基水解酶，它在血液中特异性地催化天冬酰胺水解形成 L-天冬氨酸和氨，使某些肿瘤细胞因摄取不到足够的 L-天门冬酰胺而导致细胞增殖受到抑制，从而达到抗肿瘤目的，临床上用于治疗急性淋巴细胞白血病等，是一种重要的抗肿瘤药物。

自然界中，天冬酰胺酶广泛存在于动植物及微生物中，动物体内的天冬酰胺酶主要存在于哺乳动物和鸟类的胰、肝、肾、脾和肺中。我国应用大肠杆菌发酵法生产，供临床上作为抗肿瘤药使用。美国 L-天冬酰胺酶的商品名称为 Elspar。

1. 组成、性质

大肠杆菌能产生 2 种天冬酰胺酶，即天冬酰胺酶Ⅰ和Ⅱ，其中天冬酰胺酶Ⅱ抗癌活性较强。性状：呈白色粉末状，微有湿性，溶于水，不溶于丙酮、氯仿、乙醚及甲醇。20%水溶液贮存 7d，5℃贮存 14d 均不减少酶的活力。干品 50℃、15min 酶活力降低 30%，60℃，1h 内失活。最适 pH8. 5，最适温度 37℃。L-天门冬酰胺酶的生产菌种是霉菌和细菌。

2. 大肠杆菌发酵生产工艺

（1）工艺路线

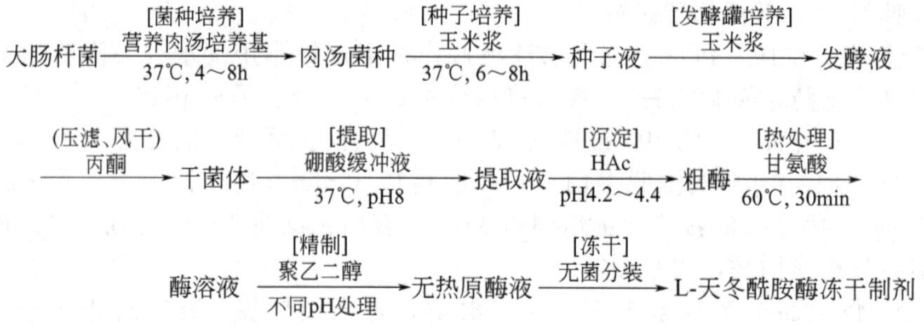

大肠杆菌 —[菌种培养] 营养肉汤培养基，37℃，4～8h→ 肉汤菌种 —[种子培养] 玉米浆，37℃，6～8h→ 种子液 —[发酵罐培养] 玉米浆→ 发酵液

—(压滤、风干) 丙酮→ 干菌体 —[提取] 硼酸缓冲液，37℃，pH8→ 提取液 —[沉淀] HAc，pH4.2～4.4→ 粗酶 —[热处理] 甘氨酸，60℃，30min→

酶溶液 —[精制] 聚乙二醇，不同pH处理→ 无热原酶液 —[冻干] 无菌分装→ L-天冬酰胺酶冻干制剂

（2）工艺过程

① 菌种培养　采取大肠杆菌 *Escherichia Coli* ASI 357，普通牛肉培养基，接种到试管中后于 37℃培养 24h，茄子瓶培养 8h，锥形瓶培养 16h。

② 种子培养　培养基用 30kg 玉米浆加水至 300kg，接种量 1%～1. 5%，37℃，通气搅拌培养 4～8h。

③ 发酵罐培养　玉米浆 100kg 加水至 1000kg，接种量 8%，37℃通气搅拌培养 6～8h，离心分离发酵液，得菌体，加 2 倍量丙酮搅拌，压滤，滤饼过筛，自然风干成菌体干粉。

④ 提取、沉淀、热处理　每千克菌体干粉加入 0. 01mol/L pH8 的硼酸缓冲液 10L，37℃保温搅拌 1. 5h，降温到 30℃，用 5mol/L 醋酸调 pH4. 2～4. 4，压滤，滤液中加入 2 倍体积的丙酮，放置 3～4h，过滤，收集沉淀，自然风干，即得干粗酶。

取粗制酶 1g，加入 0. 3%甘氨酸溶液 20mL，调节 pH8. 8，搅拌 1. 5h，离心收集上清，加热到 60℃维持 30min 进行热处理。离心弃去沉淀，上清液加 2 倍体积的丙酮，析出沉淀后离心，收集酶沉淀，用 0.01mol/L、pH8 磷酸缓冲液溶解，再离心弃去不溶物，得上清酶溶液。

⑤ 精制、冻干 上述酶溶液调 pH8.8，离心弃去沉淀，清液再调 pH7.7，加入 50%聚乙二醇，使浓度达到 16%。在 2～5℃放置 4～5d，离心得沉淀。用蒸馏水溶解，加 4 倍量的丙酮，沉淀，同法反复 1 次，沉淀用 pH6.4、0.05mol/L 磷酸缓冲液溶解，得精制酶溶液。调节 pH 至 5～5.2，再加 50%聚乙二醇，如此反复处理 1 次，即得无热原的 L-天冬酰胺酶。溶于 0.5mol/L 磷酸缓冲液，在无菌条件下用 6 号垂熔漏斗过滤，分装，冷冻干燥，即得注射用 L-天冬酰胺酶成品，每支 1 万或 2 万单位。

六、超氧化物歧化酶

超氧化物歧化酶（superoxide dismutase SOD，E.C.1.15.1.1）是一种重要的氧自由基清除剂，作为药用酶在美国、德国、澳大利亚等国已有产品，商品名有 Orgotein、Ormetein、Outosein、Polasein、ParoxinornH 和 HM-81 等。SOD 在生物界中分布极广，几乎从人到细菌，从动物到植物都有存在。现已经从细菌、原生动物、藻类、霉菌、昆虫、鱼类、高等植物和哺乳动物等生物体内分离得到 SOD。

目前 SOD 的临床应用主要集中在自身免疫性疾病上如类风湿性关节炎、红斑狼疮、皮肌炎、肺气肿等；也用于抗辐射、抗肿瘤、治疗氧中毒、心肌缺氧与缺血再灌注综合征以及某些心血管疾病。此酶无抗原性，不良反应较小，是很有临床价值的治疗酶。

1. 结构与性质

SOD 属金属酶，其性质不仅取决于蛋白质部分，还取决于活性中心金属离子的存在。按离子种类不同，SOD 有三类：①Cu·Zn-SOD，呈蓝绿色，主要存在于真核细胞的细胞浆内，相对分子质量 32000 左右，由 2 个亚基组成，每个亚基含 1 个 Cu 和 1 个 Zn；②Mn-SOD，呈粉红色，其相对分子质量随来源不同而异，来自原核细胞的相对分子质量约 40000，由两个亚基组成，每个亚基各含 1 各 Mn；来自真核细胞线粒体的 Mn-SOD，由 4 个亚基组成，相对分子质量约 80000；③Fe-SOD，呈黄色，只存在于原核细胞中，相对分子质量在 38000 左右，由 2 个亚基组成，每个亚基各含 1 个 Fe。三种酶都催化同一反应，但其性质有所不同，其中 Cu·Zn-SOD 与其他两种 SOD 差别较大，而 Mn-SOD 与 Fe-SOD 之间差别较小。

（1）SOD 的氨基酸组成及结构 迄今为止，已完成氨基酸全序列分析工作的至少有 12 个，其中 7 个是 Cu·Zn-SOD，4 个 Mn-SOD 和 1 个 Fe-SOD。

根据牛和人的红细胞 Cu·Zn-SOD 的组成分析可以看出其氨基酸组成有以下几个特点：①两种来源的 SOD 都不含有 Met，其 Gly 含量不仅类似，而且在所有氨基酸中为最高。②牛红细胞 SOD 无 Trp，但每个分子中含有 2 个 Tyr 残基，而人的红细胞 SOD 不仅无 Trp，也无 Tyr。

（2）SOD 的活性中心和构象 SOD 活性中心是比较特殊的，金属辅基 Cu 和 Zn 与必需基团 His 等形成咪唑桥。在牛血 SOD 的活性中心中，Cu 与 4 个 His 及 1 个 H_2O 配位，Zn 与 3 个 His 和 1 个 Asp 配位（见图 5-2）。

（3）SOD 的理化性质 SOD 是一种金属蛋白，因此它对热、对 pH 及在某些性质上表现出异常的稳定性。

① 对热稳定性 SOD 对热稳定，天然牛血 SOD 在 75℃下加热数分钟，酶活性丧失很少。但 SOD 对热稳定性与溶液的离子强度有关，如果离子强度非常低，即使加热到 95℃，SOD 活性损失亦很少，构象熔点温度 T_m 的测定表明 SOD 是迄今发现稳定性最好的球蛋白之一。

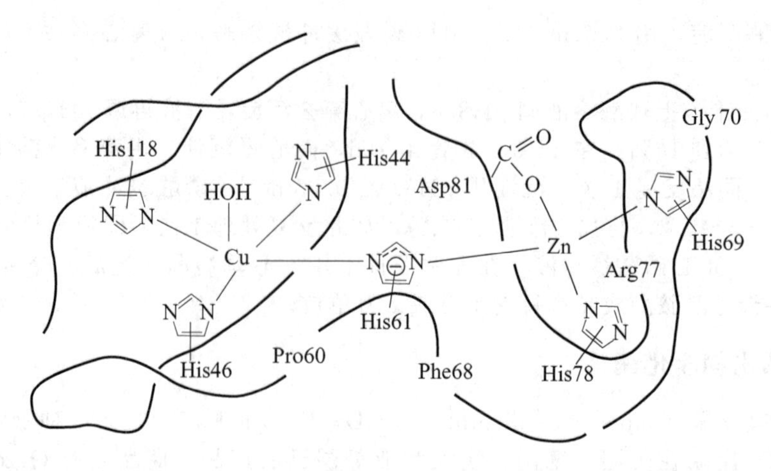

图 5-2 超氧化物歧化酶的结构

② pH 对 SOD 的影响 SOD 在 pH5.3～10.5 范围内其催化反应速度不受影响。但在 pH3.6 时 SOD 中 Zn 要脱落 95%，pH12.2 时，SOD 的构象会发生不可逆的转变，从而导致酶活性丧失。

③ 吸收光谱 Cu·Zn-SOD 的吸收光谱取决于酶蛋白和金属辅基，不同来源的 Cu·Zn-SOD 的紫外吸收光谱略有差异，如牛血 SOD 在 258nm，而人血为 265nm，然而，几乎所有的 Cu·Zn-SOD 的紫外吸收光谱的共同特点是对 250～270nm 均有不同程度的吸收，而在 280nm 的吸收将不存在或不明显，它们的紫外吸收光谱类似 Phe。Cu·Zn-SOD 可见光吸收光谱反映二价铜离子的光学性质，不同来源的 SOD 都在 680nm 处附近呈现最大吸收。

④ 金属辅基与酶活性 SOD 是金属酶，用电子顺磁共振测得，每摩尔酶含 1.93mol 的 Zn（牛肝 SOD）、1.84mol Cu 和 1.76mol Zn（牛心 SOD）。实验表明，Cu 与 Zn 的作用是不同的，Zn 仅与酶分子结构有关，而与催化活性无关，而 Cu 与催化活性有关，透析去除 Cu 则酶活性全部丧失，一旦重新加入 Cu，酶活性又可恢复。同样，在 Mn-SOD 和 Fe-SOD 中，Mn 和 Fe 与 Cu 一样，对酶活性是必需的。

2. Cu·Zn-SOD 的生产工艺（以牛红细胞为原料）

（1）工艺路线

新鲜牛血 —[收集] 去除血浆，离心→ 红细胞 —[浮洗] NaCl，反复洗3次→ 干净红细胞 —[溶血] 去离子水，5℃, 30min→ 溶血物

—[去血红蛋白] 乙醇, 氯仿，15min→ 上清液 —[沉淀] 丙酮，0℃→ 沉淀物 —[热处理] 去离子水，55～65℃,10～15min→ 黄绿色澄清液

—[沉淀、去不溶蛋白、透析] 丙酮, 去离子水，0℃, 透析6～8h→ 透析液 —[吸附、洗脱、超滤、浓缩、冻干] DEAE-Sephadex A-50,磷酸钾缓冲液，pH7.6→ 超氧化物歧化酶成品

（2）工艺过程

① 收集、浮洗 取新鲜牛血，离心除去黄色血浆，红细胞用 9g/L 的氯化钠溶液离心洗浮，去除浮洗液，反复洗 3 次，得干净红细胞。

② 溶血、去血红蛋白 干净红细胞加水在 5℃下搅拌溶血 30min，然后加入 0.25 倍体积的 95%乙醇和 0.15 倍体积的氯仿，搅拌 15min，离心去血红蛋白，收集上清液。

③ 沉淀、热变性 将上述清液加入 1.2～1.5 倍体积的丙酮，产生大量絮状沉淀，离心得沉淀物。再将沉淀物加适量水使其溶解，离心，去除不溶性蛋白，上清液于 55～65℃热

处理10～15min，离心，去除大量热变性蛋白，收集黄绿色的澄清液。

④ 沉淀、去不溶蛋白、透析　在0℃操作条件下，将上清液加入适量丙酮，产生大量絮状沉淀，离心去除上清液，沉淀再用去离子水充分搅匀，离心除去不溶性蛋白，上清液置透析袋中动态透析6～8h，得透析液。

⑤ 柱层析、洗脱、超滤浓缩、冷冻　将上述澄清液超滤浓缩后上已事先用2.5mmol/L、pH7.6的磷酸缓冲液平衡过的DEAE-Sephadex A50柱，并用pH7.6的2.5～50mmol/L的磷酸缓冲液进行梯度洗脱，收集具有SOD活性的洗脱液。将上述洗脱液再一次超滤浓缩、无菌过滤，冷冻干燥得Cu·Zn-SOD成品（冻干粉）。

本章小结

本章主要介绍了酶类药物的基本概念，重要酶类药物的性质与结构、生产工艺等。酶是生物细胞产生的具有催化活性的一类生物活性物质，用于预防、治疗和诊断疾病的酶称为药用酶。药用酶包括促进消化酶类、消炎酶类、溶血纤维蛋白酶类、抗肿瘤酶等。作为药用酶，要求其在生理pH（中性）下，具有活性高、稳定性好、纯度高、对底物的亲和力高、免疫原性较低等特点。酶类药物的生产方法有提取法、微生物发酵法等。胃蛋白酶能水解大多数天然蛋白质底物，药用胃蛋白酶系从猪、牛、羊等家畜胃黏膜中提取。胰蛋白酶是从牛、羊、猪胰提取的一种丝氨酸蛋白水解酶，在胰脏中是以胰蛋白酶原的形式存在，提取时需经活化除去6肽、成为有活性的胰蛋白酶，然后经盐析、结晶等纯化方法进行制备。尿激酶是一种碱性蛋白酶，目前主要利用健康的男性尿液进行提取、经硅藻土吸附、QAE-Sephadex层析除热原和去色素、CMC浓缩等纯化方法进行制备。溶菌酶是一种具有杀菌作用的天然抗感染物质，可水解细菌细胞壁的肽聚糖从而溶菌，溶菌酶在蛋清中含量比较多，人们主要从鸡蛋清中提取此酶，可采用离子交换色谱法进行生产。L-天冬酰胺酶为酰胺基水解酶，临床上用于治疗急性淋巴细胞白血病等，是一种重要的抗肿瘤药物，可利用大肠杆菌发酵法生产。超氧化物歧化酶是一种重要的氧自由基清除剂，属金属酶，可利用牛红细胞进行提取生产。

思考题

1. 简述酶类药物的分类与重要的酶类药物的名称、来源、作用与用途及对酶类药物的要求。
2. 简述L-天冬酰胺酶和超氧化物歧化酶的性质、作用、工艺路线和工艺要点。
3. 简述尿激酶、溶菌酶的性质、作用与用途及制备途径。

第六章 核酸类药物

第一节 概 述

一、核酸与核酸类药物的发展沿革

核酸（nucleic acid）是生物体的重要组成部分，由磷酸、核糖和碱基三部分组成。1868年瑞士生化学家 Miescher 首先从脓细胞中分离出细胞核，进而从中提取到含氮和磷特别丰富的酸性物质。当时 Miescher 称其为核素（nuclein），20 年以后，人们根据该物质来自细胞核且呈酸性，故改称为核酸。德国生化学家 Kossel 第一个系统地研究了核酸的分子结构，从核酸的水解物中，分离出一些含氮的化合物，分别命名为腺嘌呤、鸟嘌呤、胞嘧啶、胸腺嘧啶，Kossel 因此获得了 1910 年的诺贝尔医学与生理学奖。他的学生、美国生化学家 Levine 进一步证明了核酸中含有 5 个碳原子组成的糖分子，又继续证明了 2 种五碳糖的性质不同，酵母核酸含有核糖，胸腺核酸里的糖很类似核糖，只是分子中少了 1 个氧原子，称为脱氧核糖，含磷化合物是磷酸。又经过大约半个世纪，生化学家 Todd 把这 3 个“元件”——比较简单的碎片，相互连接组合起来，称核苷酸，再小心地把各种核苷酸连接起来成为核酸，从而获得了 1957 年的诺贝尔化学奖。英国物理学家 Crirk 和美国生化学家 Watson 则划时代地提出核酸分子模型，揭开了研究核酸的崭新序幕。而随着 21 世纪人类基因组学的创建，预示着核酸研究与应用的新的里程碑的到来。

核酸是生命的最基本物质，存在于一切生物细胞里。脱氧核糖核酸（DNA）主要存在于细胞核的染色体中，核糖核酸（RNA）主要存在于细胞的微粒体中。细胞核和细胞质中，都含有构成核酸而自由存在的单核苷酸和二核苷酸。各种生物含有核酸的多少不同，如谷氨酸菌体含 7%～10%，面包酵母含 4%，啤酒酵母含 6%，大肠杆菌含 9%～10%。

世界各国对核酸的研究和应用非常活跃，应用于临床的核酸及其衍生物类的生化药物愈来愈多，初步形成了核酸生产工业。随着对核酸秘密的揭示，对生命现象认识的不断深入，利用核酸治疗危害人类健康的各种疾病，将会有新的突破，核酸类药物的应用将更加广泛。

二、核酸类药物的分类

核酸类药物是指具有药用价值的核酸、核苷酸、核苷以及碱基。除了天然存在的碱基、核苷、核苷酸等被称为核酸类药物以外，它们的类似物、衍生物或这些类似物、衍生物的聚合物也属于核酸类药物。

核酸类药物可分为两大类，第一类为具有天然结构的核酸类物质，机体缺乏这类物质会使生物体代谢造成障碍，发生疾病；提供这类物质，有助于改善机体的物质代谢和能量平衡，加速受损组织的修复，促使机体恢复正常生理机能。临床上已广泛用于放射病、血小板减少症、白细胞减少症、急慢性肝炎、心血管疾病和肌肉萎缩等疾病的治疗。属于这一类的核酸药物有 ATP、GTP、CTP、UTP、肌苷、肌苷酸、混合核苷酸、辅酶 A、辅酶 Ⅰ 等。

这些药物多数是生物体自身能够合成的物质，在具有一定临床功能的前提下，毒副作用小，它们的生产基本上都可以经微生物发酵或从生物资源中提取。

第二类为自然结构核酸类物质的类似物和聚合物，它们是当今人类治疗病毒、肿瘤、艾滋病等重大疾病的主要药物，也是产生干扰素、免疫抑制的临床药物。它们大部分通过由自然结构的核酸类物质进行半合成为结构改造物，或者采用化学-酶合成法。已经在临床上应用的有叠氮胸苷、阿糖腺苷、阿糖胞苷、聚肌胞等（结构式见图 6-1）。

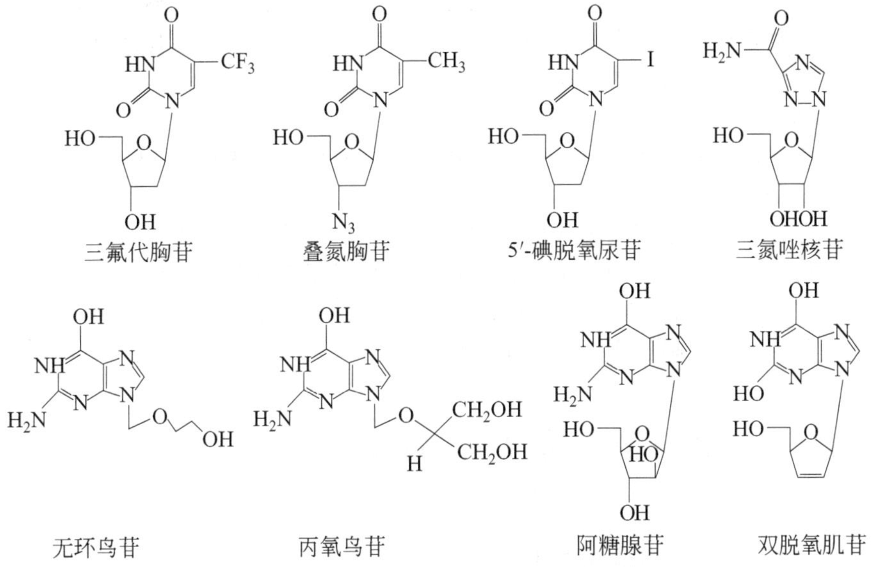

三氟代胸苷　叠氮胸苷　5′-碘脱氧尿苷　三氮唑核苷

无环鸟苷　丙氧鸟苷　阿糖腺苷　双脱氧肌苷

图 6-1　8 种抗病毒核酸类药物的结构式

三、核酸类药物的生产方法

核酸类药物的生产方法许多，包括提取法、水解法、化学合成法、酶合成法和微生物发酵法。

1. 直接提取法

此法类似于 RNA 和 DNA 的制备，可直接从生物材料中提取。此法的关键是去杂质，被提取物不管是呈溶液状态还是呈沉淀状态，都要尽量与杂质分开。为了制得精品，有时还需多次溶解、沉淀。从兔肌肉中提取 ATP 和从酵母或白地霉中提取辅酶 A 即是采用此法。当然下面将要讲到的几种制备方法的最后阶段都涉及提取问题，但因关键在提取前的处理，故不属于直接提取法。

2. 水解法

核苷酸、核苷和碱基都是 RNA 或 DNA 的降解产物，可通过相应的原料水解制得。水解法又分酶水解法、碱水解法和酸水解法 3 种。

（1）酶水解法　在酶的催化下水解称酶水解法。如用 5′-磷酸二酯酶将 RNA 或 DNA 水解成 5′-核苷酸，就可用来制备混合 5′-(脱氧）核苷酸。酶的来源不同其特性也往往有些不同，因此提及酶时常常指明其来源，如牛胰核糖核酸酶（RNaseA），蛇毒磷酸二酯酶（VPDase），脾磷酸二酯酶（SPDase）等。桔青霉 *A. S.* 3.2788 产生的 5′-磷酸二酯酶的最佳催化条件是：pH6.2～2.7，温度 63～65℃，底物浓度 1%，酶液用量 20%～30%，反应时间 2h。

（2）碱水解法　在稀碱条件下可将 RNA 水解成单核苷酸，产物为 2′-核苷酸和 3′-核苷酸的混合物。这是因为水解过程中能产生一种中间环状物 2′,3′-环状核苷酸，然后磷酸环打开所致。DNA 的脱氧核糖 2′位上无羟基，无法形成环状物，所以 DNA 在稀碱作用下虽会变性，却不能被水解成单核苷酸。

（3）酸水解法 用 1mol/L 的盐酸溶液在 100℃下加热 1h，能把 RNA 水解成嘌呤碱和嘧啶碱核苷酸的混合物。DNA 的嘌呤碱也能被水解下来。在高压釜或封闭管中酸水解，可使嘧啶碱从核苷酸上释放下来，但此时胞嘧啶常常会脱氨基而形成尿嘧啶。

3. 化学合成法

利用化学方法将易得到的原料逐步合成为产物，称化学合成法。腺嘌呤即可用次黄嘌呤或丙二酸二乙酯为原料合成，但此法多用于以自然结构的核酸类物质做原料，半合成为其结构改造物，且常与酶合成法同时使用。

4. 酶合成法

即利用酶系统和模拟生物体条件制备产物，如酶促磷酸化生产 ATP 等。

5. 微生物发酵法

利用微生物的特殊代谢使某种代谢物积累，从而获得该产物的方法称发酵法。如微生物在正常代谢下肌苷酸是中间产物，不会积累，但当其突变为腺嘌呤营养缺陷型后，该中间物不能转化成 AMP，于是在前面的代谢不断进行下，大量的肌苷酸就成为终产物而积累在发酵液中。事实上肌苷酸的制备正是采用了此法。

第二节 重要核酸类药物的制备

一、RNA 与 DNA 的提取与制备

（一）RNA 的提取与制备

制备 RNA 的材料大多选取动物的肝、肾、脾等含核酸量丰富的组织，所要制备的 RNA 种类不同，选取的材料也各有不同。工业生产上，则主要采用啤酒酵母、面包酵母、酒精酵母、白地霉、青霉等真菌的菌体为原料。如酵母和白地霉，其 RNA 含量丰富，易于提取，而其 DNA 含量则较少，所以它们是制备 RNA 的好材料。

1. 高 RNA 含量酵母菌体的筛选

培养酵母菌体提取 RNA，收率较高，且提取容易。可以从自然界筛选、并可用诱变育种的方法提高酵母的 RNA 含量。常用的诱变剂有紫外线、亚硝基胍等。

2. 用工业废水培养高含量 RNA 酵母

使用工业废水培养高含量 RNA 酵母，不仅可减少环境污染，而且降低粮食消耗，如味精生产废水中的成分基本上可供酵母生长。

3. RNA 提取实例

啤酒酵母是提取 RNA 的很好资源。取 100g 压榨啤酒酵母（含水分 70%），加入 230mL 水（含 3g 氢氧化钠），20℃以下缓慢搅拌 30min。用 6mol/L HCl 调 pH7.0，搅拌 15min，离心得清液 255mL。冷至 10℃以下，用 6mol/L HCl 调 pH2.5，置冷过夜，离心得 RNA1.8g（纯度 80%）。

（二）DNA 的提取与制备

制备 DNA 的材料一般用小牛胸腺或鱼精，这类组织的细胞体积较小，例如鱼精，整个细胞几乎全被细胞核占据，细胞质的含量极少，故这类组织的 DNA 含量高。

1. 工业用 DNA 的提取

从冷冻鱼精中提取。鱼精中主要含有核蛋白、酶类以及多种微量元素。核蛋白的主要成

分是脱氧核糖核酸（DNA）和碱性蛋白质（鱼精蛋白），其中 DNA 占大约 2/3。

2. 具有生物活性 DNA 的制备

动物内脏（肝、脾、胸腺）加 4 倍量生理盐水经组织捣碎机捣碎 1min，匀浆于 2500r/min离心 30min，沉淀用同样体积的生理盐水洗涤 3 次，每次洗涤后离心，将沉淀悬浮于 20 倍量的冷生理盐水中，再捣碎 3min，加入 2 倍量 5%十二烷基磺酸钠，并搅拌 2～3h，在 0℃ 2500r/min 离心，在上层液中加入等体积的冷乙醇，离心即可得纤维状 DNA，再用冷乙醇和丙酮洗涤，减压低温干燥得粗品 DNA。

二、肌苷

肌苷能直接进入细胞，参与糖代谢，促进体内能量代谢和蛋白质合成，尤其能提高低氧病态细胞的 ATP 水平，使处于低能、低氧状态的细胞顺利地进行代谢。临床主要用于各种急、慢性肝脏疾病，洋地黄中毒症、冠状动脉功能不全、风湿性心脏病、心肌梗死、心肌炎、白细胞或血小板减少症及中心性视网膜炎、视神经萎缩等。还可解除或预防因用血吸虫药物所引起的心、肝损害等不良反应。几乎无毒性，静脉注射 LD_{50} 大于 3g/kg 体重。

肌苷的衍生物肌苷二醛（IDA），化学名称 α-(次黄嘌呤-9)-α-羟甲基缩乙醇醛，为肌苷的过碘酸氧化物，对啮齿类动物肿瘤具有强烈的抑制作用，显著延长 L_{1210} 白血病小鼠的生命。作用机制可能是抑制核苷酸还原酶进而抑制了核酸合成的结果。临床第Ⅰ期实验表明，对精巢上皮瘤、肉瘤和麦粒细胞癌有一定疗效。

异丙肌苷是肌苷、二甲氨基异丙醇和对乙酰氨苯甲酸酯的复合物。动物实验表明，对流感 A_2 及某些病毒有抵抗作用。临床用于治疗流感、疱疹、麻疹、水痘、腮腺炎、肝炎等病毒引起的疾病。

（一）化学结构和性质

肌苷是由次黄嘌呤与核糖结合而成的核苷类化合物，又称次黄嘌呤核苷。呈白色结晶性粉末，溶于水，不溶于乙醇、氯仿。在中性、碱性溶液中比较稳定，酸性溶液中不稳定，易分解成次黄嘌呤和核糖。肌苷的结构式见图 6-2。

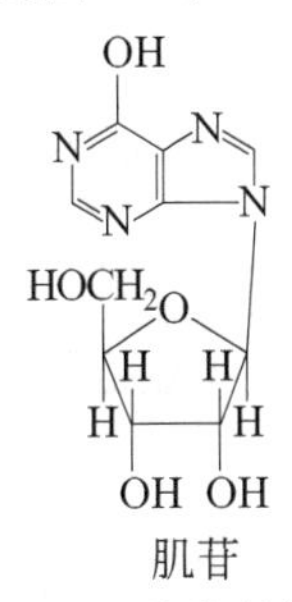

图 6-2　肌苷的结构式

（二）肌苷酸脱磷酸法

微生物不是先合成嘌呤环，再与核糖的磷酸酯结合起来生成嘌呤核苷酸，而是以 5-磷酸核糖为基础，将各个原子或分子逐一接上去，再闭合起来生成肌苷酸。次黄嘌呤的形成是以 5-磷酸核糖的磷酸化开始的，其环上的 C、N 原子都分别来自二氧化碳、甲酸、甘氨酸、天冬氨酸和谷氨酰胺。生物合成路线见图 6-3。

肌苷酸是嘌呤核苷酸的合成中心，首先合成，再转变为其他嘌呤核苷酸。各种微生物合成肌苷酸的途径都是一样的，由肌苷酸转化为其他嘌呤核苷酸的途径则不一样。微生物这种分段合成核苷酸是很普通的，对于发酵有重要的实际意义，可以在细胞外进行。

应用棒状杆菌发酵制取肌苷酸，再用化学法脱掉磷酸制得肌苷，其反应如图 6-4。

葡萄糖
磷酸戊糖循环
核糖-5-磷酸
P-P-1-核糖-5-磷酸
谷氨酰胺
谷氨酸
P-P
1-NH2-核糖-5-磷酸
核糖-5-磷酸

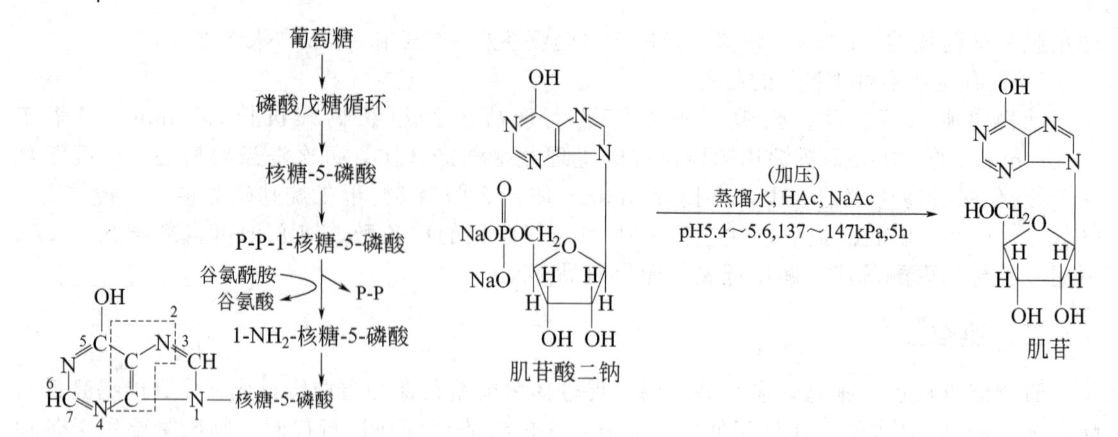

图 6-3 次黄嘌呤环上 C、N 来源及核糖、肌苷酸生物合成路线

1、4 的 N—来自谷氨酰胺；5 的 C—来自二氧化碳；2 的 N—C—C—来自甘氨酸；6 的 N—来自天冬氨酸；3、7 的 C—来自甲酸

(加压)
蒸馏水, HAc, NaAc
pH5.4～5.6,137～147kPa,5h
肌苷酸二钠
肌苷

图 6-4 肌苷酸用化学法脱掉磷酸制得肌苷的反应式

工艺过程是棒状杆菌 269 发酵，发酵液去菌体、吸附、洗脱、浓缩，在乙醇存在下 pH7～7.5 冷却结晶，即得肌苷酸二钠。再将结晶溶于乙酸缓冲液中，pH5.4～5.6，加压 5h 脱磷酸，反应液过滤，取其滤液冷却结晶，得白色或米黄色的肌苷粗品。粗品加蒸馏水溶解，pH6，加热脱色，冷却结晶，过滤，结晶用 80% 乙醇洗涤数次，40～50℃烘干，得白色结晶肌苷，收率 70% 左右。

（三）直接发酵法

1. 工艺路线

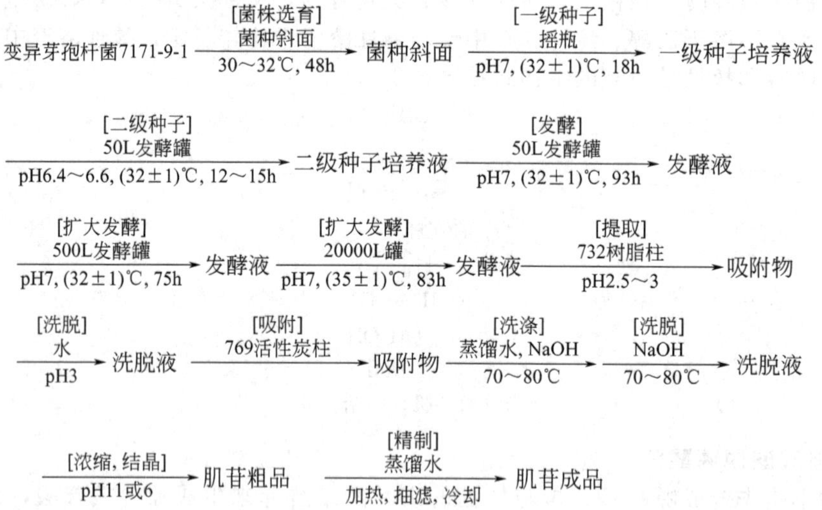

变异芽孢杆菌7171-9-1
[菌株选育]
菌种斜面
30～32℃, 48h
菌种斜面
[一级种子]
摇瓶
pH7, (32±1)℃, 18h
一级种子培养液
[二级种子]
50L发酵罐
pH6.4～6.6, (32±1)℃, 12～15h
二级种子培养液
[发酵]
50L发酵罐
pH7, (32±1)℃, 93h
发酵液
[扩大发酵]
500L发酵罐
pH7, (32±1)℃, 75h
发酵液
[扩大发酵]
20000L罐
pH7, (35±1)℃, 83h
发酵液
[提取]
732树脂柱
pH2.5～3
吸附物
[洗脱]
水
pH3
洗脱液
[吸附]
769活性炭柱
吸附物
[洗涤]
蒸馏水, NaOH
70～80℃
[洗脱]
NaOH
70～80℃
洗脱液
[浓缩, 结晶]
pH11或6
肌苷粗品
[精制]
蒸馏水
加热, 抽滤, 冷却
肌苷成品

2. 工艺过程

（1）菌株选育　变异芽孢杆菌 7171-9-1 移接到斜面培养基上，30～32℃培养 48h。在 4℃冰箱中菌种可保存一个月。斜面培养基成分为葡萄糖 1%，蛋白胨 0.4%，酵母浸膏 0.7%，牛肉浸膏 1.4%，琼脂 2%，在 pH7、120℃灭菌 20min。

（2）种子培养　一级种子：培养基成分为葡萄糖 2%，蛋白胨 1%，酵母浸膏 1%，玉米浆 0.5%，尿素 0.5%，氯化钠 0.25%。灭菌前 pH7，用 1L 三角瓶装 150mL 培养基，115℃灭菌 15min。每个三角瓶中接入白金耳环菌苔，放置在往复式摇床上，冲程 7.6cm，

振荡频率100次/min，32±1℃培养18h。

二级种子：培养基同一级种子，放大50L发酵罐，定容体积25L，接种量3%，(32±1)℃培养12～15h，搅拌速度320r/min，通风量1∶0.25V/(V·min)，生长指标菌体浓度$A_{650nm}=0.78$，pH6.4～6.6。

(3) 发酵 50L不锈钢标准发酵罐，定容体积35L。培养基成分为淀粉水解糖10%，干酵母水解液1.5%，豆饼水解液0.5%，硫酸镁0.1%，氯化钾0.2%，磷酸氢二钠0.5%，尿素0.4%，硫酸铵1.5%，有机硅油（消泡剂）0.5mL/L(0.05%)。pH7，接种量0.9%，(32±1)℃培养93h，搅拌速度320r/min，通风量1∶0.5V/(V·min)。

500L发酵罐，定容体积350L。培养基成分为淀粉水解糖10%，干酵母水解液1.5%，豆饼水解液0.5%，硫酸铵1.5%，硫酸镁0.1%，磷酸氢二钠0.5%，氯化钾0.2%，碳酸钙1%，有机硅油小于0.3%。pH7，接种量7%，(32±1)℃培养75h，搅拌速度230r/min，通风量1∶0.25V/(V·min)。

扩大发酵进入20000L发酵罐，培养基同上，接种量2.5%，(35±1)℃培养83h。

(4) 提取、吸附、洗脱 取发酵液30～40L调节pH2.5～3，连同菌体通过2个串联的3.5kg 732H^+树脂柱吸附。发酵液上柱后，用相当树脂总体积3倍的pH3.0的水洗1次，然后把2个柱分开，用pH3的水把肌苷从柱上洗脱下来。上769活性炭柱吸附后，先用2～3倍体积的水洗涤，后用70～80℃水洗，70～80℃、1mol/L氢氧化钠液浸泡30min，最后用0.01mol/L氢氧化钠液洗脱肌苷，收集洗脱液真空浓缩至21°Bé，在pH11或6.0下放置，结晶析出，过滤，得肌苷粗制品。

(5) 精制 取粗制品配成50～100g/L(5%～10%)溶液，加热溶解，加入少量活性炭作助滤剂，热滤，放置冷却，得白色针状结晶，过滤，少量水洗涤1次，80℃烘干得肌苷精制品，收率44%，含量99%。国内最高收率75%。

(四) 讨论

(1) 发酵碳源采用葡萄糖，产品质量最好；另外肌苷含氮量高（20.9%），故在发酵培养基中要保证充足的氮源，通常用硫酸铵和尿素或氯化铵，如能使用氨气，则既可作氮源，又可调节发酵培养基的pH。

(2) 提取工艺的改进 由发酵液沉菌以后再上732H^+型阳离子交换树脂柱，改为不沉菌直接上柱，再用自来水反冲树脂柱。其优点是缩短周期，节约设备。其反冲作用，可把糖、色素、菌体由柱顶冲走，使吸附肌苷树脂充分地暴露在洗脱剂中，并能适当地松动树脂，利于解吸的进行。不经反冲的洗脱液收率为54.9%，经反冲的洗脱液收率则为79.6%。树脂用量为：1体积树脂∶20～30体积发酵液。

(3) 温度对肌苷提取的影响 在温度较高且pH较低时，有部分肌苷分解成次黄嘌呤。季节影响总收率，冬夏低春秋高，提取周期冬季较长，夏季较短。32℃放置15h后进行洗脱，收率降低10%左右，48h后洗脱，收率降低30%左右；室温20℃放置48h洗脱，收率降低5%左右。

国内选用强酸性732阳离子交换树脂，从发酵液中提取肌苷。其树脂对肌苷的吸着为非极性吸引作用，这种非极性吸引作用明显地受温度的影响。相关实验表明，冬天从732树脂柱中洗脱肌苷时，改用人工控制洗脱液的温度，可提高洗脱收率和缩短周期，其肌苷总收率可提高15%～20%；夏季采用冷却发酵液、避免暴晒、增添冷库设备等降温措施，能提高总收率10%～15%。

(4) 用产氨短杆菌发酵生产肌苷酸（5′-IMP），关键酶是PRPP转酰胺酶，此酶受ATP、ADP、AMP及GMP反馈抑制（抑制度达70%～100%），被腺嘌呤阻遏。因此，第一步用诱变育种的办法，筛选缺乏SA-MP合成酶的腺嘌呤缺陷型菌株，在发酵培养基中提供亚适量的腺嘌呤，这些腺嘌呤除了补救合成菌体适量生长所需的DNA及RNA之外，没有多余的腺嘌呤衍生物能够产生反馈抑制和阻遏，从而解除了对PRPP转酰胺酶的活性影响。产氨短杆菌自身的5′-核苷酸降解酶活力低，故产生的肌苷酸不会再被分解变成其他产物。另一个是细胞膜的通透性，在培养基中有限量Mn^{2+}情况下，产氨短杆菌的成长细胞呈伸长、膨润或不规则形，此时的细胞膜不仅易透过肌苷酸，而且嘌呤核苷酸补救合成所需的几个酶和中间体5′-磷酸-核糖都很易透过，在胞外重新合成大量的肌苷酸。在大型发酵罐工业生产中，已利用诱变育种的方法选育了对Mn^{2+}不敏感的变异株，在发酵培养基中含Mn^{2+}高达1000μg/mL时，也不影响肌苷酸的生物合成。发酵水平已达40～50g/L，对糖转化率达15%，总收率达80%。

(5) 最初，生产肌苷用棒状杆菌发酵制得肌苷酸，再以化学法加压脱掉磷酸得到肌苷，其工艺复杂，产量低，成本高。后来以腺嘌呤及硫胺素双重营养缺陷型的变异芽孢杆菌株一步发酵制备肌苷获得成功，进罐产量可达4～5g/L。现多采用直接发酵法生产。

三、叠氮胸苷

叠氮胸苷（AZT）是世界上第一个治疗艾滋病的药物，又名齐多夫定，商品名称Refrovir，是胸腺苷的类似物。该药由英国首先开发，于1987年获美国FDA批准而上市。1989年世界销售额最大的药品中，AZT排列第42位。临床试验表明，对感染HIV而出现症状的患者，能够推迟疾病的进展，使生存时间延长1倍。AZT的问世，是人类同艾滋病作斗争中具有划时代意义的重要事件。

药理实验表明，在体外，叠氮胸苷能抑制HIV的复制；在体内，叠氮胸苷经磷酸化后生成3′-叠氮-2′-脱氧胸腺嘧啶核苷酸，取代了正常的胸腺嘧啶核苷酸参与DNA的合成，使DNA不能继续复制，从而阻止病毒的增生。对在没有病征的自愿者中试用，令人兴奋地发现，T_4细胞计数低的带病毒者延迟了发病（体内T_4细胞低于500时，表示免疫系统已严重衰竭）。在法国和英国，把AZT称为“和谐一号”进行大规模的临床研究，分别在1000位已感染上HIV的患者中实验，发现该药能够起到延迟发病的治疗效果。对早期艾滋病与艾滋病的有关症状，有临床疗效，比病情严重者疗效更好，但不能阻止复发，有5%甚至多达40%出现不良反应，表现有头痛、肌痛、恶心、失眠、眩晕等。严重者产生骨髓抑制而发生贫血。临床使用时，必须在医生指导下严格进行。

药物剂型为胶囊剂，口服后，迅速被胃肠道吸收，生物利用度为50%～70%，能够穿透血脑屏障，血中半衰期为1h。每日剂量为200～300mg，分4次服用。

（一）化学结构和性质

AZT的化学名称为3′-叠氮-2′-脱氧胸腺嘧啶核苷。结构式见图6-5。AZT呈白色至淡黄色粉末或针状结晶，无臭，易溶于乙醇，难溶于水，其水溶液pH约6，遇光分解，避光在30℃以下，可保存2年。$[\alpha]_D^{25}+99°$（$c=0.5g/mL$，H_2O），分子式为$C_{10}H_{13}N_{15}O_4$，相对分子质量为267.244。

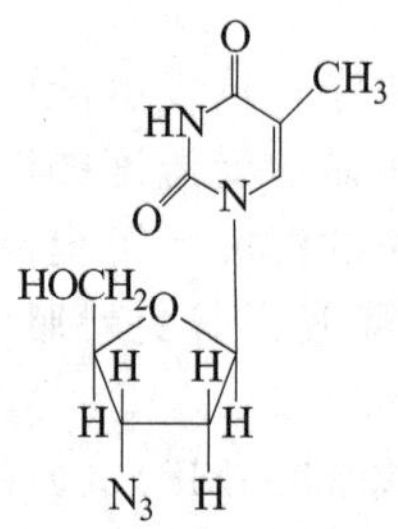

AZT

图6-5 叠氮胸苷的结构式

（二）化学合成路线

叠氮胸苷合成路线报道的较多；1996 年国内陈发普报告的合成路线，以脱氧胸苷为原料，经保护 6 位羟基后，通过 Mitsunobu 反应以 NaN_3 取代同时发生构型转换接上叠氮基，然后脱去保护基得 AZT。用酸碱中和法和盐析法纯化制得 AZT 精品。

此合成路线除起始原料胸苷来源少外，其他原料来源方便，工艺简单易行，小试总收率 61%。合成化学反应式如下（图 6-6）。

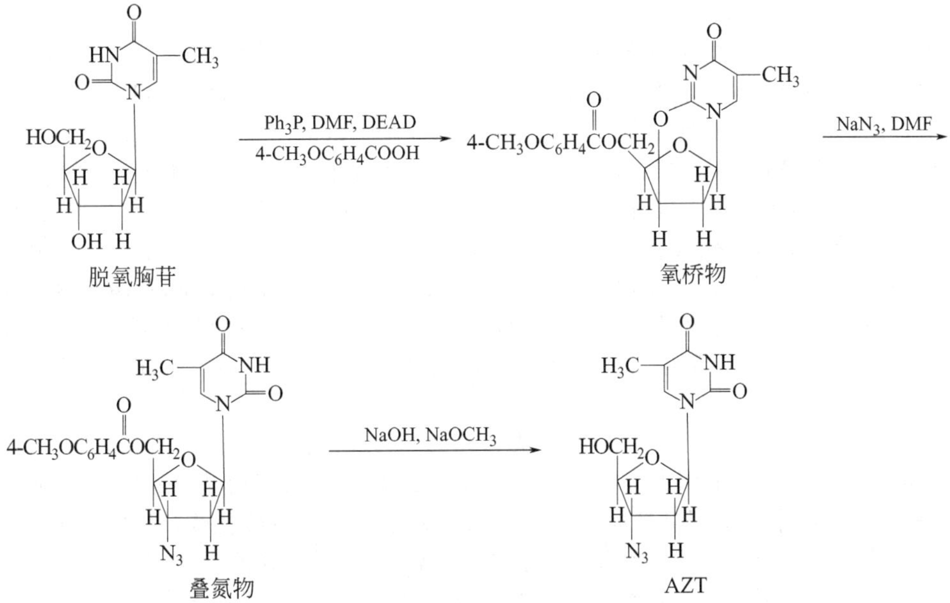

图 6-6　叠氮胸苷的合成路线

（三）讨论

（1）胸苷的制备方法，目前主要用 DNA 水解法制备，来源较少。此外还有从 2′-脱氧胞苷或 2′-脱氧鸟苷或 2′-脱氧腺苷与胸腺嘧啶反应，经大肠杆菌产生的磷酸化酶催化生成胸苷；或由鸟苷（300mmol/L）与胸腺嘧啶（300mmol/L）反应，在欧文菌 AJZ992 所产生的嘌呤核苷磷酸化酶和嘧啶核苷磷酸化酶的催化下生成 5′-甲基尿苷，再经化学合成法合成胸苷。

（2）1990 年 5 月《新英格兰医学杂志》发表了一个有效控制 HIV 传染的第 2 个治疗艾滋病的药物，称双脱氧肌苷（DDI），商品名称 Videx，DDI 只用了 5 年的时间就获准投入Ⅱ期临床试验，并证实是一个良好的抗 HIV 药物。

DDI 的化学结构和药理活性与 AZT 相似，治疗艾滋病的效果与 AZT 相同。HIV 很难对付，它能穿入许多不同的细胞，包括人体免疫防御 T_4 细胞，利用细胞里的繁殖“设备”和“营养”使自己不断地增生壮大，然后从细胞中“蹦”出来，再去寻找和攻击别的新细胞。在这个过程中细胞被杀死，越来越多的 T_4 细胞被毁掉，使人体丧失对疾病的免疫能力，引起发病甚至死亡。DDI 的抗病毒作用，据实验分析是通过减慢 HIV 在人体细胞中的复制（或繁殖）速度和在免疫系统中的扩散（或传播）速度。研究人员希望有 AZT 的治疗效果而没有其严重的不良反应，英国和法国两个医学委员会，制定了一个独特的临床试验程序，选择已丧失 AZT 的耐受性又自愿接受试验的艾滋病患者，实行对受试患者和医生保密，防止评估时出现倾向性。试验给药分高剂量、低剂量和安慰剂对比进行临床观察，英国受试者 300 例，法国有 500～600 例，临床验证结果表明，给药 500～700mg 时，DDI 的治疗效果比 AZT 好，极少发现毒性反应，大剂量给药时，偶见有的艾滋病患者发生外周神经痛和胰腺炎。

后来，美国又批准一个治疗艾滋病的新药，称为双脱氧胸苷（DDS），是 HIV 复制的抑制剂，可代替 AZT。在体内，通过细胞酶的作用，转化成有抗病毒活性的双脱氧三磷酸腺苷（ddATP），干扰逆转录酶而阻止 HIV 的复制。临床验证，改善 CD_4 细胞数目增多，延长生存时间，减少致病菌感染的发病率，可作为抗 HIV 的首选药物。

四、阿糖腺苷

阿糖腺苷在体内生成阿糖腺苷三磷酸，起拮抗脱氧腺苷三磷酸（dATP）作用，从而阻抑了 dATP 掺入病毒 DNA 聚合酶的活力。而且阿糖腺苷三磷酸对病毒的 DNA 聚合酶的亲和性比对宿主的 DNA 聚合酶的高，从而选择性地抑制病毒的增殖。

阿糖腺苷是广谱 DNA 病毒抑制剂，对单纯疱疹病毒Ⅰ、Ⅱ型、带状疱疹病毒、巨细胞病毒、痘病毒等 DNA 病毒，在体内外都有明显抑制作用。临床上用于治疗疱疹性角膜炎，静脉注射可降低由于单纯疱疹病毒感染所致的脑炎的病死率，从 70%降到 28%。20 世纪 70 年代开始用来治疗乙型肝炎，使病毒 DNA、DNA 聚合酶明显下降，HbsAg 转阴，并可使带病毒患者失去传染能力。在种类繁多的治疗乙肝的药物中，能够直接作用于病毒的，迄今公认的只有干扰素和阿糖腺苷，一般认为，阿糖腺苷是治疗单纯疱疹脑炎最好的抗病毒药物。

阿糖腺苷早在 1960 年已能实验室合成，1969 年美国用 *Streptomyces antibioticus* NRRL3238 菌株、1972 年日本用 *Streptomyces hebacecus* 4334 菌株发酵法分别制备了阿糖腺苷。1979 年用从 *E. coli* 中分离得到的尿嘧啶磷酸化酶和嘌呤核苷磷酸化酶，以固相酶的方法将阿糖脲苷转化为阿糖腺苷。我国有比较丰富的 5′-AMP 资源，参照国外实验室的合成路线，进行了系统研究和改革工作，基本上形成了一条适合工业化生产的工艺路线。

（一）化学结构和性质

阿糖腺苷的化学名称为 9-β-D-阿拉伯呋喃糖腺嘌呤，或称腺嘌呤阿拉伯糖苷，分子中含有 1 个结晶水，呈白色结晶，熔点 259～261℃，$[\alpha]_D^{27}-5°$（$c=0.25$g/mL），紫外光最大吸收峰 λ_{max}260nm。阿糖腺苷的结构式见图 6-7。

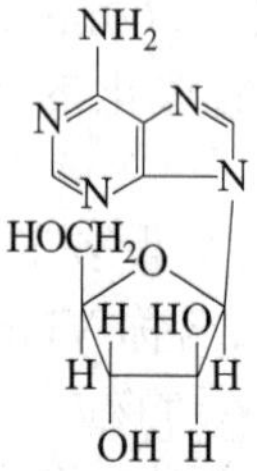

图 6-7　阿糖腺苷的结构式

（二）酶化学合成法

用尿苷为原料，经氧氯化磷和二甲基甲酰胺反应，生成氧桥化合物，在碱性水溶液中水解成阿糖尿苷，再利用阿糖尿苷中的阿拉伯糖，经酶转化成阿糖腺苷。其工艺路线如下（见图 6-8）。

（三）以 5′-AMP 为原料的化学合成法

将 5′-AMP(Ⅰ) 进行选择性的对甲苯磺酰化反应，得到主要产物 2′-*O*-对甲苯磺酰基腺苷-5′-单磷酸酯（Ⅱ）；Ⅱ经水解脱磷，得 2′-*O*-对甲苯磺酰基腺苷（Ⅲ）；Ⅲ经溴化反应，得 8-溴-2′-*O*-对甲苯磺酰基腺苷（Ⅳ）；Ⅳ经乙酰化反应，得 8-羟基-N^6,3′,5′-*O*-三乙基-2′-*O*-对甲苯磺酰基腺苷（Ⅴ）；Ⅴ在甲醇-氨中进行环化，得关键中间体 8,2′-*O*-环化腺苷（Ⅵ）；

Ⅵ在甲醇-硫化氢中开环，得8-巯基阿糖腺苷（Ⅶ）；Ⅶ经氢解脱硫，得阿糖腺苷（Ⅷ）。其工艺路线如下（图6-9）。

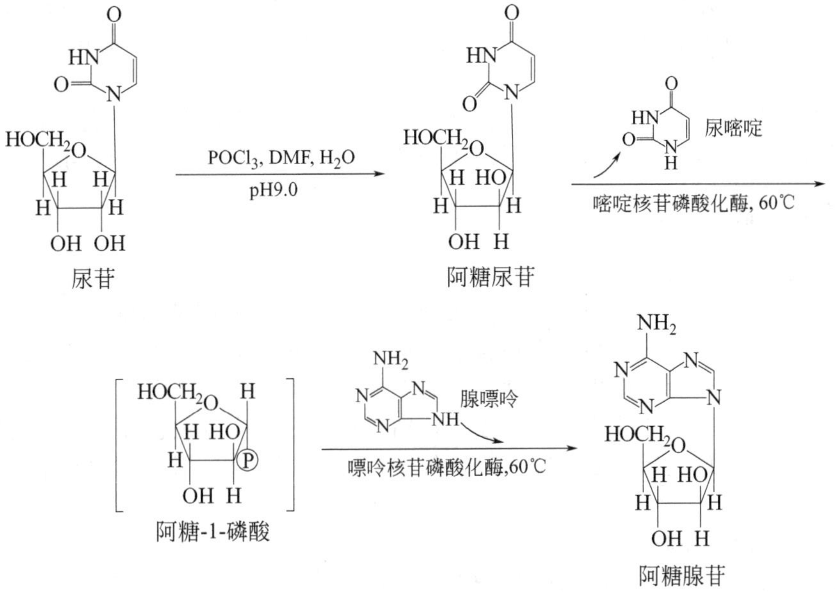

尿苷 —$POCl_3$, DMF, H_2O / pH9.0→ 阿糖尿苷 —嘧啶核苷磷酸化酶, 60℃ (→尿嘧啶)→ [阿糖-1-磷酸] —腺嘌呤 / 嘌呤核苷磷酸化酶, 60℃→ 阿糖腺苷

图6-8　酶化学合成法制备阿糖腺苷的工艺路线

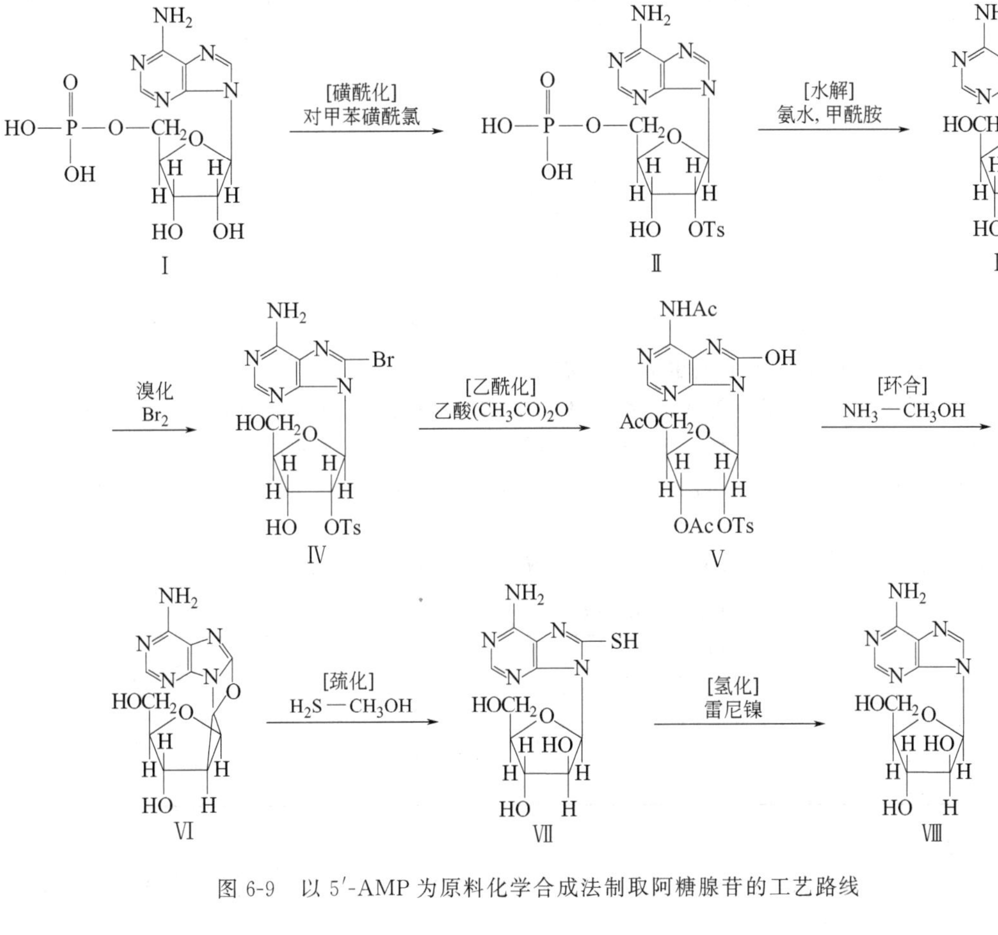

Ⅰ —[磺酰化] 对甲苯磺酰氯→ Ⅱ —[水解] 氨水, 甲酰胺→ Ⅲ —溴化 Br_2→ Ⅳ —[乙酰化] 乙酸$(CH_3CO)_2O$→ Ⅴ —[环合] $NH_3—CH_3OH$→ Ⅵ —[巯化] $H_2S—CH_3OH$→ Ⅶ —[氢化] 雷尼镍→ Ⅷ

图6-9　以5′-AMP为原料化学合成法制取阿糖腺苷的工艺路线

(四) 讨论

(1) 从阿糖尿苷酶法合成阿糖腺苷，选育的优秀菌株是产气肠杆菌（*Enterbacter aerogenes*），能产生尿苷磷酸酶（upase）和嘌呤核苷磷酸化酶（pynpase），用菌株的休止细胞作为酶源从阿糖尿苷和腺嘌呤高效地合成阿糖腺苷。菌体也可制成固定化细胞进行连续化生产。

(2) 我国已开发出酶法生物合成阿糖腺苷的新工艺，成本降低50%左右，不污染环境，克服了化学合成法成本高，产率低，严重污染环境和影响工人身体健康等问题。

五、三氮唑核苷

三氮唑核苷又名利巴韦林（ribavirin），商品名病毒唑，为广谱抗病毒药物。经X光衍射解析，这个化合物的立体结构与腺苷、鸟苷非常类似，在体内被磷酸化成三氮唑核苷酸，抑制肌苷酸脱氢酶，阻断鸟苷酸的生物合成，从而抑制病毒DNA合成。它的另一特点是对病毒作用点多，不易使病毒产生抗药性。三氮唑核苷适用于流感、副流感、腺病毒肺炎、口腔和眼疱疹、小儿呼吸系统等疾病的治疗。特别在临床上经艾滋病患者试用，能明显地改善患者症状，而且不良反应比AZT小，药物价格是AZT的1/50，因此是抗病毒药物中的一个价廉物美的品种。

(一) 化学结构和性质

三氮唑核苷的结构为1-β-D-呋喃核糖基-1,2,4-三氮唑-3-甲酰胺。结构式见图6-10。三氮唑核苷呈无色或白色结晶，无臭、无味，常温下稳定。易溶于水，溶于甲醇和乙醇。熔点160～167℃及174～178℃，精品有两种晶型，熔程在此范围内。$[\alpha]_D^{20}-36.4°\pm5°$（$c$=1g/mL，$H_2O$）。

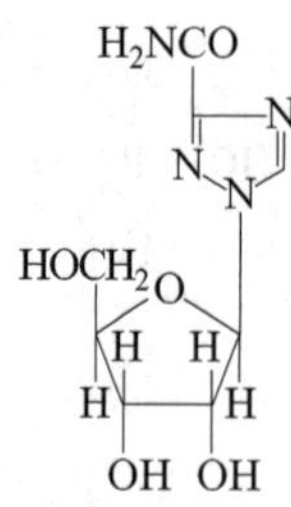

图6-10 三氮唑核苷的结构式

(二) 以核苷或核苷酸为原料的化学合成法

将鸟苷或鸟苷酸经乙酐与冰醋酸水解生成核糖-1-磷酸（1kg鸟苷加4kg冰醋酸可生成0.6kg核糖-1-磷酸），然后将核糖-1-磷酸与三叠氮羧基酰胺（TCA）在双-对硝基苯酚-磷酸酯的催化下进行缩合反应，生成缩合物（收率80%），再经氨解即得。以鸟苷计算收率为28.5%～33%。

用各种核苷为底物与TCA缩合反应，生成三氮唑核苷的量见表6-1。

表6-1 各种核苷生成三氮唑核苷的量

核苷	三氮唑核苷/(mmol/L)	核苷	三氮唑核苷/(mmol/L)
肌苷(HR)	1.6	尿苷	38.2
腺苷(AR)	4.0	胞苷	23.0
鸟苷(GR)	12.0	乳清酸核苷	0
黄苷(XR)	7.5	AICAR	8.2

(三) 酶合成法

应用产气肠杆菌AJ11125产生的嘌呤核苷磷酸化酶（Pynpase）催化，将核糖-1-磷酸与

TCA 反应、直接生成三氮唑核苷。在两步反应中用同一种嘌呤核苷磷酸化酶，由于降解产物次黄嘌呤对酶比 TCA 具有更大的亲和性，致使次黄嘌呤再与核糖-1-磷酸缩合，可逆反应促使总收率仅 20%左右，这是采用菌种所产生的酶的局限性。为解决这一问题，设计了两种直接生产的方法。

第一种方法是采用前段与后段由两个不同的酶催化，即前段使用嘧啶核苷磷酸化酶，后段使用嘌呤核苷磷酸化酶，而且已经筛选到一株同时产生这两种酶的菌株（图 6-11）。

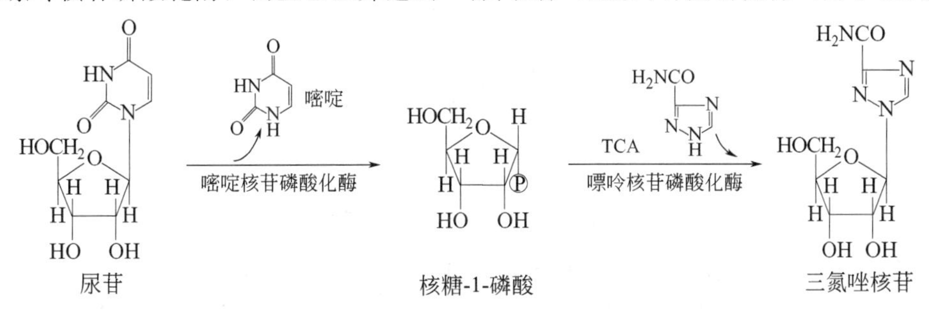

图 6-11　以尿苷为原料经酶化学合成法制取三氮唑核苷的工艺路线

使用尿苷或胞苷为底物时，产生三氮唑核苷的优良菌种为产气肠杆菌，菌株经 24h 培养，收集菌体后在 60℃反应 96h，可获得较高产率的三氮唑核苷。见表 6-2。

表 6-2　产气肠杆菌 AJ11125 由尿苷和胞苷生成三氮唑核苷　单位：mmol/L

核苷	三氮唑核苷	核苷	三氮唑核苷
尿苷(100)	61	尿苷(300)	110
尿苷(200)	103	胞苷(100)	62

第二种方法是前段及后段反应都利用嘌呤核苷磷酸化酶，但注意到使用的底物含有溶解度很小的嘌呤碱基的核苷或者生成的降解产物在后阶段反应时它对酶的亲和力比 TCA 低得多。根据这些原则，使用鸟苷、肌苷、黄苷为底物，优秀的菌株是乙酰短杆菌 AJ1442，将该菌 24h 培养的湿细胞加入底物，在反应液中达 100mg/mL，60℃，96h，生成的三氮唑核苷如表 6-3 所示。

表 6-3　乙酰短杆菌 AJ1442 由鸟苷或肌苷生成三氮唑核苷　单位：mmol/L

核苷	三氮唑核苷	核苷	三氮唑核苷
鸟苷(100)	81	肌苷(100)	56
鸟苷(200)	162	肌苷(200)	68
鸟苷(300)	229	肌苷(300)	95

（四）讨论

鸟苷的制备　根据资料，用 5′-鸟嘌呤核苷酸为原料时，用甲酰胺和盐酸水解，102～104℃，16h，或用甲酸和甲酸铵，回流 60h，可制得鸟嘌呤核苷（鸟苷）。

六、阿糖胞苷

阿糖胞苷由胞嘧啶与阿拉伯糖组成，临床应用的是阿糖胞苷盐酸盐，商品名称为 Cytarabine、Cytosar。阿糖胞苷进入体内转变为阿糖胞苷酸，抑制 DNA 聚合酶，阻止胞苷二磷酸转变为脱氧胞苷二磷酸，从而抑制 DNA 的合成，干扰 DNA 病毒繁殖和肿瘤细胞的增殖。用于治疗急性粒细胞白血病、具有见效快，选择性高的特点，单独使用不如与其他抗癌药合用疗效高。由于易被胃肠道黏膜和肝中胞嘧啶核苷脱氨酶作用而失活，故口服无效，只能注射。

（一）化学结构和性质

阿糖胞苷又称胞嘧啶阿拉伯糖苷，与正常的胞嘧啶核苷及脱氧胞嘧啶核苷不同，其差别在于糖的组成部分是阿拉伯糖，不是核糖或脱氧核糖。阿糖胞苷盐酸盐的结构式图 6-12。

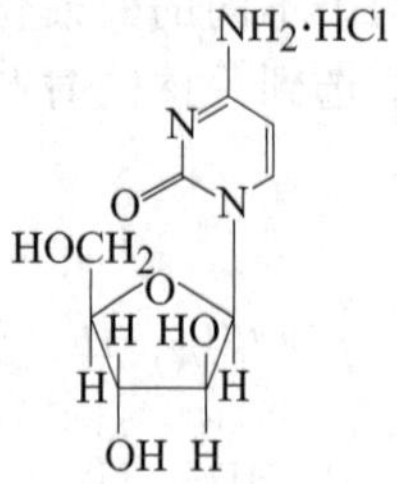

图 6-12 阿糖胞苷盐酸盐的结构式

阿糖胞苷呈白色或类白色结晶性粉末，无臭，易溶于水，略溶于甲醇、乙醇中，乙醚中极微溶。其盐酸盐熔点为 186～190℃（分解）。在酸性及中性水溶液中脱氨水解变成阿糖尿苷，pH2.8 时水解速度快，pH6.9 时最稳定，pH10 以上水解速度又急剧加快。在碱性溶液中，其损失大约比在酸中快 10 倍。

（二）以 5′-CMP 为原料的合成法

1. 工艺路线

5′-CMP　胞苷

2,2′-氧桥胞嘧啶核苷盐酸盐　阿糖胞苷　阿糖胞苷盐酸盐

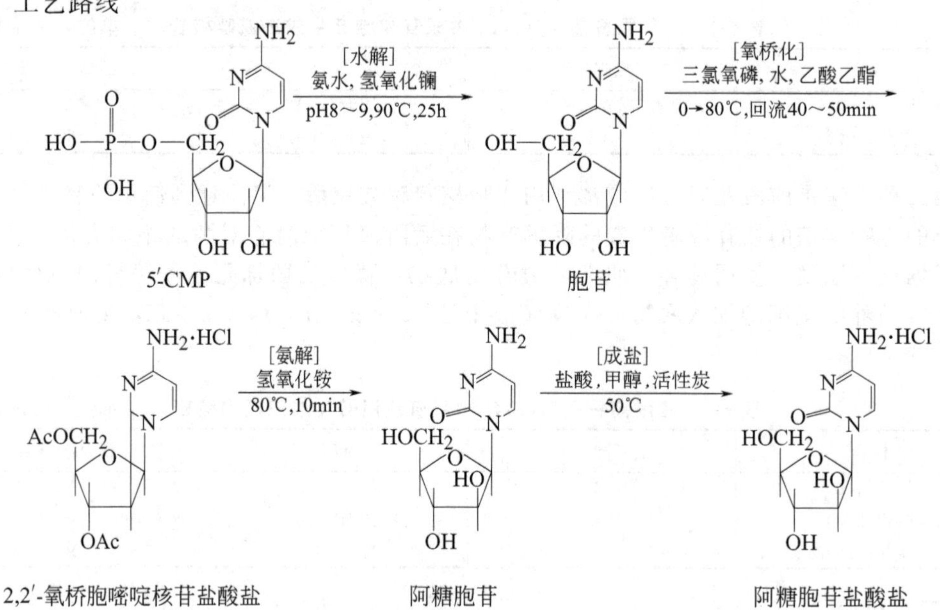

图 6-13 以 5′-CMP 为原料合成阿糖胞苷的工艺路线

2. 工艺过程

（1）水解　称取 5′-CMP（纯度 80%）100g，悬浮于 800mL 蒸馏水中，加入浓氨水约 50mL，调节 pH8～9，使 5′-CMP 全部溶解（如 5′-CMP 粗品质量较差，加碱后有不溶物，可过滤或离心除去），稀释至 1L，倒入 10L 的三口圆底烧瓶中，并加入处理好的 6.5L 氢氧化镧凝胶，总体积为 7.5L，升温 90℃。在不断搅拌下，pH9，进行水解。定时检查水解情况：在不同的反应时间内，均匀取出 2mL 凝胶溶液，离心分离，取上清液 5 至 10μL，pH9.2 电泳分析。当反应 25h 后，电泳纸上 5′-CMP 位置紫外点消失，仅有胞嘧啶核苷（CR）的紫外点位置，为水解终点。然后进行离心分离（2500r/min），留上清液，凝胶沉淀

用蒸馏水洗 2 次，每次用水为 3L 左右，再离心 2500～3000r/min，10min，得洗涤液，与上清液合并。减压浓缩至 0.4L 左右，呈混浊，过滤除去不溶物，可得淡黄色透明溶液，再浓缩至 0.2L，冷却，加入 6mol/LHCl 30ml，调 pH2.5～3，有大量白色针状结晶缓慢析出。加约 100mL 95％乙醇，置冰箱过夜，次日滤出结晶，用 50％乙醇和无水乙醇各洗涤 1 次，得白色胞嘧啶核苷盐酸盐（CR・HCl）精品，收率 54％，含量高于 80％。

（2）氧桥化　取三氯氧磷（$POCl_3$，CP）300mL 放入 5L 的圆底烧瓶中，干冰浴中冷却 20min，加预冷蒸馏水 60mL（为水解 1 分子三氯氧磷的用水量），3min 后有盐酸蒸气冒出，5min 反应平衡，继续置冰盐浴中水解 30min。水解后快速倒入乙酸乙酯 2L，同时立即加入干燥好的 CR・HCl 40g，离开冰浴，置 80℃水浴锅中回流，开始时反应液呈悬浮状，约 25～30min 后，变澄清透明，总反应时间控制在 40～50min。反应完成后，立即用冰水冷却，将反应液倾入 4L 冷蒸馏水中，在 50℃的条件下减压抽去乙酸乙酯，取样测定，氧桥化后总吸收光谱高峰位置移至 264nm（pH2），pH9.2 电泳为单点。将浓缩液（pH0.5）在不断搅拌下用氢氧化钠液调节 pH3～3.5，取样测定。

（3）氨解　在上述反应液中加入浓氨水使溶液的氢氧化铵浓度为 1mol/L，80℃氨解 10min，使氧桥断裂及 3′，5′-乙酰基脱落，即得阿糖胞苷。氨解程度以测定氨解液紫外吸收 A_{280nm}/A_{265nm}，比值达 1.45～1.5 为终点，光谱高峰移至 279～280nm。氨解后如有沉淀，过滤除去，滤液调 pH 至 2.5～3，上活性炭柱进行去盐（769 活性炭 0.7L），用 3～5 倍体积蒸馏水（调 pH3）洗去盐，再用 60℃的 50％乙醇-1％氨水溶液洗脱。收集洗脱液，浓缩至 20mL 左右，调节 pH3，加乙醇到 50％左右，放冰箱中结晶，过滤，烘干，得阿糖胞苷粗品，按 CR 质量计算，收率 50％～60％。

（4）成盐　取阿糖胞苷粗制品 22g，加入 2％盐酸-甲醇 440mL 和甲醇 220mL，于 50℃水浴中振摇溶解（如有少量淡黄色粉末残留物应除去），加活性炭 2g 脱色 30min，过滤，浓缩，置冰箱过夜，过滤，得阿糖胞苷盐酸盐粗品约 22g，熔点 186～189℃。

取粗制品用 30 倍甲醇，在 45℃下搅拌溶解，加活性炭 2g，保温 20min，过滤，浓缩，置冰箱过夜，滤出结晶，用甲醇-无水乙醚（体积比为 1∶1）20mL 洗涤，抽干，真空干燥即得阿糖胞苷盐酸盐精品 20g，熔点 188～194℃。母液待回收。

七、聚肌胞苷酸

聚肌胞苷酸简称聚肌胞（PolyI∶C），是 1967 年美国的 Field 发现的干扰素诱导物，它具有抗病毒、抗肿瘤、增强淋巴细胞免疫功能和抑制核酸代谢等作用。聚肌胞进入人体内可诱导产生干扰素，后者作用于正常细胞产生抗病毒蛋白（AVF），干扰病毒的繁殖，保护未受感染细胞免受感染。聚肌胞临床已试用于肿瘤、血液病、病毒肝炎及痘类毒性感染等多种疾患，对带状疱疹、单纯疱疹有较好疗效，对病毒性肝炎、病毒性角膜炎和扁平苔癣有明显疗效，对乙型脑炎、流行性腮腺炎、类风湿性关节炎等亦有不同程度的效果。

（一）化学组成和性质

聚肌胞系由多聚肌苷酸和多聚胞苷酸组成的双股多聚核苷酸。多聚肌苷酸（PolyI）在核糖上连接次黄嘌呤，多聚胞苷酸（PolyC）在核糖上连接胞嘧啶，在一定的条件下，按碱基配对的原理，两个单链碱基互补连接起来形成螺旋双链聚肌胞。本品可溶于8.5g/L NaCl 溶液中，其制剂为无色或微黄色灭菌水针。

（二）制备方法

1. 5′-核苷二磷酸吡啶盐的制备

5′-核苷酸（5′-肌苷酸或 5′-胞苷酸）$\xrightarrow[\text{乙醇，83℃回流}]{\text{吗啡啉，双环己基羰二亚胺}}$

5′-核苷酸吗啡啉盐$\xrightarrow{\text{三正丁胺磷酸盐无水吡啶}}$5′-核苷二磷酸吡啶盐（即 IDP 吡啶盐和 CDP 吡啶盐）

2. 固定化多核苷酸磷酸化酶的制备

（1）酶的制备

大肠杆菌 1.683 菌→破碎细胞提取→链霉素沉淀去核酸→（$(NH_4)_2SO_4$）分步盐析→DEAE-纤维素层析→收集 0.35mol/L NaCl 洗脱液中酶活性最高的部分。

（2）固相载体的制备

琼脂粉熔化$\xrightarrow{\text{甲苯，四氯化碳，斯班-80}}$搅拌冷却后与环氧氯丙烷交联制成珠状$\xrightarrow{\text{对}\beta\text{-硫酸酯乙砜基苯胺}}$醚化$\xrightarrow{NaNo_2\text{，HCl 重氮化}}$固相载体

（3）将分离纯化的酶溶液滴加入冰浴中的固相载体，即得到共价结合的固定化多核苷酸磷酸化酶。

3. 聚肌胞的制备

（1）将底物 IDP 吡啶盐转成钠盐，CDP 吡啶盐转成锂盐。

（2）酶促反应（每毫升反应液含反应物浓度，μmol/L）IDP 或 CDP 15，Tris 150，$MgCl_2$ 6，EDTA 1，聚合酶 5U，pH9.0，37℃，3～4h。用盐酸调 pH 为 1.5～2.0，使多聚肌苷酸（或多聚胞苷酸）沉淀，立即离心。然后在磷酸缓冲液中溶解，等物质的量的多聚肌苷酸与多聚胞苷酸混合，生成聚肌胞苷酸。

八、胞二磷胆碱

1954 年 Kennedy 博士等人发现了胞二磷胆碱，随后化学合成并确定了分子结构。1957 年 Rossiter 研究发现，胞二磷胆碱与磷脂代谢十分密切，是卵磷脂生物合成的重要辅酶。1963 年日本武田公司首次开发，用于治疗意识障碍获得成功，商品名 Nicholin，译名尼可林。

胞二磷胆碱是神经磷脂的前体之一，能在磷酸胆碱神经酰胺转移酶的催化下，将其携带的磷酸基团转给神经酰胺，生成神经磷脂和 CMP。当脑功能下降时，可以看到神经磷脂含量的显著减少。胞二磷胆碱通过提高神经磷脂含量，从而兴奋脑干网状结构，特别是上行网状联系，提高觉醒反应，降低“肌放电”阈值，恢复神经组织机能，增加脑血流量和脑耗氧量，进而改善脑循环和脑代谢，大大提高患者的意识水平。临床用于减轻严重脑外伤和脑手术伴随的意识障碍，治疗帕金森症、抑郁症等精神疾患。

（一）化学结构和性质

胞二磷胆碱的化学名称为胞嘧啶核苷-5′-二磷酸胆碱，有氢型和钠型两种。结构式见图 6-14。其钠盐呈白色无定形粉末，易吸湿，极易溶于水，不溶于乙醇、氯仿、丙酮等多数有机溶剂。具有旋光性。经 X 光衍射测定，整个分子是高度卷曲，多个分子聚合在一起，以 5′-磷酸胞嘧啶核苷酸为核心，磷酸和胆碱部分暴露于外部，同周围的水分子松散地相结合。10%水溶液 pH2.5～3.5。比较稳定，注射液放置 40℃，180d 后测定，含量为 95.53%。

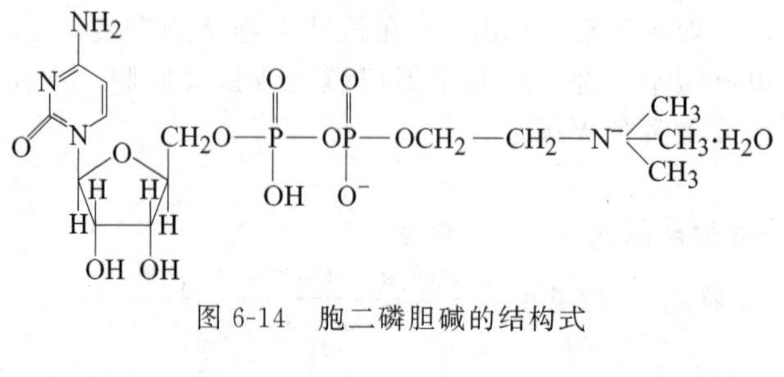

图 6-14　胞二磷胆碱的结构式

(二) 酶合成法

胞二磷胆碱由微生物菌体所提供的酶系催化胞苷酸和磷酸胆碱而合成，国内使用啤酒生产中废弃的酵母，反应体系为：磷酸二氢钾-氢氧化钠缓冲液（pH8.0）200mol/mL，CMP20μmol/mL，磷酰胆碱 30μmol/mL，葡萄糖 100μmol/mL，$MgSO_4 \cdot 7H_2O$20μmol/mL，酵母泥 550mg/mL。于 28℃保温 20h，可得胞二磷胆碱，对胞苷酸的收率为 80%。

(三) 黏性红酵母发酵法

国外发现一株黏性红酵母可高产胞二磷胆碱。

菌体培养基（g/L）：葡萄糖 50；蛋白胨 5；酵母膏 2；$KH_2PO_4$2；$(NH_4)_2HPO_4$2；$MgSO_4 7H_2O$1；pH6.0，经 28℃，22h 培养，收集菌体，菌体经 0.2mol/L 磷酸缓冲液（pH7.0）洗涤，备用。

产生胞二磷胆碱的反应体系（g/L）：葡萄糖 140；$MgSO_4 \cdot 7H_2O$ 6；5′-CMPNa$_2$ 20；磷酸胆碱 20；析干菌体 50；反应体系中保持磷酸缓冲液 pH7.0、0.2mol/L，于 30℃反应 28h，产胞二磷胆碱 9.8g/L，对 5′-CMP 收率 92.5%。

(四) 提取工艺

反应液离心除去菌体，用 0.5mol/LKOH 调 pH8.5，上 Dowex1×2（甲酸型）树脂，水洗后用甲酸梯度洗脱，在 0.04mol/L 甲酸洗脱液中收集产品，含胞二磷胆碱溶液上活性炭柱，丙酮-氨水溶液洗脱，减压浓缩，乙醇中结晶。

(五) 讨论

(1) 胞二磷胆碱的制造方法有两种，一种是化学合成法，路线报道很多，如用胞一磷吗啉盐与磷酸胆碱作用生成胞二磷胆碱；或用一磷酸胞嘧啶核苷酸和磷酸胆碱为原料，用对甲苯磺酰氯或二环己基羰二亚胺为缩合剂合成胞二膦胆碱。另一种是生物合成法，利用啤酒酵母泥，以葡萄糖为能源发酵合成胞二磷胆碱，转化率 80%以上，操作简便，成本低。此外，应用固定化细胞技术，将酵母菌经一定的培养后，用聚氨基葡萄糖预处理的乙基纤维素，使微生物细胞微囊化制成固定化细胞，再把配好的反应液通过固定化细胞柱，收集流出液，精制可得胞二磷胆碱。转化率可达 60%以上。

(2) 据文献资料报道，能合成胞二磷胆碱的细菌有 650 种，酵母菌有 498 种。

(3) 给药方法主要有静脉注射和静脉滴入，剂量为 300～1000mg/d，溶于 5%～20%葡萄糖液中缓慢滴入。静脉给药胞二磷胆碱分布在大脑的内部，近来采用直接鞘内注射给药，不受血脑屏障阻止，胞二磷胆碱则分布在大脑的表面。对危重病人，用这两种方法同时给药，可使胞二磷胆碱既迅速分布在脑表面又能均匀分布在脑内部，效果最佳。若与三磷酸腺苷合用，能提高其疗效。亦可与维生素 B_1、维生素 B_6、维生素 B_{12}和抗生素合用。对脑外伤、脑出血可与止血药、防水肿药合用。对帕金森病可与 L-多巴合用。对精神病患者可与镇静药物合用。

本章小结

本章主要介绍了核酸类药物的基本概念，重要核酸药物的性质与结构、生产工艺等。核酸类药物是指具有药用价值的核酸、核苷酸、核苷以及碱基。核酸类药物可分为两大类，第一类为具有天然结构的核酸类物质，如 DNA、RNA、ATP、GTP、CTP、UTP、肌苷、肌苷酸、混合核苷酸、辅酶 A、辅酶Ⅰ等，它们多数是生物体自身能够合成的物质，在具有一定临床功能的前提下，毒副作用小，它们的生产基本上都可以经微生物发酵或从生物资源中提取。第二类为自然结构核酸类物质的类似物和聚合物，包括叠氮胸苷、阿糖腺苷、阿糖胞苷、三氮唑核苷、聚肌胞等，它们是当今人类治疗病毒、肿瘤、艾滋病等重大疾病的主要药物，也是产生干扰素、免疫抑制的临床药物，它们主要通过酶法合成或化学合成得到。

思考题

1. 简述核酸类药物的基本概念、分类及重要的核酸类药物（名称，来源，作用与用途）。

2. 简述 RNA，DNA 的提取与制备的主要方法。

3. 简述制备核苷酸的主要途径。

4. 简述产氨短杆菌嘌呤核苷酸的生物合成途径、代谢调控和利用产氨短杆菌直接发酵法生产肌苷酸的关键有哪些？

5. 如何选育枯草杆菌营养缺陷型的肌苷生产菌？

6. 利用酶合成法制备三氮唑核苷时，如何防止可逆反应影响收率？

第七章　糖类药物

第一节　糖类药物概述

糖是机体的组成成分之一，如葡萄糖存在于一切组织中；糖原（又叫动物淀粉）在肝及肌肉中含量最多，如肝糖，约占肝质量的18%；核糖及脱氧核糖是核酸及核蛋白不可缺少的组成成分；细胞间质及结缔组织中含有大量的黏多糖类物质。近30年来，由于分子生物学的高速发展，糖的诸多生物学功能也被逐步揭示和认识。寡糖不仅以游离状态参与生命过程，而且往往以糖缀合物（糖蛋白、糖脂）的形式参与许多重要的生命活动。它们作为生物信息的携带者和传递者，调节细胞的生长、分化、代谢和免疫反应等。

糖类在自然界中广泛存在，已经发现不少糖类物质及其衍生物具有多种生理功能和药用价值，在抗凝、降血脂、抗肿瘤、抗病毒、抗菌和增强免疫作用等方面的应用日益广泛，关于糖类药物的研究也越来越受到重视。

一、糖类药物的分类

糖类化合物是指具有多羟基醛或多羟基酮结构的一类化合物。按照含有糖基数目的不同，糖类化合物可分为以下几类：

（1）单糖及其衍生物，如葡萄糖、果糖、维生素C等；

（2）低聚糖（寡糖），如蔗糖、麦芽糖、乳糖等；

（3）多糖类，如右旋糖酐、淀粉、纤维素、肝素等。

二、糖类药物的生理功能和药理作用

糖的主要生理功能在于供给机体所需的能量，维持人体的日常工作以及一切生理活动。同时不少糖类物质及其衍生物具有药用价值。

（一）低聚糖的生理功能

低聚糖的生理功能主要包括：①低热值、能防肥胖；②抑制腐败菌生长繁殖；③促进肠道中有益菌群双歧杆菌的增殖；④抗龋齿、抗肿瘤等。

（二）多糖类的生理功能和药理作用

1. 调节免疫功能和抗肿瘤作用

多糖可通过影响补体活性，促进淋巴细胞增生，激活、提高吞噬细胞的功能等多个层次多个途径调节机体的免疫功能、激活免疫系统。多糖的抗肿瘤活性一般也是通过增强机体的免疫功能来实现，起免疫抑癌作用是多靶点的，包括特异性免疫和非特异性免疫的各个主要环节。如香菇多糖对小鼠S_{180}瘤株有明显的抑制作用，已作为免疫调节型抗肿瘤药物出售，与其他抗癌药物合用，可增加抗肿瘤的作用。

2. 抗感染作用

多糖可提高机体组织细胞对细菌、原虫、病毒和真菌感染的抵抗力，如甲壳素对皮下肿

胀有治疗作用，可促进皮肤伤口的愈合。

3. 抗凝血作用

肝素是天然抗凝剂，用于防治血栓、周围血管病、心绞痛和充血性心力衰竭等，黑木耳多糖、甲壳素和芦荟多糖也具有类似的抗凝血作用。

4. 抗辐射损伤作用

茯苓多糖、紫菜多糖、透明质酸等均有抗辐射损伤作用。

5. 降血脂，抗动脉粥样硬化

硫酸软骨素、小分子肝素等具有较强的降血脂、降血胆固醇、抗动脉粥样硬化作用，用于防治冠心病和动脉粥样硬化。

6. 其他作用

如右旋糖酐可以代替血浆蛋白以维持血液渗透压，中等相对分子质量的右旋糖酐用于增加血容量、维持血压，而小相对分子质量的右旋糖酐是一种安全有效的血浆扩充剂。海藻酸钠能增加血容量，使血压恢复正常。

三、黏多糖的特点

动物来源的多糖以黏多糖为主，黏多糖是一类含有氨基己糖与糖醛酸的多糖，是动物体内的蛋白多糖分子中的糖链部分。在多糖类药物中有相当一部分是属于黏多糖，如肝素、硫酸软骨素、透明质酸等。

1. 黏多糖的结构特点

黏多糖大多数由特殊的重复双糖单位构成，在此双糖单位中，包含一个*N*-乙酰氨基己糖。黏多糖的组成结构单位中有两种糖醛酸，即D-葡萄糖醛酸和L-艾杜糖醛酸；两种氨基己糖，即氨基-D-葡萄糖和氨基-D-半乳糖。另外，还有若干其他单糖作为附加成分，其中包括半乳糖、甘露糖、岩藻糖和木糖等。

2. 黏多糖在组织中的存在形式

在组织中黏多糖几乎没有例外地与蛋白质以共价键结合。这些蛋白多糖中，已确定存在三类型的糖-蛋白连接方式：①在木糖和丝氨酸之间的一个*O*-糖苷键；②在*N*-乙酰氨基半乳糖和丝氨酸或苏氨酸羟基之间的一个*O*-糖苷键；③在*N*-乙酰氨基葡萄糖和天冬酰胺的酰胺基之间的一个*N*-氨基糖残基的键。第一种连接类型存在于硫酸软骨素、肝素和硫酸乙酰肝素中；第二种类型存在于骨骼硫酸角质素（硫酸角质素Ⅱ）；第三种存在于角膜硫酸角质素（硫酸角质素Ⅰ）。

四、糖类药物制备的一般方法

糖类药物的原料来源包括动植物和微生物。由于糖类药物种类繁多，制备方法也不尽相同，有水解法、酶法、直接分离提取、化学合成法和发酵生产方法等。虽然制备各类药物产品的技术路线不同，但涉及产品的分离纯化阶段，无论是单糖类药物还是多糖类药物，采用的方法都大致类似。

（一）单糖、低聚糖及其衍生物的制备

游离单糖、小分子寡糖及其衍生物易溶于冷水及温乙醇，可以用水或在中性条件下以50%乙醇为提取溶剂，也可以用82%乙醇，在70～78℃下回流提取。溶剂用量一般为材料的20倍，需多次提取。一般流程如下：将植物材料粉碎，经乙醚或石油醚脱脂，搅拌加入碳酸钙，以50%乙醇温浸2～3次，合并浸提液，于40～50℃减压浓缩至适当体积，用中性醋酸铅去杂蛋白及其他杂质，用H_2S除去铅离子后再浓缩至黏稠状；以甲醇或乙醇温浸，去除无机盐或残留蛋白质等；醇液经活性炭脱色，浓缩，冷却，滴加乙醚，或置于硫酸干燥

器中旋转，析出结晶。单糖或小分子寡糖也可以在提取后，利用吸附层析或离子交换法进行纯化。

（二）多糖的分离纯化

多糖可来自动物、植物和微生物，来源不同，提取分离方法也不同。植物体内含有水解多糖及其衍生物的酶，必须抑制或破坏酶的作用后，才能制取天然存在形式的多糖。供提取多糖的材料必须新鲜或及时干燥保存，不宜久受高温，以免破坏其原有形式，或使多糖受到内源酶的作用而分解。速冻冷藏是保存提取多糖材料的有效方法。提取方法依照不同种类的多糖的溶解性质而定。

1. 多糖的提取

一般需经粉碎、脱脂、加热。提取方法依不同多糖的溶解性质而定，可分为以下几种。

（1）难溶于水，可溶于稀碱液者　如木聚糖、半乳聚糖等，提取时用冷水浸润材料后，用 0.5mol/L NaOH 提取，提取液用盐酸中和、浓缩后，加乙醇沉淀得多糖。

（2）易溶于热水，难溶于冷水和乙醇者　材料先用冷水浸过，再用热水（80～90℃）搅拌提取。提取液用正丁醇与氯仿混合液除去蛋白质，离心，得清液。透析除盐后用乙醇沉淀得多糖。

（3）黏多糖的提取　有些黏多糖可用水或盐溶液直接提取，但大多数黏多糖与蛋白质结合于细胞中，因此需要用酶解法或碱解法使糖-蛋白质间的结合键断裂，促使多糖释放。

① 碱解法　多糖与蛋白质结合的糖肽键对碱不稳定，故可用碱解法使糖与蛋白质分开。碱处理时，可将材料在 40℃以下，用 0.5mol/L NaOH 提取，提取液用酸中和，透析后，用高岭土、硅酸铝或其他吸附剂除去杂蛋白，再用乙醇沉淀得多糖。

② 酶解法　蛋白酶水解法正逐步代替碱解法成为提取多糖的最常用方法。理想的工具酶是专一性低，具有广泛水解作用的蛋白酶。酶解时要防止细菌生长，可加抑菌剂（甲苯、氯仿、酚等）。常用的酶制剂有胰蛋白酶、木瓜蛋白酶、链霉菌蛋白酶及枯草杆菌蛋白酶。

鉴于蛋白酶不能断裂糖肽键及其附近的肽键，因此成品中会保留较长的肽段，为除去长肽段，常与碱解法合用进行处理。

2. 多糖的纯化

多糖的纯化方法很多，但必须根据目的物的性质及条件选择合适的纯化方法，而且往往用一种方法不易得到理想的结果，可以选择几种方法合用。

（1）乙醇沉淀法　乙醇沉淀法是制备黏多糖的最常用手段。乙醇的加入，改变了溶液的极性，导致糖溶解度下降。在使用乙醇沉淀时，黏多糖的浓度以 10～20g/L（1%～2%）为宜，最小至 1g/L（0.1%），也可以得到完全沉淀。较高浓度时，沉淀趋向于呈糖浆状而难以操作，分级分离也难以完全。为了使其沉淀完全，需加适量的乙酸钠、乙酸钾或乙酸铵，最终小于 50g/L（5%）即足够，乙酸盐的优点是在乙醇中溶解度高，使用过量乙醇不会夹杂盐沉淀。一般有足够的盐浓度，4～5 倍体积的乙醇可以使任何结缔组织中的黏多糖完全沉淀。

（2）分级沉淀法　根据不同多糖在不同浓度的有机溶剂中溶解度的不同，分级沉淀不同分子大小的多糖。乙醇分级沉淀是分离黏多糖混合物的经典方法，是某些黏多糖大规模分离的最适用工序。在 Ca^{2+}、Ba^{2+} 和 Zn^{2+} 等两价金属离子存在下，乙醇分级分离黏多糖可以获得最佳效果。

（3）季铵盐络合法　黏多糖的聚阴离子能与某些表面活性物质如十六烷基吡啶盐（CP）、十六烷基三甲基铵盐（CTA）的阳离子生成不溶于水的季铵盐络合物，但可溶解于某种浓度的无机盐溶液中（临界电解质浓度），利用这种性质可达到纯化黏多糖的目的。这是对于复杂黏多糖混合物最有用的分级分离方法之一，在某些情况下，用季铵化合物进行分级分离是对黏多糖混合物中各个组分达到完全纯化的唯一方法。除此之外，季铵盐络合法尚用在消化液和其他溶液中回收黏多糖。由于生成的络合物溶解度低，就有可能从稀至0.01%或更稀的溶液中沉淀黏多糖。

(4) 离子交换层析法　黏多糖具有酸性基团如糖醛酸和各种硫酸基，在溶液中以聚阴离子形式存在，可用阴离子交换剂进行交换吸附。在糖类药物的制备中，应用不同的离子交换剂如D-254、Dowex Ⅰ-X_2、DEAE-C、DEAE-Sephadex、Deacidite FF都取得了良好的分离纯化效果。通常以黏多糖的水溶液上柱，但其中明显存在一些不能被吸附的部分，这样使用低浓度的盐溶液，如0.03～0.05mol/L氯化钠液比较适当。洗脱时可逐步提高盐溶液浓度如梯度洗脱或分步阶梯洗脱。如，以Dowex Ⅰ柱进行分离时，分别用0.5、1.25、1.5、2和3mol/L NaCl洗脱，可以分离透明质酸、硫酸乙酰肝素、硫酸软骨素、肝素和硫酸角质素等；以DEAE-SephadexA-25柱进行层析时，分别用0.5、1.25、1.5和2mol/L NaCl洗脱，可依次分离透明质酸、硫酸乙酰肝素、硫酸软骨素、硫酸皮肤素、硫酸角质素和肝素等。

此外，区带电泳法、超滤法及金属络合法等在多糖的分离纯化中也常采用。

(三) 微生物来源的多糖类药物的生产

微生物来源的多糖类药物既可以采用发酵法生产，也可以利用酶转化法生产，如液体深层培养香菇产生菌生产香菇多糖，固定化细胞生产1,6-二磷酸果糖等，其方法同其他发酵和酶转化产品。发酵类型多属有氧发酵。

第二节　重要糖类药物的制备

一、D-甘露醇

(一) 结构、性质与应用

甘露醇学名为D-己六醇，广泛存在自然界中，如甘露蜜树（Fraxinusornus）的甘露蜜和海藻类植物中均含有甘露醇。海带中一般含甘露醇10%，碘约0.4%，褐藻胶20%等。甘露醇结构式如图7-1所示。

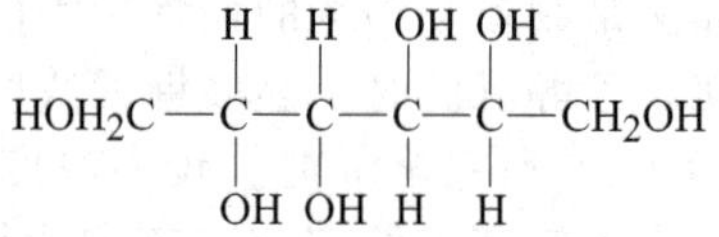

$$
\begin{array}{ccccccccc}
 & & H & & H & & OH & & OH \\
 & & | & & | & & | & & | \\
HOH_2C & — & C & — & C & — & C & — & C & — CH_2OH \\
 & & | & & | & & | & & | \\
 & & OH & & OH & & H & & H
\end{array}
$$

图7-1　甘露醇的结构式

甘露醇为白色针状结晶或结晶性粉末，无臭，味甜，不潮解，易溶于水，微溶于低级醇类和低级胺类，不溶于有机溶剂。在无菌溶液中较稳定，不易被空气中的氧所氧化。熔点166～169℃，$[\alpha]_D^{20}$ +28.6°（硼砂溶液）。

临床上，甘露醇作为渗透性利尿剂，能提高血液渗透压，降低颅内压，其脱水作用强于尿素，且持续时间久，用于脑水肿；亦可用于大面积烧伤和烫伤的水肿；也可防治急性肾功能衰竭；此外，还能降低眼球内压，用于急性青光眼的治疗等。

(二) 生产工艺

甘露醇的生产方法目前有提取法、电解法、催化还原法和微生物发酵法等。以下以提取法为例进行说明。

(1) 工艺路线

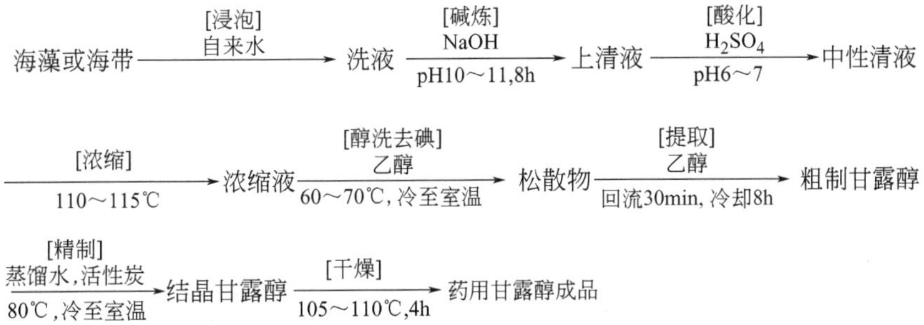

海藻或海带 —[浸泡] 自来水→ 洗液 —[碱炼] NaOH / pH10～11,8h→ 上清液 —[酸化] H_2SO_4 / pH6～7→ 中性清液

—[浓缩] 110～115℃→ 浓缩液 —[醇洗去碘] 乙醇 / 60～70℃,冷至室温→ 松散物 —[提取] 乙醇 / 回流30min,冷却8h→ 粗制甘露醇

—[精制] 蒸馏水,活性炭 / 80℃,冷至室温→ 结晶甘露醇 —[干燥] 105～110℃,4h→ 药用甘露醇成品

（2）工艺过程

① 浸泡、碱炼、酸化　在洗藻池中放约2～3吨自来水，投入120kg海藻，至藻体膨胀后，仔细地把海藻上的甘露醇洗入水中，洗净的海藻供提取海藻酸钠用。洗液再洗第二批海藻，如此约洗4批。将上述洗液加300g/L（30%）氢氧化钠溶液，pH10～11，静置8h，待褐藻糖液、淀粉及其他有机黏性物充分凝聚沉淀。虹吸上清液，用硫酸（1∶1）酸化，调节pH为6～7，进一步除胶状物，得中性清液。

② 浓缩、醇洗　用直火或蒸气加热至沸腾蒸发，温度110～150℃，大量氯化钠沉淀，不断将盐类与胶污物捞出，直至呈浓缩液，取小样倒地上，稍冷却应凝固，此时发料，含甘露醇30%以上，水分约含10%。将浓缩液冷至60～70℃趁热加95%乙醇（2∶1），不断搅拌，渐渐冷至室温后，离心甩干除去胶质，得灰白色松散物。

③ 提取　称取松散物，装入备有回流冷凝器的提取锅内，加8倍量的94%乙醇，搅拌，缓慢加热，沸腾回流30min出料，流水冷却8h，放置一昼夜，离心甩干，得白色松散甘露醇粗品，含甘露醇70%～80%。同上操作，乙醇重结晶1次，得工业用甘露醇，含量90%以上，Cl^-含量小于0.5%。

④ 精制　取工业用甘露醇加蒸馏水加热溶解，再加入1/10～1/8药用活性炭，不断搅拌，80℃保温半小时，趁热过滤，少许水洗活性炭2次，合并洗滤液，浓缩至甘露醇达70%时，如有混浊，重新过滤。在搅拌下冷却至室温，结晶，抽滤，洗涤结晶，抽滤至干，得结晶甘露醇。

⑤ 干燥　上述结晶甘露醇，经检验Cl^-合格后（Cl^-含量小于0.007%），用蒸气在105～110℃干燥，经常翻动，4h取出，为药用甘露醇成品。含量98%～100%，熔点166～169℃。

也可以用发酵法，如利用米曲霉液体深层发酵进行制取甘露醇，或者采用电解法，以葡萄糖为原料，经电解、脱盐、精制而得，转化率可达98%以上。

二、1,6-二磷酸果糖

（一）结构、性质与应用

1,6-二磷酸果糖（Fructose-1,6-diphosphate，缩写FDP，商品名Esafosfina）是葡萄糖代谢过程中的重要中间产物，是分子水平上的代谢调节剂。

1,6-二磷酸果糖是果糖的1,6-二磷酸酯，分子式$C_6H_{14}O_{12}P_2$，相对分子质量为340.1，常与Na^{2+}、Ca^{2+}、Zn^{2+}等成盐的形式存在，如1,6-二磷酸果糖三钠盐（$FDPNa_3H$），其结构式如图7-2所示：

1,6-二磷酸果糖三钠盐呈白色晶形粉末，无臭，易溶于水，不溶于有机溶剂，4℃时较稳定，久置空气中易吸潮结块，变微黄色，熔点71～74℃。

根据临床应用报道，1,6-二磷酸果糖适用于治疗心血管疾病，是急性心肌梗死、心功能不全、冠心病、休克等症的急救药。还可作为各类外科手术中的辅助药物，并对各类肝炎引

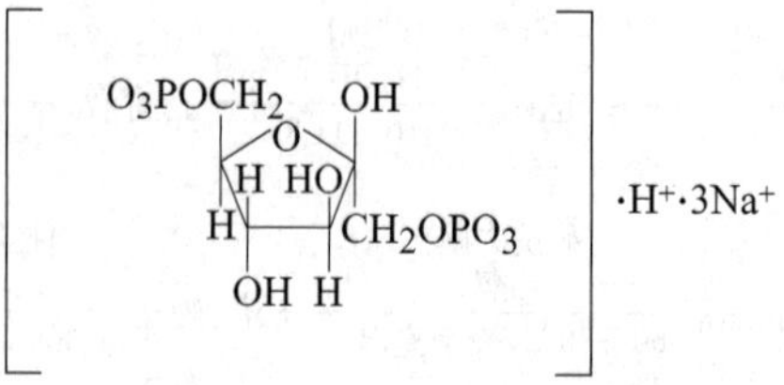

$$\left[\begin{array}{c}O_3POCH_2\ \ OH \\ \text{(furanose ring: O, H, HO, H, } CH_2OPO_3\text{, OH, H)}\end{array}\right]\cdot H^+\cdot 3Na^+$$

图 7-2 $FDPNa_3H$ 的结构式

起的深度黄疸、转氨酶升高及低白蛋白血症等均有良好的治疗作用。

1,6-二磷酸果糖三钠盐可制成冻干粉针，供静脉注射。国外已开发了片剂、胶囊、冲剂等口服剂型。已制成的稳定注射剂有安瓿和输液。也可用于制备营养口服液、牙膏和护肤护发化妆品等。

（二）生产工艺

1. 酶转化工艺

（1）工艺路线

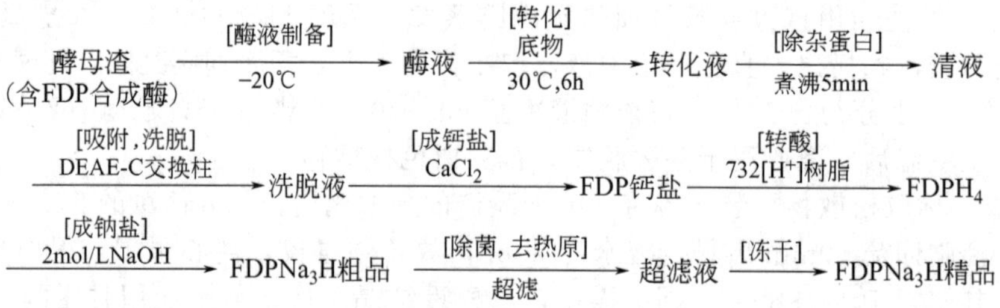

酵母渣（含FDP合成酶）→[酶液制备] −20℃→ 酶液 →[转化] 底物 30℃,6h→ 转化液 →[除杂蛋白] 煮沸5min→ 清液 →[吸附,洗脱] DEAE-C交换柱→ 洗脱液 →[成钙盐] $CaCl_2$→ FDP钙盐 →[转酸] 732[H^+]树脂→ $FDPH_4$ →[成钠盐] 2mol/LNaOH→ $FDPNa_3H$粗品 →[除菌,去热原] 超滤→ 超滤液 →[冻干]→ $FDPNa_3H$精品

（2）工艺过程

① 酶液制备　取经多代发酵应用过的酵母渣，悬浮于适量的蒸馏水中，−20℃反复冻融 3 次即得酶液。

② 转化、除杂蛋白　将上述酶液中加入底物（8%蔗糖、4%NaH_2PO_4、0.29%$MgCl_2$，pH6.5）于 30℃反应 6h，再煮沸 5min，离心除去杂蛋白即得转化清液。

③ 吸附、洗脱　转化清液通过 DEAE-C 阴离子交换柱层析，用蒸馏水洗涤至 pH7.0，然后进行分离洗脱，收集洗脱液，加入 $CaCl_2$ 生成其钙盐沉淀，过滤，得 FDP 钙盐。

④ 转酸、成钠盐　FDP 钙盐悬浮于水中，用 732［H^+］树脂将其转成 $FDPH_4$，用 2mol/L NaOH 调 pH 值至 5.3～5.5 成 $FDPNa_3H$ 粗品。通过超滤、除菌、去热原、冻干即得 $FDPNa_3H$ 精品。

2. 固定化细胞制备工艺

（1）工艺路线

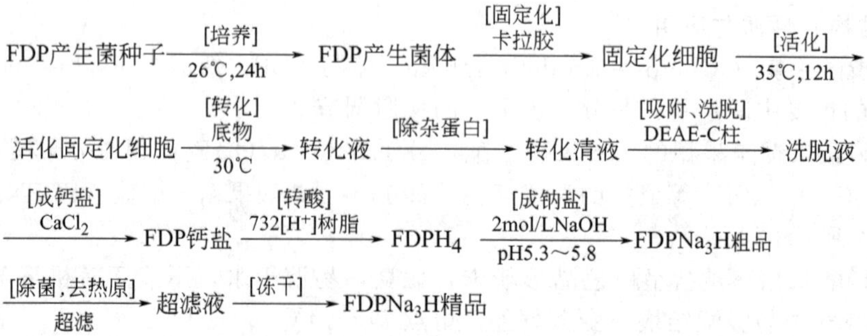

FDP产生菌种子 →[培养] 26℃,24h→ FDP产生菌体 →[固定化] 卡拉胶→ 固定化细胞 →[活化] 35℃,12h→ 活化固定化细胞 →[转化] 底物 30℃→ 转化液 →[除杂蛋白]→ 转化清液 →[吸附、洗脱] DEAE-C柱→ 洗脱液 →[成钙盐] $CaCl_2$→ FDP钙盐 →[转酸] 732[H^+]树脂→ $FDPH_4$ →[成钠盐] 2mol/LNaOH pH5.3～5.8→ $FDPNa_3H$粗品 →[除菌,去热原] 超滤→ 超滤液 →[冻干]→ $FDPNa_3H$精品

（2）工艺过程

① FDP 产生菌的培养　啤酒酵母接种于麦芽汁斜面培养基上，26℃培养 24h，转入种

子培养基中，培养至对数生长期，转接于发酵培养基中于28℃发酵培养24h，静置一周，离心，收集菌体。

② 固定化细胞的制备　取活化菌体用等体积生理盐水悬浮，预热至40℃，另用4倍量生理盐水加热溶解卡拉胶（卡拉胶用量为3.2g/L），两者于45℃混合搅拌10min，倒入成型器皿中，4～10℃冷却30min，加入等量的22.2g/L KCl液浸泡硬化4h，切成3mm×3mm×3mm小块即成。

③ 固定化细胞的活化　用含底物的表面活性剂，于35℃浸泡活化固定化细胞24h，以0.3mol/L KCl溶液洗涤后浸泡于生理盐水中备用。

④ 转化、除杂蛋白　用活化固定化细胞充填柱反应器，以上行法通入30℃底物溶液（内含8%蔗糖、4%NaH_2PO_4、0.29%$MgCl_2$、0.3%ATP），收集转化液，除去杂蛋白得转化清液。

⑤ 吸附、洗脱、成钙盐　将转化清液通过已处理好的DEAE-C阴离子交换柱，洗涤，再洗脱，收集洗脱液加入适量的$CaCl_2$，生成FDP钙盐沉淀。

⑥ 转酸、成钠盐　取FDP钙盐悬浮于无菌水中，用用732［H^+］树脂将其转成FD-PH_4，用2mol/L NaOH调pH值至5.3～5.8成钠盐，活性炭脱色，超滤，冻干，得FDP-Na_3H精品。

三、肝素

肝素是一种典型的天然抗凝剂，可阻止血液的凝结过程，防止血栓的形成。因为肝素在血液α-球蛋白（肝素辅因子）参与下，能抑制凝血酶原转变为凝血酶。1916年，Mclean在研究凝血问题时从肝脏中发现了这种抗凝血物质，引起了很大的重视，并命名为“肝素”。

肝素广泛地存在于哺乳动物的组织中，如肺、肠黏膜、十二指肠、肝、心、胰脏、胎盘、血液等。它在体内多以与蛋白质结合成复合物的形式存在，但不具备抗凝血活性，随着蛋白质的去除，这种抗凝活性逐渐表现出来。

（一）结构、性质与应用

肝素是由糖醛酸（L-艾杜糖醛酸，IdoA和D-葡糖醛酸，GlcA）和己糖胺（α-D-葡糖胺，GlcN）以及它们的衍生物（乙酰化、硫酸化）组成的具有不同链长的多糖链混合物。多糖链主要由两个结构单位构成：结构单位Ⅰ为一个五糖系列，结构单位Ⅱ为三硫酸双糖单位，此结构单位为重复单位。肝素的化学结构式用一个四糖重复单位表示如图7-3所示：

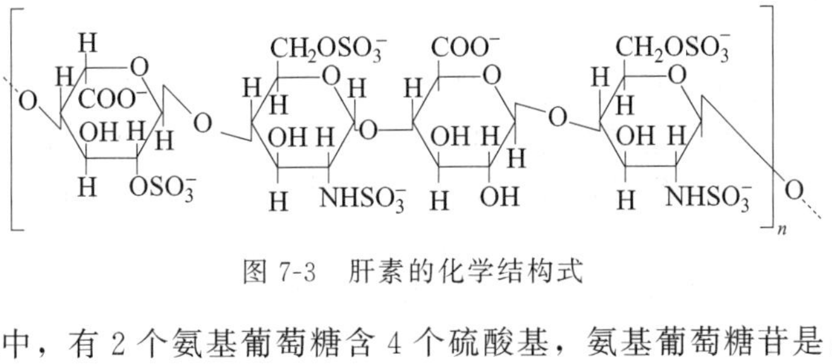

图7-3　肝素的化学结构式

在4个糖单位中，有2个氨基葡萄糖含4个硫酸基，氨基葡萄糖苷是α-型的，糖醛酸糖苷是β-型的。肝素的含硫量在9%～12.9%之间，硫酸基在氨基葡萄糖的2位氨基和6位羟基上，分别成磺酰胺和酯。艾杜糖醛酸的2位羟基成硫酸酯，带有负电荷。

肝素为白色或灰白色粉末，无臭无味，有吸湿性，钠盐易溶于水，不溶乙醇、丙酮、二氧六环等有机溶剂。分子结构单元中含有5个硫酸基和2个羧基，呈强酸性，为聚阴离子，能与阳离子反应生成盐。游离酸在乙醚中有一定溶解性。

肝素的分子是趋于螺旋形的纤维状分子，维持这种分子形状的键是分子内氢键和疏水键等，与其他黏多糖对比，其特性是黏度较小。这种结构与肝素的抗凝活性密切相关，结构破坏，则抗凝活性消失。用过量乙酸和乙醇沉淀肝素可得到失活产物。失活肝素的分子组分损失和相对分子质量变化不大，但形状变化很大，使原来螺旋形的纤维状分子结构发生变化，分子变为短而粗。

肝素的糖苷键不易被酸水解，*O*-硫酸基对酸水解相当稳定，*N*-硫酸基对酸水解敏感，在温热的稀酸中会失活，温度越高，pH 值越低，失活越快。在碱性条件下，*N*-硫酸基相当稳定。与氧化剂反应，可能被降解成酸性产物，使用氧化剂精制肝素时，一般收率能达到80%左右。还原剂存在时，基本上不影响肝素的活性。*N*-硫酸基遭到破坏，则抗凝活性降低。分子中的游离羟基被酯化，如硫酸化，抗凝血活性下降，乙酰化不影响抗凝血活性。

不同来源的肝素在降血脂方面的差异，一般认为是硫酸化程度不同所致，硫酸化程度高的肝素，具有较高的降脂活性。从牛肺、羊肠中提取的肝素，硫酸化程度高于从猪肠黏膜中提取的肝素。高度乙酰化的肝素，抗凝活性降低甚至完全消失，而降脂活性不变。相对分子质量与活性有一定关系，低分子量肝素（相对分子质量 4000～5000）具有较低的抗凝活性和较高的抗血栓形成活性。

肝素是天然抗凝药，10mg 肝素在 4h 内能抑制 500mL 血浆凝固。抗凝机制是抗凝血酶起作用，在血液 α-球蛋白（肝素辅因子）共同参与下，抑制凝血酶原转变成凝血酶。静脉注射 10min 见效，作用维持 2～4h，效果较为恒定，对已形成的血栓无效。此外，还具有澄清血浆脂质、降低血胆固醇和增强抗癌药物疗效等作用。临床广泛用作各种外科手术前后防治血栓形成和栓塞，输血时预防血液凝固和保存鲜血时的抗凝剂。小剂量时用于防治高血脂症和动脉粥样硬化。国外用于预防血栓疾病，已形成了一种肝素疗法。

（二）生产工艺

1. 盐解-离子交换制备工艺

（1）工艺路线

猪肠黏膜 —[提取] 氯化钠，氢氧化钠；pH8～9, 50～55℃, 2h; 90℃, 10min→ 滤液 —[离子交换吸附] D204(D254)树脂→ 吸附物

—[洗涤] 1.4,1.2mol/L氯化钠→ —[洗脱] 4mol/L氯化钠→ 洗脱液 —[沉淀] 乙醇→ 粗品 —[溶解] 1%氯化钠；pH1.5,过滤→ 滤液

—[脱色] 过氧化氢；pH11.0, 过滤→ 滤液 —[沉淀] 乙醇→ 精品

（2）工艺过程

① 提取　取猪肠黏膜投入反应锅内，按 3%加入氯化钠，用氢氧化钠溶液调 pH8～9，升温至 50～55℃，保温 2h。继续升温至 90℃，维持 10min，立即冷却。

② 离子交换吸附　提取液用双层纱布过滤，待冷至 50℃时加入 D204（或 D254）树脂，树脂用量按 5%～6%，搅拌 8h 后静置过夜。

③ 洗涤　次日过滤收集树脂，先用 50℃的温水冲洗树脂，再用冷水冲洗至上清液澄清。用 2 倍量 1.4mol/L 氯化钠溶液搅拌洗涤 1h，滤干，再用 1 倍量 1.2mol/L 氯化钠溶液搅拌洗涤 1h，滤干。

④ 洗脱　树脂用 4mol/L 氯化钠溶液搅拌洗脱 4h，滤干，再洗脱一次，每次用树脂 1 倍量的氯化钠溶液。合并洗脱液，用帆布过滤。

⑤ 沉淀　将滤液加入等量 95%乙醇，沉淀过夜。虹吸除去上清液，收集沉淀，脱水干燥得粗品。

⑥ 精制　粗品按 10%浓度溶解后，用盐酸调 pH1.5，过滤至清。随即用氢氧化钠调

pH11.0，按4%加入过氧化氢（浓度为30%），25℃放置，开始时注意保持pH值11.0，氧化合格后，过滤，调pH6.5，加入等量95%乙醇，沉淀过夜。次日虹吸除去上清液，沉淀脱水干燥后得精品。

2. 酶解-离子交换制备工艺

（1）工艺路线

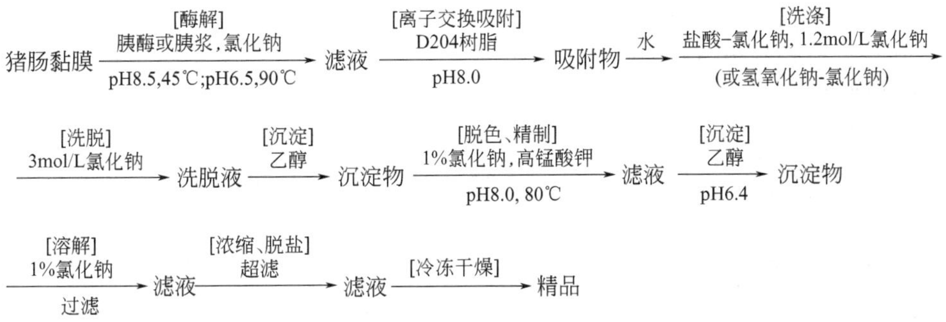

猪肠黏膜 —[酶解] 胰酶或胰浆，氯化钠；pH8.5，45℃；pH6.5，90℃→ 滤液 —[离子交换吸附] D204树脂；pH8.0→ 吸附物 —水→ —[洗涤] 盐酸-氯化钠，1.2mol/L氯化钠（或氢氧化钠-氯化钠）→

—[洗脱] 3mol/L氯化钠→ 洗脱液 —[沉淀] 乙醇→ 沉淀物 —[脱色、精制] 1%氯化钠，高锰酸钾；pH8.0，80℃→ 滤液 —[沉淀] 乙醇；pH6.4→ 沉淀物

—[溶解] 1%氯化钠；过滤→ 滤液 —[浓缩、脱盐] 超滤→ 滤液 —[冷冻干燥]→ 精品

（2）工艺过程

① 酶解　每100kg肠黏膜加苯酚200mL，搅拌加入0.5%胰酶或1%的胰浆，用浓氢氧化钠溶液调pH8.5～9.0，升温至45℃，保温2～3h，维持pH8.0。加入5%的粗盐，升温至90℃，用6mol/L的盐酸调pH6.5，保温20min，过滤。

② 离子交换吸附　滤液冷至50℃以下，调pH8.0，加入5%的D204树脂，搅拌吸附8～10h（气温高时可加适量甲苯防腐），用100目尼龙布收集树脂，分别用50℃的温水和自来水漂洗至澄清。

③ 洗涤与洗脱　树脂先用0.05mol/L盐酸和1.1mol/L氯化钠混合液洗涤1h，用清水洗至pH5左右，再用1.2mol/L氯化钠溶液洗涤。然后用1倍量的3mol/L氯化钠溶液洗脱，共2次，每次3h，收集洗脱液，帆布过滤至清。

④ 沉淀　将滤液加入乙醇至乙醇达42%～45%，12h后虹吸去除上清液，收集沉淀。

⑤ 脱色、精制　将沉淀物（粗品）按10%左右浓度用1%氯化钠溶液溶解，按每1亿单位肝素钠加入高锰酸钾0.5mol左右，调pH8.0，升温至80℃。搅拌2.5h后，以滑石粉为助滤剂过滤，收集滤液。

⑥ 沉淀　调滤液pH6.4，用1倍量95%乙醇沉淀12h以上，收集沉淀物，溶于1%氯化钠溶液中，板框过滤至清。

⑦ 超滤　滤液用分子量截留值为5000的膜进行超滤浓缩、脱盐。

⑧ 冷冻干燥　将超滤截留液置冷冻干燥机内，在－20℃下冷冻干燥48h以上，得精品。

（三）肝素钙

肝素钠具有很强的抗凝作用，由于肝素对Ca^{2+}的亲和力比对Na^{+}的亲和力强，在使用肝素钠时，往往会在各个不同的组织，特别是在血管和毛细血管壁等部位引起钙的沉积，尤其是大剂量皮下注射，钙的螯合作用破坏邻近毛细血管的渗透力，因而产生淤点和血肿现象。肝素钙可避免由钠盐转变为钙盐过程，防止可能引起的血中电解质平衡紊乱，具有稳定、速效、安全、减少淤点和血肿硬结等优点。

国外多采用肝素钙代替肝素钠，日本、西欧、美国、意大利等国家均生产并广泛将其应用于临床。主要用于出血性血液病、活动性消化器官溃疡、肝肾功能不全、严重高血压、亚急性细菌性心内膜炎、阻塞性黄疸等。

肝素钙是由肝素钠转变而成的，呈无定形粉末，溶于水为黄褐色，不溶于乙醇、丙酮等有机溶剂。10g/L（1%）的水溶液pH值为6～7.5。

1. 生产工艺

肝素钙的生产，目前均采用将精品肝素钠转变为精品肝素钙的方法，一种是离子交换法，把肝素钠吸附在阳离子交换剂上，洗去残留的 Na^+，用氯化钙洗脱肝素，乙醇沉淀，收取肝素钙。其缺点是交换容量低，洗脱时体积大，后处理麻烦。另一种是离子平衡法，在氯化钙存在的条件下，进行平衡交换、透析或超滤。可在较浓肝素钠 70～80g/L（7%～8%）的情况下进行，操作简便。

（1）以粗品肝素钠为原料的制备工艺Ⅰ

① 工艺路线

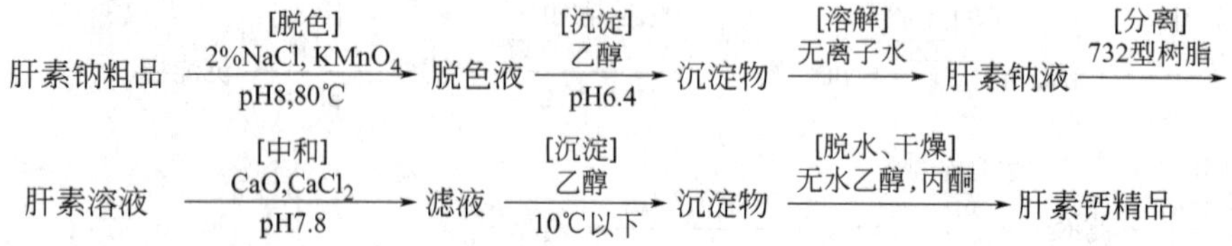

肝素钠粗品 —[脱色] 2%NaCl, $KMnO_4$, pH8,80℃→ 脱色液 —[沉淀] 乙醇, pH6.4→ 沉淀物 —[溶解] 无离子水→ 肝素钠液 —[分离] 732型树脂→

肝素溶液 —[中和] CaO,$CaCl_2$, pH7.8→ 滤液 —[沉淀] 乙醇, 10℃以下→ 沉淀物 —[脱水、干燥] 无水乙醇，丙酮→ 肝素钙精品

② 工艺过程

a. 脱色、沉淀、溶解　将肝素钠粗品（80U/mg 以上）溶于 15 倍量的 2%氯化钠溶液中，用 4mol/L 氢氧化钠溶液调节 pH 值至 8 左右，加热 80℃，每 1 亿单位肝素钠粗品加入 1mol 高锰酸钾，保温 30min，过滤，除去二氧化锰，滤液用 6mol/L 盐酸调 pH6.4，按滤液体积加 0.8 倍量的乙醇，放置 12h，吸去上清液，沉淀物用无离子水溶解，再通过滑石粉层抽滤，收集滤液。

b. 分离、中和、沉淀、干燥　上述滤液加入一定比例的 732 型阳离子交换树脂，搅拌半小时后除去树脂，溶液用氧化钙溶液调 pH 至 7.8，加入适量的无水氯化钙，抽滤，按滤液体积加入 0.8 倍量乙醇，于 10℃以下冷库静置过夜，次日吸去上清液，沉淀物用无水乙醇、丙酮洗涤脱水、抽干、置于五氧化二磷真空干燥器中干燥，即得肝素钙精品。

（2）以粗品肝素钠为原料的制备工艺Ⅱ

取 292g 粗品肝素钙（125U/mg），加 3L 4mol/L NaCl，用 20%氢氧化钠液调至 pH9.0，于 60℃保温 1h，升温至微沸 15min，过滤。沉淀用 500mL 4mol/L NaCl 以同法再提取 1 次。合并滤液，冷却后加 2 倍体积乙醇沉淀，过滤，沉淀用 500mL 醇溶液（醇：水＝2：1，体积比）浸泡 2h 后过滤，再用同比例的醇洗 2 次。

沉淀用 2L 水溶解，以 500mL/h 的流速通过预先处理已洗至中性的阳离子交换树脂（H^+）柱，再用 1L 水洗涤，合并流出液，滤去不溶物。加入氯化钙至溶液浓度为 1mol/L，加氧化钙水至 pH11，加 H_2O_2 至含量为 2%，氧化 2h，滤清后用 6mol/L HCl 调 pH6.5，加入到 1.5 倍体积的乙醇中沉淀。

沉淀用 1.5L，0.1mol/L 氯化钙溶液溶解，用氧化钙调 pH7.0～7.5，静置过夜，过滤，滤液回调至 pH6.5，加入到 2 倍体积的乙醇中沉淀，过滤洗涤，干燥，即得 200g 肝素钙。

四、硫酸软骨素

硫酸软骨素（CS），其药物的商品名称为康得灵，是从动物的软骨组织中得到的酸性黏多糖。自然界中，硫酸软骨素多存在于动物的软骨、喉骨、鼻骨（猪含 41%）、牛、马中膈和气管（含 36%～39%）中，其他骨腱、韧带、皮肤、角膜等组织中也含有，鱼类软骨中含量很丰富，如鲨鱼骨中含 50%～60%，结缔组织中含量很少。腔肠动物、海绵动物、原生动物也含有，植物中几乎没有。软骨中的硫酸软骨素与蛋白质结合以蛋白多糖的形式存在。药用的硫酸软骨素是从动物软骨中提取的，主要含有硫酸软骨素 A 和硫酸软骨素 C 两种异构体。

（一）结构、性质与应用

硫酸软骨素A和C都是由D-葡糖醛酸与2-乙酰氨基-2-脱氧-硫酸-D-半乳糖组成，只是硫酸基的位置不同。硫酸软骨素A又叫4-硫酸软骨素，其分子中半乳糖上的硫酸基在4位。硫酸软骨素C又叫6-硫酸软骨素，其分子中半乳糖上的硫酸基在6位。一般硫酸软骨素约含50～70个双糖基本单位，链长不均一，相对分子质量在10000～50000之间。由于生产工艺不同，所得产品的平均分子量也不同。一般碱水解提取法所得产品的平均分子量偏低，而酶解或盐解法所得产品的平均分子量较高，分子结构比较完整。硫酸软骨素化学结构式如图7-4：

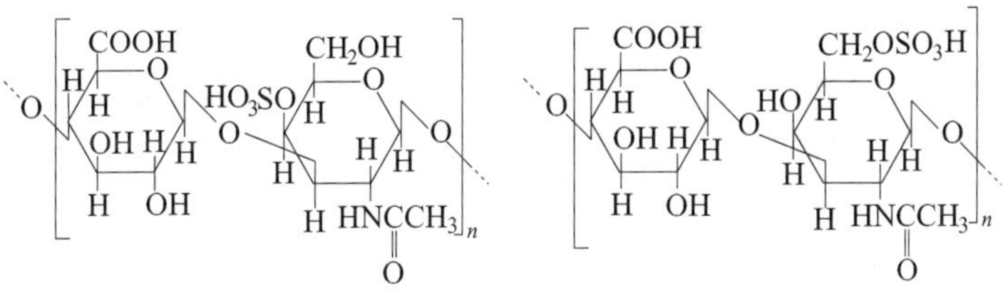

硫酸软骨素 A　　　　硫酸软骨素 C

图7-4　硫酸软骨素的化学结构式

硫酸软骨素为白色粉末，无臭，无味，吸水性强，易溶于水而成黏度大的溶液，不溶于乙醇、丙酮和乙醚等有机溶剂中，其盐类对热较稳定，受热达80℃亦不被破坏。

硫酸软骨素可被浓硫酸降解成小分子组分，并被硫酸化，降解的程度和被硫酸化的程度随着温度的升高而增加。硫酸软骨素也可以在稀盐酸溶液中水解而成小分子产物，温度越高，水解速度越快。硫酸软骨素分子中的游离羟基能发生酯化反应，而生成多硫酸衍生物。硫酸软骨素呈酸性，其聚阴离子能与多种阳离子生成盐，这些阳离子包括金属离子和有机阳离子如碱性染料甲苯胺蓝等。可以利用此性质对它进行纯化，如用阳离子交换树脂进行纯化等。

硫酸软骨素用在医药上可以清除体内血液中的脂质和脂蛋白，清除心脏周围血管的胆固醇，防止动脉粥样硬化，增加脂质和脂肪酸在细胞内的转换率。还能有效地防治冠心病，对实验性动脉硬化模型具有抗动脉粥样硬化及抗致粥样斑块形成作用，增加动脉粥样硬化的冠状动脉分枝或侧支循环，并能加速实验性冠状动脉硬化或栓塞所引起的心肌坏死或变性的愈合、再生和修复。还能增加细胞的信使核糖核酸和脱氧核糖核酸的生物合成以及促进细胞代谢。硫酸软骨素抗凝血活性低，具有缓和的抗凝血作用，每1mg的硫酸软骨素A相当于0.45U肝素的抗凝活性。这种抗凝活性并不依赖于抗凝血酶Ⅲ而发挥作用，它可以通过纤维蛋白原系统而发挥抗凝血活性。硫酸软骨素还具有抗炎、加速伤口愈合和抗肿瘤等多方面的作用。

（二）生产工艺

1. 稀碱提取制备工艺

（1）工艺路线

猪喉(鼻)软骨 —[提取] 2%氢氧化钠，过滤→ 浸出液 —[酶解] 盐酸、胰酶，50～55℃，pH8.5～9.0→ 水解液 —[吸附] 活性白土、活性炭，pH6.8～7.0→

滤液 —[沉淀] 氯化钠、乙醇→ 沉淀物 —无水乙醇，60～65℃→ 粗品 —1%氯化钠，过滤→ 溶液 —[精制] 胰酶，50～55℃，pH8.5～9.0，100℃→

滤液 —盐酸，pH2～3，过滤→ 滤液 —氢氧化钠,乙醇，pH6.5→ 沉淀物 —无水乙醇，60～65℃→ 精品

(2) 工艺过程

① 提取　将软骨洗净煮沸，除去脂肪和其他结缔组织，粉碎机粉碎后，加入4倍量的2%氢氧化钠溶液搅拌提取24h，用纱布过滤，滤渣再用2倍量的2%氢氧化钠溶液搅拌提取12h，过滤，合并两次提取液。

② 酶解　将上述滤液置于消化罐中，搅拌下加入1∶1盐酸调pH值8.5～9.0，并加热至50℃，加入适量胰酶酶解4～5h。

③ 吸附　用盐酸调pH值6.8～7.0，加入适量白土、1%活性炭搅拌吸附1h，过滤。

④ 沉淀　滤液调pH值6.0，加入90%以上的乙醇使醇含量为70%。静置，上清液澄清时，去上清液，下层沉淀脱水干燥得粗品。

⑤ 精制　将上述粗品按10%左右浓度溶解，并加入1%氯化钠。加入1%的胰酶酶解3h，然后升温至100℃，过滤至清，滤液用盐酸调pH值2～3过滤，用氢氧化钠调pH值6.5，然后用90%乙醇沉淀，无水乙醇脱水，真空干燥得精品。

2. 浓碱提取制备工艺

(1) 工艺路线

猪软骨(绞碎) —[提取] 40%氢氧化钠，40℃，2h→ 碱性提取物 —[中和] 盐酸，pH7.0～7.2→ 提取液 —[酶解] 胰酶，pH8.5～9.0，50～55℃→

水解液 —[沉淀] 乙醇→ 沉淀物 —[洗涤] 70%乙醇→ 脱盐沉淀物 —95%乙醇→ 脱水沉淀物 —70℃→ 成品

(2) 工艺过程

① 提取　取除去脂肪及结缔组织的冻软骨，绞碎，置反应罐内，加入1倍量的40%氢氧化钠溶液，加热升温至40℃，保温搅拌提取2h，冷却，加入工业盐酸调pH值7.0～7.2，用双层纱布过滤，弃去滤渣。

② 酶解　滤液调pH值8.5～9.0，加入适量胰酶，控制温度50～55℃，酶解3h，然后加热至90℃，保温10min后过滤。

③ 沉淀　滤液调pH值6.0，加入乙醇至其为70%，至上清液澄清后，去上清液，收集沉淀，并用70%乙醇洗涤2～3次，然后用95%以上的乙醇脱水2～3次，70℃以下真空干燥得成品。

3. 酶解-树脂提取制备工艺

将鲸鱼软骨绞碎，加1mol/L氢氧化钠溶液浸泡，40℃保温水解2h或加pH值7.5的水浸泡，用蛋白酶在55℃保温下水解20h，再加盐酸中和至中性，过滤，调整滤液中氯化钠浓度达到0.5mol/L。然后将溶液通过Amberlite IRA-933型离子交换树脂柱，吸附完毕，用0.5mol/L氯化钠液洗涤，再用1.8mol/L氯化钠液洗脱，流速2L/h，洗脱液脱盐，乙醇沉淀，离心，收集沉淀，真空干燥，即得成品。

五、透明质酸

透明质酸（hyaluronic acid），又名玻璃酸，是Meyer和Palmer于1934年从牛眼玻璃体中分离得到并命名的。透明质酸广泛地存在于人或动物的各种组织中，已从结缔组织、脐带、皮肤、鸡冠、关节滑液、脑、软骨、眼玻璃体、鸡胚、兔卵细胞、动脉和静脉壁等中分离得到。另外，产气杆菌、绿脓杆菌和A、B、C族溶血性链球菌也能合成透明质酸。在哺乳动物体内，以玻璃体、脐带和关节滑液的含量为最高。鸡冠透明质酸含量与滑液相似。

（一）结构、性质与应用

透明质酸是由（1→3)-2-乙酰氨基-2-脱氧-*β*-D-葡萄糖-(1→4)-*O*-*β*-D-葡萄糖醛酸的双糖

重复单位所组成的一种聚合物。其相对分子质量具有不均一性，一般平均为50万～200万。结构式如图7-5所示。

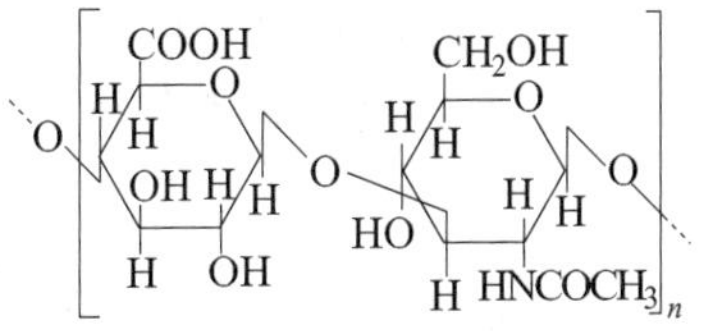

图7-5 透明质酸的化学结构式

透明质酸具有许多黏多糖共有的性质，为白色絮状或无定形固体，无臭无味，具有吸湿性。溶于水，不溶于有机溶剂，其水溶液的比旋光度为$-80°\sim-70°$。分子带负电，在电场中以$4\times10^{-5}\sim9\times10^{-5}$cm/s·V速度泳动。但是，等空间距离的葡糖醛酸残基上的羧基使它又具有特殊的性质，最突出的是其溶液具有高黏度。由于具有较长的可折叠链和羧基上负电荷的相互排斥作用，透明质酸分子的空间伸展特别大，即使在低浓度下，分子间亦有强烈的相互作用。因此，透明质酸分子具有较高的特性黏度值。特性黏度值随着分子量的不同而变化，同时也受pH值和离子强度的影响。分子量越高，其特性黏度值越大。在以下四种条件下，可使透明质酸溶液的黏度值发生不可逆下降：pH值过低或过高于7.0；玻璃酸酶的存在；还原性物质如半胱氨酸、焦性没食子酸、抗坏血酸或重金属离子的存在；紫外线、电子束照射。前两种因素引起黏度降低可能是因引起糖苷键的水解造成的；辐射破坏可能是因分子之间的解聚造成的。

透明质酸特殊的结构单位和大分子构型使其溶液具有高度黏弹性，作为关节滑液的主要成分，当关节剪切力增大（快速运动）时，主要表现为弹性，即其分子可贮存部分机械能，从而达到减轻关节震动的目的；当剪切力变小（慢速运动）时，则主要表现为黏性，即透明质酸所承受的机械能可通过其分子网扩散，从而起到润滑关节作用。因此，透明质酸对关节软骨具有机械保护作用。透明质酸的亲水性很强，这一特性使透明质酸能调节蛋白质、水、电解质在皮肤中的扩散和运转，并有促进伤口愈合等作用。透明质酸在临床中作为眼科手术辅助剂，在手术中可作为保护工具和手术工具。向关节腔内注射可治疗骨关节炎、类风湿性关节炎、肩周炎等各类关节病。透明质酸甚至还被作为理想的天然保湿因子，广泛用于化妆品之中。国外药物的正式商品有澳大利亚的Etamucin、美国的Hyvisc、前苏联的Luronite、瑞典的Healon等。

（二）生产工艺

1. 以雄鸡冠为原料的制备工艺

（1）工艺路线

丙酮脱水鸡冠 —[提取] 水→ 提取液 —[除蛋白质] 氯化钠，氯仿，搅拌3h→ 水相 —[沉淀] 乙醇→ 沉淀物 —[脱水、干燥]→

透明质酸钠粗品 —[溶解] 氯化钠溶液→ 溶液 —[除蛋白质] 氯仿→ 水相 —[酶解] 链霉蛋白酶，pH7.5，37℃→ 酶解液 —[沉淀] CPC→

复合沉淀物 —[解离] 氯化钠溶液→ 解离液 —[沉淀] 乙醇→ 沉淀物 —[脱水、干燥]→ 透明质酸钠精品

（2）工艺过程

① 提取　丙酮脱水鸡冠每1kg加蒸馏水5L，冷处浸泡约24h，匀浆。搅拌提取2h，100目尼龙布过滤。残渣再以蒸馏水提取3次，每次加蒸馏水2L。合并提取液。

② 除蛋白质　向提取液加入10%（质量浓度）固体氯化钠，搅拌使溶。加入等体积氯仿搅拌萃取2h，放置分层后，分出水相。

③ 粗品沉淀及干燥　去蛋白质后的溶液加2倍量95%的乙醇，待纤维状沉淀充分上浮后分出沉淀。用适量的乙醇、丙酮脱水后，放入有五氧化二磷的真空干燥器内干燥，得透明质酸钠粗品。

④ 除蛋白质　将透明质酸钠粗品溶于0.1mol/L氯化钠溶液中，使成1%浓度。用稀盐酸调pH4.5～5.0，加入等体积的氯仿搅拌处理2次。静置，分出水相。

⑤ 酶解　将水溶液用氢氧化钠溶液调pH值为7.5，加入适量链霉蛋白酶，于37℃酶解24h。酶解液再用氯仿处理，分出水相。

⑥ 络合沉淀　向水相内加入过量的1%氯化十六烷基吡啶（CPC）溶液，放置，抽滤，收集沉淀。

⑦ 解离　将沉淀溶于0.4mol/L氯化钠溶液中，搅拌解离2h，离心，分出上清液。

⑧ 沉淀、干燥　向上清液内加入3倍体积95%的乙醇，沉淀脱水，真空干燥，得透明质酸钠精品。

2. 以动物眼玻璃体为原料的制备工艺

(1) 工艺路线

牛、猪或羊眼玻璃体 —[离心]→ 上清液 —[沉淀] 丙酮→ 沉淀 —[提取] 1mol/L氯化钠溶液 / 搅拌4h，离心→ 上清液 —[除蛋白质] 5%三氯乙酸 / 搅匀，离心→

上清液 —[沉淀] 乙醇 / pH7.0→ 沉淀物 —[脱水干燥]→ 透明质酸钠粗品 —[溶解、除杂质] 氯化钠溶液、漂白土 / 离心→ 上清液 —[络合沉淀] CPB / 离心→

沉淀 —[解离] 氯化钠溶液 / 离心→ 滤液 —[沉淀] 乙醇→ 沉淀 —[脱水干燥]→ 透明质酸钠精品

(2) 工艺过程

① 提取　将冷冻的牛、猪或羊的眼球解冻，剥出玻璃体，融化后离心，分出上清液，加入1.5倍量的丙酮沉淀。8h后离心，所得沉淀加入到1mol/L氯化钠溶液中，搅拌提取4h，离心。

② 除蛋白质　上清液在低温下加入冷的5%三氯乙酸，搅匀，立即离心分出上清液，用5mol/L氢氧化钠溶液调pH值至中性。

③ 粗品沉淀及干燥　将中性上清液倒入2倍量95%乙醇中，分出沉淀。沉淀经乙醇、丙酮脱水后，放入有五氧化二磷的真空干燥器内干燥，得透明质酸钠粗品。

④ 溶解、吸附除杂质　将透明质酸钠粗品溶于0.1mol/L氯化钠溶液中，加入处理好的漂白土搅拌吸附2h，离心收集上清液。

⑤ 络合沉淀　向上清液内加入等体积的溴化十六烷基吡啶（CPB）溶液，得透明质酸-CPB沉淀。放置12h后离心，收集沉淀。

⑥ 解离　沉淀洗涤后于0.4mol/L氯化钠溶液解离4h，抽滤。

⑦ 沉淀、干燥　将滤液倒入3倍量95%的乙醇中，分出沉淀。沉淀经乙醇、丙酮脱水后，放入有五氧化二磷的真空干燥器内干燥，得透明质酸钠精品。

3. 发酵法的生产工艺

(1) 工艺路线

能够生产透明质酸的菌有多种，下面以兽疫链球菌变异株Y-921发酵生产透明质酸的工艺路线为例介绍如下。

$$\text{Y-921}\xrightarrow[37^\circ\text{C},42\text{h}]{[\text{培养}]\ \text{培养基}}\text{培养液}\xrightarrow[\text{离心}]{[\text{除菌体、蛋白质}]\ \text{三氯乙酸}}\text{上清液}\xrightarrow[\text{pH}7.0]{[\text{沉淀}]\ \text{乙醇}}\text{粗品}\xrightarrow{\text{精制}}\text{透明质酸钠精品}$$

（2）工艺过程

① 培养　培养基的成分为（%）：葡萄糖 6.0、蛋白胨 1.5、KH_2PO_4 0.2、$MgSO_4 \cdot 7H_2O$ 0.1、$CaCl_2 \cdot 2H_2O$ 0.005、泡敌（GPE）0.03、pH 值 7.0。取培养基 200L 加入 400L 发酵罐中，灭菌后按 1%的量接种 Y-921，于 37℃下通气［1.5V/(V·min)］搅拌（200r/min）培养 42h。发酵全程用 6mol/L 氢氧化钠溶液连续调节发酵液，保持 pH 值在 7.0。当培养基中的葡萄糖耗尽时，终止培养。

② 除菌体、蛋白质　将几乎无流动性（黏度 8Pa·s）的发酵液用去离子水稀释至黏度 0.1Pa·s 以下，用三氯乙酸调 pH 值 4.0，离心除去菌体及不溶物，收集上清液。

③ 沉淀、干燥　上清液调 pH 值至 7.0 倒入 3 倍量 95%乙醇中，分出沉淀。沉淀经乙醇、丙酮脱水后，放入有五氧化二磷的真空干燥器内干燥，干燥即得透明质酸钠粗品。

④ 精制　用以鸡冠为原料制备工艺中的透明质酸钠精制方法对本工艺的粗品进行精制，即得透明质酸钠精品。

本章小结

本章主要介绍了糖类药物的基本概念，重要糖类药物的性质与结构、生产工艺等。糖类化合物包括单糖及其衍生物、低聚糖、多糖。不少糖类物质及其衍生物具有多种生理功能和药用价值，在降血脂、抗凝、抗肿瘤、抗病毒、抗菌和增强免疫作用等方面得到了广泛的应用。糖类药物的原料来源包括动植物和微生物，制备方法有水解法、酶法、直接分离提取、化学合成法和发酵生产方法等。重要的单糖药物如甘露醇和 1,6-二磷酸果糖，甘露醇在临床上作为渗透性利尿剂，其生产方法有提取法（从海藻或海带中提取）、电解法和微生物发酵法等；1,6-二磷酸果糖适用于治疗心血管疾病，是急性心肌梗死、心功能不全、冠心病、休克等症的急救药，可利用酶转化法进行生产。重要的多糖药物有肝素、硫酸软骨素、透明质酸等。肝素是一种典型的天然抗凝剂，为酸性黏多糖，可从牛肺、羊肠、猪肠黏膜中提取制备，其生产工艺包括盐解—离子交换制备工艺和酶解—离子交换制备工艺两条途径。硫酸软骨素，是从动物的软骨组织中得到的酸性黏多糖，其生产工艺包括稀碱提取、浓碱提取、酶解—树脂提取三条制备工艺途径。透明质酸的亲水性很强，其溶液具有高度黏弹性，在临床中作为眼科手术辅助剂，广泛用于化妆品之中，透明质酸可采用雄鸡冠或动物眼玻璃体为原料进行制备，也可以利用微生物发酵法进行生产。

思考题

1. 简述糖类药物的分类、生理功能。
2. 简述肝素的性质、生产工艺、低分子量肝素与未分级肝素的区别。
3. 简述硫酸软骨素和透明质酸的来源、生产途径、作用与用途。

第八章　脂类药物

第一节　脂类药物概述

脂类系脂肪、类脂及其衍生物的总称。其中具有特定的生理、药理效应者称为脂类药物。脂类的共同性质是微溶或不溶于水，易溶于氯仿、乙醚、苯、石油醚等有机溶剂，即具有脂溶性。脂类药物，可通过生物组织抽提、微生物发酵、动植物细胞培养、酶转化及化学合成等途径制取，工业生产中常依其存在形式及各成分性质采取不同的提取、分离及纯化技术。

一、脂类药物的分类

脂类药物按生物化学上的分类可分为复合脂，简单脂和异戊二烯系脂。

按化学结构则可细分为六类：

(1) 脂肪类，如亚油酸，亚麻酸，DHA、EPA 等；

(2) 磷脂类，如卵磷脂、脑磷脂等；

(3) 糖苷脂类，如神经节苷脂等；

(4) 萜式脂类，如鲨烯等；

(5) 固醇及类固醇类，如胆固醇、麦角固醇等；

(6) 其他，如胆红素，人工牛黄，人工熊胆等。

二、脂类药物的应用

脂类药物种类很多，具有多种生理功能、药理作用，它们的临床用途也各不相同。

1. 磷脂类药物的临床应用

该类药物主要有卵磷脂及脑磷脂，二者均具有增强神经元功能、调节高级神经元活动、增加脑乙酰胆碱的利用及抗衰老的作用。磷脂还可乳化脂肪，促进胆固醇的转运，临床上用于防治老年性痴呆、神经衰弱、血管硬化症、动脉粥样硬化等。卵磷脂可用于肝炎、脂肪肝及其引起的营养不良、贫血消瘦。磷脂类也是一种良好的药物辅料，可作为增溶剂、乳化剂和抗氧剂。

2. 色素类药物的临床应用

色素类药物有胆红素、胆绿素、血红素、原卟啉、血卟啉及衍生物。胆红素是由四个吡咯环构成的线性化合物，为抗氧剂，有清除氧自由基功能，用于消炎，也是人工牛黄的重要成分；原卟啉可促进细胞呼吸，改善肝脏代谢功能，临床上用于治疗肝炎；血卟啉及衍生物为光敏化剂，可在癌细胞中潴留，是激光治疗癌症的辅助剂，临床治疗多种癌症。

3. 不饱和脂肪酸类的临床应用

该类药物包括前列腺素、亚麻酸、EPA、DHA 等，前列腺素有广泛的生理作用，收缩子宫平滑肌、扩张小血管、抑制胃酸分泌、保护胃黏膜等。亚油酸、亚麻酸、EPA、DHA均有调节血脂、抑制血小板聚集、扩张血管等作用，可防治高脂血症，动脉粥样硬化和冠心病。DHA还有增加大脑神经元的功能并提高其功能。

4. 胆酸类药物的临床应用

胆酸类化合物是人及动物肝脏产生的甾体化合物，可乳化肠道脂肪，促进脂肪消化吸收，同时维持肠道正常菌群的平衡，保持肠道正常功能。胆酸钠用于治疗胆囊炎，消化不良等；牛磺去氢胆酸及牛磺去氧胆酸有抗病毒作用，用于防治艾滋病、流感及副流感病毒感染引起的传染性疾患。

5. 固醇类药物的临床应用

该类药物包括胆固醇、麦角固醇及β-谷固醇等。胆固醇是人工牛黄、多种甾体激素及胆酸的原料，是机体细胞膜不可缺少的成分；麦角甾醇是机体维生素D2的原料；β-谷固醇具有调节血脂、抗炎、解热、抗肿瘤及免疫调节功能。

6. 人工牛黄的临床应用

人工牛黄是根据天然牛黄而人工合成的脂类药物，其主要成分为胆红素、胆酸、猪胆酸、胆固醇及无机盐等，是多种中成药的重要原料药。具有清热、解毒、祛痰及抗惊厥作用，临床上用于治疗热病谵狂，神昏不语，小儿惊风及咽喉肿胀等，外用治疗疥疮及口疮等。

三、脂类药物制备的一般方法

（一）直接抽提法

自然界中，有些脂类药物是以游离形式存在的，如卵磷脂、脑磷脂、亚油酸、花生四烯酸及前列腺素等。因此，通常根据它们各自的溶解性质，采用相应溶剂系统从生物组织或反应体系中直接抽提出粗品，再利用各种相应的分离纯化技术获得纯品。

（二）水解法

存在于生物体内的有些脂类药物与其他成分构成复合物，含这些成分的组织需经水解或适当处理后再水解，然后再进行分离纯化，如脑干中的胆固醇酯经丙酮抽提，浓缩后残留物用乙醇结晶，再用硫酸水解和结晶才能获得胆固醇。原卟啉以血红素形式与珠蛋白通过共价结合成血红蛋白，后者于氯化钠饱和的冰醋酸中加热水解得血红素，血红素于甲酸中加还原铁粉回流除铁后，经分离纯化得到原卟啉。又如辅酶Q_{10}（CoQ_{10}）与动物细胞内线粒体膜蛋白结合成复合物，故从猪心提取CoQ_{10}时，需将猪心绞碎后用氢氧化钠水解，然后用石油醚抽提及分离纯化，在胆汁中，胆红素大多与葡萄糖醛酸结合成共价化合物，故提取胆红素需先用碱水解胆汁，然后用有机溶剂抽提。胆汁中胆酸大都与牛磺酸或甘氨酸形成结合型胆汁酸，要获得游离胆酸，需将胆汁用10%氢氧化钠加热水解后分离纯化。

（三）化学合成或半合成法

来源于生物的某些脂类药物可以用相应有机化合物或来源于生物体的某些成分为原料，采用化学合成或半合成法制备，如用香兰素及茄尼醇为原料可合成CoQ_{10}，其过程是先将茄尼醇延长一个异戊烯单位，使其成为10个异戊烯重复单位的长链脂肪醇；另将香兰素经乙酰化、硝化、甲基化、还原和氧化合成2,3-二甲氧基-5-甲基-1,4-苯醌（CoQ_{10}）。上述两个化合物在$ZnCl_2$或BF_3催化下缩合成氢醌衍生物，经Ag_2O氧化得CoQ_{10}。另外以胆酸为原料经氧化或还原反应可分别合成去氢胆酸、鹅去氧胆酸及熊去氧胆酸，称为半合成法。上述三种胆酸分别与牛磺酸缩合，可获得具有特定药理作用的牛磺去氢胆酸、牛磺鹅去氧胆酸及牛磺熊去氧胆酸。又如血卟啉衍生物是以原卟啉为原料，经氢溴酸加成反应的产物再经水解后所得产物。

(四) 生物转化法

发酵、动植物细胞培养及酶工程技术可统称为生物转化法。来源于生物体的多种脂类药物亦可采用生物转化法生产。如用微生物发酵法或烟草细胞培养法生产 CoQ_{10}；用紫草细胞培养生产紫草素，产品已商品化；另外以花生四烯酸为原料，用绵羊精囊、*Achlya Americana* ATCC 10977 及 *Achlya bisexualis* ATCC 11397 等微生物以及大豆（Amsoy 种）的类脂氧化酶-2 为前列腺素合成酶的酶源，通过酶转化合成前列腺素。其次以牛磺石胆酸为原料，利用 *Mortierella ramanniana* 菌细胞的羟化酶为酶源，使原料转化成具有解热、降温及消炎作用的牛磺熊去氧胆酸。

第二节 重要脂类药物的制备

一、磷脂类

磷脂类药物中除神经磷脂等少数成分外，其结构中大多含甘油基团，如磷脂酸、磷脂酰胆碱、磷脂酰乙醇胺、磷脂酰甘油、磷脂酰丝氨酸、溶血磷脂及缩醛磷脂等，故统称为甘油磷脂。其中磷脂酰胆碱即卵磷脂应用较广。

1. 卵磷脂的结构

卵磷脂（lecithin）是一种甘油磷脂，其中磷酸的两个羟基分别与甘油的一个羟基及胆碱的 α-羟基之间形成磷酸二酯键，且因甘油羟基有 α 位及 β 位之分，故有 α-卵磷脂及 β-卵磷脂之分。自然界存在的卵磷脂为 L-α-卵磷脂，其结构式如图 8-1 所示。

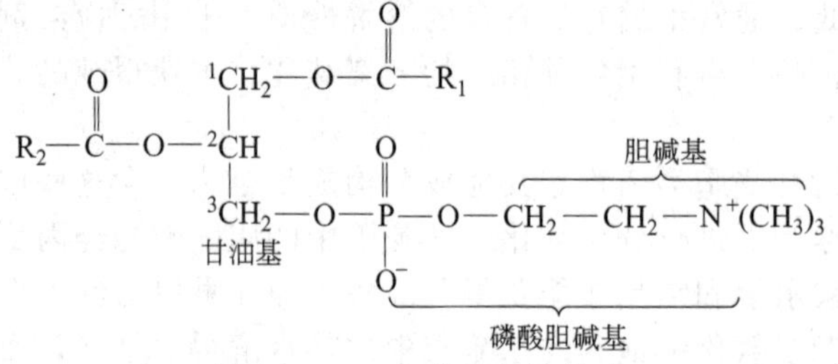

图 8-1 L-α-卵磷脂的结构式

上述分子结构中 R_1-及 R_2-分别为饱和及不饱和脂肪烃链，常见者有硬脂酸、软脂酸、油酸、亚油酸、亚麻酸及花生四烯酸的烃链。

2. 卵磷脂的性质

卵磷脂为白色蜡状物质，无熔点，有旋光性，在空气中因不饱和脂肪酸烃链氧化而变色。极易溶于乙醚及乙醇，不溶于水，为两性电解质，pI 为 6.7，可与蛋白质、多糖、胆汁酸盐、$CaCl_2$、$CdCl_2$ 及其他酸和碱结合。有降低表面张力作用，与蛋白质及糖结合后作用更强，为较好的乳化剂。

3. 卵磷脂的制备

磷脂广泛存在于动植物的细胞中，动物体的脑、精液、肾上腺及红细胞中含量很多，卵黄中含量高达 8%～10%，大豆中含量也很高。因此，磷脂的制备可用脑、卵黄、大豆为原料。

卵磷脂的制备方法很多，包括有机溶剂提取法、柱层析法、超临界流体提取法、沉淀法等。

1. 以脑干为原料的制备工艺

（1）工艺路线

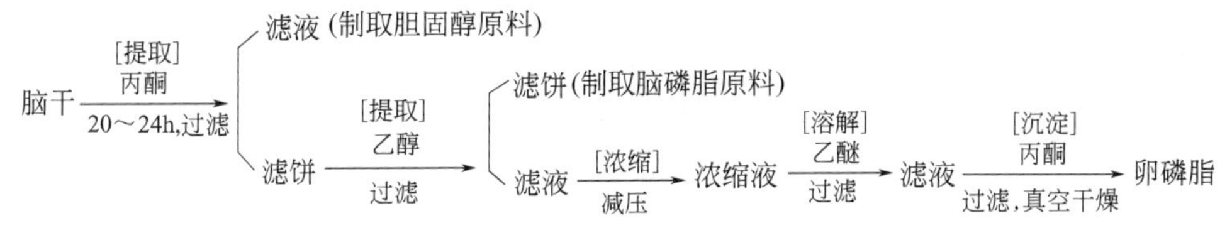

（2）工艺过程

① 提取与浓缩　取动物脑干加 3 倍体积（质量体积比）丙酮循环浸渍 20～24h，过滤的滤液待分离胆固醇。滤饼蒸去丙酮，加 2～3 倍体积（质量体积比）乙醇浸渍抽提 4～5 次，滤饼用于制备脑磷脂。合并滤液，真空浓缩，趁热放出浓缩液。

② 沉淀与干燥　上述浓缩液冷却至室温，加入半倍体积乙醚，不断搅拌，放置 2h，令白色不溶物完全沉淀，过滤，取滤液于激烈搅拌下加入粗卵磷脂质量 1.5 倍体积的丙酮，析出沉淀，滤除溶剂，得膏状物，以丙酮洗涤两次，真空干燥后得卵磷脂成品。

2. 以蛋黄为原料的制备工艺

（1）工艺路线

蛋黄 —[乙醇]→ 乙醇提取液 —[减压浓缩]→ 浓缩液 —[石油醚]→ 石油醚溶液 —[丙酮]→ 沉淀物 —[减压干燥]→

粗品卵磷脂 —[乙醇]→ 乙醇溶液 —[$ZnCl_2$]→ 淡黄色沉淀 —[丙酮]→ 沉淀物 —[减压干燥]→ 卵磷脂

（2）工艺过程

① 蛋黄的收集　采用放置于冰箱保存的新鲜鸡蛋。打蛋时要注意保证蛋黄的完整性，分离蛋黄，备用。

② 卵磷脂的提取　取 100g 鸡蛋卵黄于烧杯中，加入 200mL 95%乙醇，置磁力搅拌器室温下搅拌 1h，3000r/min 离心分离 10min，将沉淀物再加入 95%乙醇，重复以上步骤 3 次。收集上清液，45℃下减压蒸馏至近干，用少量石油醚溶解，得石油醚溶液，于石油醚溶液中加入适量丙酮，分离出沉淀物，置搪瓷盘中摊平，厚度不宜超过 1.5cm，40℃左右减压真空干燥 2～4h，得淡黄色的卵磷脂粗品。

③ 卵磷脂的纯化　将 2.5g 粗卵磷脂溶于 27mL 无水乙醇中，加入相当于卵磷脂质量的 10%的 $ZnCl_2$ 的水溶液 3mL，室温下搅拌 0.5h，得金属盐卵磷脂络合物沉淀，过滤，收集沉淀物。加入冰冷丙酮 50mL 洗涤沉淀物，搅拌 1h，过滤，收集沉淀物，置搪瓷盘中摊平，厚度不宜超过 1.5cm，40℃左右减压真空干燥 2～4h，可得淡黄色蜡状的精制卵磷脂。

二、胆酸类

胆酸类药物大多为 24 个碳原子构成的胆烷酸。人及动物体内存在的胆酸类物质是由胆固醇经肝脏代谢产生，通常与甘氨酸或牛磺酸形成结合型胆酸，总称胆汁酸。胆汁是脊椎动物特有的、从肝脏分泌出来的分泌液，其苦味来自所含胆汁酸，黏稠性来自黏蛋白，颜色来自胆色素。

胆汁酸结构的基本骨架是甾核。由于甾环上羟基的数量、位置及构型的差异，形成多种胆酸类化合物，如胆酸、猪去氧胆酸、去氧胆酸、去氢胆酸、鹅去氧胆酸、熊去氧胆酸、猪胆酸及石胆酸等。其中胆酸、去氢胆酸、猪胆酸、鹅去氧胆酸及熊去氧胆酸均已用于临床。

（一）胆酸

1. 结构与性质

胆酸（CA）存在于许多脊椎动物胆汁中，牛、羊及狗胆汁中含量比较丰富，以结合型胆汁酸形式存在。其分子式为 $C_{24}H_{40}O_4$，结构式如图 8-2 所示。

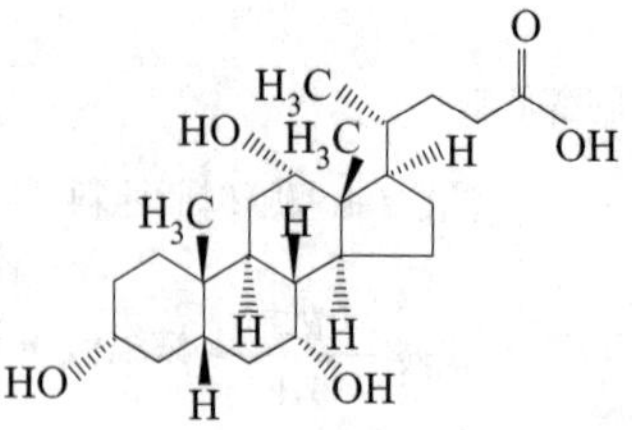

图 8-2 胆酸的结构式

胆酸化学名称为 3α,7α,12α-三羟基-5β-胆烷酸，相对分子质量为 408.6，熔点 198℃；$[\alpha]_D^{20}$ +37°；pK 为 6.4；15℃时，在水中的饱和浓度（g/L）为 0.28，乙醇中为 30.56，乙醚中为 1.22，氯仿中为 5.08，苯中为 0.36，丙酮中为 28.24，冰醋酸中为 152.15，其钠盐在水中的饱和浓度为 568.9g/L。在稀醋酸的溶液中结晶得到白色片状结晶，味先甜而后苦，是配制人工牛黄的原料。

2. 生产工艺

（1）工艺路线

牛羊胆汁 —[水解] 氢氧化钠→ 水解液 —[酸化] 硫酸→ 粗胆酸 —[溶解、结晶] 乙醇→ 粗胆酸结晶 —[重结晶]→ 精品胆酸

（2）工艺过程

① 水解与酸化　牛羊胆汁（或胆膏）加入 1/10 量（质量体积比）氢氧化钠（胆膏为 1∶1，另加 9 倍水），加热回流水解 18h，静置冷却，倾出上层液，下层过滤，合并清液与滤液，用 30％硫酸调 pH2～3，形成膏状粗胆酸沉淀，取出沉淀，加等量水煮沸 10～20min，成颗粒状沉淀，反复水洗至中性，50～60℃干燥得粗胆酸。

② 溶解与结晶　取上述粗胆酸加 0.75 倍体积（质量体积比）75％乙醇，加热回流，搅拌溶解，过滤，滤液置 0～5℃结晶过夜，离心甩干并用少量 80％乙醇洗涤，干燥得粗品胆酸结晶。

③ 重结晶　取上述粗胆酸结晶加 4 倍体积（质量体积比）95％乙醇和 4％～5％活性炭，加热回流搅拌溶解，趁热过滤，滤液浓缩至原体积 1/4，置 0～5℃结晶，滤取结晶，用少量 90％的乙醇洗涤，干燥得精制胆酸。

（二）猪去氧胆酸

1. 结构与性质

猪去氧胆酸（pig deoxycholic acid，PDCA）化学名称为 3α,6α-二羟基-5β-胆烷酸，是猪胆酸（3α,6α,7α-三羟基-5β-胆烷酸）经肠道微生物催化脱氧而成，存在于猪胆中，相对分子质量为 392.6，分子式为 $C_{24}H_{40}O_4$，其结构式如图 8-3 所示。

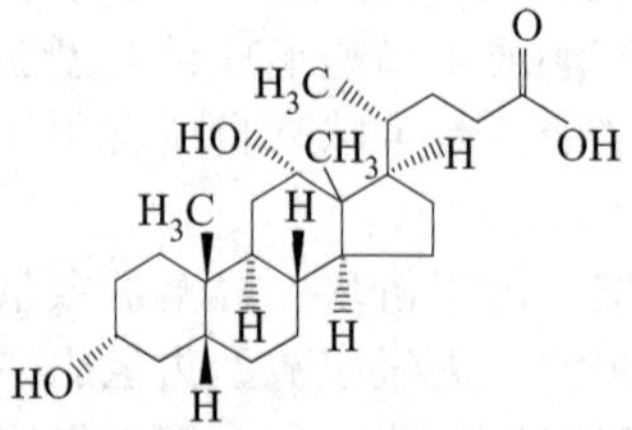

图 8-3 猪去氧胆酸的结构式

本品为白色或类白色粉末，熔点 197℃，$[\alpha]_D^{20}$ 为 +8°，无臭或微腥，味苦，易溶于乙醇和冰醋酸，在丙酮、醋酸乙酯、乙醚、氯仿或苯中微溶，几乎不溶于水。

2. 生产工艺

（1）工艺路线

猪胆酸汁 —[水解] 氢氧化钠, 118℃→ 水解液 —[酸化] HCl→ 粗品 —[脱色] 醋酸乙酯、活性炭, 回流、过滤→ 滤液 —[脱水] 无水硫酸钠, 过滤→ 滤液 —[浓缩] 蒸馏→ 结晶 —[干燥] 真空减压→ 成品

（2）工艺过程

① 猪胆汁酸制备　取猪胆汁制取胆红素后滤液（见本节胆红素项下）加盐酸酸化至pH1～2，倾去上层液体得黄色膏状粗胆汁酸。

② 水解与酸化　上述粗胆汁酸加 1.5 倍（质量比）氢氧化钠和 9 倍体积（质量体积比）水，加热水解 16～18h，冷却后静置分层，虹吸上层淡黄色液体，沉淀物加少量水溶解后合并，用 6mol/L HCl 酸化至 pH1～2，过滤，滤饼用水洗至中性，真空干燥得猪去氧胆酸粗品。

③ 精制　上述粗品加 5 倍体积（质量体积比）醋酸乙酯，15%～20%活性炭，搅拌回流溶解，冷却，过滤，滤渣再用 3 倍体积醋酸乙酯回流，过滤。合并滤液，加 20%（质量体积比）无水硫酸钠脱水，过滤后，滤液浓缩至原体积 1/5～1/3，冷却结晶，滤取结晶并用少量醋酸乙酯洗涤，真空干燥得成品。熔点 160～170℃。若以醋酸乙酯重结晶，可得精品。熔点可达 195～197℃。

（3）检验　本品熔点 190～201℃（熔程不超过 3℃）。$[\alpha]_D^{20}$ 为+6.5℃～+9.0°；干燥失重不超过 1.0%；灼烧残渣不超过 0.2%；含量测定法为取本品 0.5g，精密称定，加中性乙醇 30mL 溶解后，加酚酞指示剂 2 滴，用 0.1mol/L 氢氧化钠滴定即得，每毫升 0.1mol/L 氢氧化钠溶液相当于 39.26mg 的 $C_{24}H_{40}O_4$，按干品计算出总胆酸含量，按分子式 $C_{24}H_{40}O_4$ 计算，不得少于 98%。

（4）作用与用途

本品有降低血浆胆固醇作用，为降血脂药。同时也是配制人工牛黄的重要成分。

三、固醇类

固醇类药物包括胆固醇、麦角固醇及 β-谷固醇等，均为甾体化合物。其他如可的松及皮质酮等肾上腺皮质激素，睾丸酮及脱氢异雄酮等雄性激素以及雌二醇与炔诺酮等雌性激素亦属固醇类药物，在此仅介绍胆固醇的结构、性质与生产工艺。

1. 结构与性质

胆固醇（cholesterol）为动物细胞膜的重要成分，亦为体内固醇类激素、维生素 D 及胆酸之前体，存在于所有组织中，脑及神经含量最高，每 100g 组织约含 2g，其次肝脏、肾上腺、卵黄及羊毛脂中含量也非常丰富，同时也为胆结石的主要成分。其分子式为 $C_{27}H_{46}O$，相对分子质量 386.64，结构式见图 8-4。

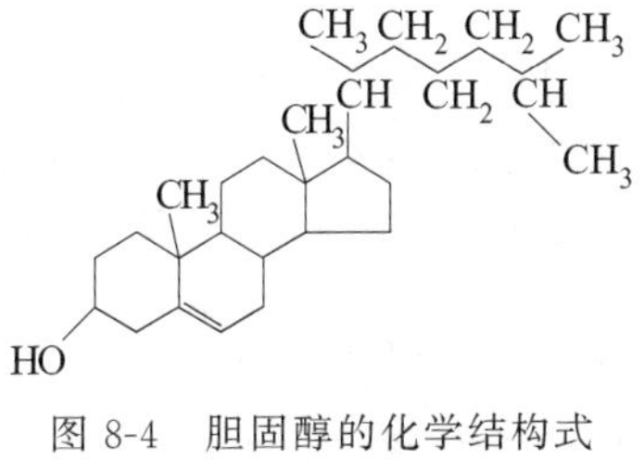

图 8-4　胆固醇的化学结构式

胆固醇化学名称为胆甾-5-烯-3β-醇，其分子结构中含一条 8 个碳原子的饱和侧链；C_5 位为一个双键；C_3 位为一个羟基。其化学性质及生理功能均与上述特征有关。

胆固醇在稀醇中可形成白色闪光片状水合物晶体，于 70～80℃成为无水物，其熔点为

148～150℃，$[\alpha]_D^{20}$ 为－31.5°（c＝20mg/ml，乙醚中）；$[\alpha]_D^{20}$ 为－39.5°（c＝20mg/ml，三氯甲烷中）。难溶于水，易溶于乙醇、氯仿、丙酮、吡啶、苯、石油醚、油脂及乙醚。

2. 生产工艺

（1）工艺路线

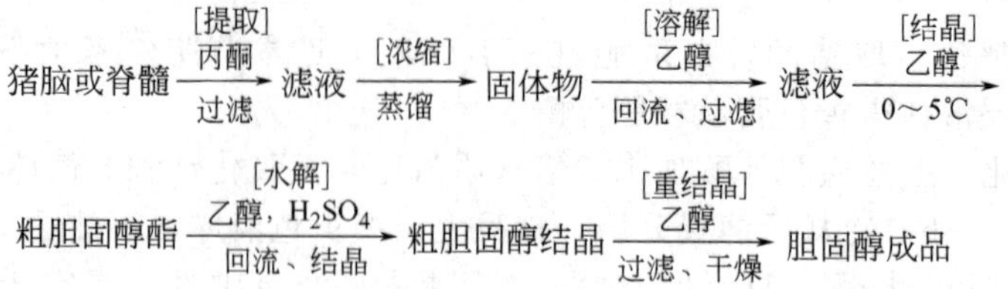

猪脑或脊髓 —[提取] 丙酮，过滤→ 滤液 —[浓缩] 蒸馏→ 固体物 —[溶解] 乙醇，回流、过滤→ 滤液 —[结晶] 乙醇，0～5℃→

粗胆固醇酯 —[水解] 乙醇，H_2SO_4，回流、结晶→ 粗胆固醇结晶 —[重结晶] 乙醇，过滤、干燥→ 胆固醇成品

（2）工艺过程

① 提取　大脑干丙酮提取工艺，见本节卵磷脂生产工艺。

② 浓缩与溶解　上述大脑干丙酮抽提液蒸馏浓缩至出现大量黄色固体物为止，向固体物中加 10 倍体积（质量体积比）工业乙醇，加热回流溶解，过滤，弃去滤渣。

③ 结晶与水解　上述滤液于 0～5℃冷却结晶，滤取结晶得粗胆固醇酯。结晶加 5 倍量（质量体积比）工业乙醇和 5％～6％硫酸加热回流 8h，置 0～5℃结晶。滤取结晶并用 95％乙醇洗至中性。

④ 重结晶　上述结晶用 10 倍量（质量体积比）工业乙醇和 3％活性炭加热溶解并回流 1h，保温过滤，滤液置 0～5℃冷却结晶，如此反复三次。滤取结晶，压干，挥发除去乙醇后，70～80℃真空干燥得精制胆固醇。

（3）检验

① 于 1％胆固醇氯仿溶液中加硫酸 1mL，氯仿层显血红色，硫酸层显绿色荧光；

② 取胆固醇 5mg 溶于 2mL 氯仿中，加 1mL 醋酐及硫酸 1 滴即显紫色，再变红，继而变蓝，最后呈亮绿色，此为不饱和甾醇特有显色反应，亦为比色法测定胆固醇含量之基础。

其他指标有：熔点为 148～150℃；$[\alpha]_D^{20}$ 为－34°～－38°（二噁唑中）；60℃真空干燥 6h 其质量损失不大于 0.3％；炽灼残渣不大于 0.1％；其次酸度与溶解度均需合格。

（4）用途

胆固醇为人工牛黄重要成分之一，也是合成维生素 D_2 及 D_3 起始材料和化妆品原料，并是药物制剂良好的表面活性剂。

四、胆色素类

胆色素类由四个吡咯环通过亚甲基及次甲基相连成线性分子，但仅胆红素入药。下文以胆红素（bilirubin）为例介绍其结构、性质与生产工艺。

1. 结构与性质

胆红素存在于人及多种动物胆汁中，亦为胆结石主要成分。乳牛及狗胆汁中含量最高，猪及人胆汁次之，牛胆汁更次之，羊、兔及禽胆汁多含胆绿素。胆红素为二次甲胆色素，其分子式为 $C_{33}H_{36}N_4O_6$，相对分子质量为 584.65，结构式如图 8-5 所示。

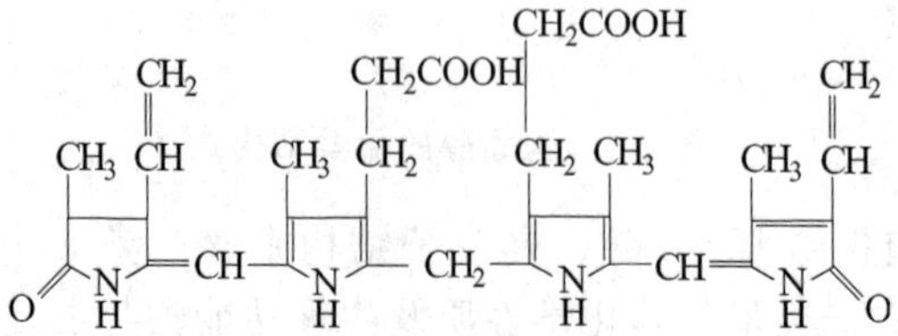

图 8-5　胆红素的结构式

胆红素在动物肝脏中存在形式较复杂，大都与葡萄糖醛酸结合成酯，也有与葡萄糖或木糖成酯者，游离者甚少。结合胆红素为弱酸性，溶于水，带电荷，难透过细胞膜，游离者溶于脂肪，不溶于水而易透过细胞膜。哺乳动物不能排泄游离胆红素，在肠道中可被吸收进入肝脏再结合，形成肠肝循环，结合胆红素经胆汁排入肠道后变为尿胆原排出体外。

药用胆红素为游离型，其为淡橙色或深红棕色单斜晶体或粉末，加热逐渐变黑而不熔。干品较稳定，其氯仿溶液放暗处亦较稳定。在碱液中或遇 Fe^{3+} 极不稳定，易被氧化成胆绿素；含水物易被过氧化脂质破坏。血清蛋白、维生素 C 及 EDTA 可提高其稳定性。游离胆红素溶于二氯甲烷、氯仿、氯苯及苯等有机溶剂和稀碱溶液，微溶于乙醇，不溶于乙醚及水。其钠盐溶于水，不溶于二氯甲烷及氯仿，其钙、镁及钡盐不溶于水。

2. 生产工艺

(1) 工艺路线

$$\text{猪胆汁}\xrightarrow[\text{过滤}]{\text{[制钙盐] 氢氧化钙}}\text{胆红素钙盐}\xrightarrow{\text{[酸化] 盐酸}}\text{酸化物}\xrightarrow[\text{分液}]{\text{[抽提] 水,二氯甲烷}}\text{二氯甲烷溶液}\xrightarrow[\text{蒸馏}]{\text{[浓缩]}}$$

$$\text{粗品胆红素}\xrightarrow{\text{[洗涤、干燥] 乙醇、乙醚}}\text{精品胆红素}$$

(2) 工艺过程

① 胆红素钙盐制备　取新鲜猪胆汁加等体积 2.5%氢氧化钙乳液，搅拌均匀，煮沸 5min，捞取上层漂浮物即胆色素钙盐沥干，其余溶液趁热过滤，滤液用于制备猪胆酸，收集沉淀之钙盐，合并两次胆色素钙盐，用 90℃去离子水充分沥洗，滤干得胆色素钙盐。

② 酸化与提取上述胆色素钙盐投入 5 倍量（质量体积比）去离子水中，搅拌均匀，加钙盐量 0.5%（质量分数）亚硫酸氢钠，搅拌下缓缓滴加 10%盐酸调至 pH1～2，静置 20min，用尼龙布过滤至干，再用去离子水洗至中性，得胶泥状酸化物。将其投入 5 倍量（质量体积比）去离子水中同时加 5 倍量（质量体积比）二氯甲烷（夏季用氯仿）和 0.1%亚硫酸氢钠，激烈搅拌并用 10%盐酸调 pH1～2 静置分层，放出下层二氯甲烷溶液，去离子水洗 3 次。分出下层有机相。

③ 蒸馏与精制　上述胆红素溶液蒸馏回收二氯甲烷，残留物加胆汁量 1%的乙醇，搅拌均匀，5℃放置 1h，倾去上层液，下层悬浮液过滤，收集胆红素粗品，用少量无水乙醇洗 2～3 次，乙醚洗 2 次，抽干，真空干燥得胆红素精品。

(3) 胆红素含量测定

其含量测定有重氮化显色法及摩尔吸收系数法，后者简便准确。摩尔系数法如下：精密称取供试品 10.0mg，用少许分析纯氯仿研磨溶解，移入 100mL 量瓶中定容。再精密量取该溶液 5.0mL 于 50mL 量瓶中并定容至。摇匀，于波长 450nm 处测定吸收度 A，依下式计算供试品中胆红素含量：

$$\text{胆红素}(\%)=A\times 104.3$$

式中 104.3 为胆红素相对分子质量（584.65）与其在氯仿中摩尔吸收系数（56200）之比值与 100 的乘积。目前国际上一般认为胆红素在氯仿中摩尔吸收系数为 $\varepsilon_M=60700$。

3. 用途

胆红素大量用于制备人工牛黄，是其不可缺少的重要原料。

五、不饱和脂肪酸类

（一）前列腺素

前列腺素为二十碳五元环前列腺烷酸的一族衍生物，共分 A、B、C、D、E、F、G、H 八类，目前主要有 PGE1、PGE2、PGE3、$PGE_1\alpha$、$PGE_2\alpha$、$PGE_3\alpha$ 等 20 余种。

前列腺素的命名其实是一种误称，因为它并不来源于前列腺，而是来源于精囊及其他组织细胞。前列腺素普遍存在于人和动物的组织及体液中，主要是生殖系统中，另外，脑、肺、胸腺、脊髓、脂肪、肾上腺、肠、胃、脾、神经等组织也能释放出少量的前列腺素。此外在低等海生动物柳珊瑚也发现前列腺素，这为大量提取天然前列腺素的生产开发了新的资源。

在体内前列腺素皆由花生三烯酸、四烯酸、五烯酸等经 PG 合成酶转化而成。PG 合成酶存在于动物组织中，以羊精囊含量最高，可作为酶源。

1. 前列腺素 E_2（Prostaglandin E_2，PGE_2）的结构和性质

前列腺素 PGE_2 为含羰基及羟基的二十碳五元环不饱和脂肪酸，化学名称为 11α，15(S)-二羟基-9-羰基-5-顺-13-反前列双烯酸，分子式为 $C_{20}H_{32}O_5$，相对分子质量为 352，结构如图 8-6 所示。

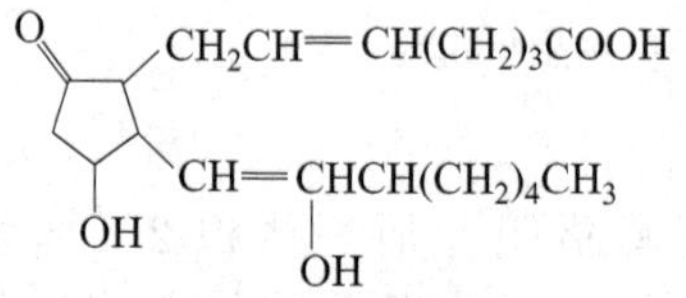

O
$CH_2CH=CH(CH_2)_3COOH$
$CH=CHCH(CH_2)_4CH_3$
OH
OH

图 8-6 PGE_2 的化学结构式

药用 PGE_2 为淡黄色黏稠状油液，微有异臭，味微苦。溶于醋酸乙酯、丙酮、乙醚、甲醇及乙醇等有机溶剂，几乎不溶于水。结晶品为白色或类白色固体，熔点 64～66℃。

PGE_2 在酸性和碱性条件下可分别异构化为 PGA_2 和 PGB_2，后二者紫外吸收最大波长分别为 217nm 和 278nm。

2. 半合成法生产 PGE_2

（1）工艺路线

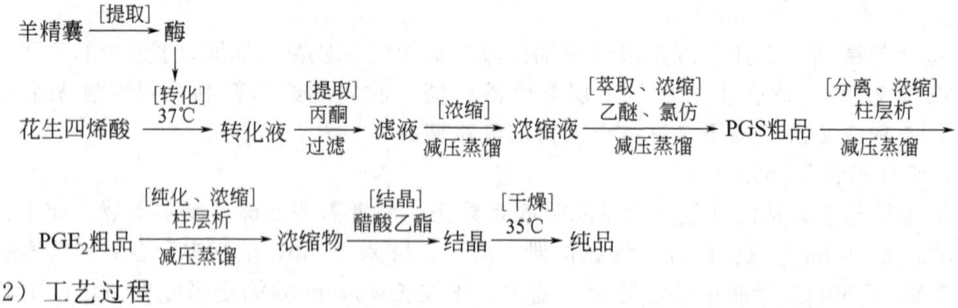

羊精囊 —[提取]→ 酶

↓ [转化] 37℃

花生四烯酸 —[转化] 37℃→ 转化液 —[提取] 丙酮 / 过滤→ 滤液 —[浓缩] / 减压蒸馏→ 浓缩液 —[萃取、浓缩] 乙醚、氯仿 / 减压蒸馏→ PGS粗品 —[分离、浓缩] 柱层析 / 减压蒸馏→

PGE_2粗品 —[纯化、浓缩] 柱层析 / 减压蒸馏→ 浓缩物 —[结晶] 醋酸乙酯→ 结晶 —[干燥] 35℃→ 纯品

（2）工艺过程

① 酶的制备　取－30℃冷冻羊精囊去除结缔组织及脂肪，按每千克加 1L0.154mol/L 氯化钾溶液，分次加入匀浆，然后以 4000r/min 离心 25min，取上层液双层纱布过滤，滤渣再用氯化钾溶液匀浆，如上法离心及过滤。合并滤液，用 2mol/L 柠檬酸溶液调至 pH5.0±0.2，如上法离心弃去上层液。用 100mL pH8.0，0.2mol/L 磷酸缓冲液洗出沉淀，再加 100mL 6.25μmol/L EDTA-2Na 溶液搅匀，最后以 2mol/L 氢氧化钾溶液调 pH8.0±0.1，即得酶液。

② 转化 取上述酶制剂混悬液，按每升混悬液加入 40mg 氢醌和 500mg 谷胱甘肽，用少量水溶解后并入酶液。再按每千克羊精囊量加 1g 花生四烯酸，搅拌通氧，升温至 37℃，并于 37～38℃转化 1h，加 3 倍体积丙酮终止反应。.

③ PGS 粗品制备 上述反应液经过滤，压干。滤渣再用少量丙酮抽提一次，于 45℃减压浓缩回收丙酮，浓缩液用 4mol/L HCl 溶液调 pH3.0，以 2/3 体积乙醚分三次萃取，取醚层再以 2/3 体积 0.2mol/L 磷酸缓冲液分三次萃取。水层再以 2/3 体积石油醚（沸程 30～60℃）分三次萃取脱脂。水层以 4mol/L HCl 调 pH3.0。以 2/3 体积二氯甲烷分三次萃取，取二氯甲烷层用少量水洗涤，去水层。二氯甲烷层加无水硫酸钠密封于冰箱内脱水过夜，滤除硫酸钠，滤液于 40℃减压浓缩得黄色油状物，即为 PGS 粗品。

④ PGE_2 分离 按每克 PGS 粗品称取 15g100～160 目活化硅胶混悬于氯仿中，装柱。PGS 粗品用少量氯仿溶解上柱，依次以氯仿、98∶2（体积比）的氯仿-甲醇、96∶4（体积比）氯仿-甲醇洗脱，分别收集 PGA 和 PGE 洗脱液（硅胶薄层鉴定追踪），35℃下减压浓缩除有机溶剂得 PGE_2 粗品。

⑤ PGE_2 纯化 按每克 PGE_2 粗品称取 20g200～250 目活化硝酸银硅胶（1∶10，质量比）悬浮于醋酸乙酯∶冰醋酸∶石油醚（沸程 90～120℃）∶水（200∶22.5∶125∶5，体积比）展开剂中装柱。样品以少量上述展开剂溶解上柱，并用上述展开剂洗脱，分别收集 PGE_1 和 PGE_2 洗脱液（以硝酸银硅胶 G，1∶10，质量比，薄层鉴定追踪），分别于 35℃下充氮减压浓缩至无醋酸味，用适量醋酸乙酯溶解，少量水洗酸，生理盐水除银。醋酸乙酯用无水硫酸钠充氮密封于冰箱中脱水过夜，过滤，滤液于 35℃下充氮减压浓缩，除尽有机溶剂，得 PGE_2 纯品。经醋酸乙酯-己烷结晶可得 PGE_2 结晶。PGE_1 可用少量醋酸乙酯溶解后，置冰箱得结晶（熔点 115～116℃）。

3. PGE_2 质量标准

PGE_2 为无色或微黄色无菌澄明醇溶液，每 0.5mL 内含 2mg PGE_2，其含量应不低于标示量的 85%。

（1）鉴别 ①取本品适量溶于无水甲醇中于 278nm 应无特征吸收峰，若加等体积 1mol/L KOH，室温异构化 15min，278nm 处应有特征吸收峰；②本品经硝酸银硅胶 G（1∶10，质量比）薄层鉴定，PGE_2 注射液应只有 PGE_2 点和微量 PGA；③取本品 1 滴，加 1%间二硝基苯甲醇液 1 滴，再加 10%KOH 甲醇溶液 1 滴，摇匀，即显紫红色。

（2）检查 ①含银量不得超过 0.02%；②安全试验，取 18～22g 健康小鼠 5 只，按 50μg/20g 体重，每小时肌肉注射一次，连续注射三次，观察 72h，应无死亡，若有一只死亡，应另取 10 只复试。热原检查，按每千克注射 60μg（以生理盐水稀释），照《中国药典》（2005 年版）热原检查法项下进行，应符合规定。无菌试验，应符合《中国药典》（2005 年版）注射剂无菌检查项下有关规定。

（3）含量测定 取本品一支，用无水乙醇稀释成 20μg/mL，加等体积 1mol/L KOH 甲醇液，室温下异构化 15min，以 0.5mol/L KOH 甲醇液作空白对照，于 278nm 处测定吸收值，依下式计算 PGE_2 含量：

$$PGE_2\text{ 含量}(\%)=\frac{\dfrac{E_{278}}{\varepsilon_{278}}\times M}{\text{样品浓度}(\text{mg/ml})}\times 100\%=\frac{\dfrac{E_{278}}{2.68\times 10^4}\times 352}{0.01}\times 100$$

式中 E_{278}——PGE_2 测定消光值；

ε_{278}——PGE_2 摩尔消光值（2.68×10^4）；

M——PGE_2 的相对分子质量。

4. 作用与用途

PGE_2有促进平滑肌收缩、扩张血管及抑制胃液分泌作用，也有松弛支气管平滑肌作用。临床上用于治疗哮喘及高血压，亦用于催产，早期及中期引产。

（二）二十碳五烯和二十二碳六烯酸

近年的研究表明，二十碳五烯酸（EPA）和二十二碳六烯酸（DHA）具有重要的生理调节功能和保健作用，这是因为二者在人体内转化成调节某些重要生理功能的代谢产物，如前列腺素、凝血黄素、白三烯素，它们同激素一样，在组织中存量很少，但具有极强的调节功能。严格说来，EPA和DHA并不是人体必需的脂肪酸。通常，正常成年人能把从植物中得来的α-亚麻酸转化为EPA和DHA，虽然这一转化过程非常缓慢，但还是能满足健康需要；但对于老年人、婴幼儿、糖尿病患者以及抵抗力低下者则无法将α-亚麻酸有效转化为EPA和DHA，必须从食物中直接摄取EPA和DHA。

EPA和DHA能降血压，降血脂，抗动脉粥样硬化，抑制血小板的凝集，改变血液流变学特性，具有抗炎、抗自身免疫反应和抗变态反应及抗肿瘤作用。DHA还能提高学习记忆能力，改善视网膜功能，防治老年痴呆，抑制癌变，并提高运动效果。

一般认为，大多数植物及动物体内很少含有EPA和DHA，除了鱼和其他一些海产品外，牛、猪、禽肉及鸡蛋、谷物、水果、蔬菜中不含有EPA和DHA。传统上鱼油是EPA和DHA等多不饱和脂肪酸的主要来源，但存在资源有限、产量不稳定、纯化工艺复杂、得率低等缺点，因而寻找可替代资源成为当务之急。目前已确认深海的各种鱼类自身并不能合成长链的多不饱和脂肪酸，而是通过海洋食物链（海洋微藻、真菌和细菌→浮游动物→鱼）在其体内累积的。多不饱和脂肪酸在海洋微生物尤其是藻类、真菌和细菌中最具有多样性。利用这些海洋微生物的合成能力，一直以来被视为大有前途的来源，并已有成功开发的先例。

1. 化学结构和性质

EPA和DHA系ω-3多不饱和脂肪酸。所谓的ω-3，是指它们的不饱和键自脂肪酸碳链甲基端的第3位碳原子开始。结构式如图8-7所示。

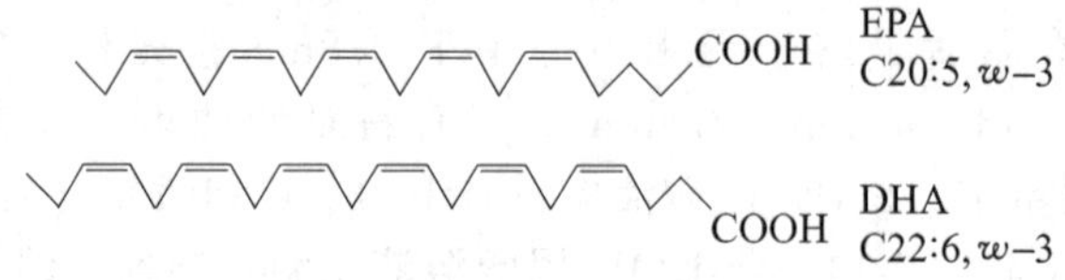

图8-7　EPA和DHA的结构式

EPA和DHA与一般脂肪酸比较最大特点是链长和双键多，极易氧化，其甲酯（EPA加DHA各50%）相对氧化速率比油酸（C18∶1）高39.1倍。双键共轭化，紫外吸收波长增加。EPA熔点为－54℃，DHA为－44℃。

2. 生产工艺

（1）以鱼油为原料制备EPA和DHA

① 鱼油的制备

a. 粗制鱼油　取新鲜鱼肝，除去胆囊，洗净切成碎块，置入锅内加水，通蒸汽至80℃，肝细胞破裂，流出油质，过滤分离杂质和水，得粗制鱼肝油。再将粗制品冷却至0℃，析出固体脂肪，加压过滤除去固体脂肪，得含不饱和脂肪酸的粗制鱼油。

b. 精制鱼油　取粗制鱼油，加入含有碱金属的氢氧化物的乙醇溶液，皂化，饱和脂肪酸碱金属盐析出结晶，过滤，滤液酸化并用不溶于水的有机溶剂提取，提取物用水洗涤，除去有机溶剂，得高浓度的不饱和脂肪酸混合物，呈淡红色或红棕色的澄清液体，有很浓的鱼腥味，但无酸败臭味，于10℃放置30min无固体析出，得精制鱼油。

② EPA乙酯的制备　EPA乙酯的制备工艺流程如下。

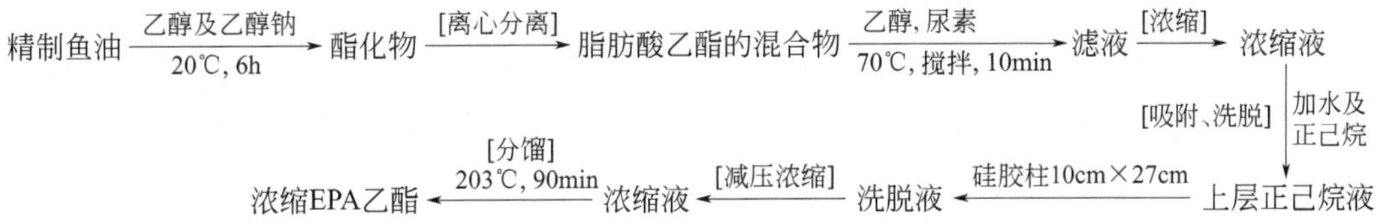

精制鱼油 —乙醇及乙醇钠 / 20℃, 6h→ 酯化物 —[离心分离]→ 脂肪酸乙酯的混合物 —乙醇, 尿素 / 70℃, 搅拌, 10min→ 滤液 —[浓缩]→ 浓缩液 —加水及正己烷 [吸附、洗脱]→ 上层正己烷液 —硅胶柱10cm×27cm→ 洗脱液 —[减压浓缩]→ 浓缩液 —[分馏] 203℃, 90min→ 浓缩EPA乙酯

③ DHA 甲酯的制备　DHA 甲酯的制备工艺流程如下。

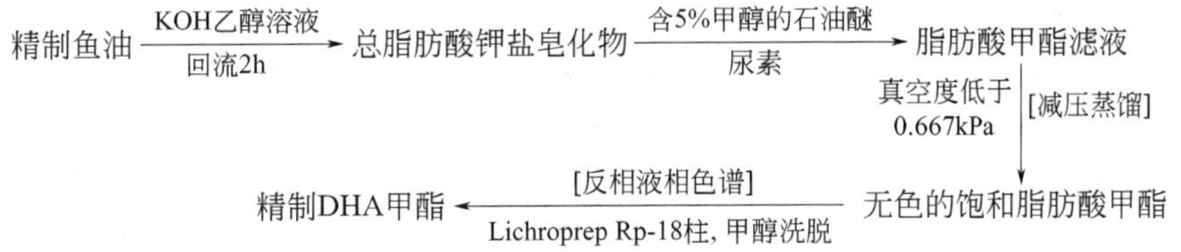

精制鱼油 —KOH乙醇溶液 / 回流2h→ 总脂肪酸钾盐皂化物 —含5%甲醇的石油醚 / 尿素→ 脂肪酸甲酯滤液 —真空度低于0.667kPa [减压蒸馏]→ 无色的饱和脂肪酸甲酯 —[反相液相色谱] / Lichroprep Rp-18柱, 甲醇洗脱→ 精制DHA甲酯

(2) 以海洋微生物为原料制备 EPA 和 DHA

用海洋微藻、真菌和细菌生产 EPA 和 DHA 具有如下几个优势：①可整年进行生产，一般没有季节性或气候的依赖性，细菌和真菌发酵技术的快速发展以及藻类和苔藓植物的收获也推进了许多种的大规模培养；②环境和营养方式容易控制，从而能控制脂质产量和组成；③尽管这些生物的脂质成分比传统资源低，但这些油类常含大量所需的脂肪酸（典型的含 9%～80%），这种高纯度简化了提纯，在商业生产可大大降低生产成本；④遗传转化方案对细菌、真菌和藻类是有效的，因而能产生高产株系，并通过合成途径控制多不饱和脂肪酸的组成。

利用海洋微生物生产 EPA 和 DHA，国外已有商业生产的成功先例，如美国哥伦比亚的 Martek 公司利用 *Crypthecodinium cohnii* 作为 DHA 生产种，DHA 的产率为 1.2g/（L·d），筛选出硅藻种 *Nitzschia alba* 作为 EPA 生产藻种，EPA 最终产量为 1.2g/（L·d）。Omega Tech（Boulder，USA）经过育种工作，以破囊弧菌 *Thraustochytrium sp.* 作为多不饱和脂肪酸的生产菌种。日本的川崎制铁公司已筛选到 DHA 生产藻种 *Crypthecodinium cohnii*，并申请了专利；同时筛选到另一种海藻 *Chlorella minutissma*，其脂肪酸的 99% 是 EPA，可作为 EPA 的生产藻种。中国有利用 *Isochrysis galbana* 进行 EPA 生产的研究，但由于该藻为光合藻类，放大存在困难，因为至今大型光照反应器的设计还是个难题。

六、人工牛黄

牛黄为病牛胆囊、胆管及肝管中结石，称为天然牛黄。为我国最早应用的名贵中药材之一，《神农本草经集注》中即已收载。其主要成分为胆红素、多种胆酸及胆固醇等，其次为脂肪酸、卵磷脂、钙、镁、铁、钾及钠等，此外尚有微量黏蛋白、肽类、氨基酸、胡萝卜素、锰、硫、磷、氯及维生素 D 等。不过其组成成分及其含量随产地、季节及动物个体不同而异，相差甚大。但因天然牛黄来源甚少而需求甚大，为满足需求，我国自 20 世纪 50 年代以来，即根据天然牛黄的化学组成，采用人工方法配制牛黄，称为人工牛黄，并进行了药理研究和临床验证工作。这里简单介绍人工牛黄的组成、生产工艺及用途。

(1) 人工牛黄组成　人工牛黄的成分是依照天然牛黄的主要成分，按照一定的比例配制的。其组成成分为胆红素、胆酸、α-猪脱氧胆酸、胆固醇、磷酸氢钙、硫酸镁及硫酸亚铁等。人工牛黄的配方最早发表于 1956 年，以后又不断调整、改进和完善。

(2) 生产工艺

① 配料与干燥　按配方称取各原料，先将胆红素用氯仿-乙醇（1∶3，体积比）溶液充分搅拌混匀，再依次加入各无机盐成分、淀粉、胆酸及胆固醇，充分混合均匀，50℃真空干燥除去氯仿和乙醇，再于 75℃干燥至含水量小于 4%为止。

② 粉碎　上述干燥物加入全量 α-猪脱氧胆酸进行球磨，过 80～100 目筛，检验包装即

得成品。

（3）作用与用途　人工牛黄是一种重要中药材，亦为生化药。有清热解毒、祛痰及定惊作用。用于治疗热病谵狂、神昏不语、咽喉肿痛及小儿急热惊风。外用治疗疔疽及口疮等。

本章小结

本章主要介绍了脂类药物的基本概念，重要脂类药物的性质与结构、生产工艺等。脂类系脂肪、类脂及其衍生物的总称，它们都具有脂溶性，其中具有特定的生理、药理效应者称为脂类药物。脂类药物按化学结构则可分为六类：脂肪类、磷脂类、糖苷脂类、萜式脂类、固醇及类固醇类及其他。脂类药物的制备方法包括直接抽提法、水解法、化学合成法和生物转化法等。重要的脂类药物有卵磷脂、胆酸、胆固醇、胆红素、前列腺素、二十碳五烯酸（EPA）和二十二碳六烯酸（DHA）等。卵磷脂是一种甘油磷脂，可用脑、卵黄、大豆为原料，采用有机溶剂提取法、柱层析法、超临界流体提取法、沉淀法等进行制备。胆酸存在于许多脊椎动物的胆汁中，牛、羊及狗胆汁中含量比较丰富，系以结合型胆汁酸形式存在，可利用牛、羊胆汁，通过水解、酸化、结晶、重结晶进行制备。胆固醇为动物细胞膜的重要成分，亦为体内固醇类激素、维生素D及胆酸之前体，胆固醇在人和动物的脑及神经中的含量很高，可以猪脑干为原料、利用丙酮提取工艺进行制备。胆红素存在于人及多种动物胆汁中，亦为胆结石主要成分，可利用猪胆汁进行提取制备。胆固醇和胆红素，均为生产人工牛黄的重要原料。前列腺素为二十碳五元环前列腺烷酸的一族衍生物，普遍存在于人和动物的组织及体液中，可利用存在于羊精囊的PG合成酶为酶源，转化花生四烯酸而成为前列腺素。EPA和DHA都属于ω-3多不饱和脂肪酸，在深海鱼类中含量较高，可利用鱼油为原料或以海洋微生物为原料进行制备。

思考题

1. 简述脂类药物的分类、主要生产方法。
2. 简述卵磷脂的结构、性质、生产途径、应用。
3. 什么是胆汁酸？胆酸类药物的结构的基本骨架是什么？胆酸类药物的来源。
4. 简述前列腺素E_2的酶转化生产过程。
5. 简述鱼油多不饱和脂肪酸的主要组成成分、作用与用途。

第九章　抗　生　素

第一节　概　　述

抗生素是指“在低微浓度下即可对某些生物的生命活动有特异抑制作用的化学物质的总称”。抗生素是临床上常用的一类重要药物，《中国药典》（2005 年版）共收载抗生素类原料药和制剂 100 余个品种。

抗生素的生产目前主要由微生物发酵法进行生物合成。很少数的抗生素如氯霉素、磷霉素等亦可用化学合成法生产。此外还可将生物合成法制得的抗生素用化学或生化方法进行分子结构改造而制成各种衍生物，称半合成抗生素，如氨苄青霉素就是半合成青霉素的一种。

一、抗生素的发展

1928 年英国细菌学家 Fleming 发现在培养葡萄球菌的双碟上的一株霉菌能杀死周围的葡萄球菌。他将此霉菌分离纯化后得到的菌株经鉴定为点青霉，并将此菌所产生的抗生物质命名为青霉素。1940 年英国的 Florey 和 Chain 进一步研究点青霉，并从培养液中制出了干燥的青霉素制品，经实验和临床试验证明，它毒性很小，对革兰阳性菌所引起的许多疾病有卓越的疗效。在此基础上，1943～1945 年间发展了新兴的抗生素工业，以通气搅拌的深层培养法大规模发酵生产青霉素，随后链霉素、氯霉素、金霉素等品种相继被发现并投产。

20 世纪 70 年代，抗生素品种飞跃发展，到目前为止从自然界发现和分离了 5000 多种抗生素，并通过化学结构的改造共制备了三万多种半合成抗生素。目前世界各国实际生产和应用的抗生素有一百多种，连同各种半合成抗生素衍生物及其盐类约 400 多种，其中以 β-内酰胺类、四环类、氨基糖苷类及大环内酯类为最常用。

1949 年前，我国根本没有抗生素工业，新中国成立后在 1953 年建立了第一个生产青霉素的抗生素工厂，我国抗生素工业得到迅速发展。目前国际上应用的主要抗生素，我国基本上都有生产，并研制出国外没有的抗生素，如创新霉素等。

二、抗生素类的分类

抗生素的种类繁多，性质复杂，用途又是多方面的，因此对其进行系统的、完善的分类有一定的困难，只能从实际出发进行大致分类。一般以生物来源、作用对象、化学结构作为分类依据。这些分类方法有一定的优点和适用范围，但其缺点也是很明显的。下面简要介绍几种分类方法。

1. 根据抗生素的生物来源分类

微生物是产生抗生素的主要来源。其中以放线菌产生的最多，真菌其次，细菌的又次之，而动、植物的最少。

① 放线菌产生的抗生素　在所有已发现的抗生素中，由它产生的抗生素占一半以上，其中又以链霉菌属产生的抗生素为最多。诺卡菌属、小单孢菌属次之。这类抗生素中主要有

氨基糖苷类，如链霉素；四环类，如四环素；大环内酯类，如红霉素；多烯类，如制霉素；放线菌素类，如放线菌素D。

② 真菌产生的抗生素 在真菌的四个纲中，不完全菌纲中的青霉菌属和头孢菌属等分别产生一些重要的抗生素，如青霉素、头孢菌素。其次为担子菌纲。藻菌纲和子囊菌纲产生的抗生素很少。

③ 细菌产生的抗生素 由细菌产生的抗生素主要来源是多黏杆菌、枯草杆菌、芽孢杆菌等。如多黏杆菌产生的多黏菌素。

④ 动、植物产生的抗生素 例如从被子植物大蒜中得到的蒜素，从鱼类（动物）脏器中制得的鱼素。

2. 根据抗生素的作用对象分类

按照抗生素的作用，可以分成以下类别。

① 广谱抗生素 如氨苄青霉素（半合成青霉素），既能抑制革兰阳性菌又能抑制革兰阴性菌。

② 抗革兰阳性菌的抗生素 如青霉素G。

③ 抗革兰阴性菌的抗生素 如链霉素。

④ 抗真菌的抗生素 如制霉菌素、灰黄霉素。

⑤ 抗肿瘤的抗生素 如阿霉素。

⑥ 抗病毒、抗原虫的抗生素 如艾霉素、嘌呤霉素、巴龙霉素、鱼素。

3. 根据化学结构分类

由于化学结构决定抗生素的理化性质、作用机制和疗效，故按此法分类具有重大意义。但是，许多抗生素的结构复杂，而且有些抗生素的分子中还含有几种结构。故按此法分类时，不仅应考虑其整个化学结构，还应着重考虑其活性部分的化学构造，现按习惯法分类如下。

① β-内酰胺类抗生素 这类抗生素的化学结构中都包含一个四元的内酰胺环。包括青霉素类、头孢菌素类。这是在当前最受重视的一类抗生素。

② 氨基环醇类抗生素 它们是一类分子中含有一个环己醇配基，以糖苷键与氨基糖（或戊糖）连接的抗生素，如链霉素、庆大霉素、小诺霉素等。

③ 大环内酯类抗生素 这类抗生素的化学结构中都含有一个大环内酯作配糖体，以苷键和1～3个分子的糖相连，如红霉素、麦迪（加）霉素等。

④ 四环类抗生素 这类抗生素以四并苯为母核。如四环素、土霉素、金霉素等。

⑤ 多肽类抗生素 它们是一类由氨基酸组成的抗生素，如多黏菌素、杆菌肽等。

⑥ 多烯类抗生素 如制菌霉素，万古霉素等。

⑦ 苯羟基胺类抗生素 包括氯霉素等。

⑧ 蒽环类抗生素 包括氯红霉素，阿霉素等。

⑨ 环桥类抗生素 包括利福平等。

⑩ 其他抗生素 如磷霉素，创新霉素等。

三、抗生素的应用

（一）医疗上的应用

抗生素在医疗临床上的应用已有六十多年的历史，在人类同疾病的斗争中，特别是同各种严重的传染病的斗争中，抗生素起了很大的作用。抗生素在医疗药物方面的应用是20世纪医药史上最巨大的成就，它的出现和应用使过去许多不能治疗或很难治疗的传染病得到了治疗。例如传染性很强的流行性脑膜炎、死亡率很高的细菌性心内膜炎、严重威胁儿童生命的肺炎，均可以用青霉素等抗生素来治疗。又如过去人们为之恐惧的鼠疫、旧社会劳动人民无力治愈的肺结核病均可用链霉素等来治疗。另外还发现和找到一些抗生素在治疗肿瘤、白血病等有良好的疗效。

但是抗生素的广泛使用，也带来许多不良后果，例如细菌耐药性逐渐普遍，有的抗生素会产生过敏反应，或由于抗生素的使用不当造成体内菌群失调而引起二重感染等。因此，应严防滥用，严格掌握抗生素的适应证和剂量，并注意用药时的配伍禁忌。

对医用抗生素的评价应包括以下要求。

(1) 它应有较大的差异毒力，即对人体组织和正常细胞只是轻微毒性而对某些致病菌或突变肿瘤细胞有强大的毒害。

(2) 它能在人体内发挥其抗生效能，而不被人体中血液、脑脊液及其他组织成分所破坏，同时它不应大量与体内血清蛋白产生不可逆的结合。

(3) 在给药后应较快地被吸收，并迅速分布至被感染的器官或组织中。

(4) 致病菌在体内对该抗生素不易产生耐药性。

(5) 不易引起过敏反应。

(6) 具备较好的理化性质和稳定性，以利于提取、制剂和贮藏。

(二) 在农牧业中的应用

抗生素在农牧业上的应用，主要用以防治农作物、禽畜、蚕蜂的病害，有些还有利于动植物的生长。不少农用抗生素具杀菌、杀虫、除草、促进生长的作用，如春日霉素对防治稻瘟病很有效；赤霉素既可防治病虫害，又可作为生长促进剂。

畜牧用抗生素，有的是用于治疗动物的疾病；有的是用作饲料添加剂以刺激动物的生长和防止或减少畜禽的疾病。如阿维霉素是一个高效低毒、抗虫谱广的兽用抗生素；盐霉素既对鸡球虫有显著的防治效果，又可促进畜禽生长。

(三) 在食品保藏等方面的应用

在食品工业中，抗生素可以用作防腐剂。用抗生素作食品防腐剂，比冰冻、干燥、盐渍、酸渍等方法手续简便，抑菌面广，抑制能力强。

用于食品保藏的抗生素必须具备下列条件：①抗生素本身及其分解产物对人体无毒性，用后不致损害食品的质量和外观；②可抑制多种菌类；③价格低廉，能溶于水，使用方便；④经烹调消化即被破坏，以免人体受抗生素作用而产生其他不良反应。

抗生素除了在食品保藏方面应用外，在发酵工业上也有广泛的应用，如在谷氨酸发酵工业中应用青霉素提高谷氨酸发酵的产酸率，国内外均用于生产。此外在各行各业的实际工作中，抗生素的应用范围正在逐步扩大。在纺织、塑料、油漆、电气、精密仪器、化妆品、文物、艺术制品、图书等保藏方面均可应用，防止这些制品发霉。另外抗生素在微生物、生物化学、分子生物学等学科的研究方面是一个重要的工具，抗生素可用来分离特殊的微生物，也可用于微生物的分类，用抗生素可以阻断代谢的特殊反应，以证明某些物质的生理功能等。

总之，抗生素不仅是人类战胜疾病的有力武器，而且在国民经济的许多方面均有重要的作用。随着抗生素学科的发展，它将发挥越来越大的作用。

第二节 β-内酰胺类抗生素

β-内酰胺类抗生素是分子中含有β-内酰胺环的一类天然和半合成抗生素的总称，包括青霉素类和头孢菌素类以及新型β-内酰胺三类。由于它们的毒性是在已知抗生素中是最低的，且容易化学改造，产生一系列高效、广谱、抗耐药菌的半合成抗生素，因而受到人们的高度重视，成为目前品种最多、使用最广泛的一类抗生素。

一、青霉素

(一) 天然存在的青霉素

青霉素的基本结构是由β内酰胺环和噻唑烷环骈联组成的*N*-酰基-6-氨基青霉烷酸。当发酵培养基中不加侧链前体时，产生多种*N*-酰基取代的青霉素混合物，见图9-1，但其中只有青霉素G和青霉素V在临床上有用。它们具有相同的抗菌谱（抗革兰阳性细菌），其中青霉素G对酸不稳定，只能非肠道给药，而青霉素V对酸稳定，可以口服给药。

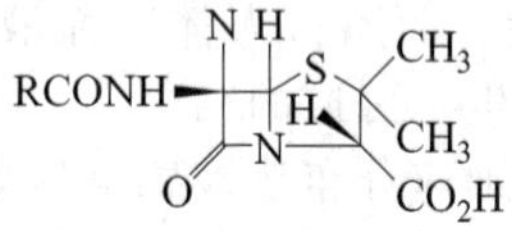

青霉素	侧链取代基(R)	分子量	生物活性, U/mg钠盐
青霉素G	$C_6H_5CH_2$—	334.38	1667
青霉素X	(*p*)$HOC_6H_4CH_2$—	350.38	970
青霉素F	$CH_3CH_2CH=CHCH_3$—	312.37	1625
青霉素K	$CH_3(CH_2)_6$—	342.45	2300
双氢青霉素F	$CH_3(CH_2)_4$—	314.40	1610
青霉素V	$C_6H_5OCH_2$—	350.38	1595

图9-1 天然存在的青霉素的化学结构和生物活性

发酵中也产生青霉素母核——6-氨基青霉烷酸（6-APA），但产量很低。工业上是用固定化青霉素酰化酶水解青霉素G或V制备6-APA，再由化学法或酶法进行侧链缩合，获得一系列半合成青霉素。

(二) 青霉素的发酵工艺及过程

1. 工艺流程

冷冻管 → 母瓶斜面 —饱子培养（25℃, 6～7d）→ 大米孢子 —饱子培养（25℃, 6～7d）→ 一级种子罐 —种子培养（25℃, 40～45h, 1∶2VVM）→ 二级种子罐 —种子培养（25℃, 13～15h, 1∶5VVM）→ 发酵罐 —发酵（22～26℃, 1∶(1～0.8)VVM, 6～7d）→ 放罐 —冷却至15℃→ 提炼

2. 工艺讨论

(1) 菌种　1928年Fleming分离的点青霉（*Penicillium notatum*），生产能力很低，远不能满足工业生产的要求。1943年从美国皮奥利亚一位农妇的发霉甜瓜上分离得到一株产黄青霉（*Penicillium chrysogenum* NRRL1951），经过不断地诱变、杂交、育种，结合发酵工艺的改进，使当今世界青霉素工业发酵水平达到85000U/mL以上。

目前青霉素的生产菌种按其在深层培养中菌丝的形态分为丝状菌和球状菌两种。丝状菌和球状菌对原材料、培养条件有一定差别，产生青霉素的能力也有差异。这里主要以丝状菌进行讨论。

(2) 种子制备　这一阶段以产生丰富的孢子（母斜和米孢子培养）和大量健壮的菌丝体（种子罐制备）为目的，为达这一目的，在培养基中加入比较丰富的、容易代谢的碳源（如葡萄糖或蔗糖），氮源（如玉米浆）、缓冲pH的$CaCO_3$以及生长必需的无机盐，并保持最适生长温度（25～26℃）和充分的通气、搅拌。

(3) 培养基　培养基要从以下几个方面考虑。

① 碳源 青霉素能利用多种碳源，如乳糖、蔗糖、葡萄糖、淀粉、天然油脂等。目前生产上主要使用淀粉经酶水解的葡萄糖液进行流加。

② 氮源 可选用玉米浆、花生饼粉、精制棉籽饼粉或麸质粉，并补加无机氮源。

③ 前体 为生物合成含有苄基基团的青霉素G，需在发酵中加入前体如苯乙酸或苯乙酰胺。由于它们对青霉菌有一定毒性，故一次加入量不能大于0.1%，并采用多次加入方式。

④ 无机盐 包括硫、磷、钙、镁、钾等盐类。铁离子对青霉菌有毒害作用，应严格控制发酵液中铁含量在30μg/mL以下。

(4) 发酵培养控制 青霉素发酵过程分为生长和产物合成两个阶段。在生长期，菌丝快速生长；而在生产期，菌丝生长速度降低，大量分泌青霉素。研究结果表明，在生产阶段维持一定的最低比生长率，对于青霉素的持续合成十分必要。因此，在快速生长期末所达到的菌丝浓度应有一个限度，以确保生产期菌丝浓度有继续增加的余地；或者在生产期控制一个与所需比生长率相平衡的稀释率，以维持菌丝浓度保持在发酵罐传氧能力所能允许的范围内。

青霉素发酵的工艺控制主要有以下几个方面。

① 加糖控制 通过加糖（补加葡萄糖）控制来促使青霉素的持续合成。

② 补氮及加前体 补加$(NH_4)SO_4$、$NH_3 \cdot H_2O$、尿素。使发酵液氨氮控制在0.01%～0.05%。补前体，使培养液中残余苯乙酰胺浓度为0.05%～0.08%。

③ pH控制 一般控制在6.4～6.6，pH不能超过7.0，因为青霉素G在碱性条件下不稳定。用加葡萄糖来控制或加酸、碱自动控制pH。

④ 温度控制 一般前期为25～26℃，后期23℃。以减少后期发酵液中青霉素的降解破坏。

⑤ 通气和搅拌 青霉素发酵要求溶氧浓度大于30%饱和度，通气比一般为1∶0.8。但是，溶氧浓度过高则说明菌丝生长不良或加糖率过低，造成呼吸强度下降，同样影响生产能力的发挥。

⑥ 泡沫与消沫 在青霉素发酵过程中产生大量的泡沫，过去以天然油脂如豆油、玉米油等为消沫剂，目前主要用化学消沫剂“泡敌”来消沫。应当控制其用量并少量多次加入，尤其在发酵前期不宜多用。否则，会影响生产菌的呼吸代谢。

二、头孢菌素

（一）概述

1945年，意大利的Brotzu从撒丁岛城市排污口附近的海水中发现一株顶头孢霉菌（*Cephalosporium acremonium*），并证明它的代谢产物具有广谱抗细菌作用。1953年英国的Abraham从这一霉菌的发酵液中分离得到化学结构不同于青霉素的第二类β-内酰胺类抗生素——头孢菌素C。

头孢菌素C在化学与生物学性质上与青霉素有许多共同的特征，在化学结构上都具有稠合的β-内酰胺环，抗菌作用机制也是抑制细菌细胞壁的合成，对人体安全低毒。

典型的天然头孢菌素为头孢菌素C和7α-甲氧头孢菌素C（头霉素C）。它们都具有广谱抗细菌作用，且对青霉素酶稳定；后者还能耐受头孢菌素酶。由于天然物的抗菌活性不高，或抗菌谱不够理想，故经化学改造、找到了许多广谱、高效、耐酶的半合成头孢菌素，临床上应用更加广泛，如头孢力新（口服）、头孢克罗（口服）、头孢唑啉（注射）、头孢西丁（注射、耐β-内酰胺酶）、头孢他啶（注射、耐β-内酰胺酶，抗绿脓杆菌）等。

（二）头孢菌素C

通过了一系列化学降解，并采用X-线衍射晶体学的方法，1961年证实了头孢菌素C的化学结构如图9-2所示。

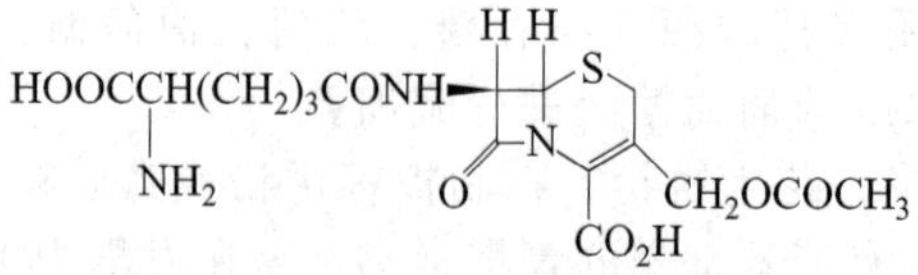

图 9-2 头孢菌素 C 的化学结构

头孢菌素 C 是首先发现的一种头孢菌素，是各种半合成头孢菌素的基本原料。随着半合成头孢菌素的迅速发展，国内外都很重视头孢菌素 C 的工业生产，从菌种选育、发酵培养条件的控制以及高产优质提取方法的选择都投入了较大的研究力量，不仅获得了高产菌株，而且探明其生物合成途径，发酵罐容积最大已超过 100 吨，生产技术水平日益完善与提高，为发展各类半合成头孢菌素创造了物质基础。

1. 菌种选育与保存

发酵实现高产的首要条件之一是有一株优良菌株。顶头孢霉 M8650 是用于工业生产的原始亲株，全世界所有高产菌株差不多都是由它反复诱变、筛选得到的。为了提高产生正突变株的概率，可以定向筛选耐受毒性前体或产物的菌株、耐受前体类似物从而能过量合成生物合成中间体的菌株、耐受金属离子的菌株、营养缺陷回复突变株、对分解代谢阻遏脱敏的菌株等。例如，蛋氨酸的有毒类似物硒蛋氨酸，能与生物合成中间体或 β-内酰胺环本身反应的金属离子 Hg^{2+}、Cu^{2+} 等，都可以作为这种诱变筛选的效应剂。

通过诱变在完全培养基上获得蛋氨酸营养缺陷株，然后转入加有各种含硫化合物（如硫酸盐）以代替蛋氨酸的基本培养基，可以筛选出不需要加入蛋氨酸的高产突变株，从而降低发酵成本。

原生质体融合也是高产菌株选育的一种有效方法。顶头孢霉的细胞壁对 β-葡萄糖苷酸酶敏感，可以用 *Helix pomatia* 产生的这种酶进行破壁，形成原生质体。聚乙烯醇能促进原生质体的融合和重组细胞的再生。

由于扩环和羟化是头孢菌素 C 生物合成途径的限速阶段，因此可以用现代基因工程技术构建含克隆的扩环/羟化酶基因的质粒，将其转入工业生产菌株中，获得显著提高头孢菌素 C 生产能力的基因工程菌。

2. 生物合成

已通过放射性标记化合物证实，头孢菌素 C 和青霉素相似，也是以 L-*a*-氨基已二酸、L-半胱氨酸和 L-缬氨酸三种氨基酸作为前体经三肽中间体（LLD-ACV），生物合成得到的。

首先由三肽中间体（LLD-ACV）生成异青霉素 N，然后经差向异构酶转化为青霉素 N，并通过扩环酶系生成脱乙酰氧头孢菌素 C（DOCPC），再羟化为脱乙酰头孢菌素 C（DCPC），最后在乙酰辅酶 A 的存在下，由乙酰基转移酶催化生成头孢菌素 C（头 C）。研究表明，LLD-ACV 三肽至异青霉素 N 的环化和青霉素 N 至脱乙酰氧头孢菌素 C 的扩环是头 C 生物合成中的两个关键阶段。发酵中产生的头 C，一部分由酯酶降解形成 DCPC，这一酯酶的活性，随培养液中作为碳源的油酸甲酯的耗尽而增加，维持培养液中油酸甲酯的浓度在 0.05％或稍低一些，可减少发酵产物中 DCPC 的含量，从而提高头 C 的含量。

3. 发酵调控

（1）培养基　玉米浆是一种优良的氮源，它提供各种丰富的氨基酸、肽、蛋白质和微量元素，起始用量一般为 2～6g/L。其他氮源有花生饼粉、硫酸铵、氨、尿素等。当基础培养基中的氮源消耗到一定程度时，要不断补入硫酸铵或氨，以维持发酵液中铵氮含量在 0.5～0.7g/L 之间。补氨还能起到控制 pH 的作用（一般在 6～7 之间）。碳源可以使用葡萄糖、糊精、淀粉或植物油。植物油通常作为流加碳源，而其他加入基础培养基中。当培养基中含有丰富的玉米浆时，其中所含的有机酸可以作为前期菌丝生长的优良碳源，就没有必要加入其他糖类。流加用的植物油若为豆油，应以卵磷脂含量低者为好，为此可将新鲜豆油放置一段时间使卵磷脂大部分沉淀后再使用。除了碳、氮源外，通常还要添加无机盐以满足菌丝生长对 Mg^{2+}、PO_4^{3-} 等的需要，特别是当采用含有机物少的稀薄培养基时。另外，对于某些不能利用硫酸根的菌株来说，还必须加入蛋氨酸。

（2）通气和搅拌　在发酵过程中应保证足够的供氧，给以良好的通气搅拌，以维持头C合成的关键——扩环和羟化的需要。据报道，溶氧浓度低于25%饱和度，头C的产率将显著降低。溶氧的耗尽先是导致中间产物青霉素N的积累，随后整个β-内酰胺抗生素的生物合成都迅速减少。为了维持所需的溶氧浓度，一般要求搅拌输入功率为 $4kW/m^3$（发酵液）以上。

（3）菌丝形态　在头C发酵过程中，产生菌顶头孢霉菌呈现明显的形态分化。在发酵初期的细胞形态，主要为细长、放射形、表面光滑的长菌丝，随着时间的延长，一些菌丝分化、膨胀并断裂为不规则的膨胀菌丝碎片，再演变为球形或椭圆形的单细胞节孢子，当这种膨胀的菌丝碎片在培养液中占优势时则开始大量合成头孢菌素C。研究表明，在菌株选育过程中，随着菌株生产能力的提高，形成节孢子的能力呈增加的趋势。

（4）发酵终点　发酵终点由产率、产物组成、成本、效益、过滤速度等综合因素来确定。

头孢菌素C是不稳定的化合物，在发酵过程中，分子内的β-内酰胺环以 $5\times10^{-3}/h$ 的一级反应速率非酶降解，故随着发酵液中头孢菌素C浓度的提高，绝对降解量逐渐加大。同时，由于乙酰酯酶的存在，部分头孢菌素C被转化为脱乙酰头孢菌素C，而且后者比前者稳定，因而后者占发酵总产物的比例越来越高。β-内酰胺环降解后的产物及脱乙酰头孢菌素C含量的增加，将对头孢菌素C的回收造成不利的影响。另外，随着发酵时间的延长，由于菌丝形态的变化及自溶，发酵液将变得难于过滤。因此，应当根据以上各方面的情况，从生产的整体综合考虑，适时地把握发酵终点，以达到最大的生产效益。

第三节　四环类抗生素

一、概述

四环类抗生素是以四骈苯为母核的一类有机化合物。其中由微生物合成并用于临床的品种有四环素（Ⅰ）、5-羟基四环素（土霉素，Ⅱ）、7-氯四环素（金霉素，Ⅲ）、6-去甲基-7-氯四环素（Ⅳ）等。它们的结构见图9-3。另外，通过化学半合成法合成了一系列半合成衍生物，如强力霉素、甲烯土霉素、二甲胺四环素等。

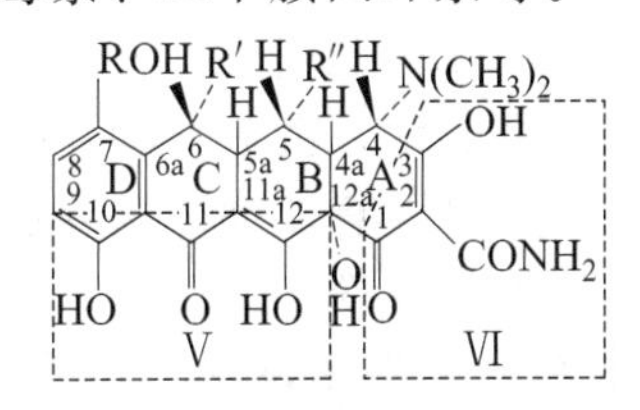

（Ⅰ）$C_{22}H_{24}N_2O_8$　R=R″=H,　R′=CH$_3$

（Ⅱ）$C_{22}H_{24}N_2O_9$　R=H,　R′=CH$_3$, R″=OH

（Ⅲ）$C_{22}H_{28}ClN_2O_8$　R=Cl,　R′=CH$_3$, R″=H

（Ⅳ）$C_{21}H_{21}ClN_2O_8$　R=Cl,　R′=R″=H

图9-3　四环类抗生素的结构式

四环类抗生素是一类广谱抗生素，对很多革兰阳性菌和革兰阴性菌有很强的抑杀作用，对某些立克次体、大型病毒和某些原虫有一定抑制作用。临床应用疗效较好，毒性较低，已广泛用于多种疾病的治疗。土霉素控制阿米巴肠炎和肠道感染的效果超过四环素。金霉素的毒副作用较大，但对某些耐青霉素的金黄色葡萄球菌所引起的多种严重感染有一定的疗效。强力霉素、甲烯土霉素、二甲胺四环素的抗菌谱与四环素、土霉素的相似，但抗菌作用强于四环素和土霉素，且对四环素和土霉素耐药菌有效。四环类抗生素在防治某些畜禽疾病、促进动物生长方面获得良好效果。土霉素用于治疗“猪瘟”、“猪喘气病”的疗效显著。

二、生产菌种

最早的金霉素产生菌是Duggar于1948年发现的金色链霉菌（*S. aureofaciens*），原始菌株的发酵单位只有165U/mL，以后发现培养基中加入抑氯剂，能产生95%左右的四环素。各国学者对该菌株进行多年的菌种选育和工艺条件改进，使四环素的发酵单位达3万单位/mL以上。另外发现生绿链霉菌（*S. virifaciens*）、佐山链霉菌（*S. sayamaensis*）等也能产生四环素。

土霉素产生菌龟裂链霉菌（*S. rimosus*）是1950年筛选出来的，经过几十年的菌种选育和工艺条件改革，发酵单位达3万单位/mL以上。淡黄链霉菌（*S. gilvus*）、圈环链霉菌（*S. armillatus*）等亦能产生土霉素。

金色链霉菌的培养特征为营养菌丝能分泌金黄色色素，气生菌丝无色，孢子形成初期为白色，随培养时间延长从棕灰色转变成灰色。孢子形状一般呈圆形或椭圆形，有的呈长方形，孢子在气生菌丝上呈链状排列。

在菌种的诱变育种工作中，使用过的诱变剂有紫外线、γ射线、快中子、亚硝酸、乙烯亚胺、羟胺、菸碱、氮芥、硫酸二甲酯、甲基磺酸乙酯、*N*-甲基-*N*-硝基-亚硝基胍（NTG）等。还使用过金霉素、链霉素、链黑菌素等。在筛选工作中，在提高产量方面使用过“原养型-营养缺陷型-原养型”的筛选方法，使生绿链霉菌产量提高1～3倍，结合生产工艺筛选出耐受化学合成消沫剂的突变株。抗噬菌体菌株选育成功并投入大生产，可在污染噬菌体的情况下避免停产。应用基因重组技术结合诱变处理，获得发酵单位提高40%的重组菌株。

三、四环素发酵工艺

1. 种子

金色链霉菌在麸皮斜面上产孢子能力较强，单位面积的孢子数量较其他放线菌为多，故生产种子是由保藏在低温的砂土管接到麸皮——琼脂斜面上，36℃培养4～5d，成熟孢子呈鼠灰色。

配制孢子培养基用的水的质量和麸皮质量对孢子质量影响很大。为了避免水质量的影响，可用合成水（由几种无机盐与蒸馏水配制）配制培养基。既避免水质波动影响孢子质量，同时还缩短孢子的成熟期。使用这种合成水，菌落丰满，孢子层厚，质量稳定。加工麸皮的小麦品种、产地与加工方法要稳定，不可随意变动。培养温度和培养环境的湿度对孢子质量有显著影响，所以要严格控制培养环境的条件。

四环素产生菌在保存与繁殖过程中常会发生菌落形态的变异，在生产能力方面亦有变异。为了尽量保持原种的生产能力，有些工厂以成熟的第一代斜面（即母瓶斜面）直接进种子罐。也有些工厂为了避免生产上波动除了稳定各种培养条件外，进行一次自然分离，将其接种到第二代斜面上（又称子瓶斜面）然后再接入种子罐。若采用子瓶斜面进罐，则要求砂土孢子接种到母瓶斜面时按接种量多少，使每个菌落基本分散。成熟后选取数个正常菌落制成孢子悬浮液接种到子斜面上，这里使用母瓶斜面除了进行一次简单的自然分离外，还可以节约砂土管使用量。

种子罐培养24～26h左右，培养液因菌丝浓度增长呈稀糊状，带有微量气泡，碳源、氮源明显被利用，培养液色泽由灰色转为淡黄色，此时氨基氮及pH下降，即可移入发酵罐。一般认为菌丝年轻较好。

2. 培养基

① 碳源 生产上曾以单糖葡萄糖、双糖饴糖及多糖籼米粉、玉米粉及淀粉酶解液作为四环素发酵的主要碳源。其中葡萄糖利用较快，加入量过多会引起发酵液pH下降，造成代谢异常。使用饴糖需控制磷量，而淀粉酶解液则利用较缓和（籼米粉酶解液由于磷量较高，不易控制），尤其是通氨工艺，耗糖量多，中间需补入大量碳源，则淀粉酶解液较为合适。

四环素发酵过程由于产生菌呼吸代谢旺盛故泡沫较多，需加入较多的消沫剂，多数工厂采用植物油和动物油消沫，因金色链霉菌的脂肪酶活力较强，故消沫油亦能作为碳源利用。为了降低粮耗，节约食用油，以豆油、菜油、花生油与不能食用的鱼油、骨油混合使用。

② 氮源 四环素发酵培养基通常以黄豆饼粉、花生饼粉、蛋白胨、酵母粉、玉米浆为有机氮源，硫酸铵及氨水为无机氮源。不同产地及不同原料制成的蛋白胨，质量不同，对发酵单位的影响很大。变质、发臭的蛋白胨会使发酵单位明显降低。花生饼粉的酸价对发酵单位影响也很大，由于发霉、变质、酸价提高使代谢异常，单位水平低落。一般花生饼粉的酸价控制在20以下（酸价也称酸值，是指1g样品中的游离脂肪酸所需的KOH的毫克数）。另据报道，脯氨酸、蛋氨酸等能提高四环素产量，但氨基酸浓度的增加，更利于菌体生长。因此，培养基中的氨基酸含量为10～20mg/mL时，利于四环素的合成。

③ 抑氯剂 为了抑制氯原子进入四环素分子结构、减少金霉素的含量，一般加入溴化钠作为竞争性的抑氯剂，由于它的抑氯效果不高，通常还加入M-促进剂（2-巯基苯骈噻唑）作抑氯剂，在与溴化钠的协同作用下，使金霉素在总产量中低于5%。由于生产中加强了监控，发酵过程中在补料中添加抑氯剂，使金霉素的含量可控制在2%以下。

④ 无机盐

a. 磷酸盐 在研究四环素的生物合成过程中发现，培养基中的磷酸盐浓度对菌体生长和抗生素合成有明显的调节作用，试验结果表明，高浓度的磷酸盐能抑制产生菌体内的戊糖循环途径中的6-磷酸葡萄糖脱氢酶的活性，同时促进糖酵解速度（当通气受到干扰时，也会出现类似情况），使菌体内能产生还原性辅酶Ⅱ（NADPH）的戊糖途径受阻。已知还原性辅酶Ⅱ是四环素生物合成中的氢供体，另外磷酸盐对合成四环素前体丙二酰CoA的合成有较强的抑制作用。而磷酸盐浓度过低时，使代谢速度全面缓慢，发酵单位亦低。所以生产中要控制培养液中的磷酸盐含量，保证通气效果，以提高发酵水平。

b. 碳酸钙 培养基中加入0.4%～0.5%碳酸钙作缓冲剂，要求氧化钙含量低于0.05%。在四环素培养液中它还起络合剂的作用，使菌丝分泌出的四环素与钙离子络合成水中溶解度很低的四环素钙盐，从而在水中析出，降低了水中可溶性四环素的浓度，促进菌丝进一步分泌四环素。

c. 硫酸镁 培养基中加入微量硫酸镁（一般为0.002%），起激活酶的作用。

3. 培养条件的控制

① 通气和搅拌 四环素是金色链霉菌在特定条件下的一种代谢产物，在整个发酵过程需不断通入无菌空气，并不停加以搅拌。搅拌功率的提高能相应提高发酵单位。通过增加转速，增加搅拌叶直径或改变搅拌叶型式等来提高通气搅拌效率，以提高发酵单位，都能取得较好效果，但需和节约能源作全面考虑。

② 温度 根据发酵罐菌丝生长的特性分阶段培养，前期高于后期，采用31℃—30℃—29℃的工艺条件。前期温度较高有利于产生菌的生长繁殖，后期降温是为了减缓产生菌的代

谢速度，使菌丝自溶期延迟。

③ 通氨　四环素发酵过程中滴加氨水作为无机氮源是四环素发酵工艺的一个特点。通氨工艺是根据 pH 值以控制氨水加入量。四环素产生菌生长的最适 pH 值为 6.0～6.8，生物合成四环素的最适 pH 值为 5.8～6.0。所以要求前期 pH 较高，后期较低。开始加氨水的条件要严格控制，必须在菌丝基本长浓后才可第一次通氨，一般在发酵 12h 左右。在通氨过程中加油量不宜过多，否则会产生大量皂点。

第四节　氨基环醇类抗生素

一、概述

氨基环醇类抗生素（以前称为氨基糖苷类抗生素）是一类分子含有一个环己醇配基，以糖苷键与氨基糖（或戊糖）连接的有机化合物。自 1944 年 Waksman 发现第一个氨基环醇抗生素链霉素以来，相继从微生物代谢产物中分离出新霉素、巴龙霉素、卡那霉素、庆大霉素、西索米星、妥布霉素等 200 多种天然产物，加上它们的生化转化产物、化学半合成产物和突变生物合成的衍生物已达 2000 多种。

氨基环醇类抗生素是一类广谱抗生素，对革兰阳性菌和革兰阴性菌均有强的抗菌活性，治疗范围广，是临床上重要的抗感染药物。其中链霉素是临床用于治疗结核杆菌和一些细菌感染的首选药物，但长期使用或大剂量使用对第八对脑神经有显著损害，严重时造成耳聋。而含有 2-脱氧链霉胺的抗生素是临床上应用最多的抗生素，如卡那霉素、庆大霉素、妥布霉素等临床上用于细菌感染的治疗，其中庆大霉素对革兰阴性菌所致严重全身感染和对耐药的绿脓杆菌感染，疗效显著。妥布霉素的抗菌谱与庆大霉素相似，但对绿脓杆菌的抑制作用比庆大霉素强 2 倍，对庆大霉素耐药菌仍有效。

氨基环醇类抗生素无疑是控制细菌感染的重要药物，但广泛应用之后，出现一些问题，如对第八对脑神经和肾功能的损害、细菌耐药性的产生等。因此，人们通过化学半合成、生物转化和突变生物合成等方法对该类化合物进行结构改造，获得一些高效低毒的衍生物。丁胺卡那霉素［1-*N*-(L)-γ-氨基-α-羟基丁酰-卡那霉素］，简称 1-*N*-(L)-AHB 卡那霉素，国际上称为 BB-K8，通用名为 amikacin，是化学半合成的、广谱的、对革兰阴性细菌有强抑制作用的抗生素。它的突出优点是对大肠杆菌、绿脓杆菌产生的使氨基环醇抗生素失活的钝化酶稳定，用于治疗其他氨基环醇类抗生素耐药的菌株所引起的各种细菌感染，获得相当好的疗效。突变霉素 6（是西索米星产生菌伊尼奥小单孢菌 1550F 的突变生物合成产物）抗菌谱广，杀菌能力强，对大部分的耐药菌均比其他重要的抗阴性细菌的抗生素作用强，已在临床应用。

该类抗生素中的某些品种，如越霉素、潮霉素 B 等应用于农牧业中一些病害防治上获得很好的效果。

二、链霉素

链霉素是第一个用于临床的氨基环醇类抗生素，也是继青霉素之后临床上使用的第二个重要的抗生素，国内于 1958 年以来大量生产。它对许多细菌有强的抑杀作用，是治疗结核杆菌和某些细菌引起的多种疾病的首选药物。

链霉素是由链霉胍、链霉糖、*N*-甲基-L-葡萄糖胺构成的假三糖化合物，化学结构见图 9-4。其分子结构中含有三个碱性基团，包括两个强碱性的胍基和一个弱碱性的甲氨基，是

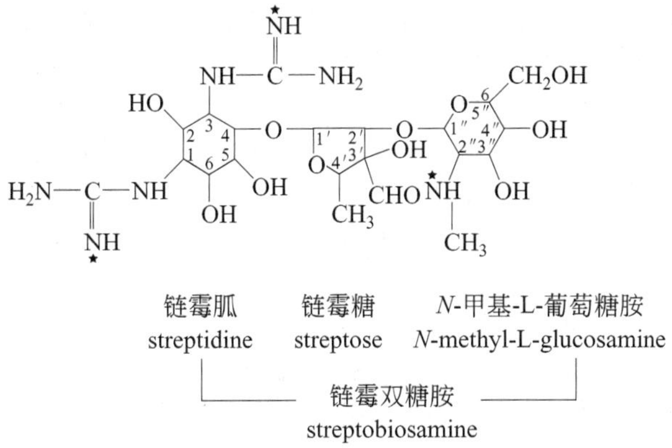

链霉胍 streptidine　链霉糖 streptose　*N*-甲基-L-葡萄糖胺 *N*-methyl-L-glucosamine

链霉双糖胺 streptobiosamine

图 9-4 链霉素族的化学结构式

一种强碱性的抗生素，能和各种酸形成盐，其中以硫酸盐最为重要，广泛用于临床。

（一）生产菌种

链霉素产生菌是1944年Waksman等所发现的灰色链霉菌（*S. griseus*），后来又找到了一些产生链霉素或其他链霉素族抗生素的产生菌，如比基尼链霉菌（*S. bikiniensis*）、灰肉链霉菌（*S. giseocarneus*）等。灰色链霉菌的孢子柄直而短，不呈螺旋形，孢子量很多，孢子由断裂而生成，呈椭圆球状。其气生菌丝和孢子都呈白色，单菌落生长丰富，呈梅花形或馒头形，直径约3～4mm。营养菌丝透明，产生淡棕色的可溶性色素。

链霉素高产菌株由于环境条件影响和自身因素常出现回复突变，菌落变成光秃形或半光秃形，生产能力明显退化。因此菌种保藏十分重要。采用的保藏方法有冷冻干燥保藏法、沙土管保藏法和液氮保藏法等。前两种方法的保藏时间短，菌种存活率低，变异率高。后一种方法菌种存活率高，变异率低，保藏时间长，但价格昂贵，需要一定的设备条件。

（二）发酵工艺

链霉素生产采用三级或四级发酵形式，用离子树脂交换法进行产品的分离精制。

1. 种子

将低温保藏的种子接种到由葡萄糖、蛋白胨、氯化钠及豌豆浸液的斜面上。斜面孢子的质量由摇瓶来进行控制，合格的孢子斜面仍需在低温冷藏，以新鲜为好。斜面孢子尚需经摇瓶培养后再接种到种子罐。种子摇瓶（母瓶）可以直接接种到种子罐，也可以扩大摇瓶培养一次，用子瓶来接种。摇瓶种子质量以发酵单位、菌丝阶段、菌丝黏度或浓度、糖代谢、种子液色泽和无菌检查为指标，且冷藏时间最多不超过7d。种子罐可为2～3级，用来扩大种子接种量，1级种子罐的接种量较小（一般为0.2%～0.4%），培养液体积不宜太多。2～3级种子罐的接种量10%左右。最后接种到发酵罐的种子量要求大一些，约20%左右，这对稳定发酵有一定好处。种子罐在培养过程中必须严格控制罐温、通气、搅拌、菌丝生长和消沫情况，防止闷罐以保证种子正常供应。

2. 培养基

发酵培养基主要由葡萄糖、黄豆饼粉、玉米浆、硫酸铵、磷酸盐和碳酸钙等组成。

① 碳源　葡萄糖是链霉素发酵的一种较好的碳源，用其他碳源（如淀粉、糊精、麦芽糖等）时发酵单位降低。葡萄糖的用量，视补料量的多少而定，总量一般在10%以上。可用葡萄糖结晶母液代替固体葡萄糖。

② 氮源　链霉素发酵时，黄豆饼粉是最佳的有机氮源，玉米浆、酵母粉等作为辅助氮源。常用的无机氮源有硫酸铵和尿素，氨水既可作为无机氮源，又可调节发酵液的pH。采用有机氮源时，必须注意原材料品种、产地、加工方法等对产品质量的影响。

③ 磷酸盐 链霉素发酵，链霉素产量与培养基中的磷酸盐浓度密切相关。如果磷不足，则菌丝生长缓慢，菌体浓度降低；如果磷超过一定限度，链霉素合成会受到抑制。因此生长中一般采用“亚适量”的磷酸盐浓度，既不明显影响菌体生长，又不影响链霉素的生物合成。这个“亚适量”要经过实验来确定。磷酸盐抑制链霉素合成的实际浓度与采用的糖的种类有关，在复合培养基中，用果糖时磷酸盐的抑制作用比用葡萄糖或麦芽糖时更明显。在加有淀粉的复合培养基里加入 4×10^{-12} mol/L 磷酸钾，能刺激链霉素的合成，改用葡萄糖时，则产生抑制作用。

④ 碳酸钙 钙离子（Ca^{2+}）通常以碳酸钙的形式加入（加入量为 0.3%左右），主要作为缓冲剂使用，用来中和代谢过程中所产生的有机酸。在链霉素发酵过程中，它还起到抵消 Fe^{3+} 阻碍甘露糖链霉素转化为链霉素的作用，从而有利于链霉素的合成。一般可在发酵 100h 后加入。

3. 培养条件的控制

① 通气和搅拌 灰色链霉菌是一种高度好气菌，在葡萄糖-肉汤培养基内需氧量达 120μL/h·mL，在黄豆粉培养基亦如此。深层培养，增加通气量能提高发酵单位。因为通气条件差时，有利于无氧酵解途径，造成丙酮酸和乳酸在培养基内积聚，使 pH 下降，不利于链霉素的生物合成，发酵单位低。若适当加大通气量，则可提高三羧酸循环的活力，并防止在培养基中积累乳酸和丙酮酸，使 pH 维持在适合链霉素生物合成的范围内，故有利于提高发酵单位。增加通气量还有赖于搅拌，搅拌速度提高对链霉素单位有利，但超过一定搅拌速度，则影响生长和单位之增长，因为过分的机械搅拌能损坏菌丝体，对发酵液过滤不利，而降低搅拌速度则大大影响链霉素的合成。所以要选择合适的搅拌速度。

② 温度 灰色链霉菌对温度敏感，温度对链霉菌的生长和产物合成有影响，试验表明，链霉素发酵温度以 28.5℃为宜。

③ pH 值 灰色链霉菌生长的最适 pH 为 6.5～7.0，而 pH 为 6.8～7.3 时，链霉素生物合成速率达最大值。发酵液 pH 低于 6.0 或高于 7.5 能强烈抑制链霉素合成。生产中依据发酵各阶段对 pH 和糖浓度的要求，采用分次补加或滴加葡萄糖、氨水等进行调节，以实现稳产高产。

④ 补料 为了保证有足够的菌丝产生链霉素，又要防止在发酵过程中，光长菌丝不产生链霉素，因此在发酵的各个阶段适当地控制糖、氮的含量和 pH 值是十分重要的。生产上采用定时定量地补充糖、氮以达到控制代谢的目的。

三、庆大霉素族

庆大霉素族抗生素是含有 2-脱氧链霉胺的 4、6 位双取代的氨基环醇类抗生素，化学结构见图 9-5。它们是假三糖型的碱性水溶性抗生素，如庆大霉素、西索米星、小诺霉素（即庆大霉素 C_{2b}）以及相似的化合物。庆大霉素是由 2-脱氧链霉胺（环Ⅰ）、降红糖胺（环Ⅱ）、加拉糖胺（环Ⅲ）组成的多组分混合物，包括 C 族、A 族、B 族、X_2 等 20 多种组分。以 C 族复合物为主，药典规定 C_1 应为 25%～50%。C_{1a} 应为 15%～40%，$C_{2a}+C_2$ 应为 20%～50%。

庆大霉素是 1963 年发现的，1966 年用于临床。庆大霉素是一种杀菌力较强的广谱抗生素，对多种革兰阴性菌和阳性菌均有较强抗菌作用，特别是对绿脓杆菌感染而导致的全身疾病有良好疗效。因此成为临床上治疗阴性菌感染的首选药物。但存在一定的毒性反应，主要表现为对肾和耳的毒性。

小诺霉素为庆大霉素的 C_{2b} 组分，抗菌活性与庆大霉素几乎相等，而毒性较低。广泛用于葡萄球菌、绿脓杆菌、大肠杆菌、痢疾杆菌、克雷白肺炎杆菌、变形杆菌等感染引起的败

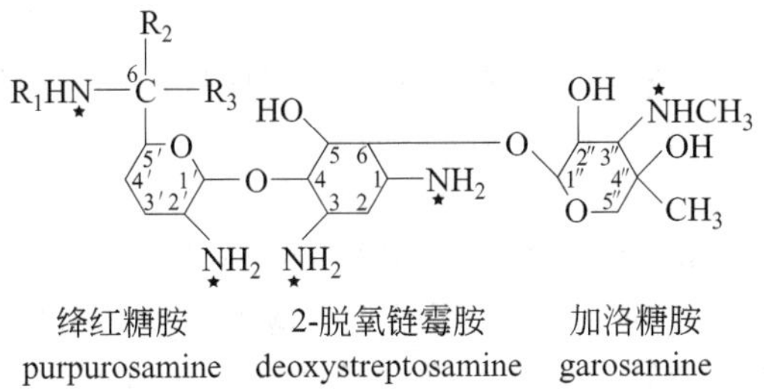

绛红糖胺 purpurosamine　2-脱氧链霉胺 deoxystreptosamine　加洛糖胺 garosamine

庆大霉素	R_1	R_2	R_3	分子式
C_1	CH_3	CH_3	H	$C_{21}H_{43}N_5O_7$
C_2	CH_3	H	H	$C_{20}H_{41}N_5O_7$
C_{1a}	H	H	H	$C_{19}H_{29}N_5O_7$
C_{2a}	H	H	CH_3	$C_{20}H_{41}N_5O_7$

图 9-5　庆大霉素的化学结构式

血症、支气管炎、支气管扩张症、肺炎、胸膜炎、肾盂肾炎、膀胱炎等。

1. 发酵工艺

(1) 工艺流程

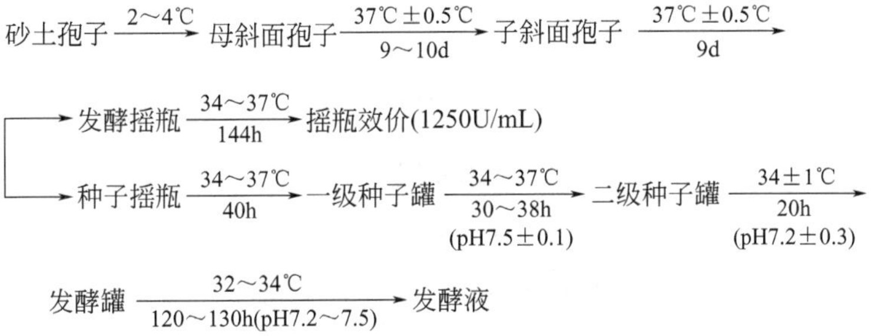

砂土孢子 —2～4℃→ 母斜面孢子 —37℃±0.5℃, 9～10d→ 子斜面孢子 —37℃±0.5℃, 9d→

→ 发酵摇瓶 —34～37℃, 144h→ 摇瓶效价(1250U/mL)

→ 种子摇瓶 —34～37℃, 40h→ 一级种子罐 —34～37℃, 30～38h (pH7.5±0.1)→ 二级种子罐 —34±1℃, 20h (pH7.2±0.3)→

发酵罐 —32～34℃, 120～130h(pH7.2～7.5)→ 发酵液

(2) 工艺要点

① 菌种　庆大霉素产生菌有绛红色小单孢菌（*M. purpurea*）和棘孢小单孢菌（*M. echinospore*）。绛红色小单孢菌的孢子呈圆形，表面不十分光滑，形状不规则。棘孢小单孢菌的孢子呈球形，直径 1～1.5μm，表面有 0.1～0.2μm 的钝刺。

小诺霉素则是庆大霉素产生菌的一个诱变株 JIM-401 所产生，亦可由相模湾小单孢菌产生，因而又称为相模湾霉素。

② 培养基　庆大霉素发酵的常用碳源有淀粉、玉米粉、葡萄糖，以淀粉、玉米粉做碳源，发酵单位较高。常用的氮源有黄豆饼粉、蛋白胨、鱼粉（尚含浓磷，能促进菌丝分裂）、$(NH_4)_2SO_4$。还有无机盐如 KNO_3，有利于细胞膜的渗透；$CaCO_3$ 起到缓冲培养基 pH 的作用；$CoCl_2$ 可以激发酶的活力，提高发酵单位。另外还有消泡剂如泡敌，消泡力强，但有毒，要控制用量。在庆大霉素发酵的各个阶段，培养基组成有所不同。

③ 发酵　庆大霉素生产采用三级发酵形式。发酵方式属间歇发酵，有别于连续发酵（在一个发酵罐内连续不断流加培养液，又连续不断排出发酵液）。其特点是在一个发酵罐内完成生长、生产期、全部过程在一个发酵罐内进行，技术较成熟，但设备利用率低。

发酵温度，种子培养阶段控制在 35～36℃，发酵阶段控制在 32～34℃。发酵周期为 5～6d。

小单孢菌生长的最适 pH 为 6.8～7.5，产物合成的最适 pH 为 7.0～7.4。如果发酵液 pH 低于 7.0，庆大霉素的产量明显降低。因此在生产中，一是在培养基中加入一定量的碳酸钙，第二是在发酵过程中，当 pH 下降至 7.0 以下时直接用碱溶液进行调节，也可通入氨水进行调节。

庆大霉素的生产菌种耗氧量较大，发酵生产中需保持良好的通气和搅拌。发酵终点为菌丝自溶、发酵液发泡、pH 上升、碳源残存量为零。

2. 生物合成途径

同位素试验说明，庆大霉素的 3 个亚单位的碳架来源于 D-葡萄糖。合成途径中的某种化合物是转化为另一种化合物的中间体，甲基化反应的程度是组分之间转化的重要特征。用不产生庆大霉素而能积累巴龙霉胺的绛红色小单孢菌 *paro* 346 进行转化试验，该变株能将 C_2 转化为 C_1，而 C_1 不能转化为其他组分；能将 C_{1a}转化成 C_{2b}。因此认为庆大霉素生物合成有分支途径。该变株还能将抗生素 JI-20A 转化为 C_{1a} 和 C_{2b}；将抗生素 JI-20B 转化成 C_2 和 C_1；还能将庆大霉素 A 和 X_2 转化为 C_{1a}、C_2 和 C_1。上述的生物转化结果表明，X_2 是分支途径的分叉中间体，一个支路合成 C_{1a} 和 C_{2b}，另一个支路合成 C_2 和 C_1。根据其他试验结果表明，庆大霉素 A 转化为 X_2，X_2 转化为抗生素 G-418，两步转化（即甲基化）需要钴。庆大霉素组分间转化需要的甲基是蛋氨酸提供的。

庆大霉素生物合成与组分间的转化过程如下所示。

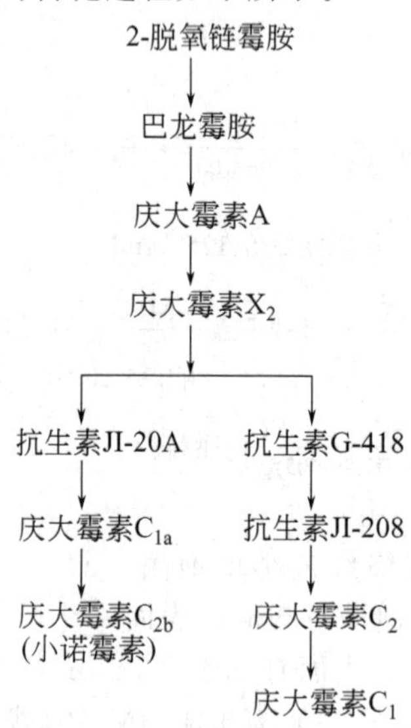

第五节　大环内酯类抗生素

一、概述

大环内酯类抗生素是以一个大环内酯环（亦称糖苷配基）为母核，通过糖苷键与糖分子连接的一类有机化合物。根据大环内酯环的结构可分为大环内酯抗生素（亦称非多烯大环内酯抗生素）和多烯大环内酯抗生素。

迄今为止，已经发现数百种大环内酯抗生素，它们的结构相似，其共同特征为一个高度被取代的十二元、十四元、十六元或十七元大环内酯环（亦称糖苷配基）以糖苷键与 1～3 个中性糖或氨基糖相连，内脂环上还连接着烷基、羟基、酮基、醛基、甲氧基等基团。

大环内酯类抗生素能抑制许多革兰阳性菌和某些革兰阴性菌。不同类型的大环内酯抗生素呈现的生物活性差异较大，一般说碱性大环内酯抗生素的抗菌活力强，而十六元大环内酯抗生素的生物活性最强。许多大环内酯抗生素对耐青霉素的葡萄球菌和支原体有效，某些大环内酯抗生素对螺旋体、立克次体和巨大病毒有效，个别品种有抗原虫作用。它们之间易产生交叉耐药性，毒性低。红霉素最早应用于临床，竹桃霉素、螺旋霉素、柱晶白霉素、麦迪霉素、交沙霉素等相继广泛用于临床。

多烯大环内酯抗生素，自 1950 年发现制霉菌素以来，已经报道的有 100 多种。其分子结构特征是具有 26～28 元大环内酯，内酯环内含有数目不等的共轭碳双键（发色团）。分子中含双键数目不同，则会表现不同特征的紫外吸收峰。根据其特征吸收峰，可将多烯大环内酯抗生素分为三烯（如三烯菌素）、四烯（如两性霉素 A）、五烯（如菲律宾菌素Ⅲ）、六烯（如制霉菌素）、七烯（如两性霉素 B）抗生素。该类抗生素分子中一般含有 1 分子的氨基糖（如海藻糖胺），有的还含有对氨基苯乙酮或其衍生物。

多烯大环内酯抗生素与大环内酯抗生素的生物学特性有所不同。多烯大环内酯抗生素的对细菌几乎没有作用，但对许多致病真菌、如酵母菌、皮肤癣菌以及霉菌有抑制作用，其活力一般随着共轭双键数目的增加而增强。某些多烯大环内酯抗生素临床上对某些原虫，如毛滴虫属、痢疾内变形虫、锥体虫属等原虫有抑制作用。

二、红霉素

红霉素是 1952 年从红霉素链霉菌（*S. erythreus*）培养液中分离出来的一种碱性抗生素。红霉素是由红霉内酯环、红霉糖和红霉糖胺 3 个亚单位构成的十四元大环内酯抗生素。结构如图 9-6。

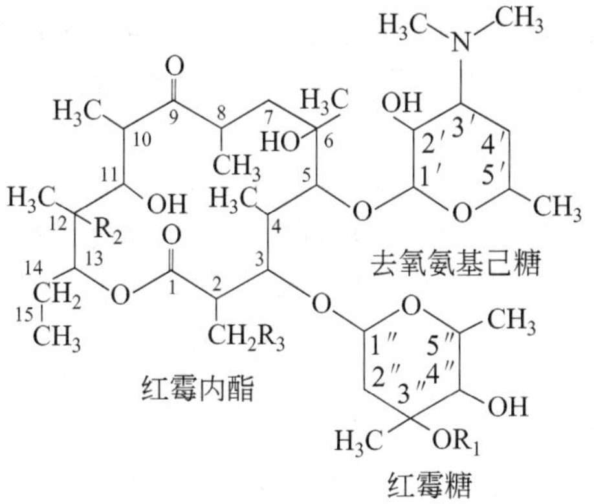

组分	R_1	R_2	R_3
红霉素 A	CH_3	OH	H
红霉素 B	CH_3	H	H
红霉素 C	H	OH	H
红霉素 D	H	H	H
红霉素 E	CH_3	OH	与 C_1' 形成原酸酯
红霉素 F	CH_3	OH	OH

图 9-6 红霉素的结构式

红霉素是多组分的抗生素，其中红霉素 A 为有效组分，红霉素 B、红霉素 C 为杂质。现用的产生菌在其生物合成过程中不产生红霉素 B，故红霉素 C 为国产红霉素的主要杂质。

红霉素对各种革兰阳性菌有较强的抗菌作用，临床上主要用于耐青霉素 G 金葡菌所引起的严重感染如肺炎、败血症、伪膜性肠炎等。红霉素口服后易为胃酸所破坏，故常用肠溶胶囊剂或与 $NaHCO_3$ 配伍以减少破坏、增加吸收。红霉素味苦，故常常成酯修饰为无味红霉素，利于服用。

1. 生产菌种

红霉素链霉菌在合成培养基上生长的菌落由淡黄色变为微带褐的红色，气生菌丝为白色，孢子丝呈不紧密的螺旋形，约 3～5 圈，孢子呈球形。

红霉素生产中的菌种选育以诱变育种为主要方法。使用的诱变剂有紫外线、快中子、二氧化碳激光、乙烯亚胺、硫酸二乙酯、NTG 等。实践表明，高产菌株和低产菌株对丙酸的利用率和丙酸激酶活性有显著差别，如高产菌株 E-8-3 的正丙酸利用率比低产菌株 E-02 高

4～5倍，可将约45%的正丙酸结合进红霉内酯，而低产菌株只能结合15%。这为菌种的定向育种提供了理论基础。

2. 红霉素的生物合成

通过同位素试验和阻断变株产物分析的结果，红霉素的生物合成途径已基本清楚。

红霉内酯是通过与脂肪酸合成过程类似的聚酮体途径合成的。1个丙酰CoA与6个甲基丙二酰CoA通过丙酸盐头部（—COOH）至中部（C_2）的价键相连接的重复缩合形成的。丙酰CoA是红霉内酯环合成的关键前体，其形成需要丙酸激酶的参与。丙酸激酶的活性与红霉素产量间呈直线关系。因此丙酸激酶活性是红霉素生物合成的限速步骤。

红霉素分子中的红霉糖和红霉糖胺的碳架来源于完整的葡萄糖或果糖。红霉内酯经转化形成单糖苷-3-*O*-碳霉糖基红霉内酯，该中间体接受红霉糖胺，就形成第一个有生物活性的红霉素D（抗菌活性只有红霉素A的一半）。红霉素D或被羟基化而生成红霉素C，再进一步甲基化就形成红霉素A；或被甲基化先形成红霉素B，再经另一途径转化为红霉素A。

3. 发酵

红霉素生产一般采用孢子悬液接入种子罐，种子扩大培养2次后移入发酵罐进行发酵。采用溶媒萃取法进行产品的分离纯化。

红霉素的发酵培养基主要由黄豆饼粉、玉米浆、淀粉、葡萄糖、蔗糖、碳酸钙、硫酸铵、磷酸二氢钾以及丙酸或丙醇等组成。

通过对发酵培养基中使用的碳源进行研究，以葡萄糖、蔗糖、糊精、淀粉等用于红霉素发酵的试验结果表明，在培养基中加入7%的蔗糖作碳源时，红霉素产量和菌体干重都达到最大值。可能是蔗糖被菌体分解的速度，适合于菌体对糖的利用速率，不会出现单独以葡萄糖作碳源时导致糖代谢中间产物的积累，或因其使pH值下降，所以有利于红霉素的生物合成。

关于有机酸醇类对红霉素生物合成的作用，曾用红霉素链霉菌菌株IBI355进行某些有机酸和醇类的发酵试验，结果表明，三碳、四碳和五碳的饱和醇对红霉素的生物合成显示不同程度的刺激作用，不饱和醇有抑制作用。其中正丙醇的刺激作用最显著，但在发酵前期（48h）正丙醇能抑制红霉素的生物合成，其抑制程度与使用的正丙醇浓度呈正相关。所以，在生产过程中采用流加或滴加的方法来控制培养液中的正丙醇浓度，保证红霉素的生物合成维持在最大值，以提高产量。

另外培养基中铁盐含量对红霉素的生物合成影响显著，当培养中有0.04%（400μg/mL）的铁盐时发酵单位降至零。

溶氧浓度对合成红霉素也有很大影响。在丰富的发酵培养基中，产量随发酵过程中通气效率的提高而增加。

红霉素的生物合成对发酵液的pH值很敏感。产生菌的生长最适pH是6.6～7.0，而红霉素生物合成的最适pH是6.7～6.9。实验表明发酵培养基的初始pH为5.7～8.1时，对菌体生长无影响，但pH低于6.6或高于7.5时，发酵单位仅为对照的80%，发酵至48～96h之间pH维持在6.7～6.9为宜。

本章小结

本章主要介绍了抗生素的基本概念，重要抗生素的性质与结构、生产工艺等。抗生素是指“在低微浓度下即可对某些生物的生命活动有特异抑制作用的化学物质的总称”，是临床上常用的一类重要药物，抗生素的生产目前主要由微生物发酵法进行生物合成。抗生素按习惯法分为β-内酰胺类、氨基环醇类、大环内酯类、多肽类、多烯类、苯羟基胺类、蒽环类、环桥类等。β-内酰胺类抗生素是分子中含有β-内酰胺环的一类天然和半合成抗生素的总称，包括青霉素类和头孢菌素类以及新型β-内酰胺。β-内酰胺类抗生素是目前品种最多、使用最广泛的一类抗生素。青霉素是人类发现的第一个抗生素，青霉素的基本结构是由β-内酰胺环和噻唑烷环骈联组成的N-酰基-6-氨基青霉烷酸，天然青霉素可利用青霉菌进行发酵生产；另外也可以通过发酵产生青霉素母核——6-氨基青霉烷酸（6-APA），然后再由化学法或酶法进行侧链缩合，从而获得一系列半合成青霉素。头孢菌素C在化学与生物学性质上与青霉素有许多共同的特征，都具有稠合的β-内酰胺环，头孢菌素C是各种半合成头孢菌素的基本原料，利用发酵生产得到头孢菌素C，再进一步生产各种半合成头孢菌素。四环类抗生素是以四骈苯为母核的一类有机化合物，有四环素、土霉素、金霉素等，另外，通过化学半合成法合成了一系列衍生物，如强力霉素、甲烯土霉素、二甲胺四环素等。四环类抗生素是一类广谱抗生素，四环素的主要产生菌为链霉菌。氨基环醇类抗生素是一类分子中含有一个环己醇配基，以糖苷键与氨基糖（或戊糖）连接的有机化合物，氨基环醇类抗生素包括链霉素、新霉素、巴龙霉素、卡那霉素、庆大霉素、西索米星、妥布霉素等。链霉素是一种强碱性的抗生素，以硫酸盐的形式广泛应用于临床中。链霉素的生产采用三级或四级发酵形式，用离子树脂交换法进行产品的分离精制。庆大霉素族抗生素是含有2-脱氧链霉胺的4、6位双取代的氨基环醇类抗生素，庆大霉素的生产利用小单孢菌、采用三级发酵形式。

思　考　题

1. 简述抗生素的定义、常用分类法、应用。
2. 简述医用抗生素应包括哪些主要要求。
3. 简述抗生素工业生产的主要方法，抗生素发酵生产的特点。
4. 简述发酵生产庆大霉素的工艺路线及注意问题。
5. 简述β-内酰胺类抗生素的结构特点、主要理化性质及重要的生产工艺。

第十章 生物制品

第一节 概　　述

一、生物制品的基本概念及发展沿革

生物制品（biological products），一般指的是用微生物及其代谢产物、原虫、动物毒素、人或动物的血液或组织等直接加工制成，或用现代生物技术方法制备的，作为预防、治疗、诊断特定传染病或其他有关疾病的药品。包括各种疫苗、抗血清（免疫血清）、抗毒素、类毒素、免疫制剂（如胸腺肽、免疫核酸等）、诊断试剂等。

早在12世纪，我国已开始使用人痘接种预防天花，就是从症状轻微的天花病人身上分离的痘痂干粉人工接染到健康儿童，使其通过产生轻微症状的感染获得免疫力，避免天花引起的严重疾病甚至死亡。到了17世纪，人痘接种法传入英国，1721年，英国医生琴纳注意到感染过牛痘的人不会再感染天花。经过多次实验，琴纳于1796年从一位挤奶女工感染的痘疱中，取出疱浆，接种于8岁男孩的手臂上，然后让其接种天花脓疱液，结果该男孩并未染上天花，证明其对天花确实具有了免疫力，1798年，医学界正式承认“疫苗接种确实是一种行之有效的免疫方法”。经过一百多年的努力，1980年世界卫生组织宣布全球消灭了天花。

1870年，法国科学家巴斯德发明了第一个细菌减毒活疫苗——鸡霍乱疫苗。巴斯德将此归纳为对动物接种什么细菌就可以使其不受该病菌感染的免疫接种原理，从而奠定了疫苗的理论基础。因此人们把巴斯德称为疫苗之父。

19世纪后，使用疫苗免疫人和家畜，使传染病的发生得到有效的控制。目前，疫苗已成为最有效的预防疾病尤其是传染病的物质，它可以在其接受者的体内建立起对入侵物质感染的免疫抗性，从而保护疫苗接受者免受疾病侵染。

20世纪70年代以来，现代生物技术的发展和应用使生物制品的产品范围得到了很大的扩展，广义的生物制品包括各种疫苗、抗血清（免疫血清）、抗毒素、类毒素、血液制品、细胞因子、重组DNA药物、核酸药物和诊断药品等。

二、生物制品的分类

根据用途可将生物制品分为预防、治疗和诊断三大类。

1. 预防类制品

（1）细菌类疫苗（bacterial vaccines）　由有关细菌、螺旋体或其衍生物制成的减毒活菌苗、灭活菌苗、亚单位菌苗、基因工程菌苗等，如卡介苗、Vi多糖疫苗（表10-1）。其中亚单位疫苗还可分为类毒素和纯化菌苗，类毒素由有关细菌产生的外毒素脱毒后制成，纯化菌苗则主要为荚膜细菌纯化的多糖菌苗。

（2）病毒类疫苗（virus vaccines）　由病毒、衣原体、立克次体或其衍生物制成的减毒活疫苗、灭活疫苗、亚单位疫苗、基因工程疫苗等，如麻疹减毒活疫苗、重组乙肝疫苗（表10-2）。

表 10-1　常用细菌类疫苗

减毒活菌苗	死菌菌苗	亚单位菌苗	基因工程菌苗
卡介苗 鼠疫活菌苗 炭疽活菌苗 布氏活菌苗 痢疾活菌苗 口服伤寒活菌苗	霍乱菌苗 伤寒菌苗 副伤寒菌苗 百日咳菌苗 钩端螺旋体菌苗 气管炎菌苗 鼠疫菌苗 哮喘菌苗	肺炎球菌多糖菌苗 伤寒杆菌 Vi 多糖 脑膜炎双球菌多糖菌苗 破伤风菌苗(类毒素) 精制白喉菌苗(类毒素) 百日咳菌苗(类毒素)	霍乱弧菌 CVDl03HgR F2a 与宋内双价痢疾菌苗

表 10-2　常用病毒类疫苗

减毒活疫苗	灭活疫苗	亚单位疫苗	基因工程疫苗
牛痘苗 黄热病疫苗 流感活疫苗 麻疹活疫苗 腮腺炎活疫苗 水痘活疫苗 风疹活疫苗 斑疹伤寒疫苗 脊椎灰质炎疫苗	乙型脑膜炎疫苗 狂犬疫苗 流感疫苗 Q 热疫苗 脊髓灰质炎疫苗 乙型肝炎疫苗	流感亚单位疫苗 腺病毒亚单位疫苗	乙肝疫苗

(3) 类毒素　由有关细菌产生的外毒素经脱毒后制成。常用的有白喉、破伤风、肉毒素及葡萄球菌类毒素等。

(4) 混合制剂　由 2 种或 2 种以上疫苗、菌苗、抗原液配制成的具有多种免疫原性的灭活疫苗或活疫苗，见表 10-3。

表 10-3　常用的混合制剂

联合菌苗	联合疫苗	菌苗
伤寒、副伤寒甲、乙联合菌苗 霍乱、伤寒、副伤寒甲、乙联合菌苗	麻疹、牛痘苗联合疫苗 麻疹、风疹联合疫苗 风疹、腮腺炎联合疫苗 麻疹、腮腺炎联合疫苗	白喉类毒素、百日咳菌苗和破伤风类毒素混合制剂

2. 治疗类生物制品

(1) 免疫血清及抗毒素 (antisera and antitoxin)　由特定抗原免疫动物如免疫马、牛或羊，经采血、分离血浆或血清，而后精制而成。抗细菌和病毒的称抗血清，抗蛇毒和其他毒液的称抗毒血清，这两者统称为免疫血清；抗微生物毒素的称抗毒素，见表 10-4，其中部分亦常兼作预防剂。

表 10-4　常用的免疫血清及抗毒素

抗血清	抗毒素	抗毒血清
抗狂犬疫苗 抗腺病毒血清 抗痢疾血清 抗炭疽血清 抗钩端螺旋体血清	白喉抗毒素 破伤风毒素 肉毒杆菌抗毒素 气性坏疽抗毒素 链球菌抗毒素 D 型葡萄球菌抗毒素	抗蛇毒血清

（2）血液制品（blood products） 由健康人的血浆或特异免疫人血浆分离、提纯或由重组 DNA 技术制成的血浆蛋白组分或血细胞组分制品，如人血白蛋白、人免疫球蛋白、人凝血因子（天然或重组的）、红细胞浓缩物等（表 10-5），可用于诊断、治疗或被动免疫预防。

表 10-5 常用的血液制品

正常人血液制品	超免疫球蛋白类	正常人血液制品	超免疫球蛋白类
冻干人血浆	抗破伤风超免疫球蛋白	凝血酶原复合物	抗风疹超免疫球蛋白
白蛋白	抗狂犬超免疫球蛋白	凝血Ⅷ因子	抗腮腺炎超免疫球蛋白
球蛋白	抗百日咳超免疫球蛋白		抗脊髓灰质炎超免疫球蛋白
纤维蛋白原	抗麻疹超免疫球蛋白		

（3）细胞因子（cytokines） 细胞因子或称为细胞生长调节因子，系在体内和体外对效应细胞的生长、增殖和分化起调控作用的一类物质。这类物质大多是蛋白质或多肽，亦有非蛋白质形式存在者。细胞因子由健康人血细胞增殖、分离、提纯或重组 DNA 技术制成，如干扰素（IFN）、白细胞介素（IL）、集落刺激因子（CSF）、红细胞生成素（EPO）等，用于治疗。

（4）重组 DNA 产品（recombinant DNA products） 重组 DNA 产品是指利用重组 DNA 技术制备的生物制品。重组 DNA 技术，又称基因工程（gene engineering），是指按人的意志，将重组对象的目的基因插入载体，拼接后转入新的宿主细胞，构建成工程菌（或细胞），实现遗传物质的重新组合，并使目的基因在工程菌内进行复制和表达的技术。应用重组 DNA 技术制备的药物有重组激素类药物如重组人生长素（rhGH）、胰岛素（insulin）、人促卵泡激素（rhFSH）等，重组生长因子如干扰素、白细胞介素等，重组疫苗如基因工程乙肝疫苗以及基因工程抗体等。

3. 诊断类制品（diagnostic reagents）

（1）体内诊断制品 由变态反应原或有关抗原材料制成的免疫诊断试剂，用于皮内接种，以判断个体对病原的易感性或免疫状态。如卡介菌纯蛋白衍生物（BCG-PPD）、布氏菌纯蛋白衍生物（RB-PPD）、锡克实验毒素、单克隆抗体等，用于体内免疫诊断。

（2）体外诊断制品 由特定抗原、抗体或有关生物物质制成的免疫诊断试剂或诊断试剂盒，如伤寒、副伤寒、变形杆菌诊断菌液，沙门菌属诊断血清、HBsAg 酶联免疫诊断试剂盒等，用于体外免疫诊断。

4. 其他制品

由有关生物材料或特定方法制成，不属于上述几类的其他生物制剂，用于治疗或预防疾病。如治疗用 A 型肉毒素制剂、微生态制剂、核酸制剂等。

三、生物制品的免疫学基础

特异性免疫的获得方式有自然获得和人工方法获得两种。自然免疫主要指机体感染病原微生物后建立的特异性免疫，人工免疫（artificial immunization）则是人为地给机体输入抗原或现成免疫效应物质等，使机体获得特异性免疫的方法。

1. 机体的抗感染免疫

机体的抗感染免疫传统上分为先天性免疫和获得性免疫两大类，如表 10-6 所示。

2. 人工免疫

人工免疫是人为地给机体输入抗原以调动机体的免疫系统，或直接输入免疫血清，使其获得某种特殊抵抗力，用以预防或治疗某些疾病。人工免疫用于预防传染病时，常称为预防接种，它是增强人体特异性免疫力的重要方法。

表 10-6　抗感染免疫的分类及实例

免疫类型	作用途径	实　例
先天性(非特异性)免疫	主动免疫	体表屏障,血脑屏障,血肽屏障,细胞吞噬作用,正常体液和组织中抗菌物质
获得性(特异性)免疫	主动免疫	自然(形成):感染 人工(诱导):类毒素、死或活菌(疫)前注射
	被动免疫	自然:母体抗体通过胎盘(IgG)或初乳(IgA)输给婴儿 人工:同种或异种抗体注射

有计划地开展预防接种，提高人群对传染病的抵抗力，可大大降低许多种传染病的发病率。对天花、脊髓灰质炎和白喉等传染病，预防接种是消灭它们或控制流行的主要措施。1979 年，在全球范围内消灭了天花，就是预防接种消灭传染病所显示的巨大作用。对麻疹、霍乱、伤寒、副伤寒和乙脑等的预防接种，也已取得显著效果。现阶段人工免疫不仅用于对传染病治疗，也用于对同种异体移植排斥反应及某些免疫性疾病和免疫缺陷病的治疗。有两种人为方式可使机体获得有效的免疫力，即人工主动免疫和人工被动免疫。

(1) 人工主动免疫（artificial active immunization）是人为给机体输入疫苗、类毒素等抗原性生物制品，使免疫系统因抗原的刺激而产生类似感染时所发生的免疫过程，从而产生特异性免疫力。这种免疫力出现较慢，常有 1～4 周诱导期，但维持较久，可从半年到数年，多用于有计划的特异性预防传染病。

(2) 人工被动免疫（artificial passive immunization）是人为将抗毒素、正常人免疫球蛋白等现成免疫效应物质输入机体，使机体立即获得特异性免疫力，以达到某些疾病防治的目的。此种免疫方法生效快，但由于免疫力的产生不经过自身免疫系统，因此维持时间短（2～3 周），多用于治疗或紧急预防传染病。

人工主动免疫和人工被动免疫的主要特点比较如表 10-7 所示。

表 10-7　人工主动与被动免疫的比较

比较类别	人工主动免疫	人工被动免疫
产生免疫力的物质	抗原(微生物制剂、毒素制剂等)	现成的免疫效应物质
免疫力出现时间	慢,要经 1～4 周诱导期	快,无需诱导期
免疫力保持时间	长(数月～数年)	较短(2 周～数月)
用途	主要用于预防	主要用于治疗或紧急预防

3. 机体免疫的机制

人类免疫主要分为两大类，即体液免疫和细胞免疫。所谓体液免疫也就是通过形成抗体而产生免疫能力。抗体是由血液或体液中的 B 细胞产生，主要存在于体液中，它可以与入侵的外来抗原物相结合，使其失活。所谓细胞免疫是指主要由各种淋巴细胞来执行的免疫功能，即 MHC Ⅰ型和 MHC Ⅱ型。MHC Ⅰ型是指抗原经一系列复杂传递过程，由 MHC Ⅰ型分子加工后，产生一些传递信号的小肽激活 CD8T 细胞，而 CD8T 细胞可以通过释放水解酶和其他化合物把受病原体感染或变异的细胞杀死。MHC Ⅱ型是指外源抗原通过细胞内吞噬，经 MHC Ⅱ型分子加工后，激活 CD4T 细胞。激活的 CD4T 细胞可辅助激活抗原专一性的 B 细胞，它能产生杀伤性 T 细胞（killer Tcell，CTL 或 Tc），并进一步激活更多种类的 T 细胞，从而杀死更多外来病原体。人体免疫系统工作机制如图 10-1 所示。

早期，疫苗的研究工作主要都是针对体液免疫的，直到进入 20 世纪 90 年代，人们才在许多研究工作，特别是对艾滋病的研究工作中发现细胞免疫同样是十分重要的，甚至在某些疾病（如癌症等）的治疗中，细胞免疫比体液免疫更加有效。随着科学家们对细胞免疫的日

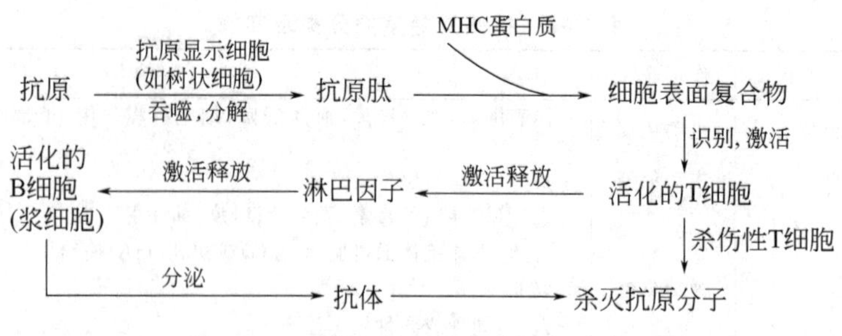

图 10-1 人体免疫系统工作机制示意图

益重视，这方面的研究也在不断深入。1996 年，两位澳大利亚学者 Doherty 和 Zinkernagel 由于发现了细胞免疫系统及免疫系统在对抗病毒感染过程中的 MHC 抗原，而获得诺贝尔生理学和医学奖。

四、生物制品的质量要求

生物制品必须强调质量第一的原则。预防类生物制品与药品不同，药品是用于病人，而生物制品是用于健康人群，特别是用于儿童的计划免疫，其质量的优劣，直接关系到亿万人尤其是下一代的健康和生命安危。质量好的生物制品必须具备两个重要条件：安全和有效。实践证明，应用质量好的制品，可以使危害人类健康的疾病得到控制或消灭；质量不好或者有问题的制品，不仅在使用后得不到应有的效果，浪费大量的人力和物力，甚至可能带来十分严重的后果。

生物制品的质量要求：世界卫生组织要求各国生产的制品必须有专门检定机构负责成品的质量检定，检定部门要有熟练的高级技术人员，精良的设备条件，以保证检定工作的质量。未经专门检定部门正式发给检定合格的制品，不准出品使用。检定包括安全性和效力检定两方面，前者包括：①毒性试验；②防腐性试验；③热原质试验；④安全试验；⑤有关安全性的特殊试验等 5 项，后者包括：①浓度测定（含菌数或纯化抗原量）；②活菌率或病毒滴度测定；③动物保护率试验；④免疫抗体滴度测定；⑤稳定性试验等 5 项。国内新的制品在正式出品前，要按新生物制品规程报卫生部审批。要求先进行小量人体观察，并做出免疫学及流行病学效果评价。没有科学数据证明安全、有效的制品，不能大量生产使用。

第二节 疫　　苗

一、疫苗的定义与分类

疫苗的现代定义为：一切通过注射或黏膜途径接种，可以诱导机体产生针对特定致病原的特异性抗体或细胞免疫，从而使机体获得保护或消灭该致病原能力的生物制品统称为疫苗，包括蛋白质、多糖、核酸、活载体或感染因子。

疫苗根据其生物来源及其化学特性，可以分为细菌类及其类毒素类疫苗、病毒类疫苗、蛋白疫苗及核酸疫苗 4 大类。按发展的先后次序，疫苗还可分为第一代疫苗、第二代疫苗、第三代疫苗三大类。

早期，通常把用细菌制成的生物制品称为菌苗，以病毒、立克次体及螺旋体制成的生物制品称为疫苗。现在，将用于免疫预防的抗原性生物制品（菌苗、疫苗及类毒素）统称为疫苗。

在重组DNA技术出现以前，人类使用的第一代疫苗有两种。

① 灭活疫苗（也称死疫苗）　指的是用物理或化学方法将病原微生物杀死或灭活后制备的生物制品，如霍乱菌苗、百日咳菌苗等。死疫苗的特点是进入机体后不能生长繁殖，因此为了获得强而持久的免疫力，死疫苗必须多次接种，且注射量较大。

② 减毒活疫苗　是用人工筛选或诱导变异的方法制备的使毒力高度减弱或基本无毒的活生物制品，如结核菌苗、痢疾活菌苗等。活疫苗进入机体后可以生长繁殖，类似轻微或隐形感染。故一般注射量较少，只需接种一次，维持时间长，免疫效果好。

第二代疫苗包括以下三种。

① 亚单位疫苗　指的是提取病原微生物体内能刺激机体产生保护性免疫的有效抗原成分制备的疫苗，如乙肝亚单位疫苗。亚单位疫苗的免疫效果好，且可减少与保护性免疫无关的成分引起的不良反应，并不含核酸，因此可防止病毒核酸致癌的可能性。

② 合成肽疫苗　指的是依据有效免疫原性肽段的氨基酸序列设计与合成免疫原性多肽，如乙型肝炎表面抗原的各种合成肽段。此类疫苗无回复突变的危险性，无需培养微生物，也无血源疫苗传染的可能性。

③ 基因工程疫苗　将编码免疫原的基因进行克隆、修饰、改造并借助载体转移至另一生物体基因组中，使之表达并产生所需抗原肽而制成的疫苗。如将HBsAg基因导入酵母菌基因组中制成的乙型肝炎疫苗在我国已广泛应用。

第三代疫苗为DNA疫苗（也称基因疫苗或核酸疫苗），是用编码有效免疫原的基因重组体，直接接种，使机体表达保护性抗原，并建立特异性免疫，如流感病毒核蛋白DNA疫苗。

常用的疫苗详见表10-8。

表10-8　常用疫苗一览表

减毒活苗	灭活疫苗	纯化疫苗	亚基疫苗
结核菌苗	霍乱菌苗	脑膜炎双球菌多糖疫苗	流感亚单位疫苗
鼠疫活菌苗	伤寒菌苗		腺病毒亚单位疫苗
炭疽活菌苗	副伤寒菌苗	肺炎球菌多糖疫苗	
布氏活菌苗	百日咳菌苗		
痢疾活菌苗	钩端螺旋体菌苗		
口服伤寒活菌苗	气管炎菌苗		
牛痘苗	鼠疫菌苗		
黄原病疫苗	哮喘菌苗		
脊髓灰质炎活疫苗	乙型脑炎菌苗		
流感活疫苗	狂犬疫苗		
麻疹活疫苗	流感疫苗		
腮腺炎活疫苗	Q热疫苗		
水痘活疫苗	脊髓灰质炎疫苗		
风疹活疫苗	乙型肝炎疫苗		
斑疹伤寒疫苗			

二、病毒类疫苗的制造方法

不同的病毒类疫苗的制备方法各异，但主要程序相似，图10-2为病毒类疫苗的一般制备工艺流程。

1. 毒种的选择和减毒

用于制备疫苗的毒株，一般需具备以下几个条件，才能获得安全有效的疫苗。

(1) 毒种必须有特定的抗原性，能使机体诱发特定的免疫力，这种免疫力足以阻止有关的病原体的侵入或防止机体发生相应的疾病。

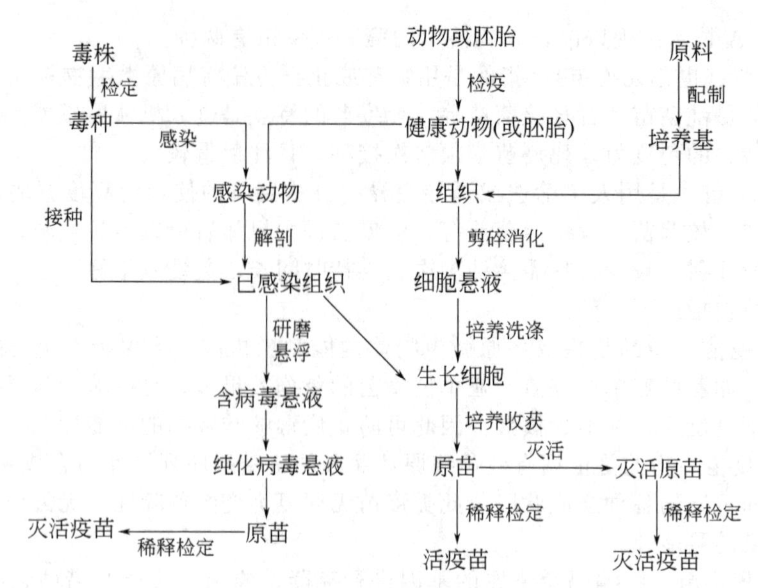

图 10-2 病毒类疫苗的一般制备工艺流程

（2）毒种应有典型的形态和感染特定组织的特性，并在传代的过程中，能长期保持生物学特性。

（3）毒种易在特定的组织中大量繁殖。

（4）毒种在人工繁殖的过程中，不应产生神经毒素或能引起机体损害的其他毒素。

（5）如为制备活疫苗，毒种在人工繁殖的过程中应无恢复原致病力的现象，以免在疫苗的使用时，机体发生相应的疾病。

（6）毒株在分离时和形成毒种的全过程中应不被其他病毒所污染，并需要保持历史记录。

用于制备活疫苗的毒种，往往需要在特定的条件下将毒株经过长达数十次或上百次的传代，降低其毒力，直至无临床致病性，才能用于生产。例如制备流感活疫苗的甲$_2$、甲$_3$和乙不同亚型毒株，需分别在鸡胚中传 6～9 代、20～25 代及 10～15 代后才能使用。又例如制备麻疹活疫苗的 Schwarz 株，需传代 148 代后方能合乎要求。

2. 病毒的繁殖

所有动物病毒，只能在活细胞中繁殖。若需大量繁殖，首先要寻找能受感染的活细胞。通常情况下，病毒可用下列几种方法繁殖。

（1）动物培养　将病毒接种动物的鼻腔、腹腔、脑腔或皮下，使之在相应的细胞内繁殖。接种动物的种类、年龄和接种途径依病毒的种类而异。例如牛痘病毒可接种到牛的皮下、狂犬病毒可接种到羊的脑腔中进行繁殖。这种繁殖方法的缺点是动物饲养管理麻烦和具有潜在病毒传播的危险，故在生产中已逐渐被淘汰，但有时还在实验室中用以分离和鉴别病毒。

（2）鸡胚培养　将病毒接种到 7～14d 龄鸡胚的尿囊腔、卵黄囊或绒毛尿囊膜等处；接种的部位因病毒种类的不同而异。鸡胚培养虽较动物培养简单，但亦潜有沙门菌、支原体和鸡白血病病毒等污染的危险。要排除这种污染，需要从鸡的隔离饲养开始，这就大大增加了鸡胚的成本，不易于大规模使用。目前，除了黏病毒（如流感病毒、麻疹病毒等）和痘病毒（如牛痘病毒等）外，其他病毒已很少用鸡胚进行培养。

（3）组织培养　从 20 世纪 50 年代开始，组织培养已广泛用于病毒培养。目前，差不多所有人类和动物的组织都能在试管中培养。

（4）细胞培养　用于疫苗生产的主要有原代细胞培养和传代细胞培养两种方法。前者系将动物组织进行一次培养而不再传代，常用的细胞有猴肾细胞、地鼠肾细胞和鸡胚细胞等。后者系用长期传代的细胞株，常用的有人胚肺二倍体细胞（如 WI-38 和 MRC～S 细胞株）、非洲绿猴肺细胞（如 DBS-FRHL-2、DBS-FCL-l 和 DBS-FCL-2 细胞株）等。这些细胞经过长期传代，有可能失去正常细胞的某些特性，染色体将成为异倍体或不成倍数，亦就是成为恶性细胞，故用它们生产疫苗时，传代的次数应控制在一定的范围内。

3. 细胞的培养条件

（1）维持液和生长液的组成　细胞培养多用 Eagle 氏液、199 综合培养基或 RPM1640 培养基为维持液，如作为细胞生长液，还需加入小牛血清。Eagle 氏液亦可掺入部分水解乳蛋白以代替部分氨基酸。199 综合培养基自 1950 年首次使用后，经不断改进，又产生了 858、1066、NCTCl09 等多种配方。这些培养基的成分均很复杂，它们含有氨基酸、维生素、辅酶、核酸衍生物、脂类、碳水化合物和无机盐等。

（2）培养条件的控制

① pH 值　细胞培养一般应在 pH(7.0±0.2) 下进行，有些细胞的最适 pH 还要略低一些。相反，pH 太高将影响细胞生长。培养基中的磷酸盐和碳酸氢钠有助于保持 pH 的稳定。

② CO_2 浓度　细胞在生长过程中所产生的 CO_2 将溶解于培养液中而形成碳酸氢盐，后者不仅对培养基而且对细胞内部起着缓冲作用。若 CO_2 离开培养基进入空气中，将引起培养液 pH 的升高。要防止这一点，可将周围空气中的 CO_2 分压保持在 5%左右。

③ 氧分压　细胞的生长需要氧。在培养细胞的过程中，应不断向培养液中提供无菌空气，以保持一定的氧分压。为达到此目的，可用通气、摇瓶或转瓶培养的方法。但不论用哪一种方法，都应先通过试验来确定最适的通气量或最适的转动频率，否则细胞不能充分生长和繁殖。

④ 培养容器内壁洁净度　疫苗的生产中，多采用细胞贴壁培养法。若培养容器的内壁不清洁，将影响细胞的贴壁，故容器洗涤时，需选用优良的清洁剂，以除去容器壁上的蛋白质和脂类物质。传统的清洁剂是硫酸-铬酸混合液，它是一个强氧化剂，在使用时，应注意防止腐蚀和污染环境。在容器洗涤后，应用大量的水冲去残余的酸和铬酸离子，以防止细胞“中毒”。近来，许多合成洗涤剂可以用来取代硫酸-铬酸混合液，但对特定的细胞必须事先通过试验，经确定洗涤剂性质对细胞和人体均不产生危害作用后，才能用于疫苗生产。

⑤ 细菌污染　细胞培养的过程中易受细菌的污染。要保证无菌，不但培养基和所用的容器事先要彻底灭菌，还要保证培养过程中通入培养液的任何气体和液体都是无菌的。另外，培养液中还可加入一定量的抗生素，如青霉素和链霉素，以抑制可能污染的细菌生长。

⑥ 培养温度和时间　细胞培养的温度一般为 37℃，波动范围最好不超过 1℃，以免细胞生长不良或死亡过快。各种细胞培养所需的时间不同，一般为 2～4d，多为 3d。培养时间太短，细胞未能充分繁殖，培养时间太长，细胞繁殖太盛，导致从容器壁上剥落，影响病毒的培养，所以应掌握适当的培养时间。

4. 疫苗的灭活

不同的疫苗，其灭活的方法不同，有的用甲醛溶液（如乙型脑炎疫苗），有的则用酚溶液（狂犬疫苗）。所用灭活剂的浓度与疫苗中所含的动物组织量有关。如含有大量动物组织的疫苗（鼠脑疫苗、鼠肺疫苗等），需用较高浓度的灭活剂，若用甲醛溶液，用量一般为 0.2%～0.4%。如为细胞培养的疫苗（一般含细胞量少），灭活剂的浓度可低一些，若用甲醛溶液，一般为 0.02%～0.05%。

灭活温度和时间，需视病毒的生物学性质和热稳定性质而定。有的可于 37℃下灭活 12d（如脊髓灰质炎灭活疫苗），有的仅需 18～20℃下灭活 3d（如斑疹伤寒疫苗）。一般需要通过试验来确定最适的灭活温度和时间，以保证既破坏疫苗的毒力，又尽量减少疫苗免疫力的损失。

5. 疫苗的纯化

纯化的目的，是去除存在的动物组织或细胞，降低疫苗接种后可能引起的不良反应。用细胞培养所获得的疫苗，动物组织量少，一般不需特殊的纯化，但在细胞培养的过程中，需用换液的方法除去培养基中的牛血清。用动物组织制成的疫苗，可经过乙醚纯化，或经透析、浓缩，或用超速离心提纯，亦可用三氯乙酸提取抗原。

6. 冻干

疫苗的稳定性较差，一般在 2～8℃下能保存 12 个月，但当温度升高后，效力很快降低。为使疫苗的稳定性提高，可用冻干的方法使之干燥。冷冻干燥后的疫苗的有效期往往可延长 1 倍或 1 倍以上。

冻干的要点是：将疫苗冷冻至共熔点以下；在真空状态下将水分直接由固态升华为气态；缓慢升温，不使疫苗在任何时间下有融解情况发生；冻干好的疫苗在真空或充氮后密封保存，使其残余水分不超过 3%。

三、细菌类疫苗和类毒素的制备方法

细菌类疫苗和类毒素的制备，均由细菌培养开始，前者系用菌体作为进一步加工的对象，而后者则对细菌所分泌的外毒素进行加工。不同的细菌类疫苗和类毒素，其制备工艺不尽相同，然而其主要程序颇为相似。图 10-3 概括了菌苗和类毒素的一般制备工艺流程。

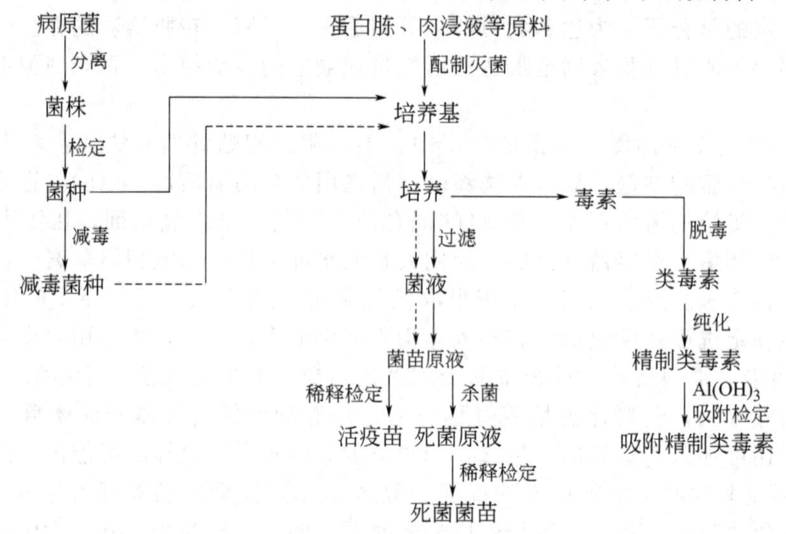

图 10-3 菌苗和类毒素的一般制备工艺流程

1. 菌种的选择

用于制备菌苗的菌种，须具备以下几个条件，才能制成安全有效的细菌类疫苗。

（1）菌种必须有特定的抗原性，能使机体诱发特定的免疫力，足以阻止有关病原体的侵入或防止机体发生相应的疾病。

（2）菌种应具有典型的形态、培养特性和生化特性，并在传代的过程中，能长期保持这些特性。

（3）菌种应易于在人工培养基上培养。

（4）如系制备死菌菌苗，菌种在培养过程中应产生较小的毒性。

（5）如系制备活菌苗，菌种在培养过程中应无恢复原毒性的现象，以免在菌苗使用时，机体发生相应的疾病。

(6) 如系制备类毒素，则菌种在培养的过程中应能产生大量的典型毒素。

总之，制备细菌类疫苗和类毒素的菌种，应该是生物学特性稳定，能获得效力高、副作用小和安全性好的产品的菌种。

2. 培养基成分的选择

除了一般的碳源、氮源、无机盐成分外，对于特殊类型的微生物，往往还需要某些特定的营养成分才能生长，例如，结核杆菌需以甘油作为碳源；有些分解糖类能力较差的梭状芽孢杆菌需以氨基酸作为能量及碳与氮的来源；又如百日咳杆菌生长需要谷氨酸和胱氨酸作为氮源。至于病毒，则需在细胞内寄生。

培养致病菌时，在培养基中除应含有一般碳源、氮源和无机盐成分外，往往还需添加某种生长因子。生长因子是某些细菌生长时所必需而自身不能合成需要摄自外界的一些微量的有机化合物。不同的细菌需要不同的生长因子。

3. 培养条件的控制

(1) 氧分压　各种细菌的生长与空气中的氧关系很大。习惯上人们按照对氧的需要将细菌分成需氧菌、厌氧菌和兼性厌氧菌三大类。在培养特定的细菌时，必须严格控制培养环境的氧分压。培养需氧菌时，需要有高氧分压的环境，而培养厌氧菌时，就需要降低并严格控制环境中的氧分压。

(2) 温度　致病菌的最适培养温度，大都接近人体正常温度（35～37℃），但不同的病原菌，仍略有不同。故在制备菌苗时，应先找出菌种的最适培养温度，在生产中加以严格控制，以获得最大的产量和保持细菌的生物学特性和抗原性。

(3) pH 值　许多细菌能在一定的 pH 范围内生长。不过，培养环境的 pH 不同，细菌的代谢可能不同，这是由于抑制或增进了细菌的某些酶的活性而引起的。因此在培养中应严格控制培养基的 pH，以使它们按预定的要求生长、繁殖和产生代谢产物。

(4) 光　制备生物制品的细菌，一般都不是光合细菌，不需要光线的照射。因此培养不应在阳光或 X 射线下进行，以防止核糖核酸分子的变异，从而改变细菌的生物学特性。

(5) 渗透压　一般细菌的细胞壁较坚固，所以它们能在低渗环境下生存。高渗透压环境往往能使细菌收缩以致死亡。一些嗜盐菌的细胞壁则较脆弱，对它们则需要高浓度的盐来提高培养基的渗透压，防止细胞壁的破裂。

4. 杀菌

制备死菌菌苗时，在制成原液后需要用物理或化学方法杀菌。各种菌苗所用的杀菌方法不相同，但杀菌的总目标是彻底杀死细菌而又不影响菌苗的防病效力。以伤寒菌苗为例，可用加热杀菌法、甲醛溶液杀菌、丙酮杀菌等方法杀死伤寒杆菌。

5. 稀释、分装和冻干

经杀菌的菌液，一般用含防腐剂的缓冲生理盐水稀释至所需的浓度，然后在无菌条件下分装于适当的容器，封口后在 2～10℃保存，直至使用。有些菌苗，特别是活菌苗，亦可于分装后冷冻干燥，以延长它们的有效期。

四、疫苗类生物制品的质量检定

（一）理化性质检定

1. 物理性状的检查

包括外观、真空度、装量、溶解速度检查等。外观是个表面现象，但外观异常往往涉及制品的安全和效力问题，必须认真检查。通过特定的人工光源进行目测，对外观类型不同的制品，有不同的要求标准；真空封口的冻干制品，应通过高频火花真空测定器测定真空度，瓶内应出现蓝紫色辉光；各种装量规格的制品，应通过容量法测试，其实际装量不得少于标示量（粘瓶量除外）；另外，取一定量冻干制品，按规程要求，加适量溶剂，其溶解速度应在规定时限以下。

2. 蛋白质含量测定

有些制品如血液制剂、抗毒素和纯化菌苗，需要测定其蛋白质含量，检查其有效成分或蛋白杂质是否符合规程要求。蛋白质含量测定的方法很多，目前常用的有凯氏定氮法、双缩脲法、酚试剂法（Lowry 氏法）和紫外吸收法。

3. 纯度检查及鉴别试验

血液制品、抗毒素和类毒素等制品，需要进行纯度检查或做鉴别试验，为此，常用区带电泳、免疫电泳、凝胶层析、超速离心等技术进行分析。

4. 相对分子质量或分子大小测定

提纯的蛋白质制品如白蛋白、丙种球蛋白或抗毒素，在必要时需测定其单体或裂解片段的相对分子质量及分子的大小；提纯的多糖体菌苗需测定多糖体的分子大小及其相对含量，常用的方法有凝胶层析法、SDS-PAGE 法和超速离心分析法。

5. 防腐剂含量测定

生物制品在制造过程中，为了脱毒、灭活或防止杂菌污染，常加入苯酚、甲醛、三氯甲烷、硫柳汞等试剂作为防腐剂或灭活剂。对于各种防腐剂的含量都要求按药典规定控制在一定的限度以下，防腐剂的含量过高能引起制品有效成分的破坏，注射时也易引起疼痛等不良反应。

（二）安全试验

为保证生物制品的安全性，在生产过程中须进行安全性方面的系统检查，排除可能存在的不安全因素，以保证制品用于人体时不致引起严重反应或意外问题。一般要求抓好以下 3 个方面的问题。

一是菌毒种或主要原材料的检查。用于菌疫苗生产的菌毒种，除按有关规定严格管理外，投产前必须按《中国药典》的规定，进行毒力、特异性、培养特性等安全性试验，检查其生物学特性是否有异常改变。用于生产血液制剂的血液，采血前必须对献血员进行严格的体检和血样化验，采血后还要进行必要的复查，不得将含有病源物质（如乙型肝炎病毒）的血液投入生产。

二是半成品（包括原液）的检查。在生产过程中，对半成品的安全检查十分重要。主要是检查对活菌、活毒或毒素的处理，如杀菌、灭活、脱毒是否完善，活菌或死菌半成品是否有杂菌或有害物质的污染，所加灭活剂、防腐剂是否过量等。如发现问题应及时处理，以免造成更大的浪费。

三是成品检查，制品在分装或冻下后，必须进行出厂前的最后安全检查。按各个制品的不同要求，进行无菌试验、纯菌试验、毒性试验、过敏性试验、热原质试验及安全试验（指某制品的单项试验）等。为了保证使用安全，所有生物制品、血液制品，都必须逐批进行检查。安全试验包括以下 4 个方面的内容。

1. 外源性污染的检查

外源性污染的检查除无菌与纯菌试验外，还需进行以下项目的检查。

(1) 野毒检查　组织培养疫苗，有可能通过培养病毒的细胞（如鸡胚细胞、地鼠肾细胞和猴肾细胞等）带入有害的潜在病毒，这种外来病毒亦可在培养过程中同时繁殖，使制品污染，故应进行野毒检查。

(2) 热原质试验　血液制品、抗毒素、多糖菌苗等制品，其原材料或在制造过程中，有可能被细菌或其他物质污染并带入制品，可引起机体的致热反应。因此，这些制品必须按照国内外药典的规定，以家兔试验法作为检查热原的基准方法，对产品进行热原质检查。

2. 杀菌、灭活和脱毒情况的检查

一些死菌苗、灭活疫苗以及类毒素等制品，常用甲醛溶液或苯酚作为杀菌剂或灭活剂。这类制品的菌毒种多为致病性强的微生物，若未被杀死或解毒不完善，就会在使用时发生严重事故。故需做以下3项试验。

(1) 无菌试验　基本与检查外源性杂菌方法相同。但由于本试验的目的主要是检查有无生产菌（毒）种生长，故应采用适于本菌生长的培养基，同时要先用液体培养基进行稀释和增菌再作移种。

(2) 活毒检查　主要是检查灭活疫苗。需用对原毒种敏感的动物进行试验，一般多用小白鼠。如制品中残留未灭活的病毒，则能在动物机体内繁殖，使动物发病或死亡。

(3) 解毒试验　主要用于检查类毒素等需要脱毒的制品。需用敏感的动物检查，如检查破伤风类毒素用豚鼠试验，如脱毒不完全而有游离毒素存在，可使动物发生破伤风症状以致死亡。白喉类毒素，系用家兔作皮肤试验，反应应为阴性。

3. 残余毒力和毒性物质的检查

(1) 残余毒力试验　所谓残余毒力是指生产这类制品的菌毒种，本身是活的减毒（弱毒）株，允许有一定的轻微毒力存在，能在接种动物机体反应中表现出来。此项测定目的是控制活疫苗（活菌苗）的残余毒力在规定范围。

(2) 无毒性试验（一般安全试验）　一般制品在没有明确规定的动物安全试验时，或不明了某制品是否会有何种不安全因素时，常采用较大剂量给小鼠或豚鼠作皮下或腹腔注射，观察动物有无不良反应。

(3) 毒性试验　死菌苗、组织培养疫苗或白蛋白等制品经杀菌、灭活、提纯等制造工艺后，其本身所含的某种成分可能仍具有毒性，当注射一定量时，可引起机体的有害反应，严重的可使动物死亡。故对此类制品毒性反应必须进行试验。

(4) 防腐剂试验　除活菌苗、活疫苗及输注用血液制品外，其他凡加有一定量防腐剂的制品，除用化学方法作定量测定外，还应做动物试验。含有苯酚防腐剂者，采用小白鼠试验，观察注射后的战栗程度及局部反应。以便控制产品中的防腐剂含量。

4. 过敏性物质的检查

(1) 过敏性试验（变态反应试验）　采用异体蛋白为原料制成的治疗制剂如治疗血清、代人血浆等，需检查其中过敏原的去除是否达到允许限度。一般采用豚鼠进行试验。

(2) 牛血清含量的测定　主要用于检查组织培养疫苗（如乙型脑炎疫苗、麻疹疫苗、狂犬病疫苗），要求其含量不超过1μg/mL。由于牛血清是一种异体蛋白，如制品中残留量偏高，多次使用能引起机体变态反应。测定方法一般采用间接血球凝集抑制试验或反向血球凝集试验。

(3) 血型物质的检测　用人胎盘血或静脉血制备的白蛋白和丙种球蛋白，常有少量的A或B血型物质，可使受者产生高滴度的抗A、抗B抗体，O型孕妇使用后，可能引起新生儿溶血症。因此，对这类制品应检测血型物质，并应规定其限量。

(三) 效力试验

生物制品的效力，从实验室检定来讲，一是指制品中有效成分的含量水平，二是指制品在机体中建立自动免疫或被动免疫后所引起的抗感染作用的能力。效力试验包括以下5个方面的内容。

1. 免疫力试验

将制品对动物进行自动（或被动）免疫后，用活菌、活毒或毒素攻击，从而判定制品的保护力水平。

(1) 定量免疫定量攻击法　用豚鼠或小鼠，先以定量制品（抗原）免疫 2～5 周后，再以相应的定量（若干 MLD 或 MID，MLD：最小致死量；MID：最小感染量）毒菌或毒素攻击，观察动物的存活数或不受感染的情况，以判定制品的效力。但需事先测定一个 MLD（或 MID）的毒菌或毒素的剂量水平，同时要设立对照组，只有在对照试验成立时，方可判定试验组的检定结果。该法多用于活菌苗和类毒素的效力检定。

(2) 变量免疫定量攻击法　即 50%有效免疫剂量（ED_{50}，ID_{50}）测定法。菌苗或疫苗经系列稀释成不同的免疫剂量，分别免疫各组动物，间隔一定日期后，各免疫组均用同一剂量的毒菌或活毒攻击，观察一定时间，用统计学方法计算能使 50%的动物获得保护的免疫剂量。此法多用小白鼠进行，其优点是较为敏感和简便，有不少制品，如百日咳菌苗、乙型脑炎疫苗常用此法进行效力检定。

(3) 定量免疫变量攻击法　即保护指数（免疫指数）测定法。动物经制品免疫后，其耐受毒菌或活毒攻击量相当于未免疫动物耐受量的倍数称为保护指数。实验时，将动物分为对照组及免疫组，每组又分为若干试验组。免疫组动物先用同一剂量制品免疫，间隔一定日期后，与对照组同时以不同稀释度的毒菌或活毒攻击，观察两组动物的存活率，按 LD_{50} 计算结果。如对照组 10 个菌有 50%动物死亡；而免疫组需要 1000 个菌，则免疫组的耐受量为对照组 100 倍，即该制品的保护指数为 100，此法常用于死菌苗及灭活疫苗的效力检定。

(4) 被动保护力测定　先从其他免疫机体（如人体）获得某制品的相应抗血清，用以注射动物，待一至数日后，用相应的毒苗或活毒攻击，观察血清抗体的被动免疫所引起的保护作用。

2. 活菌数和活病毒滴度测定

(1) 活菌数（率）测定　卡介苗、鼠疫活菌苗、布氏菌病活菌苗、炭疽活菌苗等多以制品中抗原菌的活存数（率）表示其效力。一般先用比浊法测出制品含菌浓度，然后作 10 倍或 2 倍系列稀释，由最后几个稀释度（估计接种后能长出 1～100 个菌），取一定量菌液涂布接种于适宜的平皿培养基上，培养后计取菌落数，并计算活菌率（%）。如需长时间培养的细菌如卡介菌，可改用斜面接种，以免由于培养时间过长，培养基发干，影响细菌生长。

(2) 活病毒滴度测定　活疫苗（如麻疹疫苗、流感活疫苗）多以病毒滴度表示其效力。常用组织培养法或鸡胚感染法测定。

3. 类毒素和抗毒素的单位测定

(1) 絮状单位（L_1）测定　能和一个单位抗毒素首先发生絮状沉淀反应的（类）毒素量，即为一个絮状单位。此单位数常用以表示类毒素或抗毒素的效价。

(2) 结合单位（BU）测定　能与 0.01 单位抗毒素相中和的最小类毒素量称为一个结合单位。常用以表示破伤风类毒素的效价。系用中和法通过小鼠测定。

(3) 抗毒素单位测定　目前国际上都用“国际单位”（IU）代表抗毒素的效价。它的概念是：当与一个 L_+ 量（致死限量）的毒素作用后，再注射动物（小白鼠，豚鼠或家兔），仍能使该动物在一定时间内（96h 左右）死亡或呈现一定反应所需要的最小抗毒素量，即为一个抗毒素国际单位。常用中和法测定。

4. 血清学试验

主要用来测定抗体水平或抗原活性。预防制品接种机体后，可产生相应抗体，并可保持较长时间。接种后抗体形成的水平，也是反映制品质量的一个重要方面。基于抗原和抗体的相互作用，常用以下血清学方法检查抗体或抗原活性，并多在体外进行试验。包括沉淀试验、凝集试验、间接血凝试验、间接血凝抑制试验、反向血凝试验、补体结合试验及中和试验等。

5. 其他有关效力的检定和评价

（1）鉴别试验　亦称同质性（identity）试验。一般采用已知特异血清（国家检定机构发给的标准血清或参考血清）和适宜方法对制品进行特异性鉴别。

（2）稳定性试验　制品的质量水平，不仅表现在出厂时效力检定结果，而且还表现于效力稳定性。因而需进行测定和考核。一般方法是将制品放置不同温度（2～10℃，25℃，37℃），观察不同时间（1周，2周，3周……1月，2月，3月……）的效力下降情况。

（3）人体效果观察　有些用于人体的制品，特别是新制品，仅有实验室检定结果是不够的，必须进行人体效果观察，以考核和证实制品的实际质量。观察方法常有以下几种。

① 人体皮肤反应观察　一般在接种制品的一定时间后（一个月以上），再于皮内注射变应原，观察24～48h的局部反应，以出现红肿、浸润或硬结反应为阳性，表示接种成功。阳转率的高低反映制品的免疫效果，也是细胞免疫功能的表现。

② 血清学效果观察　将制品接种人体后，定期采血检测抗体水平，并可连续观察抗体的动态变化，以评价制品的免疫效果和持久性。它反映接种后的体液免疫状况。

③ 流行病学效果观察　在传染病流行期的疫区现场，考核制品接种后的流行病学效果。这是评价制品质量的最可靠的方法。但观察方案的设计必须周密，接种和检查的方法正确，观察组和对照组的结果统计能够说明问题，方能得出满意的结论。

（4）临床疗效观察　治疗用制品的效力，必须通过临床使用才能肯定。观察时，必须制定妥善计划和疗效指标，选择一定例数适应证患者，并取得临床诊断和检验的准确结果，才能获得正确的疗效评价。

五、生物制品检定标准品

生物制品是具有生物活性的制剂，它的效力一般是采用生物学方法检定的。由于试验动物的个体差异，所用试剂或原材料的纯度或敏感性不一致等原因，往往导致同一批制品的检定结果也往往互相悬殊。为了解决这个问题，使检定的尺度统一，消除系统误差，从而获得一致的结果，就需要在进行检定试验的同时，用已知效力的制品作为对照，由对照结果来校正检定试验结果。这种用作对照的制品，就是生物标准，也就是通常所说的标准品或参考品。

生物制品的标准品或参考品，必须由世界卫生组织或国家检定机构审定分发；如果是由世界卫生组织审定发出的，就称为国际标准；如果是由国家检定机构批准发出的，则称为国家标准。

1. 生物制品标准品的要求

（1）要求准确　从1973年起，世界卫生组织将标准品或参考品分装安瓿，并标明每安瓿所含的单位数。单位数必须非常准确。

（2）要求冻干　冻干制品才能保持效价稳定，不允许用液体制品作为标准或参考标准。有个别制品，如旧结核菌素、脊髓灰质炎疫苗（冰冻）可以例外。

（3）要求熔封　标准品分装后，必须熔封。不得用金属盖封口，以免经低温冷藏，取出升温后，瓶塞松动。

（4）要有瓶签、说明书和实验数据。

2. 标准品的分级

世界卫生组织对生物制品标准品分以下3个级别。

（1）国际生物标准由世界卫生组织根据国际协作研究的结果标明其国际单位。标量准确，稳定性好。系用于标定国家的或某实验室的标准品或参考制品。

（2）国际参考制品　用途同上，虽已建立，但未经足够的协作研究，或虽经协作研究，表明尚不适于定为国际标准，但有一定的使用价值。有时需尽快对一国际参考制品规定单位，以免在标示活性系统中出现混乱。

（3）国际生物参考试剂系生物学诊断试剂、生物材料，或用于鉴定微生物（或其衍生物）或诊断疾病的高度特异血清。这些参考试剂不用于生物制品活性的定量测定，故未规定其国际单位。

3. 国际标准的制定

制定某一制品的国际标准时，一般要经过以下程序。

（1）由制造厂提供原材料，或由各国推荐一批适合于作标准用的试验样品。

（2）由世界卫生组织组织一些国家中有经验的实验室，按世界卫生组织提出的标准方法，进行协作检定。如有特殊方法，允许比较。

（3）各实验室将协作检定结果报送世界卫生组织生物标准专家委员会，由国际标准研究中心（如丹麦国家血清研究所等）进行归纳分析，提出意见。

（4）提交下届专家委员会讨论审批。

国际标准品及国际参考标准品，均用于标定各国或实验室的标准品或参考标准品。国际参考剂系用于鉴别和诊断。

六、重要的疫苗制备工艺

（一）卡介苗疫苗

1. 简介

结核病至今仍为重要的传染病之一，其病原菌是结合分枝杆菌。据世界卫生组织（WHO）报道，目前全世界约有1/3的人口感染结核分枝杆菌，有2亿多活动性结核病患者，每年约有800万新增结核病例发生，至少有300万人死于结核病。有些地区因艾滋病、吸毒等原因，结核病发病率也有上升趋势。结核病的特异性预防是接种卡介苗，我国规定新生儿出生后2～3d内接种卡介苗，7岁复种，在农村12岁时再复种一次。

卡介苗（Bacille Calmette-Guerin）是Nocard 1902年从牛体分离的一株牛型结核杆菌，对人有致病力，天然习生于牛体。Calmette和Guerin二人观察到，如果向培养这株结合杆菌的甘油土豆培养基中加入牛胆汁。则在培养期间杆菌形态发生变化，并逐步缓慢地丧失其毒力。他们从1906年开始采用这个方法，约每2～3星期传代一次，前后共传了231代，经约13年时间，终于获得一株稳定的减毒株。该株仅可以使牛产生发热反应，但不使之发生结核，注入豚鼠体内非但不引起发病，而且可赋予其保护力，能抵抗强毒菌的感染。1921年，Well-Halle首次将此用于一名乳婴（其母亲死于结核病），经6个月观察婴儿健康无恙，从此开始人群预防和接种。

2. 制备工艺

卡介苗大多采用表面培养，少数采用深层培养。

（1）表面培养　采用改良的苏通培养基，培养温度37～39℃，培养时间10～12d，生产的卡介苗活力高，用培养6～8d的幼龄苗，有利于制备冻干制品，采用对数生长期的幼龄培养菌代替稳定期的培养菌生产，可使活菌率由10%左右提高至30%～50%。菌膜收集后压平，移入盛有不锈钢珠瓶内，可加入适量稀释液，低温下研磨，研磨好的原液稀释成各种浓度的菌苗。

（2）深层培养详细阐述如下。

① 培养基　每升无热原蒸馏水中含天冬酰胺0.5g，柠檬酸镁1.5g，磷酸二氢钾5.0g，硫酸钾0.5g，吐温-80 0.5mL，葡萄糖10g。

② 种子培养　将保存于苏通培养基上的原代种子，接入上述培养基中接种传代2次，于37℃培育7d后移种。

③ 深层培养 将上述种子移至装有6L培养基的8L双臂瓶中，于37℃培养7～9d，通气电磁搅拌。然后通过超滤，浓缩为10～15倍的菌苗，加入等量25%乳糖水溶液后混匀。以1mL分装安瓿瓶冻干，真空封口，贮于－70℃备用。

（二）白喉疫苗（白喉类毒素）

1. 简介

1923年Romon向白喉毒素内加入0.3%～0.4%甲醛，放置38℃，4周后，其毒性消失，但能使动物产生免疫力，从而制得白喉毒素的类毒素。白喉类毒素是一种用于白喉病的自动免疫制剂，是由产毒力高的白喉杆菌培养滤液，经福尔马林脱毒后精制（或精制后脱毒）而成。通常是制成吸附剂或与其他预防制剂配成混合制剂使用。

2. 生产工艺

吸附精制白喉类毒素的工艺流程如图10-4所示。

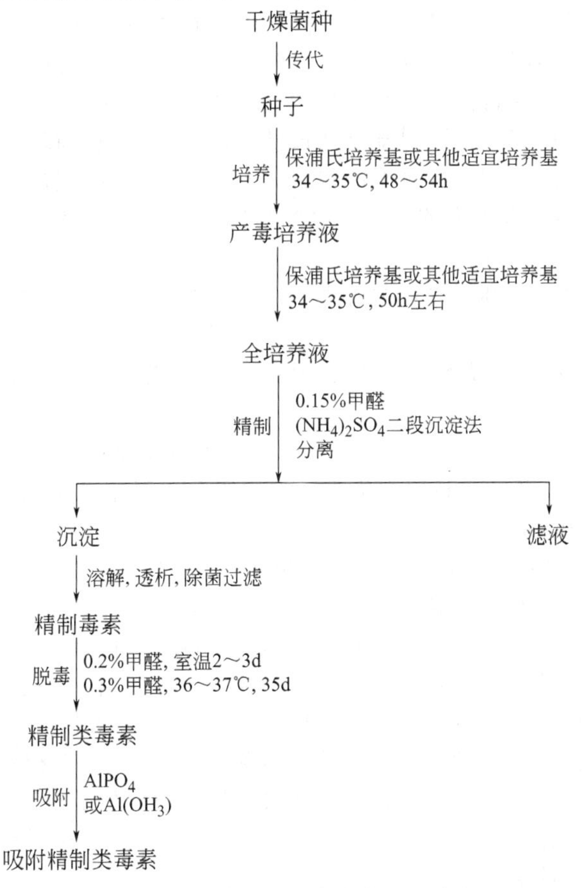

图10-4 吸附精制白喉类毒素的工艺流程

(1) 菌种 欲制造有效的免疫用类毒素，必须有高效价的毒素，国际上产毒最著名的菌种为1896年Park和williams分离的第8号菌株（Pw8），该株系介于光滑和粗糙之间的中间型（SR）。我国目前生产采用：PW8 Weissensee亚株，为来自于罗马尼亚PW8的传代株，该菌株一直保持着较高水平的产毒能力。该菌种可用下列培养基培养。

① 改良马丁培养基 主要成分为猪胃消化液及牛肉水，将猪胃消化液继续用胰酶消化，提高其氨基氮含量，菌种产毒能力得到很大提高；

② 保浦氏培养基 即胰酶消化牛肉培养基；

③ 改良林氏培养基 由Linggood原制培养基改良而成。

(2) 培养产毒 培养方法有两种：一为表面培养，二为深层培养。深层培养较表面培养能获得更高效价的毒素。

① 产毒培养基 目前我国使用的白喉类毒素生产用培养基为胰酶牛肉消化液培养基，即保浦氏培养基。是由胰酶消化牛肉后煮沸过滤形成的消化液，再加入酵母浸液、乳酸、氯化钙等成分构成。在白喉杆菌培养过程中必须加入细菌必需的氨基酸、糖类、各种生长因子及无机离子。

② 培养 采用深层培养法，以利于细菌生长过程中能源的补充、供氧量的调节及 pH 的控制，更好发挥细菌产毒的能力。白喉杆菌深层培养中因素控制包括以下几个方面：a. 温度控制在 34～35℃之间；b. pH 通过适量补加糖量可以较好地达到控制的目的，pH 一般控制在 7.6～8.0 之间；c. 一般利用麦芽糖替代葡萄糖为主要碳源，既可稳定培养过程的 pH，又延长培养时间，有利于白喉杆菌的生长产毒；d. 培养后期培养物中氨基氮的水平有所下降，适宜的氨基酸补充，可延长产毒时间，使产毒单位提高。

(3) 脱毒 毒素经甲醛加温处理以后，去除毒性而保留其抗原性，形成类毒素。

① 脱毒应考虑温度、pH、甲醛浓度以及毒素自身等影响：一般来说温度高、pH 高、甲醛浓度高都利于毒素脱毒，但同时却易造成抗原的损失，破坏其免疫原性。因此要注意平衡以上诸因素的关系，既达到毒素脱毒的目的，且又脱毒完全，减少毒素逆转现象的发生。温度超过 40℃对抗原性就有很大破坏，一般控制在 37～39℃；碱性过强，也会破坏抗原性，故控制 pH 在 7.0～7.5 较为适宜。

另外毒素浓度过高也不利于毒素脱毒，所以精制类毒素在脱毒时要进行适当的稀释，以易于脱毒的完善。

② 类毒素生产有脱毒后精制和精制后脱毒两种方式：包括原制毒素脱毒和精制毒素脱毒。

a. 原制毒素脱毒 培养物滤液加 0.5%～0.6%甲醛，调 pH7.5～7.6，于 37～39℃脱毒 30d。此法质量稳定，毒性逆转现象极少；但由于含大量培养基残留物质，进一步提高纯度有困难，且脱毒体积大，不利于操作。

b. 精制毒素脱毒 将精制毒素进行适当稀释后，再脱毒。方法同“原制毒素脱毒”。但为防止毒性逆转的发生，要加深脱毒 20d。此法脱毒体积小，工艺紧凑利于操作，且可获得高纯度制品。但易发生毒性逆转现象，而长时间的脱毒易造成抗原易损伤。

(4) 白喉类毒素的精制 去除细菌代谢的产物（菌体蛋白、小分子有机物等）及培养基中残留的有机物、无机盐等非特异性杂质，提高白喉类毒素的纯度，降低接种副反应。

盐析技术作为蛋白质分离和提纯中简单而温和的方法已被广泛应用于类毒素精制生产。我国现行精制白喉类毒素的生产工艺为“活性炭、硫酸铵分段沉淀法”，其基本步骤如下：

① 毒素或类毒素滤液中加 0.5% $NaHCO_3$、23%～27%的硫酸铵、适量的活性炭，溶解后过滤，沉淀废弃，收集滤液。

② 上述滤液再加 17%～20%硫酸铵，溶解后过滤，滤液滤清后废弃，收集沉淀。

③ 收集的沉淀用适量的注射用水溶解，利用透析的方法去除残留的硫酸铵，加入防腐剂（0.1‰硫柳汞），除菌过滤。

利用此法一般回收率可达到 70%以上，且类毒素纯度较高，免疫力效果明显。

利用蛋白质的液相层析技术，用 Sephadex G20 分离精制白喉类毒素，可将类毒素的纯度提高近 30%，同时类毒素的致敏原性低于传统工艺的同类制品。此法如能投入批量生产，将有利于成人型精制白喉类毒素的生产。

(5) 精制类毒素的吸附 为使白喉类毒素效力提高，降低接种副反应，利于产生良好的免疫效果，同时可减少免疫接种次数，在白喉类毒素生产过程同时加入适量的吸附剂，制成吸附精制白喉类毒素。较为典型的吸附剂为 $Al(OH)_3$ 吸附剂。根据吸附剂量，以 1.5%磷酸盐缓冲液，并加入精制白喉类毒素使其最终含量为 30～50L_f/ml。

(三) 流行性感冒疫苗

1. 简介

流行性感冒是由流感病毒（influenza virus）引发的急性呼吸道传染病。根据核蛋白（NP）和基质蛋白（M）免疫原性不同可将流感病毒分为甲（A）、乙（B）、丙（C）三型，甲型流感病毒是引起人类流感在全球流行的最重要的病原体，乙型流感病毒一般呈局部流行或小流行，丙型流感病毒仅引起散发流行。流感病毒毒粒表面有 3 种结构蛋白质，即 HA（血凝素）、NA（神经氨酸酶）和 M2（膜蛋白）。甲型流感病毒根据 HA 和 NA 免疫原性的不同，分为若干亚型（乙型、丙型流感病毒至今未发现亚型），目前已鉴定出 15 个 HA 亚型（H1～H15），9 个 NA 亚型（N1～N9）。甲型流感病毒容易发生变异，主要是 HA 和 NA 的免疫原性易发生变异，HA 变异最快，自 20 世纪以来，在人类流行的只有 H1、H2、H3 和 N1、N2 几个亚型。1937 年鸡胚培养流感病毒获得成功，1941 年早期粗制流感灭活疫苗问世，以后有冷适应株减毒活疫苗应用。现今流行性感冒疫苗（influenza vaccine）主要有 3 类，即灭活全病毒颗粒悬液疫苗、以物化方法部分或全部裂解病毒颗粒的裂解疫苗及主要由 HA 和 NA 抗原制成的亚单位疫苗，其中灭活疫苗是当前最常用的流感病毒疫苗。

2. 生产工艺

因流感病毒易发生抗原变异，世界卫生组织（WHO）发起每年进行流感病毒全球范围监测并发布当年和预测来年流行毒株。我国流感中心据此提供相似株供每年生产使用。WHO 流感疫苗规程提倡生产含有至少一种或一种以上甲型病毒株、一种乙型病毒株的多价流感疫苗（一般为三价）。毒株均用鸡胚胎培养。

早期粗制流感灭活疫苗是用含流感毒粒的鸡胚胎尿囊液，进行红细胞吸附和释放的简单纯化，以甲醛灭活制备，接种后局部和全身反应很强。后采用超速离心和层析技术提纯获得纯度提高的全毒粒疫苗，但儿童使用仍出现不良反应。以 3-*N*-丁基磷酸盐、聚山梨酯-80、去氧胆酸盐、Triton X-100 和 Triton N-101 等裂解毒粒制成的裂解苗使不良反应大为降低。

某灭活流感疫苗工艺流程是将病毒毒种稀释后，接种于无特殊病原体的 9～10 日龄鸡胚胎尿囊腔中，32～34℃培养 48～80h，收取高滴度的尿囊液和羊水，合并单价病毒收获液。各单价流感病毒收获液以蔗糖为介质进行速率区带超速离心纯化毒粒。所用蔗糖梯度液浓度为 30%～55%，25000r/min，15℃离心 8h 后，分步收集合并 HA 高滴度峰，此过程可去除尿囊液和羊水大部杂质成分并浓缩毒粒。按 1∶6000 比例加入 β-丙烯内酯作为灭活剂，20℃灭活 72h。用超滤技术脱去蔗糖，经除菌过滤配型后分装为成品。除了 β-丙烯内酯，甲醛也是常用的灭活剂。

对于流感裂解疫苗，可将冻干病毒毒种稀释后，接种于无特殊病原体的 9～10 日龄鸡胚胎尿囊腔中，35℃培养 48h，冷却鸡胚，收集合并尿囊液。以 10000（相对分子质量）的超滤膜滤器超滤浓缩后，经 Sepharose4FF 凝胶柱层析纯化，分步收集毒粒富集液。按血凝效价 1∶25600 稀释，加入终浓度 1.0%的 Triton X-100 裂解 90min，再经蔗糖梯度超速离心纯化，分步收集血凝效价 1∶160 以上的抗原峰。合并后超滤除掉蔗糖，稀释并配型。

裂解疫苗和亚单位疫苗虽可减少不良反，但免疫原性不如全毒粒疫苗，促使人们开展了各类佐剂的应用研究。

(四) 乙型肝炎疫苗

1. 简介

乙型肝炎病毒（hepatitis B virus，HBV）是导致人体罹患乙型肝炎的病原体，其表面由直径 22nm 的球状或棒状 HBsAg（乙肝表面抗原）构成，在 HBV 携带者血液中存在大量游离状的 HBsAg。目前，HBV 不能在离体组织或细胞内复制，无法以传统技术制造疫苗。后经研究证实 HBV 携带者血液中 HBsAg 提纯，去除 HBV 和其他杂质所制成的亚单位血源乙型肝炎疫苗（hepatitis B vaccine）可有效预防 HBV 的感染。随基因工程技术的应用，又发展出多种重组乙型肝炎疫苗（recombinant hepatitis B vaccine）。乙肝疫苗的主要有效成分为 HBsAg，现有各型乙肝疫苗 HBsAg 均吸附于佐剂［多为 $Al(OH)_3$］上。

2. 乙型肝炎疫苗生产工艺

（1）血液乙型肝炎疫苗（fplasma derived hepatitis B vaccine）血源乙型肝炎疫苗的原材料采自无症状 HBsAg 携带者献血者的血浆。先使冷冻血浆融化，加入 $CaCl_2$ 脱去纤维蛋白，加入固体 $(NH)_2SO_4$ 或饱和 $(NH)_2SO_4$ 溶液至相应饱和程度以沉淀 HBsAg。将沉淀溶解后用超速离心机及其配套的制备型区带转头，以 KBr 为密度梯度介质，进行等密度区带超速离心 2～3 次，分步收集合并密度梯度离心液中 HBsAg 富集峰。用 Millipore 板式超滤器超滤脱去 KBr 并浓缩产物，仍用超速离心机及其配套的制备型区带转头，以蔗糖为介质进行速率区带超速离心 1～2 次，分步收集合并离心液中 HBsAg 富集峰。加入适量胃酶于 35～37℃保温 1～5h，超滤去除胃酶，加入尿素至终浓度为 4～8mol/L，37℃处理 4～5h，超滤去除尿素，再经除菌过滤。按 1∶4000 加入甲醛于 37℃保温 72～96h 即制得半成品，半成品吸附 $Al(OH)_3$ 佐剂并加入防腐剂经分包装即为成品。

（2）重组痘苗乙型肝炎疫苗（recombinant vaccine derived hepatitis B vaccine）生产重组痘苗乙肝疫苗所用毒种为重组痘苗病毒（recombinant vaccine virus）TH_2 株，该株系将编码 HBsAg 的基因拼接入天坛株痘苗病毒基因组中非必需区的 *TK* 基因而获得的，宿主细胞采用鸡胚成纤维细胞。

取 10 日龄鸡胚经 0.25%胰酶消化，获得细胞悬液，接种重组痘苗病毒 TH 株生产毒种，以 15L 转瓶在 37℃培养至细胞病变完全，收获病毒培养液。培养液用离心机以 3000r/min 经 20min 澄清处理，上清液以 10 万相对分子质量滤膜超滤浓缩 100 倍。用超速离心机及其配套的制备型区带转头，以 KBr 为密度梯度介质，进行两次等密度区带超速离心（26000r/min、22h），分步收集合并密度梯度离心液中 HBsAg 富集峰。用 Millipore 板式超滤器超滤脱去 KBr 并浓缩产物，再以蔗糖为介质进行速率区带超速离心（25000r/min、16h），分步收集合并离心液中 HBsAg 富集峰。加入适量胃酶于 35～37℃保温 4～5h，超滤去除胃酶。按 1∶4000 加入甲醛于 37℃保温 72h，即制得半成品，半成品吸附 $Al(OH)_3$ 佐剂并加入防腐剂经分包装即为成品。

（3）重组 CHO 细胞乙型肝炎疫苗（recombinant CHO-cell derived hepatitis B vaccine）国内生产重组 CHO 细胞乙肝疫苗所用细胞种子为重组 CHO 细胞 C_{28} 株，该株系利用 DNA 操作技术将编码 HBsAg 的基因拼接入 CHO 细胞染色体中而获得。

静止或旋转培养细胞，待表达 HBsAg 含量达到 10mg/L 以上时收获培养液，培养液用离心机进行澄清处理后，可采用以下两种技术路线提纯 HBsAg。

① 沉淀—超速离心—凝胶过滤法　上清液以 50%饱和 $(NH)_2SO_4$ 溶液沉淀，沉淀物溶解后再以 50%饱和 $(NH)_2SO_4$ 溶液沉淀，沉淀用生理盐水溶解后超滤，进行两次 KBr 等密度区带超速离心（25000r/min）分步收集合并密度梯度离心液中 HBsAg 特异活性峰。过 Sepharose 4B 层析柱，分步收集合并洗脱液中 HBsAg 富集峰，超滤透析后再经超速平衡离心，分步收集合并 HBsAg 特异活性峰，即制得精制 HBsAg。

② 三步层析法　培养上清液经过 Butyl-S-Sepharose FF 为介质的疏水作用层析（HIC）、以 DEAE-Sepharose FF 为介质的阴离子交换层析（IEC）和以 Sepharose4 FF 为介质的凝胶过滤层析（GFc）制得精制 HBsAg。

按以上两法纯化获得的 HBsAg 加入终浓度为 1∶4000 的甲醛于 37℃保温 72h，再经超滤、浓缩及除菌过滤后得到原液，原液吸附 $Al(OH)_3$ 佐剂并加入防腐剂为半成品，经分包装即为成品。

(4) 重组酿酒酵母乙型肝炎疫苗（recombinant yeast derived hepatitis B vaccine）国内重组酿酒酵母乙肝疫苗生产菌种为 2150-2-3（PHBS56-GAP 34 7133）株。该株系用基因工程技术将编码 HBsAg 的基因插入大肠杆菌和酵母菌穿梭质粒 Pcl/1 中，再转化 2150-2-3 株酿酒酵母后筛选出的 HBsAg 高表达株。

生产菌种经过三角瓶复苏培养、种子罐扩增培养和生产罐高密度增菌三级发酵后，收获得到的大量酵母细胞里积累了发酵过程中表达的 HBsAg，将收获的酵母细胞冷冻保存。酵母细胞融化后，用高压匀浆细胞破碎器破碎细胞。用微滤法滤除细胞碎片等大颗粒杂质，再用超滤法滤出小分子杂质。以硅胶吸附 HBsAg，用相应工艺处理溶液清洗硅胶后再洗脱 HBsAg，得到粗制 HBsAg。用疏水层析法进一步精制提纯 HBsAg，经硫氰酸盐处理后再行稀释和除菌过滤。加入甲醛，37℃保温适宜时间，$Al(OH)_3$ 佐剂吸附后，加入硫柳汞作为防腐剂，即为疫苗原液，原液与等量铝稀释剂混合得到半成品，经分包装即为成品。

比利时史克必成重组酿酒酵母乙肝疫苗生产中重组酿酒酵母工程菌经过 20L、300L 和 1500L 发酵罐三级培养增殖细胞，收获细胞以颗粒研磨机破碎后，加入去垢剂抽提细胞内容物并沉淀，离心后再进行超滤浓缩处理，所得粗提产物已去除细胞碎片及大部分杂质。进一步通过凝胶过滤层析、阴离子交换层析、超速离心后脱盐的精制纯化后除掉残留的可溶性蛋白质、脂质、多糖和核酸等杂质，获得纯化的 HBsAg，吸附佐剂后经分包装制成成品。

德国莱茵公司重组汉逊酵母乙肝疫苗生产中重组汉逊酵母工程菌在含甘油成分的全化学合成培养基中发酵扩增细胞，待发酵后期酵母细胞达到高密度后，加入甲醇诱导 HBsAg 表达。收获细胞并用球磨机破碎，离心澄清细胞破碎产物，进而以硅胶柱层析和等密度超速离心技术精制纯化 HBsAg，吸附佐剂后经分包装制成成品。

七、核酸疫苗

（一）简介

核酸疫苗（nucleic acid vaccine），也称基因疫苗（genetic vaccine），指被用作疫苗的带有编码外源蛋白抗原基因的真核表达质粒，包括 DNA 疫苗和 RNA 疫苗。它是利用基因重组技术直接将编码某种抗原蛋白的外源基因（DNA）与质粒重组后，直接导入动物细胞内，并通过宿主细胞的转录系统合成抗原蛋白，诱导宿主产生对该抗原蛋白的免疫应答，以达到预防和治疗疾病的目的。核酸疫苗能较安全地表达目的蛋白，是具有较大发展潜力的一类生物制品。

核酸疫苗是由基因治疗发展而来的。1990 年，Wolff 等在进行基因治疗时偶然发现，在小鼠肌肉组织内直接注射质粒 DNA 后，质粒及其携带的外源基因可被小鼠肌细胞吸收并能在体内较长期稳定地表达蛋白质。1992 年，Tang 等将含有人生长激素基因的质粒 DNA 导入小鼠表皮细胞，发现外源质粒 DNA 在体内表达能够诱发机体产生针对表达的基因产物的抗体反应。第二次免疫后，还可使抗体水平明显升高。这表明，活体 DNA 转移后被转染的细胞数及所表达的外源蛋白质的量足以引起宿主对这种在自身体内表达的外源蛋白质产生广泛而强烈的免疫应答。这一发现引起了学术界的广泛关注。1993 年，Ulmer 等将含流感病毒核心蛋白编码基因的质粒载体直接注入小鼠肌肉，使小鼠产生了对该病的免疫保护。这项研究被称为开辟了疫苗研究的新时代。1994 年在日内瓦召开的专题会议上将这种疫苗定名为核酸疫苗。核酸疫苗的出现与发展是疫苗发展史上的第三次革命。

（二）核酸疫苗的作用机制

(1) 用核酸疫苗进行免疫时，肌细胞可能作为一种中心成分直接参与目的基因 DNA 的摄入和表达，并提呈给免疫系统，产生免疫应答。

（2）用核酸疫苗进行免疫时，肌细胞和抗原提呈细胞均被转染，引起 CD4＋、CD8＋T 细胞亚群的同时活化，产生特异性免疫应答。

（3）质粒 DNA 在细胞内表达的多肽抗原与宿主的 MHC Ⅰ和 MHC Ⅱ类分子结合后，提呈给免疫活性细胞（ICC），诱导多种免疫反应：一是体液免疫反应；二是细胞毒 T 淋巴细胞免疫反应；三是辅助 T 细胞反应。

（三）核酸疫苗的制备

核酸疫苗的制备工艺包括核酸疫苗的构建、工程菌发酵、菌体收集、细菌裂解、核酸疫苗的纯化浓缩和质量检验与包装。

（1）核酸疫苗的构建　即通过重组 DNA 技术，将抗原基因片段定向插入哺乳动物表达载体，转入宿主细胞后，筛选并获得重组克隆的过程。包括抗原基因和载体的制备，将抗原基因与载体连接形成重组分子，重组 DNA 分子导入宿主细胞，含有重组子的克隆的筛选与鉴定四个步骤。

（2）工程菌的发酵　主要采用深层液体培养的方法，该方法由于其营养丰富，振荡培养过程中可以提供相对较多的氧气，使得工程菌生长状态较好，适合实验室规模的培养和扩增。具体方法如下：从固体培养基中挑取单菌落接种于 30mL LB 培养基（含适量相应抗生素）中，于 37％空气摇床中振荡培养（200r/min）过夜；次日，将含相应抗生素的 500mL LB 培养基放入 2L 的三角烧瓶中，加入 25mL 上述过夜菌，于 37％振荡培养 2.5h，使细菌得以充分扩增；加入氯霉素溶液，使其终浓度为 170μg/ml，于 37℃振荡培养 16h。氯霉素的加入，既抑制细菌的繁殖，又不影响质粒的复制，这样就能大大提高每个细菌中质粒的拷贝数，并可减少纯化过程中细菌裂解物的体积和黏稠度，能较大程度地简化质粒纯化过程，提高质粒提纯效率。

（3）菌体细胞的收集和细菌裂解　可利用离心的方法完成菌体细胞的收集。细菌裂解，即使细菌的细胞壁和细胞膜破裂的过程。一般有煮沸法、SDS 碱裂解法、非离子型去垢剂法等。一般先加入溶菌酶作用一段时间，使细胞壁破裂后，再加入非离子型去垢剂或 SDS 碱性溶液等或作煮沸处理以便破膜，同时也可去除部分细胞碎片、蛋白质等杂质。但是这 3 种方法也各有其特点：煮沸法和 SDS 碱裂解法比较剧烈，只适用于抽提小于 10kb 的质粒；而非离子型去垢剂法比较温和，可抽提相对分子质量较大的质粒。目前，以 SDS 碱裂解法的应用较为成熟和广泛。

（4）质粒的初步抽提　是指将质粒 DNA 与大部分细菌染色体 DNA、细胞碎片及一些 RNA、蛋白质分离，SDS 碱裂解法在裂解细胞的同时，也可使细菌的染色体 DNA 和质粒 DNA 变性。由于染色体 DNA 很长，较易断裂，因此，变性后就变成了线性的单链 DNA 而质粒 DNA 较小，且为双链环状，变性后仅氢键断裂，成为单链环状 DNA。当把溶液的 pH 值调回中性时，环状的质粒 DNA 较易复性并溶于液相，而大分子的线性单链 DNA 在复性过程中则易互相缠绕，并与细胞碎片和蛋白结合形成白色沉淀，通过离心可轻易将质粒 DNA 初步抽提纯化。

（5）质粒 DNA 的纯化　质粒进一步纯化主要目的是去除残余的细胞碎片、蛋白质、脂类物质和 RNA，可以采取各种针对性的方法去除相应杂质：通过离心可去除各种细胞碎片，利用酚对蛋白质的强烈变性作用去除蛋白质，氯仿对去除脂质类物质有很好的作用，RNA 酶能特异降解 RNA 而对 DNA 无影响。此外，氯化铯-溴化乙啶梯度平衡离心以及柱层析方法可直接达到上述所有的目的，聚乙二醇沉淀法可获得较纯的共价闭合环状双链质粒 DNA。柱层析法是根据质粒 DNA 与细菌染色体 DNA、RNA、蛋白质等杂质在相对分子量、理化性质、带电程度等的方面不同，利用离子交换、分子筛等方法，可将质粒 DNA 与其他杂质分开。利用该方法可一次处理较大量的样本且可获得纯度较高的质粒，适用于较大规模的质粒制备。目前也有商品化的质粒纯化试剂盒可用于质粒的小量制备。

（6）质粒的浓缩　经纯化（尤其是柱层析纯化）后的质粒一般较稀，有必要对其进行进一步浓缩。目前，质粒DNA的乙醇沉淀是最有效且简便的浓缩方法。异丙醇也可使DNA沉淀，但由于其不易挥发，且易导致杂质的共沉淀，因此，在核酸疫苗制备的最后一步一般不宜使用。具体步骤：①在DNA溶液中加入1/10体积的盐离子溶液（3mol/L CH_3COONa，pH=5.2为最常用，2mol/L NaCl也可使用），混匀；②再加入2～2.5倍体积的无水乙醇，混匀后于0℃放置5～10min；③4℃，高速离心（12000g）15～20min；④去上清，用70%乙醇漂洗沉淀，于室温晾干；⑤将沉淀溶解于适当体积的PBS（pH=7.4）溶液中。

（7）核酸疫苗的质量监控　经扩增纯化后的核酸疫苗在免疫动物之前必须先从多方面对其质量进行检测，重要的有以下几项。

①浓度测定　核酸在260nm处有其特定的吸收峰，因此核酸浓度与260nm的光吸收呈直线正相关，用这一特点，可以用紫外分光光度法测定碱基吸收紫外线辐射的量，用260nm处的光吸收读数来计算样品中的核酸浓度。D值（又称OD值）接近1时大约相当于50μg/mL的双链DNA。

②纯度测定　核酸疫苗的纯度包括两方面的含义。首先是质粒DNA占总提取物的百分比，此即通常意义上的纯度。但是，由于质粒DNA具有三种构象，即闭合环状双链DNA、有切口（缺刻）的开环双链DNA和双链线性DNA，且这三种构象进入细胞的难易程度以及在细胞内的表达效率均有差别，其中，以闭合环状双链DNA为最好，开环DNA次之，线性DNA最差。因此，在质粒DNA中，闭合环状双链DNA总量的百分比是核酸疫苗纯度的另一方面指标。测定核酸疫苗纯度的方法有分光光度法、电泳法和高效液相色谱法三种。

③限制性内切酶图谱分析　质粒DNA的限制性内切酶图谱分析是确定核酸疫苗“身份”的重要手段之一。质粒DNA在扩增过程中的突变，很有可能影响质粒DNA限制性内切酶的识别位点或酶切片段的长度，因此可选用适当的限制性内切酶对扩增纯化的质粒DNA及正确的DNA进行酶切，并通过电泳，确定扩增后的质粒是否正确。

（四）影响核酸疫苗效果的主要因素

（1）质粒载体骨架机构　一般说来，质粒中内含子序列、多聚A序列和免疫刺激序列，都会影响免疫效果。

（2）免疫质粒DNA的给药剂量和导入细胞的效率：免疫的剂量越大，进入细胞的DNA就越多，产生的免疫效果越好。

（3）抗原蛋白在宿主细胞的表达效率。

（4）免疫次数、注射方式和给药途径。

（五）核酸疫苗的接种方法

（1）直接注射法　裸质粒DNA或经脂质体包裹的裸质粒DNA直接从肌肉、皮内、皮下、黏膜、静脉内注射。包裹DNA的脂质体能与组织细胞发生膜融合，而将DNA摄入，减少了核酸酶对DNA的破坏。

（2）基因枪轰击法　将质粒DNA包被在金微粒子表面，用基因枪将包被DNA的金微粒子高速穿入组织细胞。这种方法效率高，免疫应答强烈，但操作复杂，需特殊设备。

（3）细菌或病毒携带法　选择一种容易进入某组织器官的细菌或病毒，将其繁殖基因去掉形成繁殖缺陷菌株，然后将质粒DNA转化到该细菌或病毒中，当这些细菌或病毒进入某组织器官后，由于不能繁殖，则自身裂解而释放出质粒DNA。

(4) 口服、喷鼻或滴鼻法。

(六) 核酸疫苗的优点和存在问题

核酸疫苗的主要优点如下：①核酸疫苗是一种重组质粒，稳定性好，易于贮存和运输，使用方便。②质粒 DNA 在宿主体内可较长时间存在，抗原基因在体内持续表达产生抗原蛋白，不断刺激机体免疫系统产生长程免疫，免疫效果可靠。③核酸疫苗不仅可以产生体液免疫应答，而且可以导致细胞毒 T 淋巴细胞激活而诱导细胞免疫。④用核心蛋白保守 DNA 序列制备的核酸疫苗对病原体的各变异亚型都可产生免疫应答，从而避免因病原体变异而造成的免疫逃避问题。⑤能构建成多价疫苗并进行多级免疫。即将编码不同的基因构建在同一质粒中，或将不同抗原基因的多种重组质粒联合应用。⑥质粒 DNA 无免疫原性，还不会受机体已有抗体的影响。

核酸疫苗因具有上述优点，可能成为新一代疫苗，在临床感染性疾病的预防和遗传疾病的治疗方面发挥作用。尽管核酸疫苗有很多优点，但它也有一些不足之处和安全性问题：①核酸疫苗刺激机体产生免疫反应的能力通常比自然感染病原体引起的免疫反应弱；②核酸疫苗目的基因的表达水平还不理想；③长期表达低水平的外源抗原有引起免疫耐受的可能性；④DNA 有整合到宿主染色体上的潜在危险；⑤核酸疫苗在体内表达蛋白能持续多久还有待研究。以上不足之处给核酸疫苗的研究工作提出了新的课题。

第三节 DNA 重组药物

一、概述

DNA 重组药物，又称基因工程药物（genetically engineered drug），是指利用 DNA 重组技术（基因工程技术）研制和生产的药物，主要包括重组蛋白质药物、多肽药物、反义核酸药物、DNA 药物和基因工程抗体等。

自 1972 年 DNA 重组技术于诞生以来，在世界范围内掀起了基因工程技术的热潮。目前，美国的生物技术从专利数量、创新能力、产业化程度及投资规模等方面实力均居世界领先水平。据统计，美国的生物技术公司已有约 2000 余家（包括 1300 多家生物药物相关公司），其中约 300 多家已经上市。欧洲共有约 1000 家生物技术公司，其中以英、德、法为主。亚洲的日本、韩国、印度等国在生物技术领域也获得了极大的发展。

我国基因工程药物的开发起步较晚、基础较差，但一开始就受到政府的高度重视。1986 年我国开始实施紧跟国际高新技术发展潮流的“863 计划”，生物技术首先被列为重点领域之一，并确定了农业和医药两个主要突破口。“863 计划”和一系列的国家重点攻关项目对推动我国生物医药的发展起到了巨大的作用，使我国基因工程药物在某些方面已步入了世界先进行列。如我国第一种基因工程药物重组干扰素 α-1b 于 1997 年获得国家一类新药证书，成为我国第一个实现产业化的基因工程药物。随后，我国又相继研制成功多种基因工程药物和疫苗，现在国外研究的最新生物药物我国基本上都有，世界上销售排在前 10 位的生物药物我国大多都能自行生产。但是，我国的基因工程药物仍以仿制为主，我们必须开展创新基因工程药物的研究，加强下游生物技术的开发，尽量缩短与国际先进水平的差距。

我国已批准上市的部分基因工程药物和疫苗见表 10-9。

表 10-9　我国已批准上市的部分基因工程药物和疫苗

药　物　名　称	适应证
重组人干扰素 α-1b(rhIFN α-1b)	病毒性角膜炎(外用)
重组人干扰素 α-2a(rhIFN α-2a)	乙型肝炎、丙型肝炎(注射用)
重组人干扰素 α-2b(rhIFN α-2b)	乙型肝炎、丙型肝炎(注射用)
重组人干扰素(rhIFN-γ)	类风湿
重组人白介素-2(rhIL-2)	癌症辅助治疗
重组人白介素-2(125Ala rhIL-2)	癌症辅助治疗
重组人白介素-2(125Ser rhIL-2)	癌症辅助治疗
重组人粒细胞集落刺激因子(rhG-CSF)	白细胞减少症
重组人粒细胞巨噬细胞集落刺激因子(rhGM-CSF)	白细胞减少症
重组人肿瘤坏死因子(rhTNFα)	肿瘤辅助治疗
重组红细胞生成素(rEPO)	肾性贫血
重组链激酶(rSK)	溶栓
重组葡激酶(rSAK)	溶栓
重组碱性成纤维细胞生长因子(bFGF)	创伤、烧伤(外用)
重组碱性成纤维细胞生长因子(牛 bFGF 融合蛋白)	创伤、烧伤(外用)
重组表皮生长因子(rEGF)	创伤、烧伤(外用)
重组人生长激素(rhGH)	矮小病
重组人胰岛素	糖尿病
重组人白介素-11(rhIL-11)	血小板减少症
抗 IL-8 鼠源单抗凝胶剂	银屑病
重组鼠神经生长因子(rmNGF)	神经修复
[^{131}I]肿瘤细胞嵌合抗体注射液	实体瘤
乙肝疫苗	预防乙肝
痢疾疫苗	预防痢疾
p53 重组腺病毒注射液	肿瘤
霍乱疫苗	预防霍乱

二、DNA 重组药物的特点

利用 DNA 技术生产蛋白质药物产品由于其技术的特殊性，使得 DNA 重组药物与传统意义上的化学药物有许多不同之处，具有其自身的众多特殊性。具体而言，有以下几个方面。

1. 稳定性差，易腐败

蛋白质分子结构中一般具有特定的活性部位，其生物活性是靠特定活性部位的严格的空间构象来维持的，一旦遭到破坏，就失去其药理作用。蛋白质的空间构象易受各种化学和物理因素影响，因此基因工程药物的稳定性相对较差。另外，由于 DNA 重组药物多为营养价值高的蛋白质物质，因此极易染菌、腐败、失活。

2. 使用量低，但药理活性极高

大多数细胞生长因子在组织中的含量比一般内分泌激素更低，但引起的生物学反应却有逐级放大的作用，所以作为药物使用剂量非常低。如干扰素剂量为 10～30μg，表皮生长因子临床剂量为 ng 水平。

3. 具有细胞和组织特异性

DNA 重组药物大多有各自的特异性细胞表面受体，它们引起的反应都是通过与受体结合、形成受体-配体复合物来实现的，因此，药物只对其有相应受体的细胞才有活性。

4. 注射用药有特殊要求

DNA 重组药物由于易被胃肠道中的酶所分解，所以给药途径主要是注射用药，因此对药品制剂的均一性、安全性、有效性等都有严格要求。

三、DNA 重组药物制备举例

（一）重组干扰素-*α*

干扰素（interferon，IFN）是由多种细胞产生的一组蛋白质类细胞因子，具有广泛的抗病毒、抗肿瘤和免疫调节活性，是人体防御系统的重要组成部分。根据其来源、分子结构和抗原性的差异分为 α、β、γ、ω 等 4 个类型。α 型干扰素又依其结构的不同再分为 α-1b、α-2a、α-2b 等亚型，其区别表现在个别氨基酸的差异上。目前，已经被正式批准用于临床的有重组人 IFN α-1b、α-2a、α-2b、β 和 γ。本节以 rhIFN α-2b 为例介绍其生产工艺设计。

1. 理化性质

IFN α-2b 是由 165 个氨基酸组成的单肽链蛋白质，相对分子质量理论值为 19247，含四个 Cys 残基，形成两个二硫键。分子中无糖基化位点，等电点在 5～6 之间，在 pH2.5 的溶液中稳定，对热亦稳定，对各种蛋白酶敏感；比活为 2×10^8IU/mg。IFN-2b 来自于正常细胞系，因此临床应用中产生抗体的频率较低，仅为 6%，应用前景较广。

2. 制备原理

用基因工程的方法构建阳性质粒 pGAPZ αA，通过大肠杆菌获得大量载体，然后转化酵母 SMD 1168，从而获得阳性酵母菌落，通过高浓度的 Zeocin 筛选获得高表达工程菌，在 pH 4.0～5.0、300r/min、30℃培养至 OD_{600} 6～8 时，获得最大量 rhIFN α-2b，上清液依次通过阴离子和阳离子交换及冻干等步骤，获得纯品。

3. 制备工艺路线

IFN α-2b 的目的基因 —[酶切] *Xho* Ⅰ、*Xba* Ⅰ→ IFN α-2b 的目的基因
pGAPZ αA质粒 —*Xho* Ⅰ、*Xba* Ⅰ→ 线性pGAPZαA质粒
} —[连接] T4连接酶→ 杂交质粒pGAPZαA —[转化]→

转化大肠杆菌 —[筛选] Zeocin→ 阳性质粒pGAPZαA —[酶切] *Avr* Ⅱ→ 线性阳性质粒pGAPZαA —[转化]→

Pichia pastoris SMD 1168 —[筛选] Zeocin→ 高表达工程菌 —[发酵，离心] [冻干]→ 上清液

—[色谱] CM-SepharoseF.F, DEAE-Sepharose F.F→ IFNα-2b的原液 ——→ IFNα-2b成品

图 10-5 重组干扰素 α-2b 的制备工艺路线

4. 制备工艺过程

① 基因的制备 根据 hIFN α-2b 一级结构和 pGAPZ αA 的组成设计引物，通过 PCR 进行扩增。

② 构建重组质粒 用 *Xho* Ⅰ/*Xba* Ⅰ分别酶切 hIFN α-2b/T-Vector 和 pGAPZα A，回收目标片段后按常规方法构建表达质粒，即将基因插入 pGAP 启动子和 α-factor 信号肽下游的 *Xho* Ⅰ/*Xba* Ⅰ位点，构建成分泌型酵母表达重组质粒。

③ 酵母转化 以 *Avr* Ⅱ酶切载体呈线性化并转化酵母 *P. pastoris* SMD 1168 和 GS 115（作为对照），经 YPD＋Zeocin 100mg/L 平板筛选和 FCR 鉴定分析，确定阳性菌株。

④ 发酵及表达产物的 SDS-PAGE 分析 构建干扰素酵母工程菌后，－80℃保存菌种；发酵前接种平板使菌种活化；挑取单菌落于液体 YPD＋Zeocin 100mg/L 培养基中，300r/min、30℃培养至 OD_{600} 为 1.5，取 1mL 稀释至 100mL 同样的培养基中振荡培养至 OD_{600}

6～8，7000r/min、4℃离心 15min，取上清液，经硫酸铵盐析浓缩、透析，用无菌水 5mL 溶解后以 12.5％的分离胶做 SDS-PAGE 分析。

⑤ 样品的纯化 将工程菌株接种于 YPD＋Zeocin 100mg/L 培养基中，发酵 72h，离心收集上清液，以醋酸调节 pH 4.0～5.0，过 CM-Sepharose 色谱柱，收集 0.4mol/L NaCl 洗脱峰，加硫酸铵至 30％，离心取上清液，过 Phenyl-Sepharose 色谱柱，收集 0.1mol/L NaCl 洗脱峰，过 Sephacryl S-200 柱色谱，获得纯度大于 99％的 rhIFN *α*-2b 原液，经冷冻干燥得 rhIFN *α*-2b 纯品。

（二）重组人粒细胞-巨噬细胞集落刺激因子

人粒细胞-巨噬细胞集落刺激因子（human granulocyte-macrophage colony-stimulating factor，hGM-CSF）主要来源于激活的 T、B 淋巴细胞、成纤维细胞、内皮细胞等，可作用于造血干细胞，促进其增殖、分化，形成中性粒细胞和巨噬细胞群，同时还能刺激嗜酸性粒细胞、巨核细胞、多潜能性和早期红细胞的形成和增殖。

1. 理化性质

hGM-CSF 是由 144 个氨基酸残基组成的蛋白质，其 N 端 17 个氨基酸为信号肽，成熟型肽由 127 个氨基酸残基组成，分子质量 18～32kD（SDS-PAGE），非糖基化 hGM-CSF 为 14.5kD，p*I* 为 3.5～4.5。hGM-CSF 含两个二硫键，位于 Cys^{45} - Cys^{96} 和 Cys^{88}-Cys^{121} 之间。由于 Cys^{54} 和 Cys^{96} 之间有一个富含 Pro 的片段，Pro^{92} 的羧基与 Cys^{54} 的氨基、Glu^{93} 的羧基与 Glu^{56}、Thr^{57} 的氨基形成氢键，对于维持其结构稳定性和生物学活性起重要作用。天然 hGM-CSF 或真核细胞来源的重组 hGM-CSF（rhGM-CSF），可能含有两个 *N*-糖基化位点（Asn^{27} 和 Asn^{37}）和多个 *O*-糖基化位点，因糖基化程度不同，分子量也有差异。天然 hGM-CSF 约有 34％的糖基化，糖基化与 GM-CSF 的抗原性有关。研究发现，大肠杆菌表达的无糖基化的 GM-GSF 比天然糖基化 GM-CSF 具有更高的生物学活性，更长的半衰期和更强的受体亲和力。

2. 制备原理

本例 rhGM-CSF 是由大肠杆菌表达而来。用基因工程的方法构建阳性质粒 pBV220，转化大肠杆菌并筛选高表达工程菌，控制发酵培养参数，破碎细胞后获得包涵体，然后对包涵体进行裂解、变性、复性及色谱纯化，最后冻干得到纯品。

3. 制备工艺路线

rhGM-CSF 制备工艺路线如图 10-6 所示。

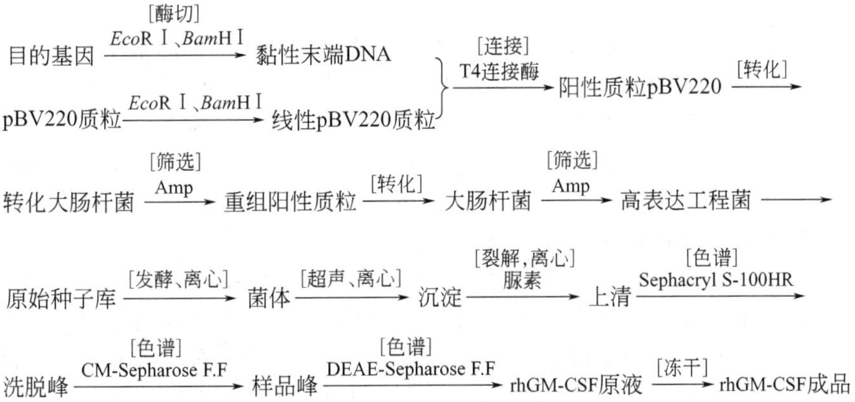

目的基因 —[酶切] *Eco*R Ⅰ、*Bam*H Ⅰ→ 黏性末端DNA
pBV220质粒 —*Eco*R Ⅰ、*Bam*H Ⅰ→ 线性pBV220质粒
（以上两者）—[连接] T4连接酶→ 阳性质粒pBV220 —[转化]→

转化大肠杆菌 —[筛选] Amp→ 重组阳性质粒 —[转化]→ 大肠杆菌 —[筛选] Amp→ 高表达工程菌 →

原始种子库 —[发酵、离心]→ 菌体 —[超声、离心]→ 沉淀 —[裂解，离心] 脲素→ 上清 —[色谱] Sephacryl S-100HR→

洗脱峰 —[色谱] CM-Sepharose F.F→ 样品峰 —[色谱] DEAE-Sepharose F.F→ rhGM-CSF原液 —[冻干]→ rhGM-CSF成品

图 10-6 人粒细胞-巨噬细胞集落刺激因子的制备工艺路线

4. 制备工艺过程

① 基因的制备 从人白血病细胞系 Mo 或人 T 淋巴细胞系 T7 的 cDNA 文库中筛选

hGM-CSF 的 cDNA，并通过 PCR 进行扩增。

② 构建表达质粒　取 hGM-CSF 的 cDNA 的 PCR 扩增产物，氯仿抽提，取 5μl，用 1.5%琼脂糖凝胶电泳分离，回收 420bp 左右大小的 DNA 条带，用 *Eco*R Ⅰ和 *Bam*H Ⅰ双酶切 PCR 扩增产物和 pBV220 质粒，两者在 T4 DNA 连接酶作用下进行连接。

③ 转化　将构建的表达质粒转化大肠杆菌 DH52，挑选氨苄西林（Amp）抗性转化子，筛选出含阳性质粒的菌落。

④ 发酵　阳性质粒经酶切鉴定后，将 DH52 工程菌接种于试管中，30℃过夜，以 1%接种于 LBA 溶液（LB+50mg/L Amp）100mL 中，280r/min、30℃摇床培养约 3h，至 OD_{600} 为 0.5 左右，迅速升温至 42℃，继续摇荡 4h。收集菌体，悬浮于 50mmol/L Tris-HCL（pH8.3 含 1mmol/LEDTA）中超声破碎，12000r/min 离心，取沉淀用上述溶液反复洗涤 2～4次，所得沉淀即为包涵体。

⑤ 包涵体的变性与复性　将包涵体溶解于变性液（50mmol/L Tris-HCl，1mmol/LEDTA，8mmol/L 尿素，pH8.3），1200r/min 离心 30min，上清即为变性 rhGM-CSF。用逐步稀释法将上清液脲浓度稀释至 0.1mol/L，复性 24h，以 17000×g 离心 30min，上清液即为复性的 rhGM-CSF 粗产品。

⑥ Sephacryl S-100HR 色谱　Sephacryl S-100HR 色谱收集液中加入 $(NH_4)_2SO_4$ 盐析离心，收集沉淀。用流动相（含 0.05mol/LNaCl 和 0.005%吐温-80 的 10mmol/L NaAc-HAc 缓冲液，pH4.0）溶解上样，分段收集洗脱峰。

⑦ CM-Sepharose F.F 色谱　用含 0.005%吐温-80 的 10mmoL/L NaAc-HAc 缓冲液（pH4.0）平衡 CM-SepharoseF.F 色谱柱。Sephacryl S-100HR 色谱收集峰按约 20mg/ml 介质上样，分别用含 0.16mol/L NaCl 及上述缓冲液洗脱杂蛋白及样品峰。

⑧ DEAE-SepharoseF.F 色谱　用含 0.005%吐温-80 的 10mmol/L NaAc-HAc 的缓冲液（pH 4.0）平衡色谱柱，将上步收集峰上样，收集的流过液即为半成品原液，冻干后得成品。

第四节　基因治疗与基因药物

一、概述

现代医学研究证明，人类的多种疾病，包括孟德尔遗传病、多因素疾病和获得性遗传病多直接或间接地与基因有关。这些疾病往往是由于基因的缺失，重排，突变或异常表达所导致的，人们自然想到如果能使变异基因或非正常表达基因变成正常基因或正常表达基因，就可以从根本上治疗遗传性疾病，这就是基因治疗的基本思想。所谓基因治疗是指将人的正常基因或有治疗作用的基因通过一定方式导入人体靶细胞以纠正基因的缺陷或者发挥治疗作用，从而达到治疗疾病目的的生物医学新技术。

基因治疗的首次尝试，是 1990 年美国学者在两例腺苷酸脱氨酶（ADA）缺乏所致的严重联合免疫缺陷症的患儿身上导入了正常 ADA 基因物质，获得显著的疗效，因此引起人们极大的关注。迄今为止，已经有超过 25 个国家进行基因治疗的临床研究，被批准的用于临床的基因治疗项目近 1000 项，治疗的病例超过 6000 例。其中以癌症为首位，AIDS 居次，涉及心血管疾病及多种遗传病。其中以 p53 重组腺病毒（Aclp53）基因治疗多发性头颈鳞癌的方案已进入Ⅱ期临床，在治疗头颈部癌症上已经显示出一定优势。国外目前在应用基础研究方面大量投入，包括新型载体系统、肿瘤细胞裂解性病毒、基因体内调控系统。新型目的基因的尝试等，这预示着将发生新的技术突破，从而大幅度提高基因治疗的效果和临床应用可行性。根据美国预测，基因治疗制品到2010年，世界市场将达450亿美元。

目前基因治疗方式主要有两种：一种是将体细胞取出体外培养、扩增，并导入外源性治疗基因，然后将这种经基因转导的体细胞输回体内，使带外源性治疗基因的细胞在体内表达，以达到治疗目的，所用的细胞大多数是来自体细胞；另一种是将外源基因通过多种途径导入体内有关部位的组织器官，使其进入相应细胞表达，称为体内（in vivo）原位体细胞基因治疗。而用于基因治疗的核酸等就称为基因药物。基因药物主要有细胞因子，生长因子，活性多肽及其受体的基因，此外，还包括反义核酸，DNA疫苗和基因转录调控药物等。基因药物不但可用于治疗疾病，而且可用于预防疾病。这类基因药物治疗简单易行、发展迅速，新型基因药物不断产生。

二、基因治疗的载体

基因是携带生物遗传信息的基本功能单位，是位于染色体上的一段特定序列。将外源的基因导入生物细胞内必须借助一定的技术方法或载体，常用的基因治疗载体包括病毒载体和非病毒载体。

现在常用病毒作为基因药物的载体，而非病毒载体的应用也越来越多，当前用于临床的非病毒载体介导的基因转移主要有阳离子脂质体等。

（一）病毒载体

基因治疗中常用的病毒载体包括逆转录病毒载体，腺病毒载体，腺病毒相关病毒载体，单纯疱疹病毒载体等。

1. 逆转录病毒载体

逆转录病毒是一种RNA病毒，需在逆转录酶的作用下首先将RNA转变为cDNA，再在DNA复制、转录、翻译等蛋白酶作用下扩增的一类病毒。逆转录病毒有三个基因：*gag*基因——编码病毒的核心蛋白；*pol*基因——编码逆转录酶；*env*基因——编码病毒的被膜糖蛋白。

逆转录病毒转染细胞机制为单链RNA病毒进入宿主细胞，逆转录为双链DNA之后进入细胞核并整合到宿主基因组。逆转录病毒作为载体具有明显的优点，其转染效率高，病毒基因组以转座的方式整合到细胞基因组中，整合的基因在宿主细胞中比较稳定，而且拷贝数较低。其缺点则是由于随机整合，可能对机体产生严重影响，如：原癌基因的激活，抑癌基因的失活，细胞死亡等。因此对一些维持正常细胞代谢需严格调控的基因，需要考虑随机整合对基因表达水平的影响。

2. 腺病毒载体

腺病毒是引起呼吸道感染的一种极为普通的DNA病毒，它对于上皮细胞，角膜和消化道的上皮细胞具有天然嗜向性。腺病毒载体转染机制为腺病毒载体进入细胞核，以非复制的染色体外实体存在，一般不整合到宿主基因组中，因此，没有用DNA插入导致宿主细胞基因失活和原癌基因激活的危险，但也由于它不能将外源基因整合到染色体基因组中，会因细胞分裂使拷贝数减少，外源基因丢失，因而表达时间较短，不能满足基因长期表达的需要。若反复使用，则有可能诱发机体的免疫反应，造成T细胞杀伤靶细胞。

3. 腺病毒相关病毒载体

腺病毒相关病毒属于细小病毒科，它不能独立繁殖，其繁殖依赖于辅助病毒（腺病毒或疱疹病毒）。其宿主范围较广，安全性较好，本身不具致病性，整合入宿主细胞染色体中时发生位点特异性整合，从而可以为转入的外源基因提供较为稳定的染色体环境，有利于外源基因的表达。并且，腺病毒相关病毒的反向末端重复序列中没有转录调控元件，可减少激活基因的可能性。但缺点是载体容量小，包装效率低，操作上相对较复杂。

4. 单纯疱疹病毒载体

单纯疱疹病毒属于疱疹病毒科病毒亚科，它是双链 DNA 病毒，具有嗜神经性，为神经元细胞基因转移的合适载体。

(二) 非病毒载体

非病毒载体包括裸露 DNA，基因缝合线法，脂质体载体，哺乳动物人工染色体等。

1. 裸露 DNA

裸露 DNA 注射法是将 DNA 直接注入横纹肌（骨骼肌和心肌）内以达到基因转移的目的。注入的 DNA 存在于染色体外，未整合到宿主细胞的染色体中，也没有复制。

2. 基因缝合线法

基因缝合线是在裸 DNA 直接注入法基础上发展起来的一种基因转移方法。它是将外源 DNA 直接涂粘或通过大分子聚合物（常用多聚赖氨酸和鱼精蛋白），偶联在手术用的缝合线上，进行肌肉，皮肤，血管和组织的缝合。其基因转移效率较直接注射法提高 3～5 倍，表达时间可维持 3～6 个月。

3. 脂质体载体

将 DNA 和脂类溶液混合，经一定的处理使 DNA 包埋于脂质体内部，形成脂质体小泡，这种脂质体小泡可以与细胞膜融合介导基因转移。

4. 人工染色体

染色体上的基因组 DNA 的某些性质要明显优于 cDNA，由于其具有启动子，增强子，内含子及远端调控序列故而可有效地控制基因的表达。这一优点使人们想到构建人工染色体。将这种人工染色体作为运载体，携带那些有自身调节序列的大片段 DNA 进入细胞内，在细胞内以一种染色体外多余染色体形式存在。现有的人工染色体包括酵母人工染色体、哺乳动物人工染色体、人细胞人工染色体等。

三、反义 RNA

反义 RNA 指与 mRNA 互补后，能抑制与疾病发生直接相关基因表达的 RNA。它可封闭基因表达，具有特异性强、操作简单的特点，可用来治疗由基因突变或过度表达导致的疾病（如恶性肿瘤）和严重感染性疾病等。

反义 RNA 治疗的基本方法有两种。①反义寡核苷酸（反义 ON）：体外合成十至几十个核苷酸的反义 ON 或反义硫代磷酸酯寡核苷酸序列，用脂质体等将反义 ON 导入体内靶细胞，然后反义 ON 与相应 mRNA 特异性结合，从而阻断 mRNA 的翻译；②反义 RNA 表达载体：合成或 PCR 扩增获取反义 RNA 的 DNA，将其克隆到表达载体，然后将表达载体用脂质体导入靶细胞，该 DNA 转录反义 RNA，反义 RNA 即与相应的 mRNA 特异性结合，同样阻断了某基因的翻译。

反义 RNA 用于基因治疗具有以下特点。①特异性强：只阻断靶基因的翻译表达；②安全性好：反义 RNA 只与特定 DNA 结合，不改变基因结构，最终会被 RNase 水解，不残留；③操作简单：反义 ON 可大量合成，反义 RNA 的 DNA 既可合成又可由 PCR 扩增获得；④靶基因范围广：适应于多种疾病，亦可同时用多个反义 RNA 封闭多个基因，有可能应用于多基因病。但是，反义 RNA 作为基因治疗的常规药物，还存在一些问题需要解决。①反义 RNA 的选择设计难：反义 RNA 与 mRNA 亲和力、结合的特异性受结合位点两侧序列的二级或三级结构的影响；②不良反应：不良反应与反义 ON 的多聚阴离子性质有关，目前有人正在试图去除多聚阴离子性质来减少不良反应。

四、基因药物的应用

（一）遗传性疾病

国际上，临床上第一个获得基因治疗成功的病例是一种叫重症联合免疫缺陷综合征的遗传病。

从遗传病发病的基因机理可将其分为单基因病和多基因病。单基因病因其致病基因单一明确，使其成为基因治疗的首选对象，其主要策略是基因替代。已进行过实验性和临床试验的遗传病有：高胆固醇血症、血友病、黏多糖代谢病、肺气肿、囊性纤维化、高氨血症、瓜氨酸血症、肌营养不良症、地中海贫血、镰刀状细胞贫血症、岩藻糖苷代谢病等。

（二）神经系统疾病

神经系统疾病大致上包括相关的系统性和代谢性疾病以及肿瘤等。根据这些疾病的病理生理过程，可有针对性地选择靶基因、靶细胞和基因转移方法，进行基因治疗。

（三）恶性肿瘤

恶性肿瘤由于其高发病率和死亡率而成为基因治疗首选病种。肿瘤基因治疗的主要策略、途径有以下几种。

（1）自杀基因疗法，通过将自杀基因转移至癌细胞内，其表达产物将无毒的前体药物转变成剧毒物质杀死癌细胞。

（2）免疫调节基因治疗，通过基因水平的免疫修饰而增强机体抗肿瘤作用。

（3）增强机体对治疗耐受能力的基因疗法，例如向患者骨髓细胞导入多药耐药基因，则可增加化疗或放疗剂量以便更多地杀灭癌细胞，而机体能够耐受，就可以提高治疗效果。

（4）抑制肿瘤血管生成的基因治疗，肿瘤细胞通过刺激内皮细胞分泌各种生长因子促使新的血管生成，其中以血管内皮生长因子（VEGF）最受注目。有人在瘤体局部转移 VEGF 受体基因，因其优先与 VEGF 相结合而阻断了癌细胞 VEGF 受体与 VEGF 的结合，使肿瘤中血管生成受抑制并因此得不到充足养分而坏死。

基因治疗已成为生命科学中的热点。虽然目前还存在几个主要的问题，包括在病毒和非病毒中微弱的输送系统，基因被输送后微弱的基因表达等。但基因治疗在未来的几十年，将对医疗实践产生革命性的影响，相信在不远的将来，基因治疗会成为一种很常规的技术，对治疗、治愈和防治目前危害人类健康的许多疾病提供了极好机遇。

本章小结

本章主要介绍了生物制品的基本概念、分类、一般的制备方法及重要的生物制品的制备工艺；同时介绍了基因治疗与基因药物的发展概况。生物制品，一般指的是用微生物及其代谢产物、原虫、动物毒素、人或动物的血液或组织等直接加工制成，或用现代生物技术方法制备的，用于预防、治疗、诊断特定传染病或其他有关疾病的药品。广义的生物制品包括各种疫苗、抗血清（免疫血清）、抗毒素、类毒素、血液制品、细胞因子、重组 DNA 药物、核酸药物和诊断药品等。其中疫苗可分为病毒类疫苗、细菌类疫苗、亚单位疫苗、合成肽疫苗、基因工程疫苗及核酸疫苗等。病毒类疫苗的一般制备流程，包括毒种的选择和减毒、病毒的接种与培养、病毒的收获、灭活或加保护剂、纯化等工艺步骤。同时，要求对生物制品必须进行严格的质量检定。核酸疫苗是具有较大发展潜力的一类新型疫苗，其制备工艺包括核酸疫苗的构建、工程菌发酵、菌体收集、细菌裂解、核酸疫苗的纯化浓缩和质量检验与包装。而 DNA 重组药物，是指利用 DNA 重组技术研制和生产的药物，主要包括重组蛋白质药物、多肽药物、反义核酸药物、DNA 药物和基因工程抗体等。基因治疗已成为生命科学中的热点，具有广泛的发展前景。

思 考 题

1. 简述生物制品的概念与分类。

2. 名词解释：DNA 重组药物、新型疫苗、基因治疗、反义 RNA、热原质、毒素、消毒、灭菌、无菌、防腐

3. 什么是机体的抗感染免疫？什么是人工免疫？人工免疫有哪两种方式？

4. 简述生产乙肝疫苗的主要途径有哪些。

第十一章　手性药物

第一节　概　　述

一、手性

手性（chirality）是用来表达化合物分子结构不对称性的术语。如果一个化合物的实物与其镜像不能重合，则该物质具有手性。手性即实物与其镜像不能重合的性质，正如人的左、右手互为镜像却永远不能重合（图 11-1）。手性是自然界的本质属性之一，是生物体的基本特征。作为生命活动重要物质基础的生物大分子和许多作用于生物体的活性物质均具有手性特征，例如组成多糖和核酸的单糖都为 D-构型，构成蛋白质的 20 种天然氨基酸均为 L-构型（甘氨酸除外），蛋白质和 DNA 的螺旋构象都是右旋的。

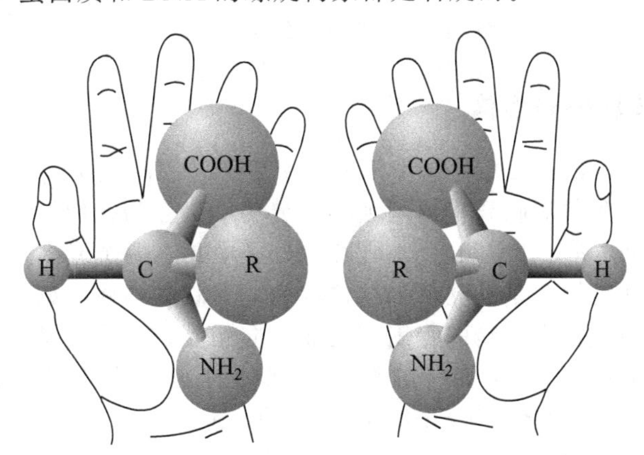

图 11-1　手性化合物的实物与镜像关系

二、构型及其标记方法

构型（configuration）是指分子中原子在空间的不同排列和连接方式。当化合物分子中四面体碳原子上连接有 4 个互不相同的基团时，该碳原子被称为手性中心或不对称中心。手性化合物分子空间构型的标记一般采用 D、L 或 R、S 命名法。

1906 年 M. A. Rosanoff 以甘油醛为标准化合物，人为地规定图 11-2 中 OH 写在右边的一种构型为右旋甘油醛，用大写字母 D 表示；而 OH 写在左边的一种构型为左旋甘油醛，用大写字母 L 表示。然后由甘油醛的构型推导出可以和甘油醛互相转化的化合物或结构上与甘油醛相关的化合物的构型。D、L 命名法能对许多天然化合物的立体化学进行系统的表述，该命名法迄今仍在碳水化合物和氨基酸中应用。但对于含有多个手性碳原子的化合物，在构型关联时会遇到很多困难，而且许多化合物如萜类、甾体在结构上与模型参照化合物甘油醛相差甚远，难以关联。

CHO | CHO
HO—┼—H | H—┼—OH
CH_2OH | CH_2OH
L-甘油醛　　D-甘油醛

图 11-2　甘油醛的立体构型

R、S 命名法由 R. S. Cahn，C. K. Ingold 和 V. Prelog 提出，1970 年被国际纯粹和应用化学协会（IUPAC）所采用。将手性中心连接的取代基按原子序数依次排列（A>B>C>D），把次序最后的基团 D 指向离开我们的方向，然后观察其余基团的排列。若保持从大到小基团（即从 A→B→C）按顺时针方向排列者，称为 R 型（拉丁文 rectus，右）；若是逆时针方向则为 S 型（拉丁文 sinister，左）（图 11-3）。按照 R、S 命名法，D-甘油醛为（*R*)-(+)-构型，L-甘油醛为（*S*)-(−)-构型。目前，R、S 命名法已被广泛应用于表达分子中不对称碳原子的绝对构型，但由于它不能反映立体异构体之间的构型关系，因此许多碳水化合物和氨基酸的构型习惯上仍用 D、L 来表示。

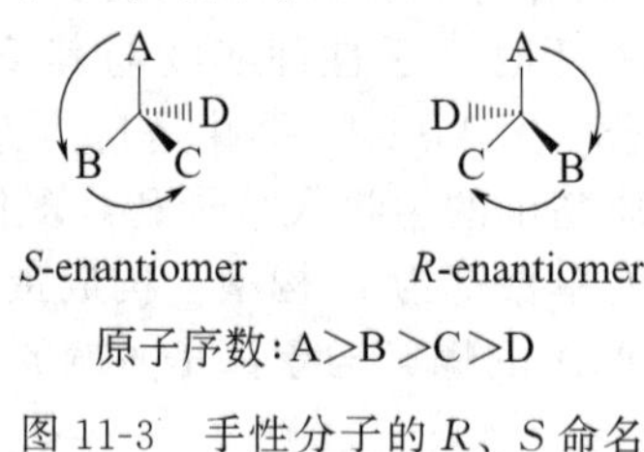

原子序数：A>B>C>D

图 11-3　手性分子的 *R*、*S* 命名

三、对映异构体和外消旋体

立体异构体（stereoisomers）是指由于分子中原子在空间上排列方式不同所产生的异构体，可分为对映异构体和非对映异构体两大类。分子结构互为镜像但又不能重合的两个化合物称为对映异构体，如（*R*)-乳酸和（*S*)-乳酸。分子中具有两个或多个不对称中心，并且其分子间互相不为实物和镜像关系的立体异构体称为非对映异构体，如 D-赤藓糖和 D-苏力糖。对映异构体之间使偏振光发生偏转的程度相同而方向相反，因此，又称之为光学异构体。能使偏振光的偏振面按顺时针方向旋转的对映异构体称为右旋体（dextrotatory），用 *d*-或(+)-表示，反之，称为左旋体（levorotatory），用 *l*-或（−)-表示。外消旋体（racemate）则是由等量的左旋体和右旋体构成，因此没有旋光性，用 *dl* 或（±)-表示。一种对映异构体转化为两个对映异构体的等量混合物（即外消旋体）的过程称为外消旋化。如果转化为两个对映异构体其量不相等的混合物，称为部分消旋化。

四、对映选择性和对映体过量

对映选择性（enantioselectivity）是指一个化学反应所具有的能优先生成（或消耗）一对对映体中的某一种的特性。

对映体过量（enantiomeric excess，e. e.）指样品中一个对映体对另一个对映体的过量，用于描述样品的对映体组成，通常用百分数来表示，计算公式为下式。目前主要采用旋光法、手性色谱法和 NMR 法等方法测定样品的对映体过量。

$$e.e.\% = [(S-R)/(S+R)] \times 100\%$$

五、手性药物

严格地说，手性药物（chiral drug）是指分子结构中存在手性因素的药物。然而，通常所说的手性药物是指由具有药理活性的手性化合物组成的药物，其中只含有效对映体或者以有效对映体为主。手性药物的不同立体异构体往往表现出不同的生理活性，这些手性物质对其生物应答关系，如在体内的吸收、转运、组织分配、与活性位点作用、代谢和消除等都有重要影响。手性药物的选择性作用（不同异构体的不同生理活性）通常可用受体理论来解释。受体分子是生物体内一类对特定分子结构的结合位点有较高亲和力的蛋白质，受体与药物的相互作用类似于酶与底物的结合。目前广为接受的 Easson-Stedman 药物异构体-受体相互作用模型能够很好地解释手性药物的不同异构体与受体之间的相互作用。如图 11-4 所示，XYZ 为药物手性中心周围的三个基团，X′Y′Z′为受体蛋白的结合位点，只有当手性药物异构体手性中心的三个基团能与受体蛋白结合时，才能充分发挥药效，否则将难以达到治疗功效。目前利用同位素标记的药物对映体研究它们与细胞膜上受体的结合情况，可推测何种立体结构更适合与受体结合。

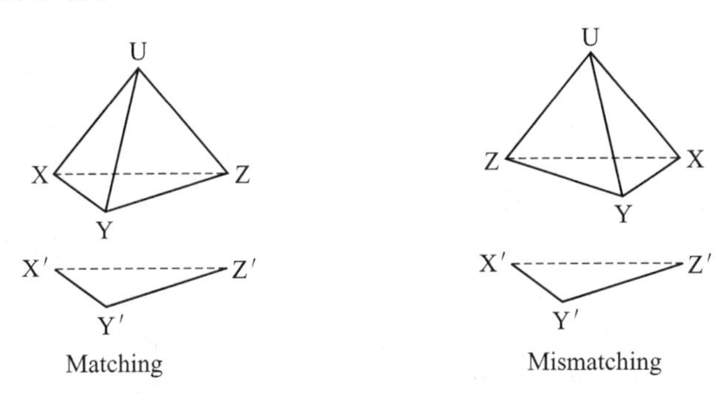

图 11-4　Easson-Stedman 三点作用模型

六、手性药物的药理活性

手性药物的药理作用是通过与体内的大分子之间严格的手性识别和匹配而实现的，故不同对映体的药理活性各不相同。手性药物中与受体具有高亲和力或具有高活性的对映体称为优映体（eutomer），反之则称为劣映体（distomer）。在外消旋体化合物中，劣映体实际上是一种杂质，称之为“异构体压舱物”或“压载物”（isomeric ballast）。在很多情况下，劣映体不仅没有药效，而且还会部分抵消优映体的药效，有时甚至还会产生严重不良反应。手性药物对映体间药效上的差异非常复杂，常出现以下几种不同的情况。

1. 对映体之间有相同或相近的药理活性

如普萘洛尔左旋体和右旋体具有杀灭精子的作用，其对映体均可作为避孕药。抗凝血药华法林（warfarin）以外消旋体供药，研究发现其 *S*-(－)-异构体的抗凝血作用比 *R*-(＋)-体强 2～6 倍，但 *S*-(－)-异构体在体内消除率亦比 *R*-(＋)-大 2～5 倍，所以，两者实际抗凝血效力相似。属于这类药物的还有抗组胺药异丙嗪（promethazine）、抗心律失常药氟卡尼（flecainide）和普罗帕酮（propafenone）、降眼压药噻吗洛尔（timolol）、局麻药丙胺卡因（prilocaine）、英卡胺（encainide）以及平喘药丙羟茶碱（proxyphylline）等。

2. 一个对映体具有显著的药理活性，另一个对映体活性很低或无活性

一般认为若某一对映体只有外消旋体 1%的药理活性，则可认为其无活性。如氯苯吡胺（扑尔敏，chlorpheniramine）右旋体的抗组胺作用比左旋体强 100 倍。α-甲基多巴只有 *S*-对映体有降压作用，而氨己烯酸只有 *S*-对映体是 GABA 转氨酶抑制剂。*S*-(－)-氧氟沙星的体外抗菌活性是 *R*-(＋)-对映体的 8～128 倍。又如沙丁胺醇和特布他林是两个支气管扩张药物，它们的 *R*-对映体之药效比 *S*-对映体强 80～200 倍。属于这一类的药物主要是非甾体抗炎药 α-芳基丙酸类化合物，如萘普生（naproxen）和布洛芬（ibuprofen）等。

3. 两对映体药理活性相似，但反应强度不同

氯胺酮（ketamine）是以消旋体上市的麻醉镇痛剂，但具有致幻等副作用，进一步的药理研究证实 *S*-对映体活性是 *R*-对映体的三分之一，却伴随着较强的副作用。

4. 两种对映体具有完全不同的药理活性，都可作为治疗药物

右旋丙氧吩是一种镇痛剂，而左旋丙氧吩则是一种止咳剂，两者表现出完全不同的生理活性。噻吗心安的 *S*-对映体是 *β*-阻断剂，而其 *R*-对映体则用于治疗青光眼。索他洛尔（sotalol）*R*-对映体具有Ⅱ类抗心律失常作用，而 *S*-对映体具有 *β*-阻断作用。普罗帕酮的右旋体有止咳作用，而左旋体有止痛作用。

5. 两种对映体中一种有药理活性，另一种不但没有活性，反而有毒副作用

最典型的例子是 20 世纪 60 年代发生在欧洲的“反应停”事件。反应停（沙利度胺，thalidomide）作为镇静剂，有减轻孕妇清晨呕吐的作用而被广泛应用。结果导致 1.2 万例胎儿致残，即海豹肢。于是 1961 年该药从市场上撤销。后来研究发现，该药物的两种对映体中，只有 *R*-对映体具有镇静作用，而 *S*-对映体是一种强力致畸剂。青霉胺（penicillamine）的 D-型体是代谢性疾病和铅、汞等重金属中毒的良好治疗剂，但它的 L-型体会导致骨髓损伤，嗅觉和视觉衰退以及过敏反应等。临床上只能用 D-青霉胺。

6. 两种对映体具有完全相反的药理活性

抗精神病药如西酞普兰（citalopram）对 5-羟色胺（5-HT）再摄取的抑制作用主要由 *S*-对映体即依西酞普兰（escitalopram）产生，其对映体 *R*-西酞普兰能拮抗这种作用，使外消旋体的效能降低。哌西那朵（picenadol）的（+）-对映体为阿片受体激动剂，而（−）-对映体为阿片受体拮抗剂。巴比妥类药物的对映体对中枢神经系统产生相反的作用，如 1-甲基-5-苯基-5-丙基巴比土酸，*R*-对映体有镇静、催眠活性，而 *S*-对映体却起促惊厥作用。

7. 两种对映体的作用具有互补性

普萘洛尔的 *S*-(−)-对映体的 *β* 受体阻断作用比 *R*-(+)-强约 100 倍，而 *R*-对映体对钠通道有抑制作用，两者在治疗心律失常时有协同作用。故外消旋体用于治疗心律失常的效果比单一对映体好。利尿药茚达立酮（indacrinone）的 *R*-对映体具有利尿作用，但有增加血中尿酸的副作用；而 *S*-对映体有促进尿酸排泄的作用。进一步的研究表明对映体达到一定比例能取得最佳疗效。

由此可见，对手性药物的应用，应该注意不同对映异构体药理活性的差异。手性药物的研制和生产对安全有效的治疗具有十分重要的作用和意义。

七、手性药物的研究现状与前景

20 世纪 60 年代震惊国际医药界的“反应停致畸事件”引起了全世界对手性药物的高度重视。正是由于手性药物的不同立体异构体在药效、药代及毒理等方面都可能存在差异，1972 年夏天，美国 FDA 发布了有关手性药物的指导原则。FDA 规定：对手性药物的每一个对映异构体都必须加以验证，新药审批必须给出每个对映体药物的化学、药理学、毒理学等各种数据。1992 年美国 FDA 又发布光学活性药物发展纲要，要求新药的使用说明中必须明确量化每一种对映异构体的药效作用和毒理作用，并且当两种异构体有明显的药效和毒理作用差异时，必须以光学纯的药品形式上市。这无疑大大增加了新药以外消旋体上市的难度，说明申请上市的新药如果是纯光学活性体就可以大大节省药品的开发周期和开发费用。

除美国外，许多国家和地区的药政部门，如欧盟、日本等对手性药物的开发、专利申请及注册也作了相应的规定，对于含有手性因素的药物倾向于发展单一对映体产品，鼓励把已上市的外消旋药物转化为手性药物（手性转换）。对已上市的外消旋体药物，可以单一立体异构体形式作为新药提出申请，并能得到专利保护。2006 年 12 月，我国国家食品药品监督

管理局也对手性药物质量的控制提出了具体的指导原则：要求在开发含手性因素的药物时，应分别获得足够数量与纯度的该药物的各立体异构体，并进行必要的药理毒理比较研究，以确定拟进一步开发的药物。这些政策和法规的颁布和实施使得研究开发低成本、高效率的手性技术越来越重要，极大地推动着手性药物的研究和发展。目前，美国、日本、德国、英国等发达国家无论是学术界还是制药企业均投入大量的人力和物力，从事手性技术及手性药物的研究和开发，并取得了重大进展。相比之下，我国在手性药物的研究与开发上处于相对落后的状态。但是，加入 WTO 以来，中国已经开始加大对创新药物研究的经济资助，手性药物的研究已引起广泛重视。

对手性药物的研究表明，服用手性药物可减少剂量和代谢的负担，提高药理活性和专一性，降低毒副作用。并且，生产手性药物可节省资源，减少废料排放、降低对环境的污染。因此，手性药物已成为国际新药研究与开发的新方向之一。近年来，全球单一对映体药物的销售持续增长，1999 年手性药物市场第一次超过 1000 亿美元，单一异构体手性药物销售额达到 1170 亿美元，2000 年达到 1320 亿美元，2001 年 1472 亿美元，2002 年 1600 亿美元，2005 年世界手性药物的总销售额达 1720 亿美元，2010 年可望超过 2500 亿美元。这一发展趋势的内在驱动力来自于单一对映体手性药物巨大的，且仍在不断增长的市场需求。手性药物的不断增加改变着化学药物的构成。人们对于效果更好、毒副作用更小的药品和新化学实体（NCEs）的需求，推动着手性技术的发展，手性药物大量增长的时代正在来临。

八、手性化合物的制备方法

目前，获得对映体纯化合物的方法主要有提取法、外消旋体拆分法、不对称合成法和手性源合成法。

1. 天然产物中提取

由于生物体具有手性识别能力，很多生物体自身可产生单一对映异构体，因此某些手性药物可直接从中分离获得。例如用于治疗支气管哮喘的 L-麻黄碱可从中药麻黄中提取。该法工艺简单，产物光学纯度高，但有些物质在自然界中的含量极低，分离纯化十分困难。

2. 外消旋体拆分法

一般化学合成的手性化合物均为外消旋体，为了获得单一对映异构体的手性化合物，需要对外消旋体进行拆分。拆分是制备手性化合物最经典的方法，在工业上有许多成功应用的例子，例如用光学纯樟脑磺酸作为手性拆分剂制备半合成抗生素中的重要中间体（D)-(－)-苯甘氨酸。目前主要有以下几种拆分方法。

（1）结晶拆分　利用两种对映异构体结晶条件的不同，直接进行结晶分离。又分为直接结晶法拆分和非对映异构体拆分。前者是在外消旋化合物的过饱和溶液中直接加入某一对映体的晶种，使该对映体优先析出；后者是外消旋化合物与另一手性化合物（拆分剂，通常是手性酸或手性碱）作用生成两种非对映异构体盐的混合物，然后利用两种盐的性质差异用结晶法分离之。此法工艺成熟，但存在操作烦琐、拆分效率低和拆分试剂消耗大等缺点，只适用于个别产品。

（2）动力学拆分　利用两个对映体在手性试剂或手性催化剂作用下反应速度不同而使其分离的方法。依手性催化剂的不同，又可分为生物催化动力学拆分和化学催化动力学拆分。前者主要以酶或微生物细胞为催化剂，后者主要以手性酸、手性碱或手性过渡金属配体为催化剂。由于经典的动力学拆分最高只能达到 50%的收率，为了有效利用底物，并降低无效对映体排放对环境的压力，通常需要回收无效对映体，使其外消旋化，再进行拆分。这样虽然底物的利用率大大提高，但操作步骤也冗长复杂，使得生产效率降低。近年来，一种新的拆分方法——动态动力学拆分，引起了人们的极大兴趣。该方法的特点是在拆分的同时，未反应的对映体底物不需分离，而是在另一种催化剂的作用下直接消旋化成外消旋底物，后者继续参与拆分，这个过程不断重复，使得底物转化率理论上可以达到100%。

(3) 色谱拆分　可分为直接法和间接法。直接法又分为手性固定相法和手性流动相添加剂法。其中手性固定相法应用较多，已发展成为吨级手性药物拆分的工艺方法。间接法又称为手性试剂衍生化法，是指外消旋体与一种手性试剂反应，形成一对非对映异构体，再用普通的色谱柱进行分离。

3. 不对称合成法

又称手性合成法，可分为化学不对称合成和生物不对称合成两种方法。化学不对称合成是在手性试剂、手性催化剂或手性溶剂的作用下，利用化学反应动力学和热力学的差异合成单一对映异构体。该法选择性较高、工艺简单，但适应范围有限，而且反应需要使用手性试剂、手性催化剂或手性溶剂，成本高。此外，由于所用催化剂常常含有重金属，在医药领域的应用上受到严格的限制。

生物合成法是利用酶或生物细胞为催化剂不对称合成手性药物或手性中间体。该法具有反应条件温和、催化效率高、选择性好、环境污染小等优点，符合原子经济和绿色化学的发展方向，有着化学法无可比拟的优越性，因而成为一种非常有发展潜力的制备手性药物的方法。

4. 手性源合成法

手性源合成法是以光学活性化合物为原料合成另一种新的光学活性化合物。反应过程没有运用不对称合成技术，因此也称为非不对称合成法。常用的手性源有氨基酸、羟基酸、萜烯、糖类、生物碱5大类。另外，一些手性中间体和手性药物也可作为手性源进行进一步的合成反应。例如，由日本制药株式会社开发的治疗高血压和充血性心力衰竭的药物阿拉普利(alacepril)，分子中有三个手性中心，分别由L-苯丙氨酸、L-脯氨酸和（*R*)-3-乙酰硫基-2-甲基丙酰氯3个光学纯的化合物提供。通过手性源合成法获得手性药物工艺简单，产物光学纯度高。但该法要求具有光学活性的原料必须廉价易得，故应用受到一定的限制。

第二节　生物催化手性药物的合成

一、生物催化剂的种类和来源

生物催化是指以酶或整体细胞为生物催化剂所进行的化学反应。生物催化的本质是酶催化。按照国际酶学委员会（EC）的统一分类，酶分为6大类，其催化的主要反应类型如表11-1所示。

表11-1　酶的分类及催化的反应类型

酶的分类	催化反应类型
EC 1. 氧化还原酶	氧化还原反应
EC 2. 转移酶	酰基、糖、磷酸、C1单元等官能团的转移
EC 3. 水解酶	酰胺、腈、环氧化合物等的水解
EC 4. 裂合酶	C-C键、C-N键和C-O键的断裂或形成
EC 5. 异构酶	消旋化、异构化
EC 6. 连接酶	C-C、C-O、C-S和C-N键的形成

在生物催化的手性合成反应中，既可以用离体酶也可以用完整细胞作催化剂。反应中使用何种形态的酶取决于多方面的因素，如反应类型、辅酶、辅酶循环和反应规模等。许多

酶，如氧化还原酶等需要辅酶或辅助因子才能进行反应。细胞能自身合成这些因子，因此，用细胞进行转化则不需要添加这些辅助因子。而以纯酶催化反应则需添加这些辅助因子。ATP、NADH（尼克酰胺腺嘌呤二核苷酸）和NADPH（尼克酰胺腺嘌呤二核苷酸磷酸）是最常用的辅酶，它们一般价格昂贵，必须采用另一种特殊的酶使它们能在原位再生而反复使用。

有机合成中所用的酶主要来自于微生物或动物脏器如肝脏和肾脏等。一般使用的酶制剂为粗品，酶含量仅有1%～30%，其余是无活性的蛋白质、稳定剂、盐或者含有提取过程中混杂进来的多糖。粗酶制品比纯酶更稳定，但其催化反应的副产物多。随着蛋白质分离纯化技术的发展，生物催化反应中纯酶的使用正在逐步增加。

手性化合物的结构多种多样，在生物催化不对称合成反应中，为了获得满意的对映选择性，通常必须对生物催化剂进行广泛的筛选。筛选的范围除了数量有限的商品酶制剂外，还可从无限多样的天然微生物酶库以及试管进化的人工酶库中进行高通量筛选。通过定向筛选，一般均能获得具有较好催化性能和对映选择性的微生物菌株。华东理工大学曾从土壤中筛选分离到一株不动杆菌YQ231，用其固定化细胞催化拆分手性农药中间体（*R*，*S*)-烯丙醇酮醋酸酯，反应1d后获得e. e. 大于90%的（S)-烯丙醇酮。

目前，在手性药物的合成中，水解酶由于来源广泛、无需辅酶或辅因子、成本低廉，因而应用最广，占65%左右。其次是氧化还原酶，约占25%左右，由于使用游离酶时辅酶再生比较麻烦，成本相对较高，因此，常常使用廉价的整体细胞作为生物催化剂。而其他几种酶（如转移酶、裂解酶、异构酶、连接酶）在工业上的利用率较低，总共不足10%。

水解酶包括脂肪酶、酯酶和蛋白酶等。其优点是稳定性较好、能耐受的底物浓度较高(例如1mol/L)，缺点是水解酶催化的反应多数为对映体拆分，理论收率最高只有50%，需要设法将不需要的对映异构体外消旋化后重复使用。若反应过程与金属催化的原位消旋反应进行耦合，产率也能达到100%。

还原酶能催化各种羰基的不对称还原反应，一般立体选择性较高，而且理论产率可达100%。但酶的稳定性较差，一般不能耐受太高的底物浓度，而且辅酶再生比较麻烦，成本也较高。随着基因工程技术的发展，使得氧化还原酶（包括用于辅酶再生的酶）的表达水平大幅度提高，酶的相对成本大幅度下降；此外，随着各种膜技术的发展，使得产物的原位分离变得更加切实可行，因此，使用氧化还原酶进行手性产品不对称合成的实例逐渐增多，特别是用于生产一些批量不大、附加值较高的手性药物中间体。

二、生物催化的特性

近年来，以酶和微生物细胞为催化剂的生物催化迅速发展，正在逐渐替代常规的化学催化而成为有机合成最常用的方法之一。这主要取决于生物催化剂的一些特定功能和性质。

(1) 高效性　通常为化学催化10^6～10^{12}倍，而且酶的用量仅需十万分之一（物质的量之比)；

(2) 高度选择性　包括化学选择性、区域选择性以及对映体选择性，尤其具有很高的对映体选择性，可以只生成所需要的对映体，既节约资源，又减少环境污染；

(3) 底物专一性　对一些化学催化不能实现的反应可以通过生物催化来实现，而且底物无须基团保护；

(4) 反应条件温和　一般在接近中性的pH条件和室温下（20～40℃，一般为30℃左右）进行；

(5) 生物催化不需要使用重金属或昂贵的稀有金属催化剂，工艺过程产生的废物和有害物大大低于化学催化过程。

(6) 多步串联的生物催化反应可以在一种微生物体内高效地进行。

生物催化的这些特点使其得到广泛应用，特别是在食品和医药工业等对产品质量和杂质含量要求严格的领域。据不完全统计，截至2002年，欧洲已有136个生物催化过程应用于产业化生产，而且按指数规律急剧增长，其中90%以上为手性化合物的生物催化反应。

然而，酶作为生物催化剂也有其缺点。一是酶的价格较高，导致生产成本上升。二是酶的稳定性通常较差，酶催化反应的条件必须严格控制。一般酶催化反应都有其最适的条件，如温度、pH值、离子强度等。这些条件参数可变化的范围较小，一旦变化幅度超过其允许值，将会导致生物催化剂的活性丧失。三是许多酶易受底物或产物抑制，当底物或产物浓度较高时，酶将失活。

近年来，酶工程、基因工程等现代生物工程技术的发展使生物催化的优势得到进一步的增强，并使其缺点不断被克服。例如，应用基因工程技术可以提高酶的生产效率，降低酶的价格。应用蛋白质工程能改造酶的结构，改变其底物谱，提高其催化活性、选择性及稳定性。酶固定化技术不但能够提高酶的稳定性，延长其使用寿命，使酶能重复利用，大大降低生产成本，还能通过固定化方法和载体的选择调控其催化性能。抗体酶技术能为我们提供满足实际应用需要的自然界不存在的新酶。非水相生物催化的有关理论和实践，改变了酶只能在水相中发挥催化作用的传统观念，极大地拓展了生物催化的应用范围。

三、用于制备手性药物的生物催化反应类型

生物催化手性药物的合成中涉及的反应类型主要有水解反应及其逆反应、还原反应和氧化反应等。

1. 水解反应及其逆反应

水解反应在生物催化手性合成中应用最为广泛，酯、腈、酰胺和环氧化物等可通过酶的对映体选择性水解、分离得到光学纯的单一异构体（图11-5）。此类反应一般在水中进行，有时也加入有机溶剂以增加底物的溶解度，溶媒的水分子参与反应。

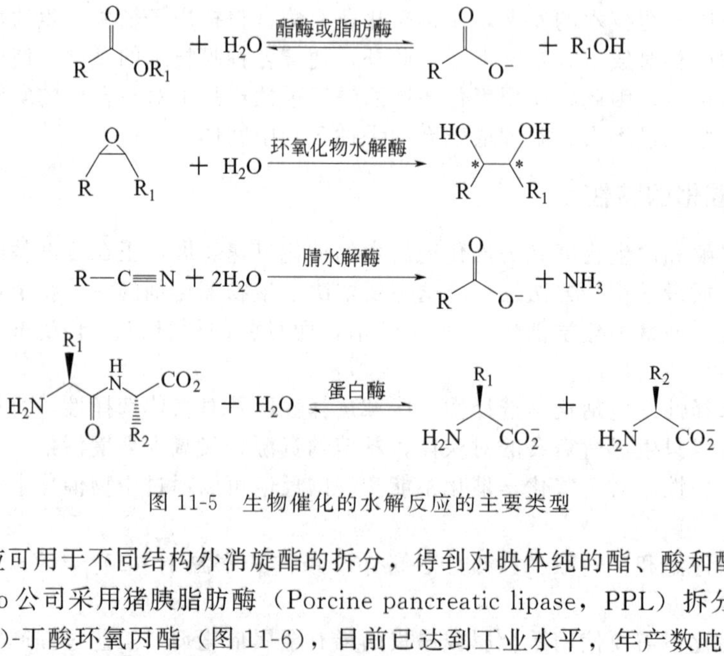

$$RCOOR_1 + H_2O \xrightleftharpoons{\text{酯酶或脂肪酶}} RCOO^- + R_1OH$$

$$\text{环氧化物}(R, R_1) + H_2O \xrightarrow{\text{环氧化物水解酶}} R\overset{*}{C}H(OH)\overset{*}{C}H(OH)R_1$$

$$R—C≡N + 2H_2O \xrightarrow{\text{腈水解酶}} RCOO^- + NH_3$$

$$H_2NCH(R_1)CONHCH(R_2)CO_2^- + H_2O \xrightleftharpoons{\text{蛋白酶}} H_2NCH(R_1)CO_2^- + H_2NCH(R_2)CO_2^-$$

图11-5 生物催化的水解反应的主要类型

酯水解反应可用于不同结构外消旋酯的拆分，得到对映体纯的酯、酸和醇。例如，荷兰的DSM-Andeno公司采用猪胰脂肪酶（Porcine pancreatic lipase，PPL）拆分外消旋丁酸环氧丙酯制备（*R*)-丁酸环氧丙酯（图11-6），目前已达到工业水平，年产数吨（*R*)-丁酸环氧丙酯。催化酯水解反应的酶主要有脂肪酶、酯酶和蛋白酶。

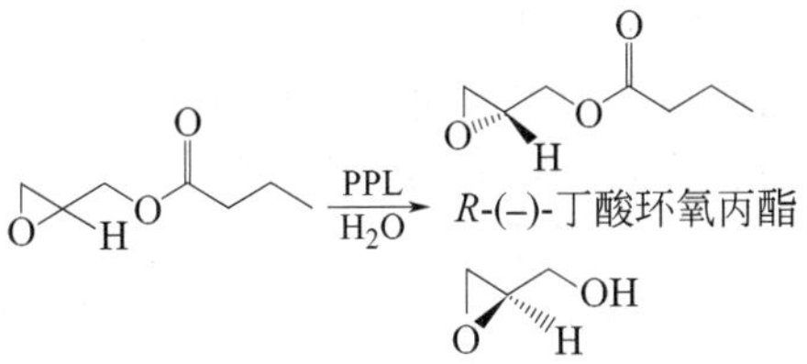

PPL / H_2O　*R*-(−)-丁酸环氧丙酯

图 11-6　脂肪酶催化外消旋丁酸环氧丙酯的拆分

酶催化腈水解有两条途径，其一，通过腈水合酶转化为酰胺，再由酰胺酶催化其水解为相应的羧酸；其二，由腈水解酶直接催化其水解为羧酸。酶催化腈水解反应不仅得到光学活性羧酸，而且还能合成光学活性酰胺化合物，后者可进一步转化为光学活性胺和其他含氮化合物。故腈的酶法水解已被广泛应用于光学活性氨基酸、酰胺、羧酸及其衍生物的合成。最著名的工业用腈转换酶是从 *Rhodococcus rhodochrous* J1 菌株中发现的腈水合酶，该酶作为第三代生物催化剂被用于从丙烯腈转化成塑料单体丙烯酰胺的大规模生产。相对于腈水合酶而言，腈水解酶的立体选择性较高。(*R*)-扁桃酸是一个常用的光学拆分试剂，并且是半合成先锋霉素的前体。由 *Alcaligenes foecallis* ATCC 8750 菌株休止细胞中的腈水解酶催化外消旋扁桃腈水解可获得 (*R*)-扁桃酸，其产率和产物 e. e. 分别为 91%和 100%。该方法近来被 Mitsubishi Rayon 公司应用于对映体纯的 (*R*)-扁桃酸、(*R*)-3-氯代扁桃酸的商品化生产。该公司还进一步研究了多种微生物，如 *Rhodococcus*，*Acinetobacter*，*Nocardia* 属微生物细胞的立体选择性腈水解酶，发现它们适用于合成对映体纯的带有 2-氯，4-氯，4-溴，2-氟，4-甲基，4-甲氧基，4-甲巯基和 4-硝基等取代基团的 (*R*)-扁桃酸衍生物。

光学纯的环氧化物是有机合成中重要的手性砌块。化学法制备环氧化物的反应选择性不高，而通过环氧化物水解酶催化环氧化物的选择性水解，可制备所需构型的环氧化物。环氧化物水解酶广泛存在于哺乳动物、植物、昆虫、丝状真菌、细菌以及赤酵母 (red yeast) 中。顺式 2,3-二取代环氧乙烷的拆分是将微生物环氧化物水解酶催化环氧化物的水解用于合成光学活性化合物的最早例子之一。来源于黑曲霉的一种粗酶制剂可催化对硝基苯基环氧乙烷的对映体选择性水解得到 (*R*)-二醇，产率和产物 e. e. 分别为 94%和 80%。

酰胺水解是制备广泛用于手性药物合成的光学活性氨基酸的重要途径。常用于催化酰胺水解的酶主要有氨基酰胺酶、氨基酰化酶、乙内酰脲酶等。1969 年，日本田边制药公司首次采用固定化氨基酰化酶进行 DL-氨基酸工业规模的拆分，连续生产 L-氨基酸，生产成本仅为采用游离酶生产成本的 60%左右，开创了固定化酶工业化生产的先河。乙内酰脲俗称海因，故乙内酰脲酶也称海因酶。该酶广泛存在于动植物和微生物中。利用海因酶拆分外消旋体海因类衍生物可以得到 D-对羟基苯甘氨酸，见图 11-7。D-苯甘氨酸也可用该法制备。

近年来的研究表明，许多水解酶类，如脂肪酶、蛋白酶等，不仅可以催化水解反应，而且能够在非水介质中催化其逆反应，例如，它们能催化以氨、胺或者肼为非天然酰基受体的酯或酸的氨解反应，形成酰胺。De Zoete 等人成功地利用脂肪酶 Novozym 435 先催化辛酸的酯化反应，然后催化酯的氨解，60℃下反应 60h 后可得到辛酸酰胺，产率 97%。可用同样的方法通过两步酶反应制备油酸酰胺 (产率 90%)。酶促酯氨解反应还可用于手性酸的动力学拆分。例如，利用脂肪酶催化外消旋苯甘氨酸甲酯对映体选择性氨解反应可制备高光学纯度的 D-苯甘氨酸。

在非水介质中，脂肪酶、蛋白酶等还可催化酯化和酯交换反应，并具有高度立体选择性。左旋杜鹃醇，即 (S)-4-(4′-羟苯基)-2-丁醇具有护肝作用，而右旋杜鹃醇葡萄糖苷具有抑制黑色素生成的功能，被用于皮肤增白化妆品中。用假单胞菌属脂肪酶催化选择性酯化外消旋杜鹃醇可得到相应的 (*S*)-杜鹃醇和 (*R*)-杜鹃醇乙酸酯。脂肪酶催化醇的选择性酯化或酯交换反应时，酰化剂的选择很重要，既要求其有足够的活性，又要求该反应的可逆程度越低越好，而且反应后生产的副产物不会引起酶的活性或选择性下降。目前用得最多的酰化剂为乙酸烯醇酯，如乙酸乙烯酯和乙酸异丙烯酯，因为反应后的副产物分别为乙醛和丙酮，它们的亲核性均很弱，不会使酯化反应可逆进行。(*S*)-1-叠氮-3-芳氧基-2-丙醇是合成β-抗肾上腺素的重要中间体。如图 11-8 所示，以乙酸异丙烯酯为酰化剂，在南极假丝酵母脂肪酶催化下，外消旋体 1-叠氮-3-芳氧基-2-丙醇选择性地转化为相应的（*S*）-醇和（*R*）-酯，对映选择比（E）可达到 56～72。

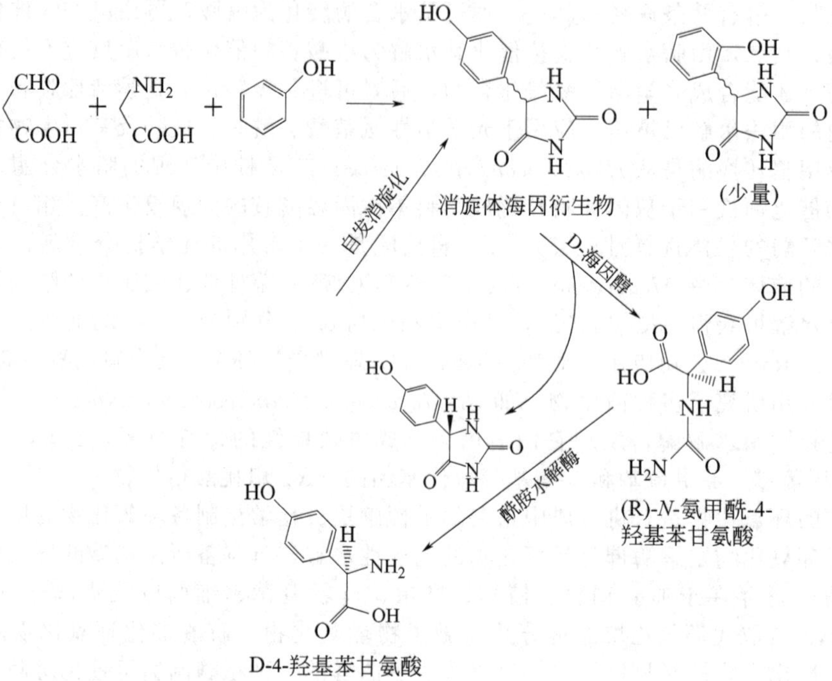

图 11-7　D-对羟基苯甘氨酸的化学-酶法合成

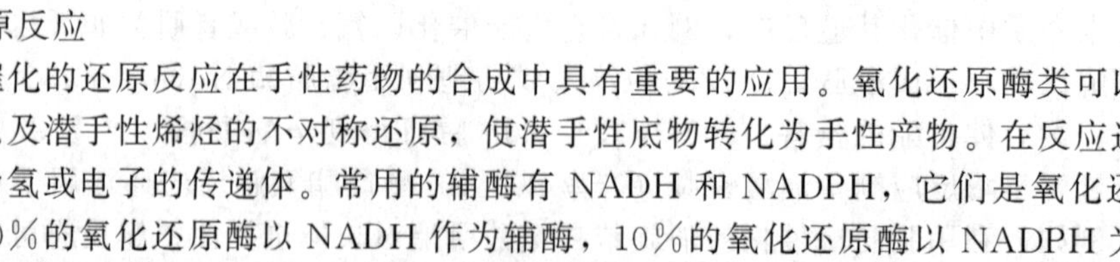

图 11-8　脂肪酶催化 1-叠氮-3-芳氧基-2-丙醇的拆分

2. 还原反应

生物催化的还原反应在手性药物的合成中具有重要的应用。氧化还原酶类可以催化酮或者醛羰基以及潜手性烯烃的不对称还原，使潜手性底物转化为手性产物。在反应过程中，需要辅酶作为氢或电子的传递体。常用的辅酶有 NADH 和 NADPH，它们是氧化还原酶的主要辅酶。80％的氧化还原酶以 NADH 作为辅酶，10％的氧化还原酶以 NADPH 为辅酶。少数氧化还原酶以黄素单核苷酸（FMN）和黄素腺嘌呤二核苷酸（FAD）作为辅酶。还原反应中产生的氧化态辅酶需要通过另一种还原酶催化再生为还原态。由于辅酶一般不太稳定，且价格昂贵，能否将辅酶再生循环使用，即将氧化型辅酶转变为还原型辅酶就成为制约该反应工业化应用的重要因素。目前主要通过在反应过程中添加辅助性底物（底物偶联法）、利用两个平行氧化还原酶系统（酶的偶联法）以及完整细胞还原体系等实现辅酶再生。

甲酸脱氢酶（formate dehydrogenase，FDH）被广泛用于NADH的循环再生，它使甲酸氧化生成CO_2，同时使氧化态辅酶NAD^+还原为NADH。德国Degussa公司利用亮氨酸脱氢酶（LeuDH）催化三甲基丙酮酸不对称还原合成L-叔亮氨酸，使用FDH再生辅酶NADH。该反应的转化率为74%，时空产率达$638g \cdot L^{-1} \cdot d^{-1}$，产品可用作抗肿瘤剂和艾滋病毒蛋白酶抑制剂，目前生产能力达到年产吨级规模。另一种常用的NADH或NADPH再生系统是利用葡萄糖脱氢酶（glucose dehydrogenase，GDH）催化氧化葡萄糖为葡萄糖内酯或葡萄糖酸。例如，美国施贵宝（Bristol-Myers Squibb）公司在利用白地霉（*Geotrichum candidum*）脱氢酶不对称还原4-氯-3-羰基丁酸甲酯合成（S)-4-氯-3-羟基丁酸甲酯时，使用GDH再生反应所需的辅酶NADPH。该反应的底物浓度为10g/L，产率和产物e.e.分别为95%和99%，反应规模750L，生产能力为千克级。产品可用作降胆固醇药（HMG CoA还原酶抑制剂）的手性起始原料。芽孢杆菌属（*Bacillus* sp.），包括蜡状芽孢杆菌、枯草芽孢杆菌、巨大芽孢杆菌等，一般都含有GDH，且稳定性较好，并对NAD^+或$NADP^+$都有很高的比活性。

酵母细胞内含有可催化还原反应的多种酶和辅酶，用其作为生物催化剂可省去酶的分离纯化步骤，同时不需要添加昂贵的辅酶或额外的辅酶再生循环系统，因之，可大大降低成本。但酵母细胞催化的生物转化由于副反应而变得复杂，这些副反应干扰甚至支配所需要的转化，同时可能会使产物的分离纯化比较困难。

3．氧化反应

酶催化的氧化反应可以选择性氧化双键或某些非活泼的碳氢键，生成特定构型的羟基化合物或环氧化物，其在手性药物的合成中具有重要的作用。催化氧化反应的酶主要有单加氧酶、双加氧酶、氧化酶和脱氢酶。其中单加氧酶反应需要辅酶的参与，它使氧分子中的一个氧原子加入到底物分子中，另一个氧原子使还原型辅酶NADH或NADPH氧化并产生水。单加氧酶主要有细胞色素P450类单加氧酶以及黄素类单加氧酶，前者以铁卟啉为辅基，后者以黄素为辅基。单加氧酶可催化烷烃、芳香烃化合物的羟化（生成醇或酚）、烯烃的环氧化（生成环氧化物）、含杂原子化合物中杂原子的氧化以及酮的氧化（生成酯）等反应，且反应的立体选择性较高。由于许多单加氧酶结合在细胞膜上，且其催化功能依赖于辅助因子，由其催化的制备性氧化反应常采用完整细胞作为催化剂。例如，假丝酵母属、假单胞菌属微生物细胞均能催化异丁酸不对称羟化产生可用于合成维生素、抗生素的光学活性β-羟基异丁酸。双加氧酶催化氧分子的两个氧原子加入到同一底物分子中。常见的双加氧酶有脂氧酶、过氧化物酶等，可催化烯烃的氢过氧化反应、芳烃的双羟基化反应等。例如，大豆脂氧酶能催化含有（*Z*,*Z*)-1,4-二烯的长链醇氧化，产生高光学纯度的氢过氧化物。利用过氧化物酶能进行外消旋氢过氧化物的拆分。例如，辣根过氧化物酶能选择性地催化外消旋氢过氧化物中的一种对映体转化为仲醇，从而实现外消旋体的拆分。氧化酶催化底物脱氢，脱下的氢与氧结合生成水或者过氧化氢。常见的氧化酶有黄素蛋白氧化酶、金属黄素蛋白氧化酶、血红素蛋白氧化酶等，它们催化的氧化反应在手性合成中应用较少。

利用微生物转化法合成甾体激素是生物催化氧化反应在手性药物合成中应用最早和最成功的例子。例如蓝色犁头霉（*Absidia coerulea*）AS3.65催化17α-羟基-11-脱氢皮质酮甾体环氧化产生11β-羟基取代物氢化可的松，见图11-9。

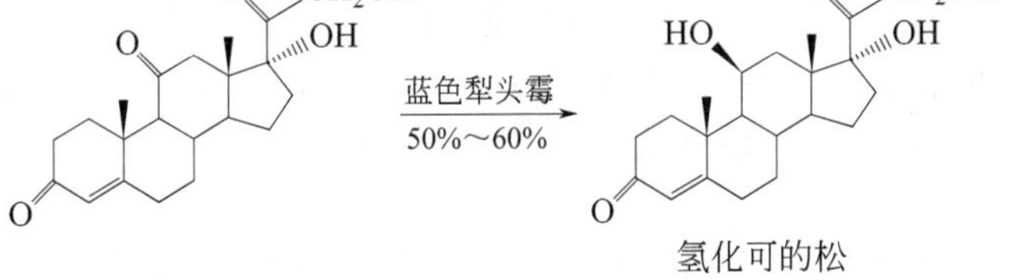

图11-9 微生物转化法合成甾体激素——氢化可的松

四、生物催化在手性药物及其中间体合成中的应用

目前，由于酶的底物谱通常较窄，应用酶法合成一些非天然产物尚存在一定困难和局限性，因此，一般采用化学-酶法（chemo-enzymatic synthesis）进行手性新药的开发，即在涉及手性中心的生成或转化步骤采用生物催化法，而一般合成步骤则采用有机化学合成法，以实现生物法和化学法的优势互补，加速手性药物的合成。

（一）阿巴卡韦

阿巴卡韦（abacavir，下文简称 **1**）是由 GlaxoSmithKline 公司研发的核苷类抗病毒药物，临床上用于治疗 HIV 感染。**1** 含有两个手性碳原子，有 4 个立体异构体，其中（1*S*，4*R*)-型为具有药理活性的异构体。用环戊二烯和乙醛酸经 Diels-Alder 加成和酰化反应主要得一对对映体（1*R*,4*S*,5*R*）和（1*S*,4*R*,5*S*)-4-*endo*-4-丁酰氧基-2-氧杂双环［3.3.0］辛-7-烯-3-酮（**4a** 和 **4b**），脂肪酶 Amano PS 能选择性水解 **4a** 得（1*R*,4*S*,5*R*)-(－)-4-*endo*-4-羟基-2-氧杂双环［3.3.0］辛-7-烯-3-酮（**3a**），而 **4b** 不被水解。**3a** 可溶于水，**4b** 不溶于水，因此可利用溶解度的差异将二者分离。**3a** 是合成 **1** 的重要中间体，而 **4b** 可进一步衍生作为合成 HMG-CoA 还原酶抑制剂他汀类降血脂药物的重要中间体 **6**。见图 11-10。像这样异构体分离后分别衍生化成不同药物的合成原料，是生物催化反应中较成功的例子。

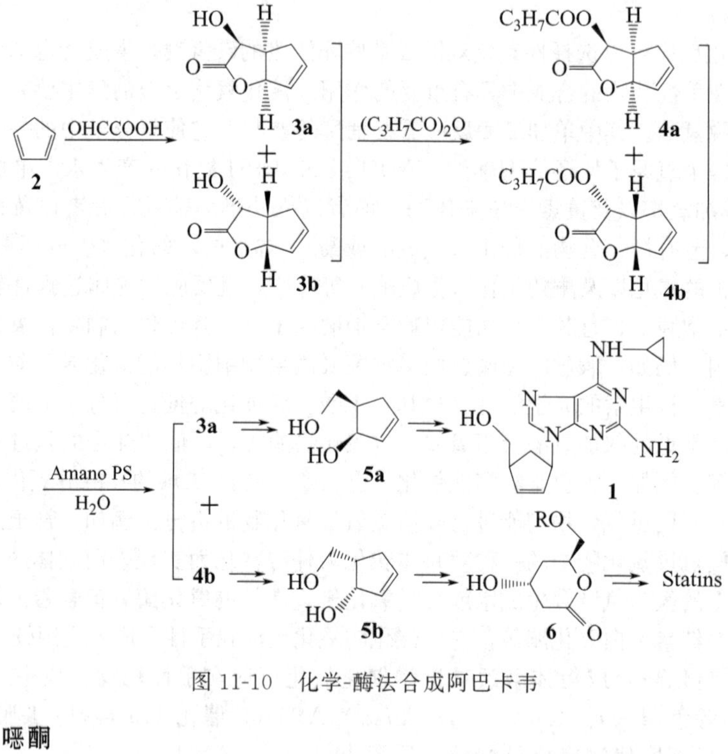

图 11-10 化学-酶法合成阿巴卡韦

（二）吗啉噁酮

吗啉噁酮（linezolid，下文简称 **7**）是由 Pfizer 公司研发的噁唑烷酮类抗菌药，2000 年在美国上市。(*R*)-丁酸缩水甘油酯（**8**）是合成 **7** 的重要原料，可用环氧氯丙烷与丁酸钠反应制得消旋的 **8**，**8** 由脂肪酶选择性水解（*S*)-异构体得到（*S*)-**9**，而（*R*)-**8** 不被水解，从而分离得到（*R*)-**8**，然后再经一系列反应得到 **7**（图 11-11）。

（三）泊沙康唑

泊沙康唑（posaconazole，下文简称 **10**）是 Schering-Plough 公司开发的唑类抗真菌药物，其口服混悬剂 2005 年在欧洲批准上市。合成 **10** 的路线很多，当采用酶法合成时，在脂

肪酶 Novozyme 435 的催化下，**11** 和乙酸乙烯酯进行对映体选择性酰化反应得（S)-2-羟甲基-4-(2,4-二氟苯基)-4-戊烯醇乙酸酯（**12**），再用碘对烯烃加成并立体选择性闭环得重要中间体（5*R*,3*R*)-5-(2,4-二氟苯基)-5-碘甲基四氢呋喃-3-甲醇乙酸酯（**13**），再经一系列反应制得 **10**，见图 11-12。

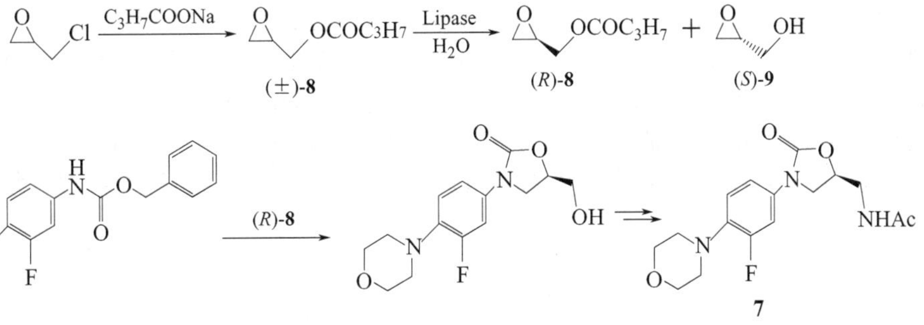

Cl $\xrightarrow{C_3H_7COONa}$ $OCOC_3H_7$ $\xrightarrow[H_2O]{Lipase}$ $OCOC_3H_7$ + OH

(±)-**8** (*R*)-**8** (*S*)-**9**

H N O O F N O $\xrightarrow{(R)\text{-}\mathbf{8}}$ O O N O OH F N O ⇉ O O N O NHAc F N O

7

图 11-11 化学-酶法合成吗啉噁酮

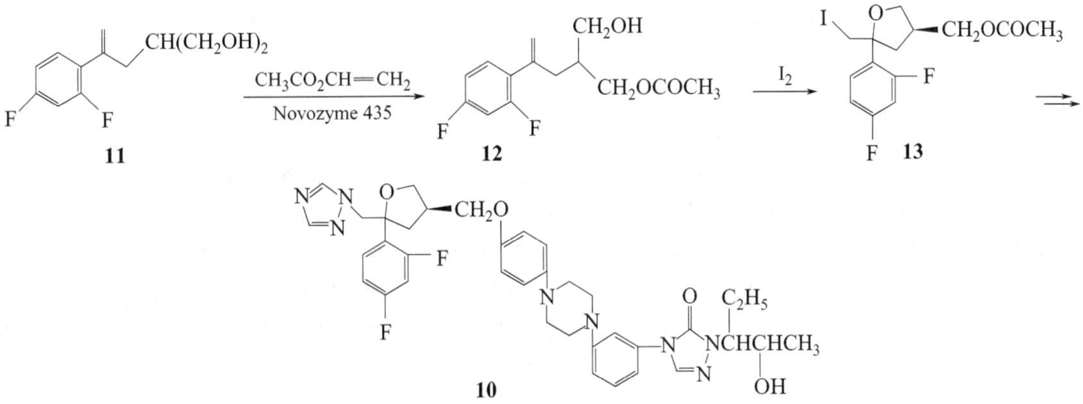

$CH(CH_2OH)_2$ F F **11** $\xrightarrow[\text{Novozyme 435}]{CH_3CO_2CH{=}CH_2}$ CH_2OH CH_2OCOCH_3 F F **12** $\xrightarrow{I_2}$ I O CH_2OCOCH_3 F F **13** ⇉

N N N O CH_2O F F N N O N N N C_2H_5 NCHCHCH₃ OH

10

图 11-12 化学-酶法合成泊沙康唑

(四) 非甾体抗炎类药物

2-芳基丙酸（2-arylpropionic acid，2-APA）类药物如萘普生（naproxen）、布洛芬（ibuprofen）和酮基布洛芬（ketoprofen）等属非甾体抗炎药物，被广泛地用于人结缔组织的疾病如关节炎等，是解热镇痛、消炎抗风湿的主要产品。该类药物的 *S*-(＋)-构型具有生理活性或药理作用，而 *R*-(－)-构型活性低或无活性。如 *S*-(＋)-萘普生物活性为 *R*-(－)-萘普生的 28 倍，布洛芬的 *S*-(＋)-构型为其 *R*-(－)-构型的 160 倍。利用固定化脂肪酶对 2-芳基丙酸类药物（2-APA）的外消旋体进行拆分可获得 *S*-(＋)-对映体，其反应过程如图 11-13 所示。

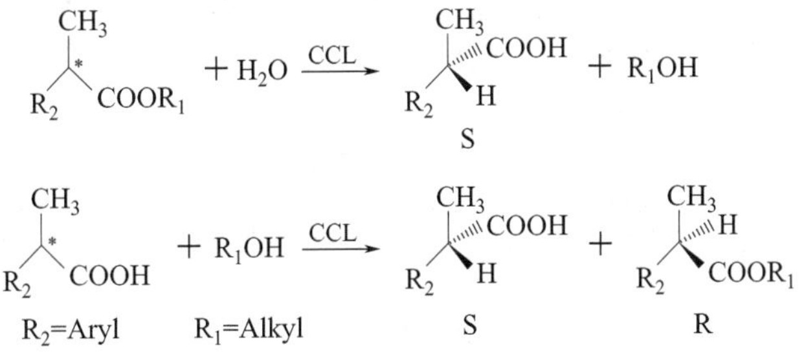

CH_3 * R_2 $COOR_1$ + H_2O $\xrightarrow{CCL}$ CH_3 COOH R_2 H S + R_1OH

CH_3 * R_2 COOH + R_1OH $\xrightarrow{CCL}$ CH_3 COOH R_2 H S + CH_3 H R_2 $COOR_1$ R

R_2=Aryl R_1=Alkyl

图 11-13 2-芳基丙酸类药物的酶法拆分

1. 萘普生

萘普生（naproxen）是用量较大的一种非甾体消炎药，世界年销售额在十亿美元以上。目前使用的光学纯（*S*)-萘普生主要采用不对称化学合成或合成外消旋体再拆分制备。意大利的Battistel等将圆柱状假丝酵母脂肪酶CCL（*Candida cylindracea* lipase）固定化在离子交换树脂Amberlite XAD-7上，并装填于500mL柱式反应器中，连续水解外消旋体萘普生的乙氧基乙酯，在35℃下反应1200h，得到18kg的光学纯（*S*)-萘普生，且酶活几乎无损失，该工艺极具工业生产价值（图11-14）。英国Chirtech公司通过筛选和分子进化对一种酯酶进行改造，提高了酶的立体选择性。该酶只水解（*S*)-萘普生酯，底物浓度可达到150g/L，反应残留的（*R*)-萘普生酯可通过碱催化消旋化再拆分。产物可通过结晶分离，操作简单。

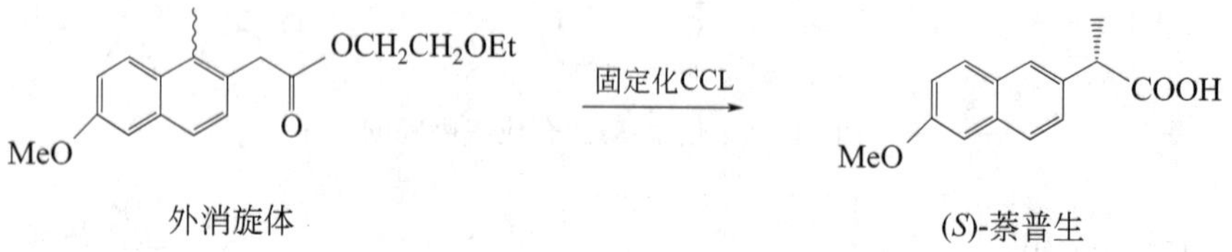

图11-14　固定化CCL催化外消旋萘普生酯水解

2. 布洛芬（ibuprofen）

用马肝酯酶选择性水解拆分外消旋布洛芬乙酯可制备（*S*)-布洛芬（图12-15），当反应进行11h，转化率达40%时，布洛芬的e.e.值为88%，残留酯的e.e.值为60%，而当反应进行到18h，转化率为58%时，布洛芬的e.e.值为66%，而残留酯的e.e.值>96%。酶法拆分布洛芬的另一途径是采用选择性酯化反应。在有机溶剂中对布洛芬进行酶促酯化反应时加入少量的极性溶剂，可明显提高酶的立体选择性。例如在酯化反应体系中加入二甲基甲酰胺后，产物（*S*)-布洛芬的e.e.值从57.5%增加到91%。

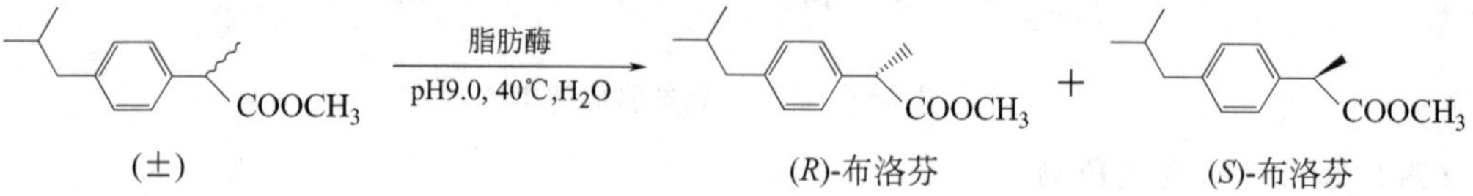

图11-15　布洛芬的酶法拆分

（五）5-羟色胺拮抗剂

5-羟色胺（5-HT）是一种与精神和神经疾病有关的重要的神经递质。现有一些药物的毒性就在于其不能选择性地与5-HT受体反应。目前至少已发现7种5-HT受体。药物与受体结合的亲和力和选择性在很大程度上受药物的立体化学结构影响。目前，一种新的5-HT拮抗物MDL的活性（其中*R*异构体的活性是*S*异构体的100倍以上）是以前知名的5-HT拮抗物酮色林的活性的150倍，其原因在于（*R*)-MDL能够高选择性地与5-HT受体相结合。MDL的拆分可在有机相中进行，选择性酯化反应的产物是（*R*,*R*)-酯，残留的为（*S*,*S*)-醇，反应过程如图11-16所示。

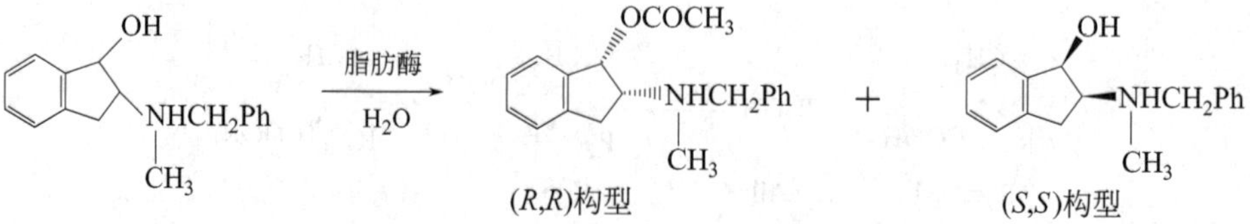

图11-16　脂肪酶拆分5-HT拮抗物MDL

（六）帕罗西汀

帕罗西汀（Paroxetine，下文简称 **14**）是 GlaxoSmithKline 公司研制开发的抗抑郁药物，是一个选择性 5-羟色胺（5-HT）再摄取抑制剂。结构中有两个手性中心，应有四个异构体，帕罗西汀为（−）-*trans*-(3*S*,4*R*)-异构体。利用来源于 *Candida antarctica* 的脂肪酶（Type B）可选择性将（±）-*trans*-**15** 中的（3*R*,4*S*）-异构体酰化得到（3*R*,4*S*）-**16**，而（3*S*，4*R*）-**15**(93%e. e.）得以保留，然后可经苯磺酰化后与 3,4-亚甲二氧基苯酚缩合，再脱保护制得 **14**，反应过程如图 11-17 所示。

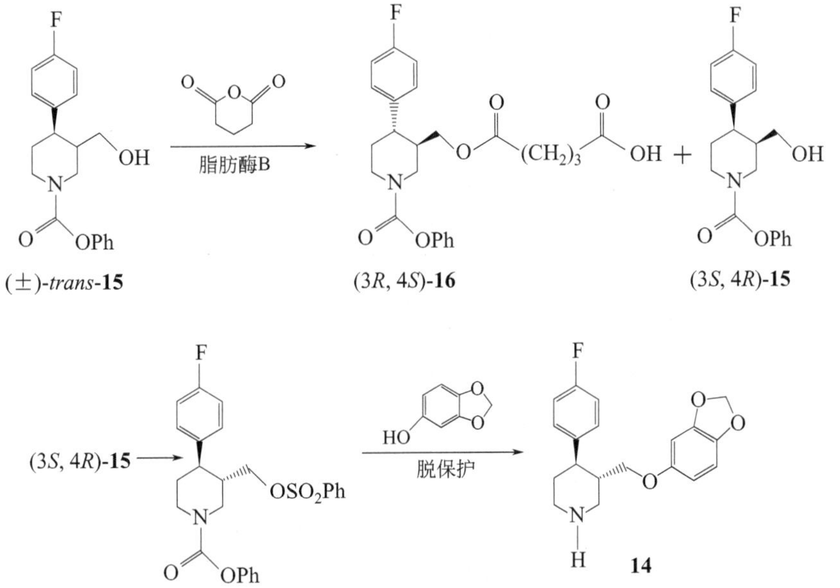

(±)-*trans*-**15**　(3*R*, 4*S*)-**16**　(3*S*, 4*R*)-**15**

(3*S*, 4*R*)-**15**　**14**

图 11-17　化学-酶法合成帕罗西汀

（七）L-多巴

L-多巴（L-dopa）是 L-酪氨酸的衍生物 3,4-二羟基-L-苯丙氨酸，临床上用于治疗帕金森氏病。美国孟山都公司早在 20 世纪 70 年代中期就成功地应用化学不对称氢化反应合成 L-多巴。当利用生物催化合成 L-多巴时，草生欧文菌（*Erwinia herbicola* ATCC 21433）的酪氨酸-苯酚裂合酶（tyrosine-phenol lyase），又称 *β*-酪氨酸酶（*β*-tyrosinase，EC4. 1. 99. 2）可将邻苯二酚（儿茶酚）、丙酮酸和氨缩合生成 L-多巴。生产中采用静态细胞生物转化法，即将发酵培养得到的草生欧文菌细胞悬浮于缓冲液中，催化邻苯二酚和丙酮酸铵生成 L-多巴（图 11-18）。

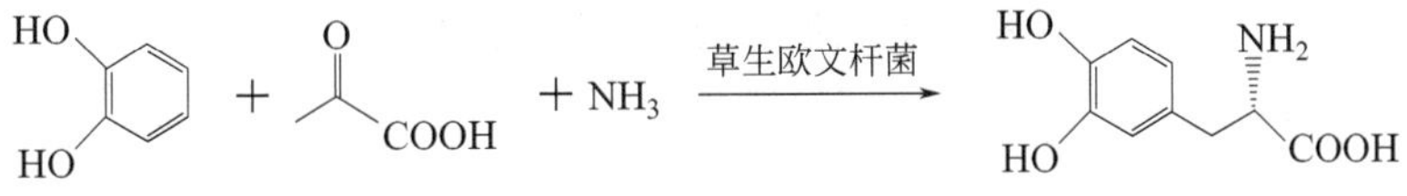

L-多巴

图 11-18　L-多巴的生物合成

（八）*β*-阻断剂

β-阻断剂是一类重要的心血管药，临床上用于治疗高血压和心肌梗死类疾病。结构通式为：$ArOCH_2CH(OH)CH_2NHR$，有普萘洛尔（propranolol，俗名"心得安"）、阿替洛尔（atenolol）和倍他洛尔（betaxolol）等二十多个品种。该类药物的（S)-对映体活性显著高

于（*R*）-对映体，如（*S*）-心得安和（*S*）-美多心安的活性分别是其（*R*）-对映体的100、270～380倍。（*S*）-普萘洛尔是一类重要的*β*-阻断剂，而其（*R*）-对映体则具有抗孕作用。化学法生产只能获得外消旋的普萘洛尔。在现有的合成（*S*）-普萘洛尔的各种方法中，以图11-19所示的途径较为经济合理。从萘酚出发，采用BCL拆分反应过程中的萘氧氯丙醇酯，成功制备了（*S*）-普萘洛尔和（*R*）-普萘洛尔，产物的e.e.＞95%，产率48%。

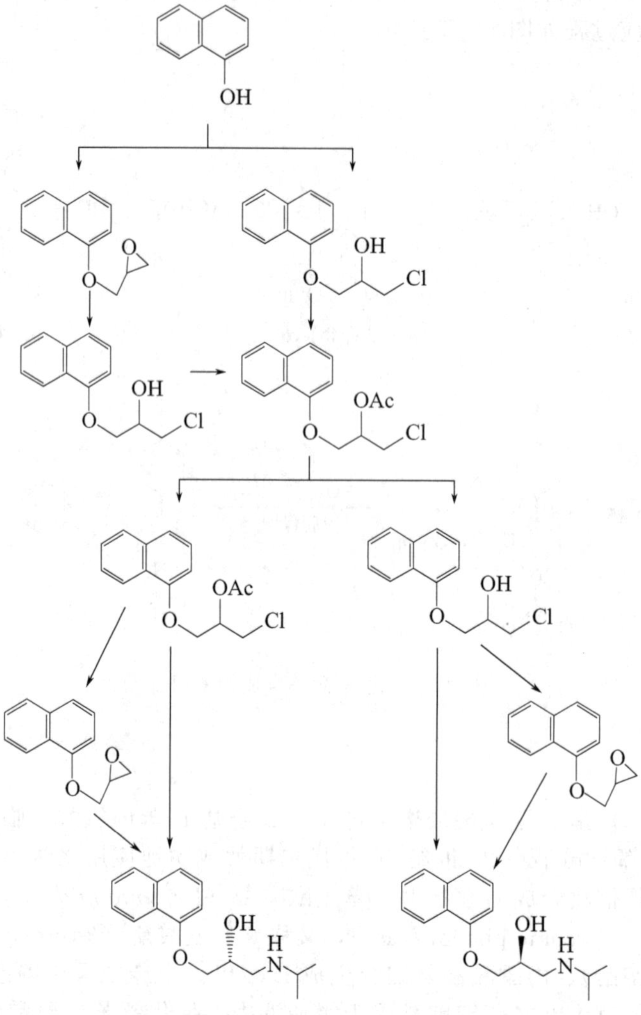

图11-19 化学-酶法合成普萘洛尔

（九）卡托普利

卡托普利（captopril），又名巯甲丙脯酸，是Bristol-MyersSquibb公司开发的第一个血管紧张素转化酶（ACE）抑制剂类抗高血压药物，具有降低血压作用，对肾性高血压、原发性高血压及常规药物治疗无效的高血压症均有效，临床应用广泛。药物分子中含有两个手性中心，活性构型为（*S*,*S*）-型（**17**）。传统化学合成法生成非对映体混合物（*RS*+*SS*），然后用二环已胺成盐后分离得到（*S*,*S*）-异构体产物。化学-酶法采用皱落假丝酵母将异丁酸立体选择性氧化为（*R*）-*α*-甲基-*β*-羟基丙酸（**18**），后者与L-脯氨酸缩合再经巯基化可得到（S)-卡托普利，见图 11-20(a)。也可采用假单胞菌脂肪酶或黑曲霉脂肪酶拆分 α-甲基-β-乙酰硫代丙酸得到（S)-对映体（**19**），再经酰氯化及与 L-脯氨酸缩合而得，如图 11-20(b) 所示。

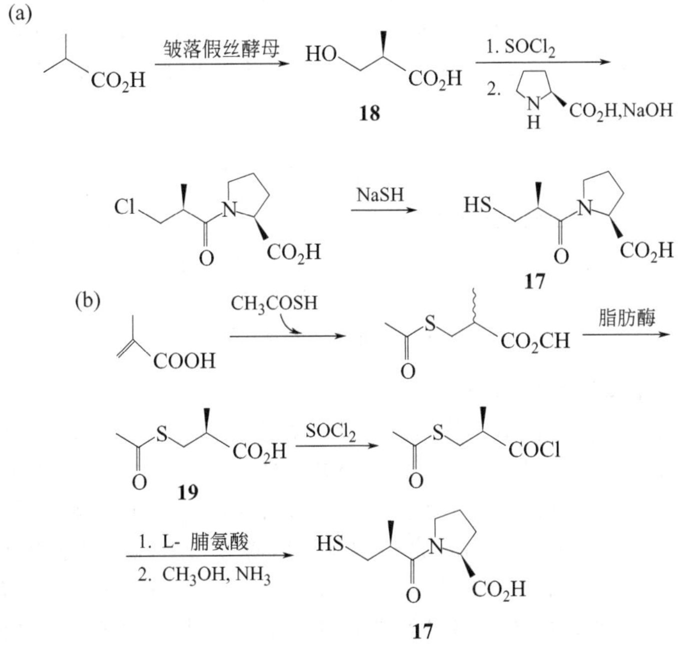

图 11-20　化学-酶法合成卡托普利

（十）奥帕曲拉

奥帕曲拉（omapatrilat，下文简称 **20**）是 Bristol-Myers Squibb 公司开发的抗高血压药物，通过抑制血管紧张素转化酶和中性内肽酶发挥药理作用。利用 *Thermoactinomyces intermedius* 的苯丙氨酸脱氢酶立体选择性还原氨化 **21** 中的羰基可生成其重要手性中间体 **22**。该反应需要氨和 NADH 的介导来完成，利用 *Pichia pastoris* 的甲酸脱氢酶使得 NADH 可以循环使用。酶反应的收率>90%，产物 e. e. >99%。反应过程如图 11-21 所示。

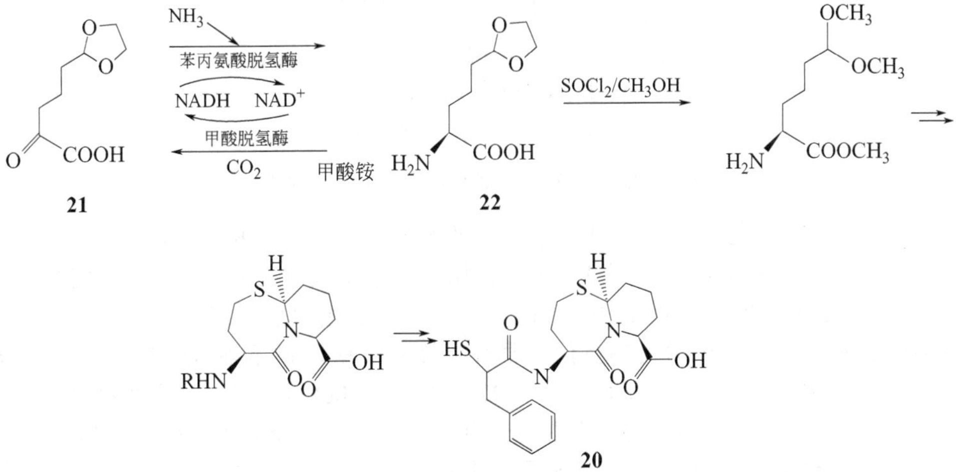

图 11-21　化学-酶法合成奥帕曲拉

（十一）左旋色满卡林（levocromakalim）

色满卡林（cromakalim）是钾通道开启剂，具有降血压和扩张支气管的活性，是由一对反式对映体组成的消旋体，但有损伤心脏的不良反应。随后的研究发现，色满卡林的 *trans*-(—)-异构体 levocromakalim（**23**）具有更好的抗高血压活性。环氧化物（3*S*,4*S*)-**25** 是合成 **23** 的重要中间体，利用微生物 *Corynebacterium* sp. ATCC 43752 选择性氧化化合物 **24** 吡喃环上的双键，生成（3*S*,4*S*)-**25**，收率 60%，光学纯度 92%。见图 11-22。

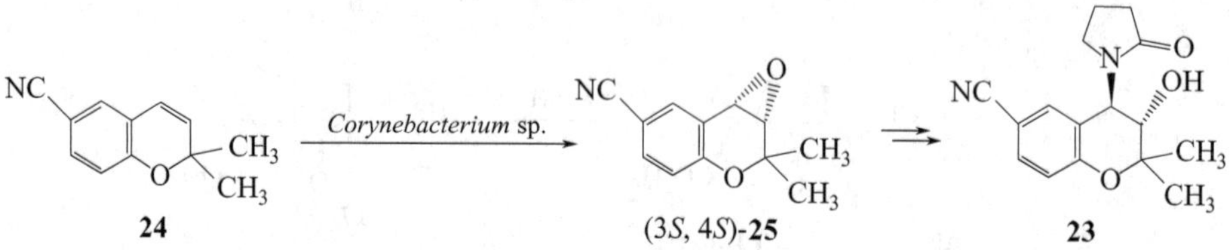

图 11-22　化学-酶法合成左旋色满卡林

（十二）紫杉醇及其衍生物侧链

紫杉醇（taxol，下文简称 **26**）及其衍生物，如多西紫杉（taxotere，**27**）等是有效的抗肿瘤药物，其合成是近年来抗肿瘤药物的研究热点之一（图 11-23）。紫杉醇最初从太平洋紫杉树皮中提取制备，但含量很低。紫杉醇分子母核四环双萜可以很容易地从 10-脱乙酰浆果赤霉素Ⅲ（**31**）（10-deacetylbaccatinⅢ）制备，后者可以从欧洲紫杉树叶中提取，含量约为 0.1%。在半合成中，手性侧链 *β*-氨基-*N*-苯甲酰基-(2*R*,3*S*)-3-苯基异丝氨酸可用脂肪酶催化拆分消旋体氮杂环丁酮衍生物（**28**）而制备。拆分中所用脂肪酶（lipase PS-30）来自洋葱假单胞菌（*Pseudomonas cepacia*）或假单胞菌属 SC13856，两者均可高对映选择性水解消旋体中顺-3-乙酰氧基-4-苯基-2-氮杂环丁酮分子中的（3*S*)-乙酰基，未水解的（3*R*)-乙酸酯（**29**）可用作侧链合成的前体。侧链前体（**30**）与 10-脱乙酰浆果赤霉素Ⅲ衍生物（**32**）缩合即可制得紫杉醇（**26**），见图 11-24。

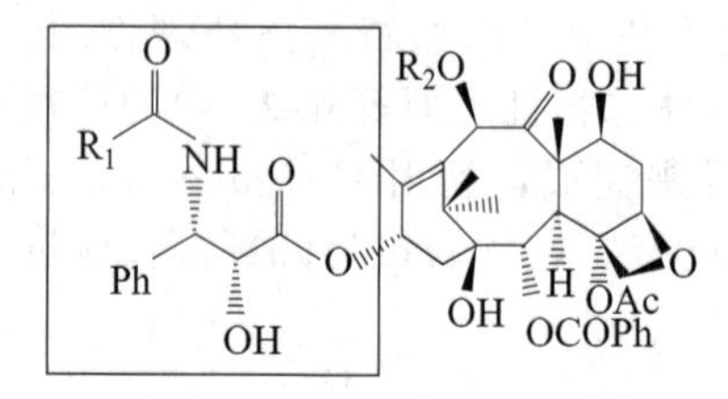

C13侧链

26: 紫杉醇　R_1=Ph, R_2=Ac;

27: 多西紫杉　R_1=*t*-BuO, R_2=H

图 11-23　紫杉醇和多西紫杉的化学结构式

利用酶的选择性酰化可得到高对映选择性的紫杉醇 C-13 位侧链。**33** 用还原剂 KS-Selectride($KB[CH(CH_3)CH(CH_3)_2]_3H$)立体选择性还原生成（±)-*trans*-3-氯-2-羟基-3-苯基丙酸酯（**34**），**34** 在脂肪酶 Amano PS 催化下，选择性酰化生成（2*R*,3*S*)-**35**，而未酰化的(2*S*,3*R*)-**34** 经叠氮化、苯甲酰化和氢化还原后制得紫杉醇 C-13 位侧链 **37**。若（2*S*,3*R*)-**32** 叠氮化后与 Boc 酸酐反应可生成多西紫杉（**27**）的 C-13 位侧链 **38**。酰化产物（2*R*,3*S*)-**35** 可以回收利用，将其环氧化后在叠氮化钠作用下开环得（2*S*,3*S*)-**39**，在 Mitsunobu 反应条件下生成（4*S*,5*R*)-**40**，用 1mol/L 盐酸回流处理得紫杉醇 C-13 位侧链 **37**。反应过程如图 11-25 所示。

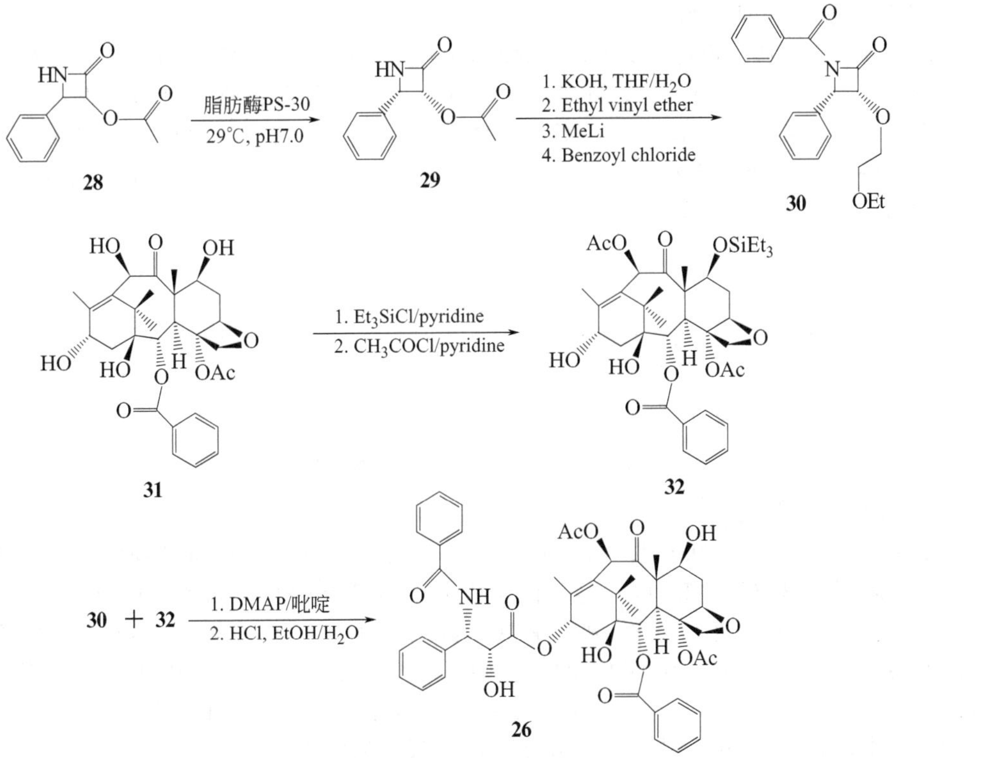

28 → 29: 脂肪酶PS-30, 29℃, pH7.0

29 → 30: 1. KOH, THF/H_2O 2. Ethyl vinyl ether 3. MeLi 4. Benzoyl chloride

31 → 32: 1. Et_3SiCl/pyridine 2. CH_3COCl/pyridine

30 + 32 → 26: 1. DMAP/吡啶 2. HCl, EtOH/H_2O

图 11-24　紫杉醇的化学-酶法合成

33 → (±)-34 → (Amano PS, H_2C=CHOCOCH$_3$) → (2*S*,3*R*)-34 (>99%ee, 46%yield) + (2*R*,3*S*)-35 (93%ee, 45%yield)

(2*S*,3*R*)-34 → (NaN_3) → (2*R*,3*S*)-36 → (1)PhCOCl 2)H_2,Pd/C) → (2*R*,3*S*)-37

(2*R*,3*S*)-36 → (1)$(Boc)_2O$ 2)H_2,Pd/C) → (2*R*,3*S*)-38

(2*R*,3*S*)-35 → (K_2CO_3, CH_3OH, −20～0℃) → epoxide → (NaN_3) → (2*S*,3*S*)-39 → (PPh_3, DEAD, PhCOOH) → (4*S*,5*R*)-40 → (1mol/L HCl) → (2*R*,3*S*)-37

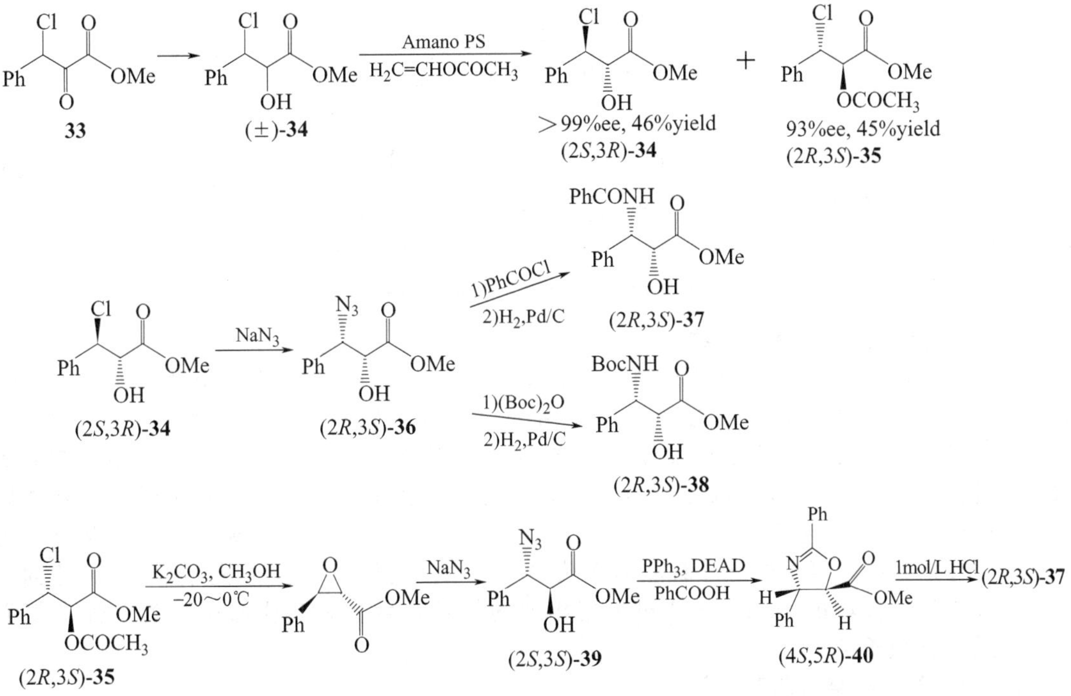

图 11-25　化学-酶法合成紫杉醇 C-13 位侧链

(十三) 左旋羟丙哌嗪

镇咳药羟丙哌嗪 (dropropizine) 已使用多年，近来的研究表明(*S*)-(－)-异构体左旋羟丙哌嗪 (levodropropizine，下文简称 **41**) 不仅可以保持药理活性，且对中枢神经系统的副作用小。1-苯甲酰氧基-3-氯-丙酮 (**42**) 在面包酵母菌的催化下 2 位羰基被立体选择性还原成羟基，再用 1-苯基哌嗪对 Cl 原子进行亲核取代，同时脱去苯甲酰基得左旋羟丙哌嗪，e. e. 值可达 95%。见图 11-26。

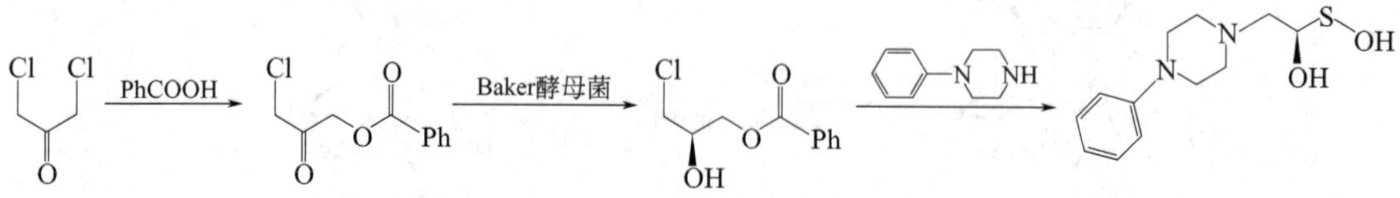

图 11-26 化学-酶法合成左旋羟丙哌嗪

(十四) 依卡曲尔

消旋卡多曲 (racecadotril，**44**，图 11-27) 是 Bioproject 公司研发的腹泻治疗药，1993 年上市。随后的研究发现其 (*R*)-型异构体依卡多曲具有调节胃肠道功能紊乱的药理活性，而 (*S*)-型异构体依卡曲尔 (**45**) 则具有抗高血压活性。(*S*)-**46** 是合成 **45** 的重要手性中间体。原料 2-苄基-1,3-丙二醇 (**47**) 的 2 位碳是一个潜手性中心，二酯化后，利用荧光假单胞菌 (*Pseudomonas fluorescens*) 脂肪酶可以立体选择性水解一个酯基，生成 (*S*)-**49**，**49** 进一步衍生得到 (*S*)-**46**。然后经一系列反应得 **45**。见图 11-28。

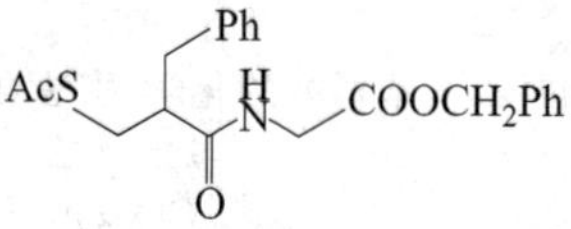

图 11-27 消旋卡多曲的分子结构

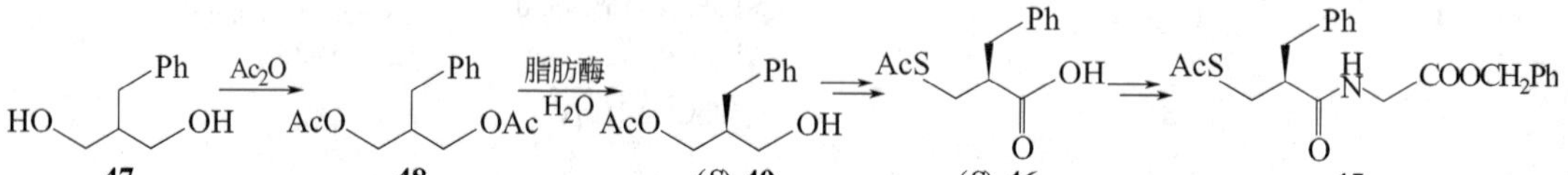

图 11-28 化学-酶法合成依卡曲尔

(十五) 环氧丙醇及其衍生物

手性环氧丙醇及其衍生物具有简单的甘油骨架和特殊的结构及官能团，其作为光学活性化合物的重要中间体，具有很大的应用潜力，被称为通用型的多功能手性合成子。例如：手性环氧丙醇可作为合成前体，合成β-阻断剂如普萘洛尔和阿替洛尔、治疗艾滋病的 HIV 蛋白酶抑制剂、抗病毒药物等。日本田边制药公司成功地用脂肪酶拆分了外消旋的 3-(4-甲氧基苯基)环氧丙酯，制备了(－)-(2*R*,3*S*)-3-(4-甲氧基苯基)环氧丙酯 (图 11-29)，它是生产硫氮卓酮 (一种心血管药物) 的手性前体，目前利用该技术可以达到年产数百吨规模。美国的 Sepracor 公司采用相似的技术在生物膜反应器中制备手性环氧丙酯，规模达到数千克。

(十六) 他汀类降血脂药物侧链

HMG CoA 还原酶抑制剂他汀类降血脂药是近年心血管药物研究的热点之一，已上市的阿托伐他汀 (atorvastatin) 和辛伐他汀 (simvastatin) 近年来在世界畅销药物排行榜中名列前茅。其合成过程中重要中间体（3*R*,5*S*)-6-氯-二羟基己酸叔丁酯（**50**）可用酶法获得。利用 *Lactobacillus brevis* 中的脱氢酶（ADH）立体选择性还原 6-氯-3,5-二氧代己酸酯（**51**）的 5-羰基得（*S*)-**52**（收率 72%，e. e. 值 99.5%）。(*S*)-**52** 可进一步用化学法立体选择性还原 3-羰基，生成（3*R*,5*S*)-**50**（收率 62%，e. e. 值>99.5%）。*Lactobacillus kefir* 有两个脱氢酶，可将 **51** 中的 3 位和 5 位羰基立体选择性还原成羟基，制得（3*R*,5*S*)-**50**，收率 85%，e. e. 值大于 99%。见图 11-30。

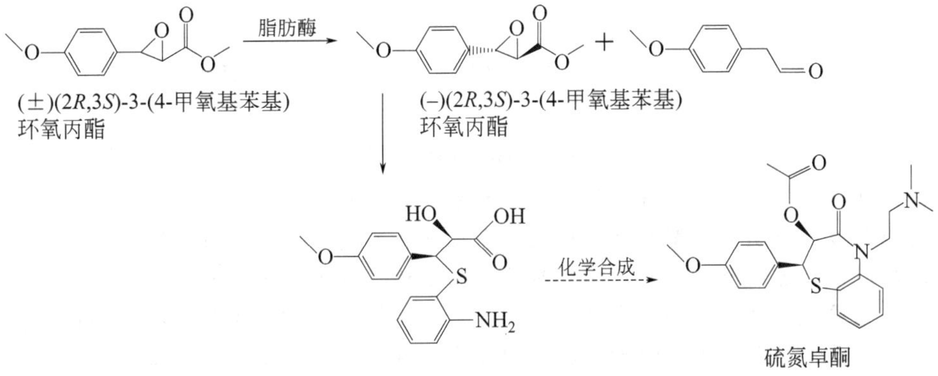

图 11-29　脂肪酶催化外消旋 3-(4-甲氧基苯基)环氧丙酯的拆分

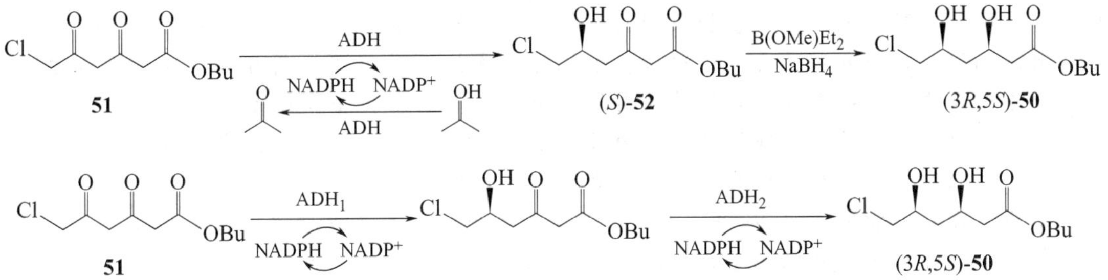

图 11-30　生物催化合成（3*R*,5*S*)-6-氯-二羟基己酸叔丁酯

（十七）2-甲基哌啶酸

(S)-2-甲基哌啶酸是重要的手性合成子，可用于合成一系列的手性药物，如治疗癌症的 Incel、局部麻醉药 Naropin 和 Chirocaine。Lonza 公司用 *P. fluorescens* DSM9924 酰胺水解酶拆分外消旋的哌啶-2-羧酸酰胺，获得了光学纯度高于 99% 的（S)-2-甲基哌啶酸（图 11-31）。以类似的方法还可获得重要的医药中间体（S)-和（*R*)-哌嗪-2-羧酸。

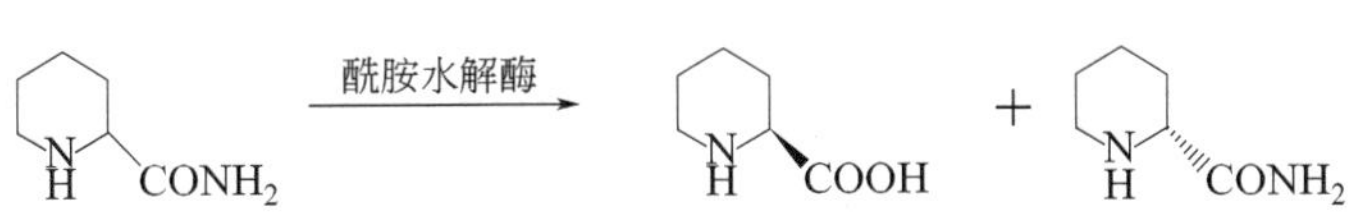

图 11-31　酰胺水解酶拆分外消旋哌啶-2-羧酸酰胺

（十八）3-羟基丁酸乙酯

3-羟基丁酸乙酯（ethyl-3-hydroxybutyrate，HEB）的 2 个光学异构体都是非常重要的药物手性中间体：*R* 型异构体可以合成治疗青光眼的药物；*S* 型异构体可以用来合成昆虫信息素、碳青霉素烯类抗生素等手性药物。利用脂肪酶对外消旋的 3-羟基丁酸乙酯进行两步酶法拆分（图 11-32），可分别得到 *R* 型和 *S* 型的单一异构体，且光学纯度均超过 96%。

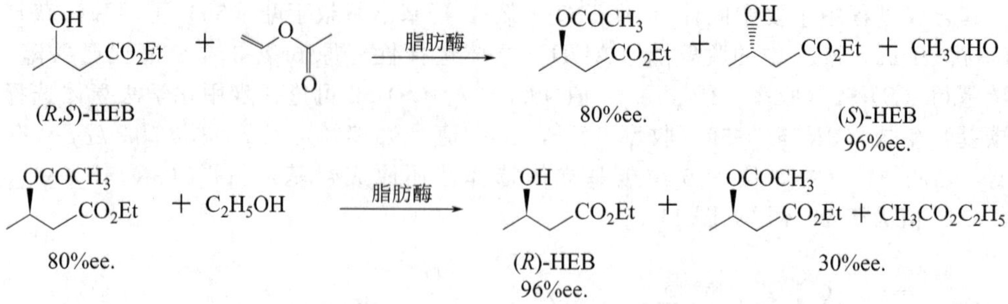

OH CO_2Et + (vinyl acetate) —脂肪酶→ $OCOCH_3$ CO_2Et + OH CO_2Et + CH_3CHO

(*R,S*)-HEB 80%ee. (*S*)-HEB 96%ee.

$OCOCH_3$ CO_2Et + C_2H_5OH —脂肪酶→ OH CO_2Et + $OCOCH_3$ CO_2Et + $CH_3CO_2C_2H_5$

80%ee. (*R*)-HEB 96%ee. 30%ee.

图 11-32 两步酶法拆分制备（*R*)-HEB和（*S*)-HEB

本章小结

本章主要介绍了手性及手性药物的基本概念、获得对映体纯化合物的方法、生物催化制备手性药物中涉及的反应类型及生物催化在手性药物及其中间体合成中的应用。

手性是用来表达化合物分子结构不对称性的术语。如果一个化合物的实物与其镜像不能重合，则该物质具有手性。手性是自然界的本质属性之一，作为生命活动重要物质基础的生物大分子和许多作用于生物体的活性物质均具有手性特征。手性药物是指由具有药理活性的手性化合物组成的药物，其中只含有效对映体或者以有效对映体为主。手性药物的药理作用是通过与体内的大分子之间严格的手性识别和匹配而实现的，故不同对映体的药理活性各不相同。使用手性药物可减少剂量和代谢的负担，提高药理活性和专一性，降低毒副作用。获得对映体纯化合物的方法主要有提取法、手性源合成法、外消旋体拆分法和不对称合成法。外消旋体拆分法是制备手性化合物最经典的方法，在工业上有许多成功应用的例子，但如不辅以原位外消旋化，拆分的理论产率仅为50%；不对称合成法的理论产率可达100%。生物催化制备手性药物中涉及的反应类型主要有水解反应及其逆反应、还原反应和氧化反应等。手性新药的开发一般采用化学-酶法，即在涉及手性中心的生成或转化步骤采用生物催化法，而一般合成步骤则采用有机化学合成法。

思考题

1. 什么是手性药物？
2. 制备手性化合物有哪些方法？其特点是什么？
3. 用于制备手性药物的生物催化反应类型主要有哪些？
4. 生物催化的还原反应中可采用什么方法实现辅酶的再生？

参考文献

[1] 吴梧桐．生物制药工艺学．第2版．北京：中国医药科技出版社，2006.

[2] 齐香君．现代生物制药工艺学．北京：化学工业出版社，2004.

[3] 郭勇．生物制药技术．第2版．北京：中国轻工业出版社．2007.

[4] 梁世中．生物制药理论与实践．北京：化学工业出版社，2005.

[5] 熊宗贵．发酵工艺原理．北京：中国医药科技出版社，1995.

[6] 李良铸，李明晔．最新生化药物制备技术．北京：中国医药科技出版社，2000.

[7] 李家洲．生物制药工艺学．北京：中国轻工业出版社，2007.

[8] 何建勇．生物制药工艺学．北京：人民卫生出版社，2007.

[9] 夏焕章，熊宗贵．生物技术制药．第2版．北京：高等教育出版社，2006.

[10] 林元藻，王凤山，王转花．生化制药学．北京：人民卫生出版社，1998.

[11] 李津明．现代制药技术．北京：中国医药科技出版社，2005.

[12] 孙汶生，曹英林，马春红．基因工程学．北京：科学出版社，2004.

[13] 李元．基因工程药物．北京：化学工业出版社，2002.

[14] 郭葆玉．基因工程药学．上海：第二军医大学出版社，2000.

[15] 国家药典委员会．中华人民共和国药典．2005年版二部．北京：化学工业出版社，2005.

[16] 吴梧桐．生物技术药物学．北京：高等教育出版社，2003.

[17] 张玉彬．生物催化的手性合成．北京：化学工业出版社，2001.

[18] 黄量，戴立信．手性药物的化学与生物学．北京：化学工业出版社，2002.

[19] 曾苏．手性药物与手性药理学．杭州：浙江大学出版社，2002.

[20] 元英进．现代制药工艺学．北京：化学工业出版社，2004.

[21] 尤启冬，林国强．手性药物——研究与应用．北京：化学工业出版社，2004.

[22] 王峥，周伟澄．酶催化的立体选择性反应在手性药物合成中的应用．中国医药工业杂志，2006，37（7）：498-504.

[23] 孙志浩．生物催化制备手性化合物技术进展．精细与专用化学品．2006，14（24）：5-10.

[24] 李玉新．酶法合成光学活性化合物．精细化工中间体．2004，34（1）：1-5.